西安交通大学
XI'AN JIAOTONG UNIVERSITY

研究生"十四五"规划精品系列教材

智能机器人技术

Intelligent Robot Technology

曹建福 主编
曹 晔 汪 霖 韩 冰 编著

西安交通大学出版社
XI'AN JIAOTONG UNIVERSITY PRESS

内容提要

本书从机器人感知、规划、控制和协作的整体角度，系统地介绍了智能机器人的原理和最新技术。

全书由基础篇、智能篇和应用篇组成，共 10 章。基础篇精选了机器人的经典内容，包括绪论、机器人机构与传感器、机器人运动学、机器人动力学、机器人轨迹规划和机器人控制基础，该部分内容以固定型机器人为主，同时兼顾了移动机器人内容；智能篇包括机器人视觉控制、机器人智能控制、人机交互与双臂协作；应用篇结合作者在机器人方面的研究成果和工程实践，介绍了智能机器人在工业制造和建筑施工方面的应用案例。

本书可作为自动化、电子信息、人工智能及机械工程等专业的研究生和高年级本科生学习"智能机器人"相关课程的教材，也可作为从事智能机器人研究与开发的科学工作者和工程技术人员的参考书。

图书在版编目(CIP)数据

智能机器人技术/ 曹建福主编；曹晔，汪霖，韩冰编著
. — 西安 ：西安交通大学出版社，2023.9(2025.9 重印)
西安交通大学研究生"十四五"规划精品系列教材
ISBN 978-7-5693-3500-2

Ⅰ. ①智… Ⅱ. ①曹… ②曹… ③汪… ④韩…
Ⅲ. ①智能机器人—研究生—教材 Ⅳ. ①TP 242.6

中国国家版本馆 CIP 数据核字(2023)第 202952 号

书　　名 智能机器人技术
Zhineng Jiqiren Jishu
主　　编 曹建福
编　　著 曹　晔　汪　霖　韩　冰
责任编辑 贺峰涛
责任校对 李　佳
装帧设计 伍　胜

出版发行 西安交通大学出版社
(西安市兴庆南路 1 号　邮政编码 710048)
网　　址 http://www.xjtupress.com
电　　话 (029)82668357　82667874(市场营销中心)
(029)82668315(总编办)
传　　真 (029)82668280
印　　刷 西安日报社印务中心

开　　本 787 mm×1092 mm　1/16　**印张** 17.875　**字数** 452 千字
版次印次 2023 年 9 月第 1 版　2025 年 9 月第 2 次印刷
书　　号 ISBN 978-7-5693-3500-2
定　　价 58.00 元

如发现图书印装质量问题，请与本社市场营销中心联系。
订购热线：(029)82665248　(029)82667874
投稿热线：(029)82664954
读者信箱：eibooks@163.com

前言

从1954年第一个机器人专利问世至今已经半个多世纪了，机器人的发展历程印证了这样一个论断：机器人是20世纪人类的伟大发明！机器人如今不仅在工业制造领域被大量使用，而且已被应用到医疗、服务、娱乐、空间探索及军事等其他领域。机器人技术是一个具有巨大潜力并深刻影响和改变人类的技术，它融合了机械、控制、传感器和人工智能等领域的先进技术，是一个国家科技发展水平和国民经济现代化、信息化的重要标志。机器人技术是第三次工业革命的先锋，也是第四次工业革命的关键技术。

机器人技术经历了示教再现型机器人、感觉型机器人和智能机器人三个阶段。示教再现型机器人在工业界已得到了广泛应用。第二代感觉型机器人具有不同程度的“感知”周围环境的能力，这类利用感知信息以改善机器人性能的研究开始于20世纪60年代中期，从80年代开始装配有视觉单元的机器人已在工业制造线上得到了应用。第三代智能机器人具有识别、推理、规划和学习等智能机制，它可以把感知和行动智能化结合起来，因此能在非特定的环境下作业。智能机器人越来越得到世界各国政府和社会的重视，相关机构均投入大量资源进行机器人技术和产业的研究开发。未来将是智能机器人时代。

本书是作者在智能机器人专业教学实践的基础上，结合现有的教学讲义和最新技术发展编写而成，同时在书中融入了作者近年来在智能机器人方面的一些研究成果。本书精选了机器人的经典内容，重点介绍了近10年智能机器人方面新的技术和方法，包括机器人智能控制、机器人视觉控制、机器人任务与运动规划、多机器人协作、机器人力控制等；书中把最新人工智能技术与机器人紧密结合，引入了强化学习、深度学习、遗传算法等智能化方法。

本书由基础篇、智能篇和应用篇组成，共10章。曹建福教授编写了第1、2、3、4、5、9、10章的主要内容；曹晔助理教授负责编写了第8章机器人智能控制的内容，参与编写了第6章中机器人自适应控制和力控制、第9章中双臂协作智能控制等内容；汪霖副教授负责编写了第7章机器人视觉控制的内容；韩冰副研究员参与编写了第4章机器人运动学、第5章机器人轨迹规划、第6章机器人控制系统等部分内容。全书由曹建福教授负责整理和统稿。作者团队的多名博士生和硕士生给本书提供了机器人实验资料，博士生王小龙、硕士生孙欢参与了书中的机器人MATLAB仿真实验内容并提供了相应数据，赵蕊鑫参与了文字核校和图表美化工作。

本书从机器人感知、规划、控制和协作的整体角度，介绍智能机器人的原理和智能化关键技术，重视理论与实践的结合。本书作者除了有在机器人技术方面进行长期研究的大学教师外，还包括多年从事机器人工程技术开发的企业专家。为了解决机器人理论方法与实际脱离的问题，书中引入了大量的实例和工程解决方案，而且还专门安排了机器人应用篇，来介绍智能机器人应用系统结构和设计技术。

本书力求深入浅出，并将系统性、全面性和前沿性结合起来，可作为高等院校自动化、电子信息、人工智能及机械工程等专业的研究生及本科生的教材或参考书使用，也可供有关工程技术人员参考。不同学校与专业的学生也可根据实际情况和课时需要选学部分内容。

感谢国家重点研发计划“智能机器人”专项中的课题“面向复杂建筑环境的双臂联动机器人控制与轨迹规划共性关键技术”（编号：2018YFB1306901）、国家自然科学基金会与深圳市联合基金重大集成项目“装配式建筑智能建造机器人基础理论及集成示范应用”（编号：U1913603）及北京深谋科技有限公司“智能机器人控制核心算法研究”项目对书中研究内容提供的资助。西安交通大学出版社的编辑们为本书的出版付出了辛勤的劳动，在此表示衷心的感谢。

由于作者水平有限，书中难免有错误和不足之处，诚恳欢迎各位读者对本书提出批评指正意见，不胜感激。

曹建福

2023 年 5 月 10 日

目　录

基础篇

智能篇

应用篇

基础篇

第 1 章　绪　论

第 2 章　机器人机构与传感器

第 3 章　机器人运动学

第 4 章　机器人动力学

第 5 章　机器人轨迹规划

第 6 章　机器人控制基础

第1章 绪 论

自古以来人类都在试图制造能够帮助生产活动的自动装置，直到1959年美国人约瑟夫·恩格尔伯格(Joseph F. Engelberger)和乔治·德沃尔(George Devol)联手制造出第一台机器人，机器人的历史才真正开始。随着人工智能技术的发展，智能机器人成为时代的发展趋势。不同于普通机器人，智能机器人不仅具有一般机器人的编程能力和操作功能，还能“感知”到外部的反馈，可以作出相对应的“思考”。目前机器人已经深入各行各业，在军事、工业制造、医疗、生活服务、航空航天等方面有着广泛的应用。

1.1 机器人的起源与发展

人类对机器人的幻想与追求已有3000多年的历史。传说在我国春秋后期，鲁班曾制造出一只木鸟，能在空中飞行“三日不下”(《墨子·鲁问》)，三国时期蜀国丞相诸葛亮成功地制造出了“木牛流马”。1662年，日本人做出自动机器玩偶，并在大阪的道顿堀演出。1738年，法国天才技师发明了一只机器鸭，它会嘎嘎叫，会游泳和喝水，还会进食和排泄。

1. 机器人名称的来源

1921年，捷克作家卡雷尔·恰佩克(Karel Capek)在其科幻小说《罗素姆万能机器人》(*Rossum's Universal Robot*)中首次使用了“机器人”(robot)一词。在捷克语中“robota”是苦力的意思，故事中的干苦力的机器人的名称叫“Robot”，即劳动者，一直沿用到今天。作者恰佩克梦想创造出类人的机器，它们虽然缺乏感情和灵魂，但它们身体强壮并服从主人的命令，而且这些机器能够被快速且廉价地生产出来。在小说中，很多国家都用成百上千的机器人士兵装备军队，为他们卖命，即使伤亡也不足惜。最终机器人认定自己已经比人类优越，并试图从人类手中接管这个世界。

2. 机器人发展历史

1948年美国数学家诺伯特·维纳(Norbert Wiener)发表了“控制论”。维纳把控制论看作是一门研究机器、生命社会中控制和通信的一般规律的科学，控制的基础是信息，一切信息传递都是为了控制，而任何控制又都有赖于信息反馈来实现，这为机器人的控制奠定了理论基础。

1)工业机器人的出现与发展

从20世纪中期开始，工业生产的需求导致机器人的出现。1954年，美国乔治·德沃尔发明了可重复编程的机械手，并注册了“可编程序的关节型搬运装置”发明专利。1958年约瑟夫·恩格尔伯格购买了德沃尔的专利，建立了Unimation机器人公司。1959年Unimation公司推出了世界第一台工业机器人，将其定名为“Unimate”，从1962年起在美国通用汽车公司开始应用。1978年,Unimation公司推出PUMA系列工业机器人。PUMA机器人是电机驱动的、关节式结构的通用工业机器人,这标志着工业机器人技术已经成熟。

2)智能机器人的萌芽阶段

1965年,约翰霍普金斯大学应用物理实验室开发了一款名为"Beast"的机器人。该机器能通过声纳系统、光电管等装置调正位置,称为"有感觉机器人",这是智能机器人的雏形。1969年,日本早稻田大学被称为"仿人机器人之父"的加藤一郎研制出世界上第一个行走机器人。

3)智能机器人的发展

1997年日本本田汽车公司开发出智能机器人"阿西莫"(ASIMO),这标志着智能机器人时代开始。1999年日本索尼公司推出犬型机器人"爱宝"(AIBO),这是一款具有独特个性的家用娱乐机器人,上市当日便销售一空。2002年美国iRobot公司推出了吸尘器机器人,它能避开障碍,自动设计行进路线,是目前世界上销量最大、最商业化的家用机器人。

3. 机器人智能化分类

按智能化水平,可将机器人分为三代。

第一代机器人:可编程、示教再现的工业机器人。这类机器人目前已经在工业生产线上得到了大规模的应用。这类机器人按照事先存入存储器的程序进行工作,能模拟人的运动功能完成零件的搬运和拆卸,进行翻转和抖动,且能与机床、熔炉、焊机、生产线等协同工作。目前商品化、实用化的机器人大都属于这一类。这类机器人只能完成事先设定好的动作,如果要改变生产工艺或动作,则需要重新示教或编程。

第二代机器人:有感知的机器人。该类机器人的特点是配备了一些传感器,如距离传感器、力传感器、视觉传感器等。这类机器人能获取作业环境,通过计算机的分析和处理并作出简单的推理,然后对机器人动作进行反馈且作出相应的调整。这种机器人已经具备了一定的自治能力,但依旧无法处理太复杂的实际情况。第二代机器人目前已逐渐投入应用。

第三代机器人:智能机器人。这是具有高度适应性的自治机器人。它具有多种感知功能,拥有复杂的逻辑思维能力,可以根据实际情况进行判断决策。这种机器人拥有自我学习、归纳总结、自我升级的能力。这类机器人是目前国际上热门的研究方向。

智能机器人是高度智能化的机器人,通过搭载先进的传感器、执行器、控制系统和人工智能等技术,能够实现自主感知、决策和执行任务。在国内外学者、专家的深入研究和不断创新下,智能机器人已在多个领域展现出了广泛的用途。

1.2 机器人研究与应用现状

1.2.1 国外机器人研究现状

自机器人时代开启后,以英、法、美、日、韩等国家为代表的许多发达国家都持续开展机器人方面的研究与开发。欧美国家在第一代工业机器人方面的技术已很成熟,在制造领域也已广泛应用这些技术。在机器人产业化方面,瑞典ABB公司、日本安川(YASKAWA)公司和发那科(FANUC)公司、德国库卡(KUKA)公司目前处于世界领先水平。

美国在智能机器人技术领域一直处于国际领先地位。与其他国家相比，美国的机器人技术更全面、先进，适应性也更强。美国研制出的多种智能机器人的性能可靠且精确度高，针对机器人的智能化技术发展也很快，开发出的视觉、触觉等技术已在航天、汽车工业中广泛应用，高智能、高难度的军用机器人、太空机器人等快速发展，并已经实际应用于扫雷、布雷、侦察、站岗及太空探测等方面。欧洲主要工业国家在智能机器人的研究和应用方面在世界上处于先进水平。日本曾在2015年发布了“机器人新战略”，规划了日本机器人产业未来的发展，智能机器人的发展迅速。当前日本制造的工业机器人无论在技术上还是应用上，都处于世界领先地位，且日本拥有发那科、安川、川崎重工、欧姆龙、三菱电机等先进工业机器人生产厂商。在机器人核心零部件，如减速机、伺服电机、控制器的研发和生产等方面，日本的实力也是首屈一指。国外著名的智能机器人研究计划主要有以下几个。

1. 美国“野猫”和“大狗”机器人研究

美国国防部高级研究计划局（DARPA）授权美国波士顿动力公司，由麻省理工学院的科学家领导，专门研发像动物一样运动的机器人。其研制的“大狗”机器人长1 m，高70 cm，重75 kg，行进速度可达到7 km/h，可携带181 kg左右的武器和其他物资。该机器人可运送弹药、食物和其他物品，并从2015年开始参与相关军事演练，有望在战场上发挥作用。“野猫”是美国研究出的一种轻型四足机器人，借助高技术装备能实现自动驾驶和导航，行进速度很快。

2. 美国“阿凡达”研究项目

美国国防部高级研究计划局进行了一项代号“阿凡达”（Avatar）的研究项目，研制像电影《阿凡达》中一样可用人脑远程控制的机器人军团，其最终目标是实现让人类士兵用思维控制类人机器人参战，从事清洁房间、站岗放哨、沙场鏖战等一系列工作，使真人能够远离危险的战场，如猿猴遥控机器人的技术研究和试验、“阿尔法狗”的四足运输机器人的试验等。美国国防部高级研究计划局在2013年预算报告中称：“阿凡达”项目将让人类士兵与半智能两足机器人结成有效伙伴，让机器人成为“代理士兵”。

3. 美国微软公司机器人研究项目

微软公司于2006年推出了Robotics Studio平台，这是一种面向机器人的通用开发平台，支持各类用户、各种硬件和各个应用领域。该平台拥有可视化编程语言、可视化仿真工具、多种教程，支持各类机器人开发。Robotics Studio为普通人开发机器人应用提供了可能，创建了一个稳定且开放的环境，实现了成果的共享与转移，促进了机器人领域的发展。

4. 欧盟FP7和欧洲机器人路线图

欧盟第七框架计划（Framework Program 7，FP7），全称为“第七个研究与技术开发框架计划”，以研究国际科技前沿主题和竞争性科技难点为重点，是欧盟投资最多、内容最丰富的全球性科研与技术开发计划。该框架计划为期7年（2007－2013年），总预算500多亿欧元，机器人及认知科学是其中一个重点资助方向。

欧盟于2014年6月启动了欧盟机器人研发计划（SPARC），目标是在空中、陆地、水下，以及农业、工业、健康、救援服务以及许多其他应用中提供各种机器人。2015年12月3日，欧盟发布了一个机器人技术路线图，旨在为欧洲发展机器人技术提供一份通用框架，并为市场相关的技术开发设定一套目标。该路线图以应用目的为特征，将机器人技术分为系统开发、人机交互、机电一体化、知觉、导航、认知等六个方面。除了确定关键技术外，该路线图还通过不同层级的定义确定了机器人系统可以拥有的不同特性和能力，包括可靠性、交互能力、知觉能力、认知能力、自适应性、运动能力、操作能力、可配置性和决策自主性，其中可靠性涉及故障、功能、环境、交互方面的可靠性。该研究计划促进了整个欧洲机器人技术的发展。

5. 日本和韩国的机器人计划

2002 年，日本以新设立的国际急救系统（International Referral System，IRS）研究机构为中心，在防灾科学技术研究所的支持下，文部科学省制订出“新世纪重点研究创新计划减轻大城市大震灾特别计划”（简称“大大特计划”），其中的“急救机器人等高级防灾基础结构构筑的研究开发计划（2002—2007 年）”已经开始实施。该项目集中了日本全国 250 多位机器人研究专家，以支持紧急应对大震灾（人命救助等）的人体搜索、信息搜集、信息分布等为目的，进行机器人、智能传感器、便携式终端、人机接口等方面的研究开发。

1.2.2 国外机器人应用现状

1. 工业机器人

工业机器人已广泛应用于各个生产环节，如焊接、机械加工、搬运、装配、分拣、喷涂等。在汽车制造领域，工业机器人得到了广泛应用，例如在毛坯制造、机械加工、焊接、热处理、表面涂层、装卸、装配、检验和仓库堆放等方面，机器人已经逐渐取代工人进行操作。

2. 军用机器人

随着现代战争的需求，军用机器人可以代替人去执行侦察、救援、排险、运输、攻击等系列作战任务，减少人员伤亡；同时还可以承担更多危险性高、难度大、持续时间长的作战任务。

3. 服务机器人

在日常生活中，各种服务机器人也向我们走来，如导盲机器人、智能轮椅、导游机器人、礼仪机器人、高楼擦窗机器人、壁面清洗机器人等。

国外公司开发的一种爬缆索机器人，可在高空缆索上自动完成检查、打磨、清洗、去静电、底涂和面涂系列的维护工作。还有一种清洗巨人系统，利用两套计算机和一个机器人控制器来控制飞机的清洗，不仅减轻了工人的劳动强度，而且大大提高了工作效率。例如，人工清洗一架波音 747 飞机需要 95 个工时，而机器人清洗仅需 12 个工时。

4. 农业机器人

农业机器人是一种新型多功能农业器械，自出现以来改变了农业生产方式，提高了农业生产率，已得到飞速发展和广泛应用。例如农业无人机、无人拖拉机、智能收割机、智能除草机、挤奶机器人、农业自动化与控制系统等。

5. 医疗机器人

近年来，全球医疗机器人技术快速迭代发展，医疗机器人已成为医疗器械市场最活跃的产品之一。

1)宙斯神经外科机器人

该种机器人采用主从手遥操作技术,配有强大的视觉系统,医生操作主手柄,并通过控制台上的显示器观看由内窥镜拍摄到的病人体内的情况;从手由两个机器人手臂和一个控制内窥镜的机器人手臂组成。这种机器人在美国只被批准用于医疗试验,而德国医生已用其进行了冠心病搭桥手术。

2)达芬奇腹腔镜机器人

该种机器人是世界上首套正式在医院腹腔手术中使用的机器人,用来完成心脏外科、泌尿外科、胸外科、肝胆胰外科、胃肠外科、妇科等相关手术。该种机器人已售出3000多台,完成超过200万例手术,目前已开发出第五代系统。

该种机器人采用主从手结构,医生在控制台通过主手操作机器人完成手术动作,通过脚踏板来控制高质量的视觉系统,从端包括两个机器人手臂和一个内窥镜夹持手臂,手术切口可以很小。影像系统可为医生提供实时视觉信息,包括血管检测、胆管和组织灌注等信息。

3)Robodoc骨科手术机器人

美国ISS公司推出其商业化产品Robodoc系统,能完成一系列的骨科手术,如全髋关节置换术及全膝关节置换术。该种机器人的原型为1989年IBM和加州大学合作的一个项目。该系统已通过美国食品和药品监管局(Food and Drug Administration,FDA)认证,在美国、欧洲、亚洲等地已得到较为广泛的应用。

Robodoc系统由两部分构成:手术规划软件和手术助手,可分别完成3D可视化的术前手术规划、模拟和高精度手术辅助操作。

4)MANUS康复机器人

MANUS由荷兰研制,是第一批成功应用的康复机器人,包括6个旋转关节和末端开合手爪共7个自由度,基座可以旋转和伸缩,易安装到多数商业轮椅上,具有结构紧凑、运动灵活、工作空间大等优点。残疾人能够在它协助下完成一些诸如倒水、换唱片、刮胡子、取食物等日常生活动作。

1.2.3 国内机器人科技计划

1. 开发摸索阶段

20世纪80年代,改革开放的浪潮刚刚开始,国际形势风云变幻,国家开始了一系列科技发展规划。1986年初,“七五”科技攻关计划中将工业机器人列入了发展计划,由当时的机械工业部牵头组织了工业机器人攻关,组织机器人基础理论研究、关键元器件及整机产品开发,包括点焊、弧焊、上下料、喷漆机器人,拨款在沈阳建立了全国第一个机器人研究示范中心。

1986年年底开始实施的国家高技术研究发展计划(“863”计划),在自动化领域成立了专家委员会,下设智能机器人主题组,研究目标是跟踪世界机器人先进水平,开发在恶劣环境下工作的移动机器人、水下无缆智能机器人和精密装配机器人。该计划的实施,使我国机器人产业从自发、分散的起步状态,进入了有组织的规划发展阶段。

2. 腾飞阶段

2015年,国家重点基础研究发展计划(“973”计划)应运而生,设立了“智能机器人”重点专项。同年5月，国务院发布《中国制造2025》，明确提出了我国实施制造强国战略的第一个十年的行动计划，将“高档数控机床和机器人”作为大力推动的重点领域之一，提出机器人产业的发展要围绕汽车、机械、电子、危险品制造等工业机器人应用以及医疗健康、家庭服务等服务机器人应用的需求，积极研发新产品，促进机器人标准化、模块化发展，突破机器人本体，减速器、伺服电机、控制器、传感器与驱动器等关键零部件及系统集成设计制造技术等技术瓶颈。创新路线图中明确了我国未来十年的重点方向：一是开发机器人本体和关键零部件；二是突破智能机器人关键技术，开发一批智能机器人。

2016年4月，工业和信息化部、发展改革委、财政部等三部委联合印发了《机器人产业发展规划(2016—2020年)》，指出我国机器人产业发展的主要任务是推进重大标志性产品率先突破、大力发展机器人关键零部件、强化产业创新能力、着力推进应用示范和积极培育龙头企业。

2017年7月，国务院印发了《新一代人工智能发展规划》的通知，明确了人工智能发展的目标，提出六个方面重点任务。从此，我国人工智能、机器人产业又迎来了新的发展。

人物介绍：“中国机器人之父”——蒋新松

1931年8月，蒋新松出生在江苏江阴，他的大部分童年都在战火中度过。颠沛流离的生活使他坚定了强国的信念。他于交通大学毕业后进入中国科学院自动化研究所。“文革”期间，他被调到中国科学院东北工业自动化研究所工作后，一直被“靠边站”。但对祖国的热爱和对科学的追求使蒋新松从未怨恨，一直积极投身于建设祖国的伟大事业，在自动化领域中取得卓越成就。

图1.1 蒋新松先生

1980年，蒋新松担任中国科学院沈阳自动化研究所所长，正式走向机器人方面的研发道路。他提出、组织并直接负责水下机器人的研究、开发及产品系列化工作，为我国探究海底，建立水下机器人系列化产品的生产基地作出了卓越贡献。他负责组织研制工业机器人及特种机器人，领导了装配型动态跟踪移动机器人系统、高压水切割机器人、核电站检查维修机器人等研制工作，为我国机器人的研制及应用作出了贡献。他还主编并撰写了《机器人学导论》专著及有影响的学术论文数十篇，创办了中国自动化学会刊物《信息与控制》和《机器人》杂志，并担任主编。他创建国家机器人技术研究工程中心和机器人学开放实验室，仅用了两年多就建成了11个实验室，为我国机器人领域输送了大量人才。

他参加制定了“863”计划，并担任自动化领域专家委员会首席科学家，与专家委员会一起提出了计算机集成制造系统(computer integrated manufacturing system，CIMS)、智能机器人两个主题跟踪战略目标，制定了整套技术路线，带领自动化领域这支队伍使CIMS从一无所有到在世界上占有一席之地，我国的特种机器人也几乎是从空白发展到令人瞩目的水平。

1997年3月30日，蒋新松先生因突发心脏病去世。蒋新松先生曾经说：“祖国和科学，我心中的依恋和追求。”在他看来，为了祖国的机器人事业献出终生是值得的。

“生命总是有限的，但让有限的生命迸发出更大的光和热，让生命更有意义，这是我的夙愿。我只讲生命的质量，不求生命长短的数量，活着干，死了算！”这是蒋新松先生豪迈的人生誓言，也是他一生的缩影。

1.2.4　国内机器人技术发展现状

1. 国内机器人技术蓬勃发展

1) 工业机器人技术逐步走向成熟

工业机器人是机器人应用最早和最广泛的领域之一。在工业生产中，机器人可以代替人工完成重复、繁琐、危险的工作，提高生产效率和产品质量。随着中国制造业的快速发展和智能化进程的不断加快，国内工业机器人技术也逐步走向成熟。近年来，国内工业机器人产业快速发展，成为全球工业机器人市场上的重要力量。目前，国内工业机器人技术已经取得了一系列重要突破，工业机器人的应用领域也不断扩大，包括开发出搬运机器人、弧焊机器人、电焊机器人、汽车装配机器人等。

我国目前正从劳动密集型产业向现代制造业方向发展。工业机器人的装机总量和每年新增的工业机器人台数都在快速增长，2011—2021 年的年平均增长率为 30%，远高于国际平均水平 9%。未来我国对工业机器人的需求是刚性和持续的，工业机器人的发展将是中国制造业历史上最大的一次革命，我国工业机器人的临界点已经到来。

2) 特种机器人研究

2013 年 2 月 8 日，由中国自主研发的机器人“极地漫游者”在南极中山站附近迈出了“第一步”，这是我国研发的首台风能驱动的机器人。“极地漫游者”体长 1.8 m，高 1.2 m，宽 1.6 m，重 300 kg，可在风能发电驱动下不间断地昼夜行走，能跨越高度近半米的障碍物，并在冰盖复杂地形下进行多传感器融合的自主导航控制，还可以通过卫星链路进行遥控。

在“十二五”期间，我国已成功研制出地震救援机器人。该种机器人可深入废墟、危险化学品环境实行救援，已作为地震应急搜救装备投入实际使用。

反应堆压力容器整体式螺栓拉伸机由中广核研究院有限公司、岭澳核电有限公司和中国广核集团有限公司研制成功，其中包括支撑环、提升装置、支撑装置、拉伸组件、机器人工作平台及主螺栓旋转机器人。反应堆压力容器整体式螺栓拉伸机能够将主螺栓旋入或旋出螺栓孔，并能对主螺栓进行拉伸，进而将主螺母进行拧紧或旋松。在实际工作中可以代替人工同时对多个主螺栓进行操作，并且布力均匀，可以减少作业时间，保证作业人员安全。

“蛟龙号”载人潜水器是一艘由中国自行设计、自主集成研制的载人潜水器。2010 年 5 月至 7 月，“蛟龙号”载人潜水器在中国南海进行了多次下潜任务，最大下潜深度达到了 7020 m。

“潜龙一号”是 2012 年研制成功的中国首个自主研制的无缆水下机器人，是中国国际海域资源调查与开发“十二五”规划重点项目之一，是服务于深海资源勘察的实用化深海装备，可完成海底微地形地貌精细探测、底质判断、海底水文参数测量和海底多金属结核丰度测定等任务。

“玉兔号”是中国首辆月球车，与着陆器共同组成“嫦娥三号”探测器，2013 年 12 月 15 日顺利抵达月球，主要任务是探测月球的物质成分和月壤下结构。它配备有全景相机、红外成像光谱仪、测月雷达、粒子激发 X 射线谱仪等科学探测仪器。

3) 服务机器人研究

随着人口老龄化和社会的日益发展，服务机器人已经成为一个重要的研究和应用领域。例如，在医院、酒店、餐厅、银行等场所，服务机器人可以提供导航、问询、清洁、送餐等服务；在家庭中，服务机器人可以为老人、残疾人提供照顾和生活帮助。目前，国内服务机器人市场规模不断扩大，需求增长迅速。服务机器人技术也在不断发展，特别是在人机交互、情感识别、智能控制等方面取得了重要突破。

4)仿生机器人研究

仿生机器人具有生物和机器人结合的特点，可以从生物体上学习如自适应性、鲁棒性、运动多样性和灵活性等一系列良好的性能，但同时又比动物好操控，可以精准完成人类给出的指令。这两种特性的结合，使得仿生机器人在反恐防爆、抢险救灾、水下作业、探索太空等不适合由人来承担任务的环境中具有良好的应用前景。中国仿生学研究起步较晚，经历了跟踪、模仿到局部领域齐头并进三个阶段，目前仍处在以国家基金项目资助推动为主的实验室测试阶段。

5)医疗与康复机器人研究

医疗机器人是当前快速发展的热门产业，从应用场景方面可以分为手术机器人、康复机器人、辅助机器人、服务机器人等。国内大部分医疗机器人产品仍处于研发阶段，仅有天智航、安翰医疗、柏惠维康、华科精准、大艾机器人等少数企业的产品通过了国家药品监督管理局审批。国内手术机器人研发以企业为主，同时影像设备企业依托影像技术与手术导航技术融合，开发出相关产品进入该领域。在康复机器人领域，高端康复机器人被外资垄断，北京大艾机器人公司于2018年获批上市了我国首款外骨骼机器人。医疗与康复机器人近年发展非常快，出现了不少创新型企业。

2. 国内机器人产业存在的问题

虽然经过多年努力，我国高校及研究机构已研制了多种型号的工业机器人，形成了若干机器人开发及产业化基地，目前已形成了一些具备一定规模的机器人制造企业，但在高端机器人领域，一些国际大公司在市场上仍具有优势，国产工业机器人所占市场份额较小。

我国在机器人关键技术方面还有待突破，包括机构本体优化设计、控制器与伺服驱动、可靠性等核心技术。在智能机器人技术领域还有很多问题需要研究。

1.3 控制理论与人工智能技术的发展对机器人技术发展的影响

近年来，控制理论和人工智能技术不断发展，有力地推进了机器人的技术进步。控制理论作为机器人控制的基础理论，已经从传统的反馈控制向预测控制、模型预测控制、鲁棒控制、自适应控制、混合控制等方向拓展。这些新型的控制方法可以更好地解决机器人动态特性中的非线性、多变量、强耦合等问题，提高机器人的运动精度和鲁棒性。人工智能技术也在智能机器人的发展中起到了重要作用，机器学习、深度学习、自然语言处理、计算机视觉等人工智能技术已经应用于机器人控制、感知和决策等领域。控制理论和人工智能技术的发展为智能机器人的控制和决策提供了更加优越的工具和方法。随着这些技术的不断成熟和应用，智能机器人的性能和应用范围将会得到进一步提升。

1.3.1 控制理论对机器人技术发展的作用

1. 经典控制理论

20世纪20—30年代，美国开始采用PID(proportion-integral-derivative，比例-积分-微分)模拟

式调节器，现在还在许多工厂中采用。1934 年，美国人黑曾（H. L. Hazen）发表的《关于伺服机构理论》（*Theory of Servomchanism*）的论文，标志着经典控制理论的诞生。1948 年，诺伯特·维纳出版《控制论》（*Cybernetics：Or the Control and Communication in the Animal and the Machine*），阐述了机器中的通信和控制功能与人的神经、感觉机能的共同规律，率先提出信息反馈的思想。

机器人单个关节轴运动控制最早使用的策略是 PID 算法，这种算法简单、鲁棒性好、可靠性高，主要的缺点是：①无法克服惯量变比及有效载荷变化的影响；②没有考虑多个关节的耦合作用及非线性影响。机器人控制 PID 算法的改进策略有：①在伺服系统的控制量中实时地计算重力项，并加入一个抵消重力的量，可补偿重力项的影响。②耦合惯量及摩擦力的补偿。在高速、高精度机器人中，必须考虑一个关节运动会引起另一个关节的等效转动惯量的变化，即耦合的问题。现已提出多种多关节补偿方法，如传感器的位置补偿：在内部反馈的基础上，再用一个外部位置传感器进一步消除误差。这种方法称为传感器闭环系统或大伺服系统。③前馈控制和超前控制。前馈控制主要思路是从给定信号中提取速度、加速度信号，把它加在伺服系统的适当部位，以消除系统的速度和加速度跟踪误差；超前控制思想是估计下一时刻的位置误差，并把估计量加到下一时刻的控制量中。

2. 现代控制理论

现代控制理论在状态空间法、多变量系统解耦和多变量频域系统设计等方面对机器人控制有重要影响。美国数学家鲁道夫·埃米尔·卡尔曼（Rudolf Emil Kalman）在 20 世纪 60 年代初提出了能控性（controlability）和能观性（observability）的概念，并引入了状态空间法来描述多变量线性系统。状态空间法不仅可以更加准确地描述机器人的动态特性，而且可以用于控制系统的设计和分析。机器人各自由度之间存在着耦合，而现代控制理论提供了一些解耦方法，可以有效地降低机器人控制的复杂性和计算量。例如，可以利用状态反馈将机器人的控制问题分解为多个子问题进行处理，从而简化问题的求解过程。

3. 先进控制理论

先进控制理论包括自适应控制、变结构控制、非线性微分几何方法及各种智能控制方法等。这些方法能够应对机器人控制中的不确定性和非线性问题。针对机器人存在的转动惯量和科氏力矩阵不确定问题，用模型参考自适应等方法进行控制。微分几何方法用来研究复杂系统的拓扑结构，包括微分流形、李导数等概念，可以利用微分几何方法对机器人进行运动学分析、奇异性分析、动力学建模与控制。此外，基于强化学习、深度学习、神经网络等智能控制方法可以实现机器人的自主学习和自适应控制，同时应用于多机器人协同控制、机器人路径规划与避障等领域，提高了机器人的控制精度和应用效率。

1.3.2 人工智能技术对机器人技术发展的影响

1956 年，赫伯特·西蒙（Herbert A. Simon）、马文·明斯基（Marvin L. Minsky）、约翰·麦卡锡（John McCarthy）等人组织了达特茅斯会议，提出了“人工智能”（artificial intelligence，AI）这一名词。与会者断言，AI“能够创建周围环境的抽象模型，如果遇到问题，能够从抽象模型中寻找解决方法”。“AI”概念的提出影响到以后 60 多年智能机器人的研究方向。

1. 人工智能发展历史

1)黄金年代:1956—1974 年

达特茅斯会议之后,人工智能飞速发展。人们发现计算机可以解决许多人们认为计算机解决不了的问题,研究者们对 AI 的信心高涨。1958 年,赫伯特·西蒙和艾伦·纽厄尔(Allen Newell)提出:“十年之内,数字计算机将成为国际象棋世界冠军。”到了 1965 年,西蒙认为:“二十年内,机器将能完成人能做到的一切工作。”

2)第一次 AI 低谷:1974—1980 年

到了 20 世纪 70 年代,由于人们低估了 AI 研究的难度,使得研究者们对大众的承诺无法兑现,政府对 AI 项目停止了拨款。AI 需要很强的计算能力,而这时计算机的运算能力非常低。

3)繁荣:1980—1987 年

1980 年,美国卡内基梅隆大学研发的 XCON 专家系统正式投入使用,它充分利用现有专家的知识经验,解决人类特定工作领域需要的任务。XCON 的成功也刺激到了日本政府,日本经济产业省拨款 8.5 亿美元支持第五代计算机项目。

4)第二次 AI 低谷:1987—1993 年

20 世纪 80 年代个人电脑飞速崛起,美国的 IBM 和苹果电脑迅速占领市场。它们使用和维护方便、更新快,因此许多企业放弃了无法更新、维护麻烦的 XCON 机器。1987 年,专用 LISP 智能计算机等受到了人们的冷遇,人工智能领域再一次进入寒冬。

5)1993 年以后

1997 年 5 月 11 日,IBM 公司开发的“深蓝”成为战胜国际象棋世界冠军卡斯帕罗夫的第一个计算机系统;2005 年,斯坦福大学研究人员开发的一台机器人在一条沙漠小径上成功地自动行驶了 131 英里(约 211 km),赢得了 DARPA 挑战大赛头奖;2009 年,瑞士的“蓝脑”计划声称已经成功地模拟了部分鼠脑;2016 年 3 月 9 日至 15 日,韩国九段棋手李世石与美国谷歌人工智能棋手“阿尔法狗”(AlphaGo)比赛,“阿尔法狗”以总比分 4 比 1 战胜李世石;谷歌智能车完成了长距离实验。这些事件使人们看到了人工智能的希望。

2. 人工智能理论与方法

人工智能的主要派别有符号主义、连接主义和行为主义。符号主义基于逻辑推理模拟人的智能行为。连接主义认为人工智能源于仿生学,特别是源于对人脑模型的研究,其原理主要是神经网络间的连接机制与学习过程。行为主义认为人工智能源于控制论,其原理是控制理论及感知-动作型控制系统。

专家系统是一种被广泛使用的方法,它由知识表示、推理策略、数据库、控制接口等组成。模糊控制由美国加州大学伯克利分校著名教授扎德(L. A. Zadeh)提出,它是以模糊变量和模糊逻辑推理为基础的控制方法,包括模糊化、知识库、逻辑判断及反模糊化等过程。

神经元网络是由大量类似于神经元的处理单元相互连结形成的非线性复杂网络学习系统。2006 年,加拿大多伦多大学教授杰弗里·辛顿(Geoffrey Hinton)提出了深度学习模型,认为多隐层的人工神经网络具有优异的特征学习能力,对数据有更本质的理解,从而有利于可视化或分类识别。

统计学习理论是在经验风险最小化有关研究基础上发展起来的一种针对小样本的统计理论。支持向量机是在统计学习理论基础上发展出的一种通用学习方法，可用于机器人控制、导航及故障检测与识别等方面。

机器人视觉技术采用摄像机模拟人眼，模仿大脑处理信息的方法，组成机器视觉系统。视觉感知目前仍是智能机器人发展的一个技术瓶颈。

1.4　机器人关键技术问题与展望

1.4.1　机器人研究中的关键技术问题

1. 新型机构、材料、驱动、传感、控制与仿生技术

这一领域的关键技术问题有：

(1)机器人的新型机构与驱动；

(2)柔性结构；

(3)精密驱动与传动；

(4)生物机电融合技术。

2. 智能机器人学习与认知技术

这一领域的关键技术问题，是通过机器人技术、人工智能技术、脑科学等学科交叉，研究具有仿生学习能力的机器人认知计算系统。

3. 人机自然交互与协作共融技术

这一领域的关键技术问题有：

(1)基于人的语言、触觉、身体运动姿态、手势、视线和情感、生理电信号等人机自然交互模式研究；

(2)人机共享环境建模与合作意图理解，共享环境下的行为决策、规划、安全协同作业及优化。

4. 机器人核心零部件

这一领域的关键技术问题有：

(1)高精度减速器、伺服驱动器、机器人专用控制器、传感器等核心零部件的设计；

(2)驱动-传动-传感-伺服控制一体化设计技术；

(3)模块关节的设计与制造技术等。

5. 机器人核心软件

这一领域的关键技术问题有：

(1)机器人操作系统以及核心软件技术；

(2)面向典型机器人及应用领域的功能软件，包括机器人协同作业与调度、离线示教/编程、监控诊断和核心工艺软件等。

6. 机器人测试、安全与可靠性技术

这一领域的关键技术问题有：

(1)高性能机器人测试与评估技术；

(2)机器人安全与可靠性质量保障技术。

7. 工业机器人智能化技术

这一领域的关键技术问题，是研究开发针对切割、焊接、切削、打磨、装配、喷涂、钻铆等应用的工业机器人智能化技术。

8. 新型工业机器人

这一领域的关键技术问题有：

(1)高刚度高精度工业机器人设计与控制技术；

(2)无轨化安全自主导航技术；

(3)双臂协调及灵巧作业技术；

(4)大范围全场移动作业、液压重载机器人、面向深腔作业的柔性机械臂等技术。

9. 服务机器人

这一领域的关键技术问题有：

(1)面向老人、残障人士的行为辅助技术；

(2)面向智慧生活、社会服务的服务机器人系统。

10. 特种机器人

这一领域的关键技术问题有：

(1)特殊环境服役机器人环境适应技术与自主作业。面向反恐防爆、灾后救援、能源安全运行维护、特种物品及危险品处置、环境及重点建筑健康监测等领域；研究动态非结构环境的自主行为、在线决策以及行为优化、多机器人合作等技术。

(2)医疗机器人定位导航与精准操作技术及系统。面向微创、介入、骨科、肢体康复等领域，研究高精度传动机构、人机协同操作控制、生机电感知与融合、虚拟手术等关键技术。

11. 军用机器人

这一领域的关键技术问题，是研究开发地面无人作战平台、无人运输系统、自主式侦查机器人等。

1.4.2　未来机器人发展方向

机器人的诞生是人类高新技术革命的结晶，经过 60 多年的发展已在很多领域取得了巨大成功。机器人已无所不在，机器人正在改变世界。但是对于人类的理想来说，这还仅仅是开始。要使机器人达到人的智慧程度，“做到无所不能”，还有很长的路要走。

在工业制造领域，未来需研究人机协作机器人技术。在类人机器人方面，未来需研究：①没有人类教师指导下的机器学习能力；②机器人感知能力；③机器情感与自我意识能力；④意念控制机器人、软体机器人等。在军事领域，高智能、多功能、反应快、灵活性好、效率高的

机器人群体，可能会逐步接管某些军人的战斗岗位。

1.5　本章小结

本章首先介绍了机器人的起源与发展、机器人的研究和应用现状，按智能化水平可分为示教再现机器人、有感知机器人及智能机器人。从国际方面看，工业机器人技术已经成熟，目前各国都在大力发展智能机器人技术。我国目前正从劳动密集型产业向现代制造业方向发展，发展机器人有非常重要的意义。

机器人技术依赖于控制理论、人工智能等技术，而人工智能技技术的发展水平决定着机器人智能化水平。本章说明了控制理论及人工智能技术对机器人技术发展的作用。智能机器人技术还有很多问题值得研究，本章还分析了机器人关键技术问题及未来机器人的发展方向，归纳出要解决的核心技术问题有机器学习、人机交互、人机共融等，未来需要研究类人机器人、意念控制机器人等。

习题

1.1　简述机器人发展过程中的大事年表及典型成果。

1.2　按照智能化程度，可将机器人分成几个层次？并说明各个层次机器人的主要技术特征。

1.3　请说明机器人与控制理论之间的关系，在机器人控制中已用到哪些方法？

1.4　请说明人工智能技术与机器人之间的关系，哪些人工智能技术已在机器人中得到了应用？

1.5　查阅资料，简述在航天活动中的主要机器人类型及用途。

1.6　简述术语：智能机器人、工业机器人、有感知的机器人。

1.7　什么是“机器人三原则”？

第2章　机器人机构与传感器

机器人本体是机器人用来完成各种作业的执行机构，包括基座、腰部、臂部（大臂和小臂）和手腕部分及行走机构。本体设计需考虑自由度、工作速度、工作载荷、控制精度、运动控制方式等因素。机器人的自由度越多，机构运动的灵活性越大，通用性越强，但机构也更复杂，刚性变差。设置冗余自由度使操作机具有一定的避障能力，但在计算逆运动学解时，各关节运动需要进行优选。工作速度为机器人中心点在单位时间内所移动的距离或转动的角度。工作载荷定义为危及安全因数或过载因数规定的最大工作载荷。本章将介绍机器人的结构形式，描述机器人的机构组成及传动部件原理，还将介绍机器人使用的坐标系。对机器人的液压、气动、电机三种典型驱动原理进行分析，并将介绍复合式驱动系统及其他新型驱动系统。

传感器是智能机器人实现感知的核心部分，机器人通过传感器感知自身的姿态，并同外部环境进行交互。传感器分为内传感器和外传感器。内传感器主要用来检测机器人本身状态，包括位置、位移、速度、陀螺传感器；外传感器主要用来检测机器人所处环境及目标状况，包括力觉、触觉、听觉、视觉传感器等。本章还将介绍机器人中的各种内、外传感器原理及使用方法。

2.1　机器人结构类型

2.1.1　机器人本体结构类型

按本体结构类型，机器人主要分为直角坐标机器人、柱面坐标机器人、球面坐标机器人、串联关节机器人、并联机器人等。

1. 直角坐标机器人

直角坐标机器人具有相互垂直的多个直线移动轴，如图2.1所示。这种机器人可通过直角坐标方向的3个独立自由度确定其末端的空间位置，其动作空间为一长方体。

这种结构的机器人控制简单，刚性大，容易达到高精度，但操作范围小，占地面积大。

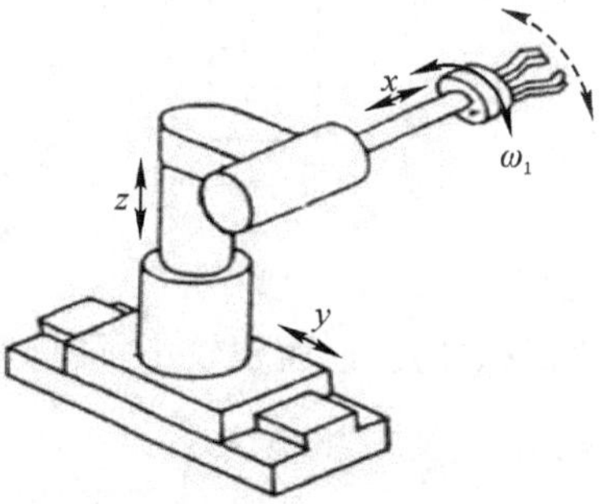

图2.1　直角坐标机器人结构

2. 柱面坐标机器人

柱面坐标机器人由垂直移动轴、水平移动关节和旋转底座构成，如图 2.2 所示。底座通过旋转确定整体方位，主臂沿着 z 轴上下移动，内置在机械臂中的圆柱体沿着 y 轴伸缩，整体操作范围为圆柱形。

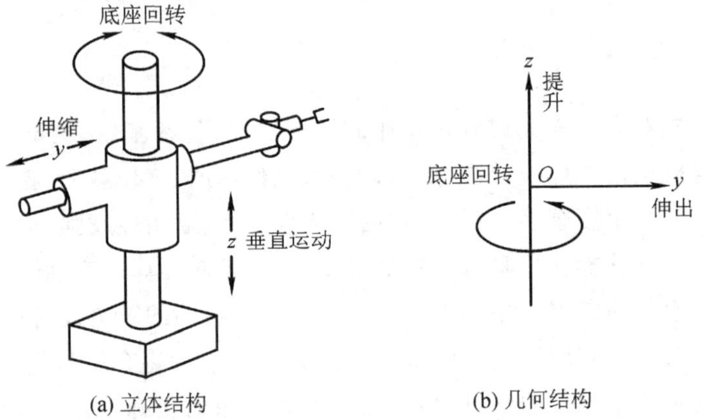

图 2.2　柱面坐标机器人结构

这种结构控制精度较高，计算简单，动力输出较大。但手臂可达空间受到限制，直线驱动部分难以密封，安全性差。

3. 球面坐标机器人

球面坐标机器人由旋转底座和机械臂构成，如图 2.3 所示。机械臂能够里外伸缩移动以及在垂直平面内摆动，整个机器人的工作空间形成球面的一部分。由于其具有俯仰自由度，因此这种机器人还能将臂伸向地面，完成从地面提取工件的任务。

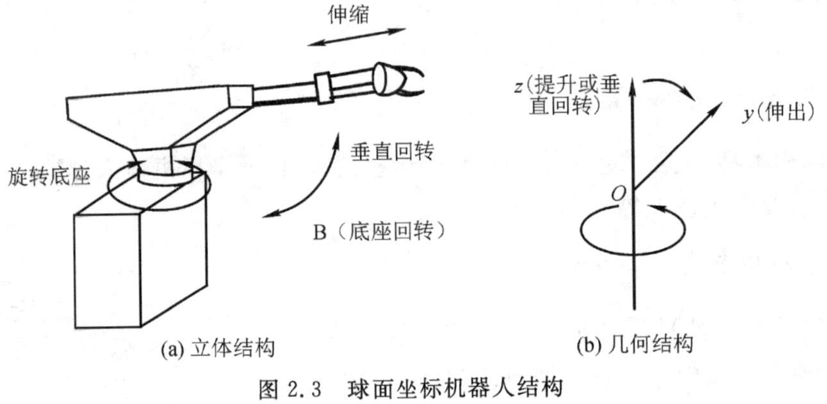

图 2.3　球面坐标机器人结构

这种结构占地面积较小，结构紧凑，位置精度尚可。但避障性能较差，存在平衡问题。

4. 串联关节机器人

串联关节机器人由多个关节与一系列连杆组成，每个连杆通过关节串联，如图 2.4 所示。这种机器人可以自由地实现三维空间的各种姿势，生成各种复杂形状的轨迹。该种机器人动作范围宽，但结构刚度较低，绝对位置精度较低。

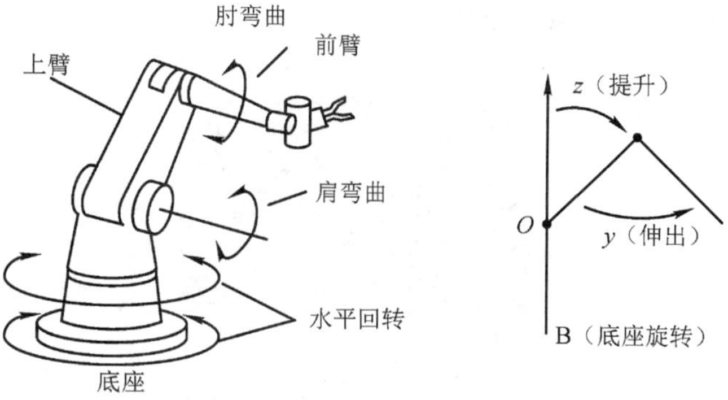

(a) 立体结构　　(b) 几何结构

图 2.4　串联关节机器人结构

5. 并联机器人

并联机器人由动平台、静平台以及至少两个机械臂构成，如图 2.5 所示。动平台和静平台至少通过两个独立的机械臂并联连接，静平台为所有机械臂的坐标原点，动平台通过机械臂的移动而移动，是并联方式驱动的一种闭环机构。

这种结构理论上具有刚度高、质量轻、结构简单、制造方便等特点。但并联结构的机器人所需要的安装空间较大，在笛卡儿坐标系上的定位控制与位置检测等方面均有难度，因此定位精度相对较低。

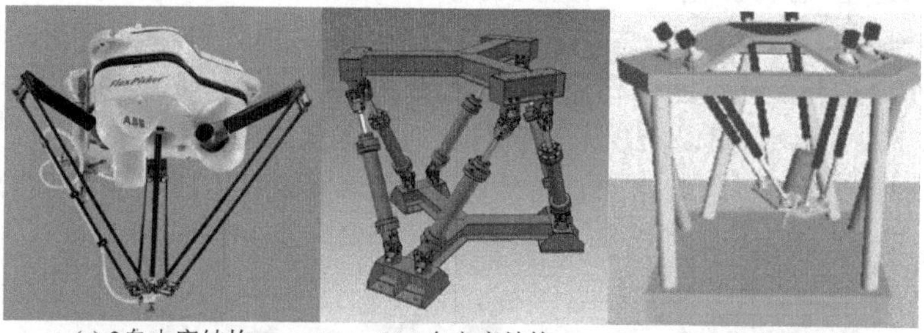

(a) 3自由度结构　　(b) 5自由度结构　　(c) 6自由度结构

图 2.5　并联机器人结构

2.1.2　机器人移动性类型

机器人按移动性可分成固定型机器人、移动机器人两大类。移动机器人包括轮式移动机器人、步行移动机器人、蛇形机器人、履带式移动机器人、爬行机器人等类型。图 2.6～图 2.8 给出了几种移动式机器人的实物图。

足式机器人模拟动物或者人类的运动形式，采取腿足关节结构完成行走，按支撑足数量分为单足、两足、多足等结构形式。轮式机器人按照车轮数量可以分为 2 轮、3 轮、4 轮以及多轮机构。轮式机器人具有结构简单、运行平稳、控制便利的特点，在速度和能耗方面的表现也是现有移动机器人中最好的，但是该类型机器人不适应复杂多变的环境，越障能力差。

履带式机器人的行进机构是两侧履带，与地面的接触面积更大且跨度较长，通过滑动摩擦实现转向，是野外非结构化环境中综合运动能力最强的机器人。蛇形机器人由多个单自由度关节模块构成，可以模仿蛇进行蜿蜒、直线、伸缩、侧向运动。

图 2.6　步行移动机器人

图 2.7　轮式移动机器人

图 2.8　履带式移动机器人

2.1.3　机器人运动轴与坐标系

通常机器人运动轴按其功能可划分为机器人轴、基座轴和工装轴，如图 2.9 所示。基座轴和工装轴统称外部轴。机器人轴 A1、A2 和 A3 三轴（轴 1、轴 2 和轴 3）称为基本轴或主轴，用以保证末端执行器达到工作空间的任意位置，如图 2.10 所示。A4、A5 和 A6 三轴（轴 4、轴 5 和轴 6）称为腕部轴或次轴，用以实现末端执行器的任意空间姿态。

机器人系统中使用关节坐标系和直角坐标系，直角坐标系包括基坐标系、工具坐标系和用户坐标系。

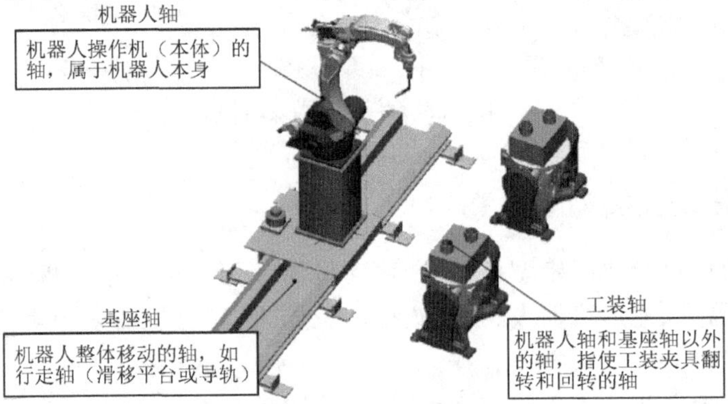
机器人轴
机器人操作机（本体）的轴，属于机器人本身
基座轴
机器人整体移动的轴，如行走轴（滑移平台或导轨）
工装轴
机器人轴和基座轴以外的轴，指使工装夹具翻转和回转的轴

图 2.9　机器人运动轴图 1

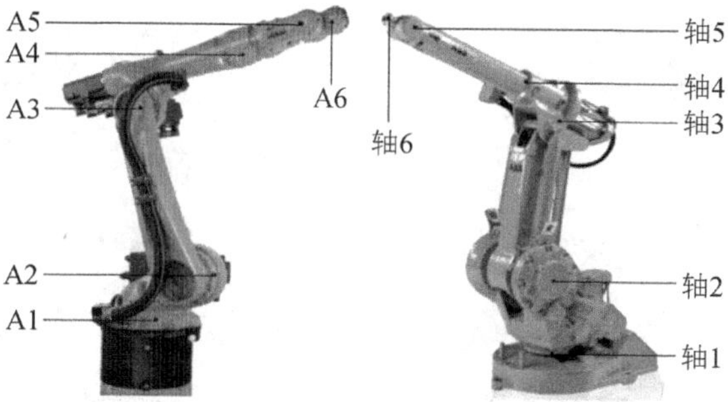

(a) KUKA机器人　(b) ABB机器人

图 2.10　机器人运动轴图 2

1. 关节坐标系

在关节坐标系下，机器人各轴均可实现单独正向或反向运动。对于大范围运动，且不要求机器人末端姿态时，可选择关节坐标系。关节坐标系下的轴类型、轴名称和动作说明见表 2.1。

表 2.1　关节坐标系

轴类型	轴名称				动作说明
	ABB	FANUC	YASKAWA	KUKA	
主轴（基本轴）	轴 1	J1	S 轴	A1	本体左右回转
	轴 2	J2	L 轴	A2	大臂上下运动
	轴 3	J3	U 轴	A3	小臂前后运动
次轴（腕部轴）	轴 4	J4	R 轴	A4	手腕回旋运动
	轴 5	J5	B 轴	A5	手腕弯曲运动
	轴 6	J6	T 轴	A6	手腕扭曲运动

2. 基坐标系

机器人示教与编程时经常使用基坐标系。它的原点定义在机器人安装面与第一转动轴的交点处，x 轴向前，z 轴向上，y 轴按右手法则确定，如图 2.11 所示。

3. 工具坐标系

机器人工具坐标系由工具中心点与其坐标方位组成。

4. 用户坐标系

可根据需要定义用户坐标系。当机器人配备多个工作台时，选用户坐标系可使操作更为简单，如图 2.12 所示。

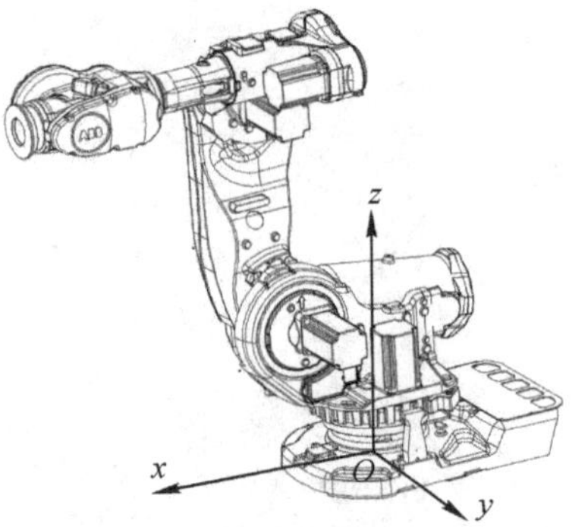

图 2.11　机器人基坐标系

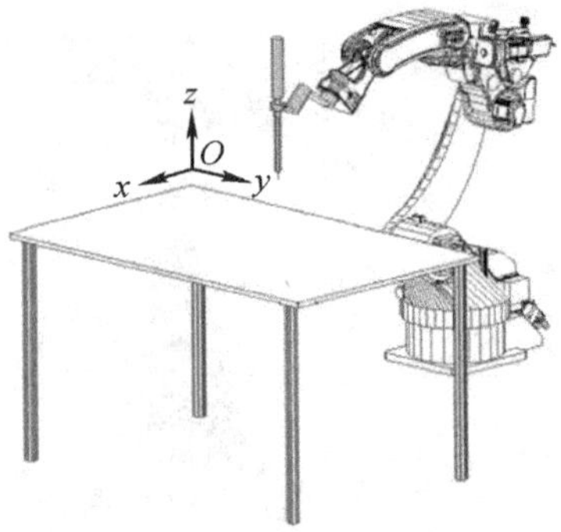

图 2.12　用户坐标系原点

2.2　机器人机构及传动部件

2.2.1　机器人执行机构

1. 机器人机身与臂部

机身是机器人的机械主体，是用来完成各种动作的执行机构。关节型机器人的机身是由关节连在一起的许多机械连杆的集合体，实质上是一个拟人手臂的空间开链式机构。它一端固定在基座上，另一端可自由运动。由关节-连杆结构所构成的机械臂大体可分为基座、腰部、臂部(大臂和小臂)和手腕 4 部分。图 2.13～图 2.15 是关节型机器人的机身及臂部整体和局部结构图。

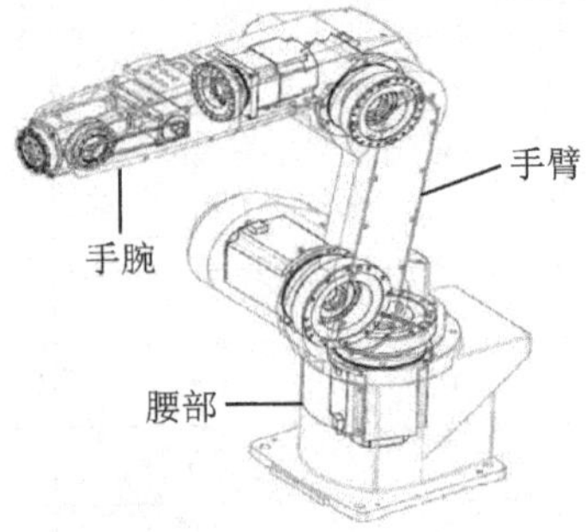

图 2.13　关节型机器人机身

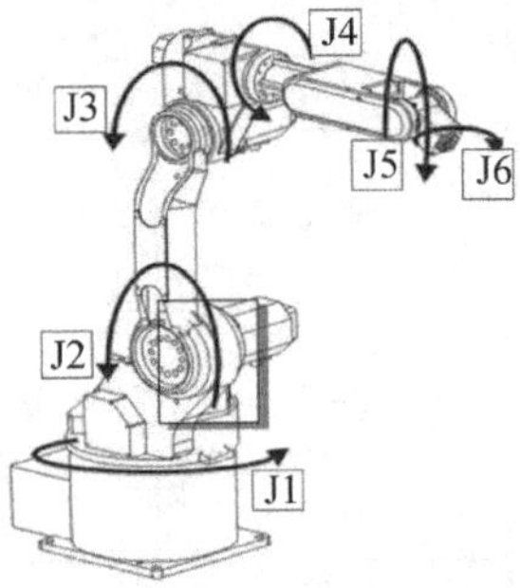

图 2.14　关节型机器人关节连接图

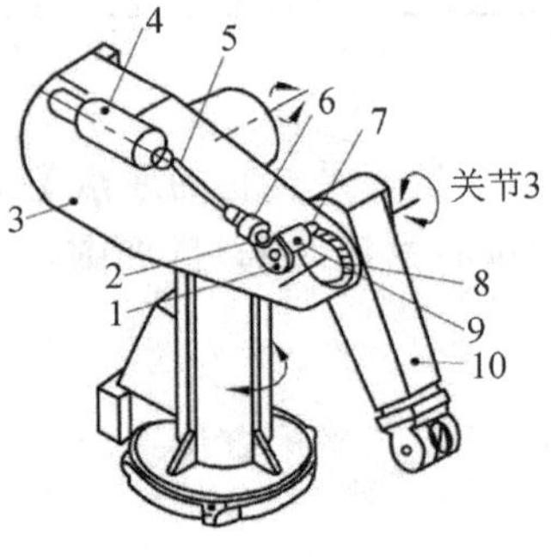

1—大锥齿轮；2—小锥齿轮；3—大臂；4—小臂电动机；5—驱动轴；

6—偏心套；7—小齿轮；8—大齿轮；9—偏心套；10—小臂。

图 2.15　关节型机器人的臂部结构

基座是机器人的基础部分，起支撑作用。腰部是机器人手臂的支承部分。手臂是连接机身和手腕的部分，它是执行机构中的主要运动部件，亦称主轴，主要用于改变手腕和末端执行器的空间位置。手腕连接末端执行器和手臂的部分，亦称次轴，主要用于改变末端执行器的空间姿态。

2. 机器人手腕

为了使手部能处于空间任意方向，要求腕部能实现对空间三个坐标轴 x、y、z 的旋转运动，如图 2.16 所示。腕部运动的 3 个自由度，分别称为偏转 Y（如图 2.17 所示）、俯仰 P（如图 2.18 所示）和翻转 R（如图 2.19 所示）。并不是所有的手腕都必须具备 3 个自由度，而是根据实际使用的工作性能要求来确定。

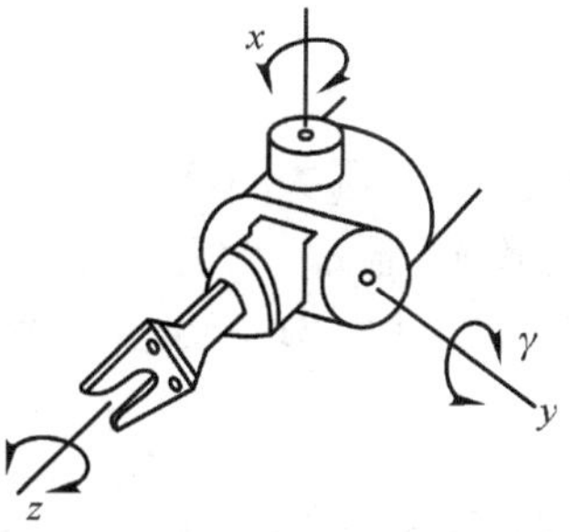

图 2.16　腕部坐标系

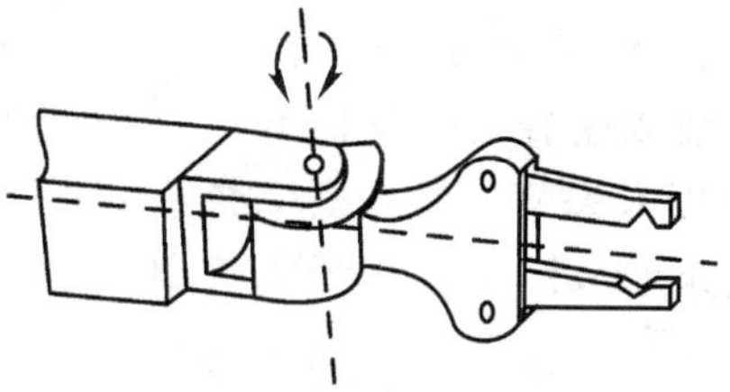

图 2.17　手腕的偏转（Y）

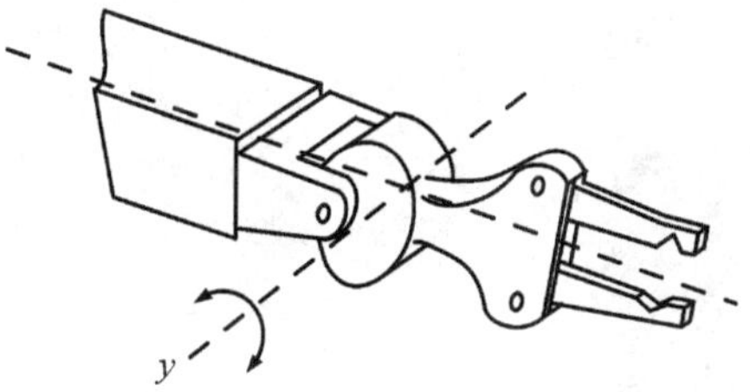

图 2.18　手腕的俯仰（P）

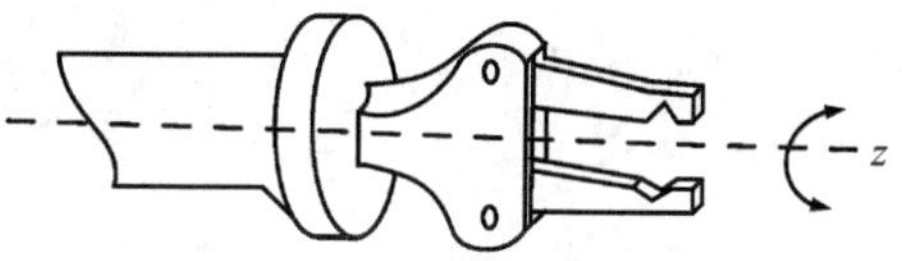

图 2.19　手腕的翻转（R）

2.2.2　机器人行走机构

安装在固定基座上的机器人有其使用的局限性。由于不能移动，对于一些大件的、尺寸超过一定范围的作业对象，就需要多台机器人进行作业，从而增大了使用成本；对于一些工作周期比较长的作业，则降低了效率，造成资源浪费。

如图 2.20 所示，增加机器人外部轴，可扩展机器人作业半径，降低生产使用成本，这样机器人可管理多个工位，提高效率。机器人第七轴应用是工业自动化水平的重要标志，主要应用于焊接、铸造、机械加工、智能仓储、汽车、航天等领域。

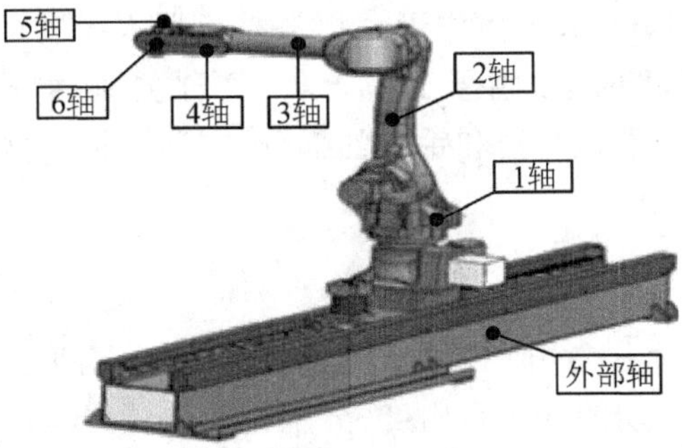

图 2.20　机器人机构

2.2.3　机器人传动部件

目前机器人广泛采用的机械传动单元是减速器，主要有两类：RV（rotary vector，旋转矢量）减速器和谐波减速器。一般将 RV 减速器放置在基座、腰部、大臂等重负载的位置，用于 20 kg 以上的机器人关节。关节型机器人机械传动单元如图 2.21 所示。此外，还有机器人采用齿轮传动、链条（带）传动、直线运动单元等。

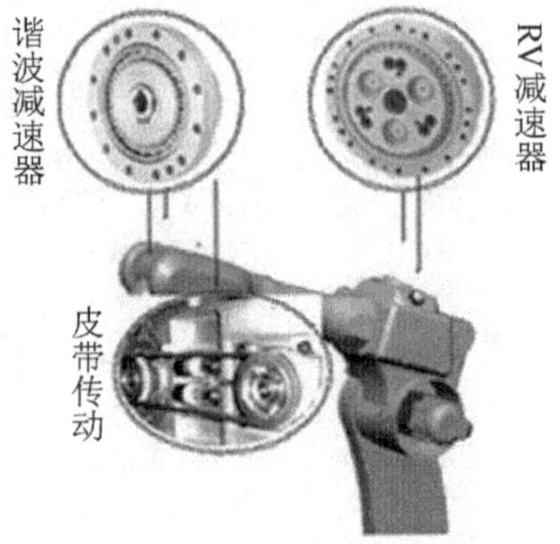

图 2.21　关节型机器人机械传动单元

1. RV 减速器

RV 减速器是在传统针摆行星传动的基础上发展出来的，其结构见图 2.22。它具有体积小、重量轻、传动比范围大、寿命长、精度稳定、效率高等优点，由输入轴、行星齿轮（正齿轮）、RV 齿轮、针齿及输出轴等组成。RV 减速器剖析图见图 2.23。

输入齿轮轴用来传递输入功率，且与渐开线行星轮互相啮合。行星轮（正齿轮）与曲轴固联，两个或三个行星轮均匀分布在一个圆周上，起功率分流作用，即将输入功率分成几路传递给摆线针轮机构。为了实现径向力的平衡，一般采用两个完全相同的摆线针轮，称为 RV 齿轮。针齿与机架固联在一起成为针轮壳体。输出盘是 RV 减速器与外界从动机相连接的构件，输出盘和刚性盘相连接成为一个整体，输出运动或动力。RV 减速器通常应用于机器人的第 1、2、3 轴，见图 2.24 和图 2.25。

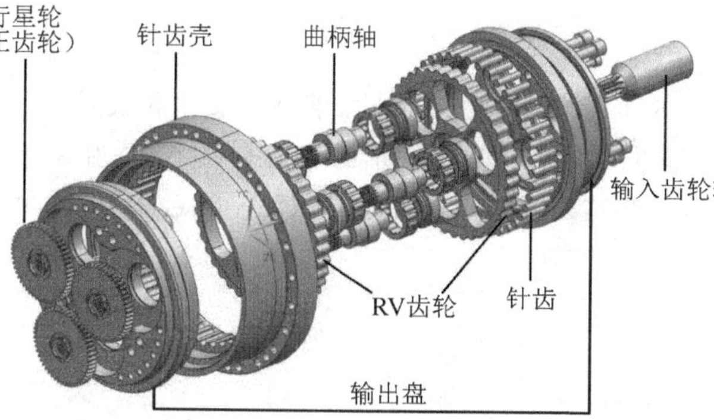

图 2.22　RV 减速器

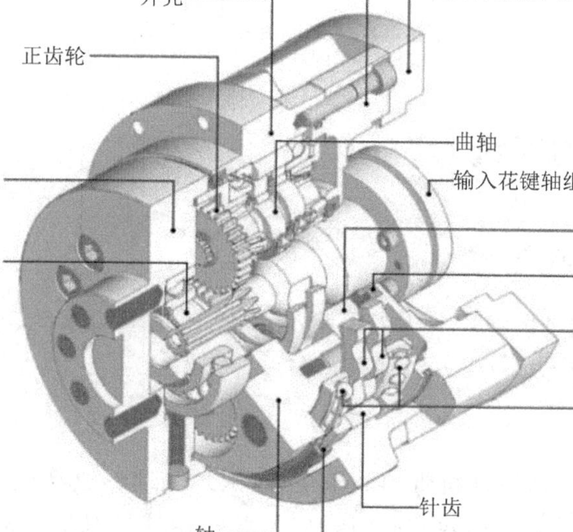

图 2.23　RV 减速器剖析图

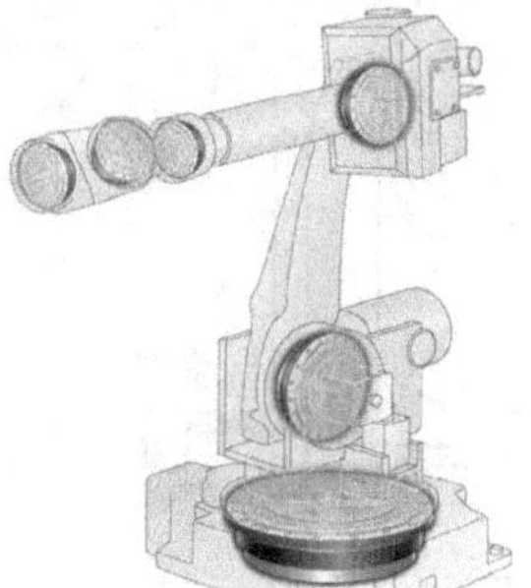

图2.24　垂直多关节机器人(关节轴)

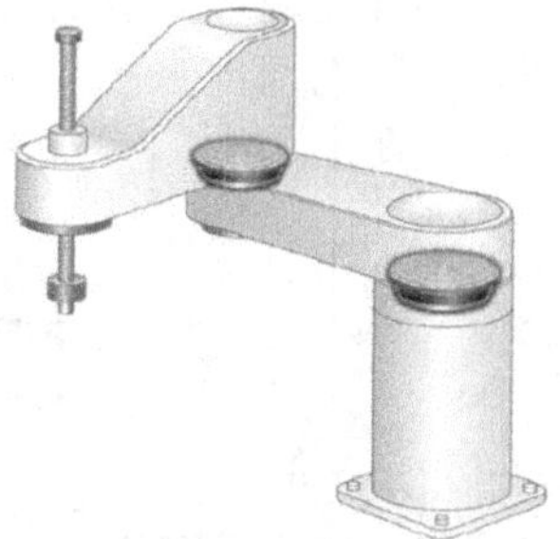

图 2.25　SCARA 机器人

2. 谐波减速器

谐波减速器通常由 3 个基本构件组成，包括刚轮、柔轮和波发生器，如图 2.26 所示。刚轮带有内齿，柔轮在工作时可产生径向弹性变形并带有外齿，波发生器装在柔轮内部，呈椭圆形，外圈带有柔性滚动轴承。在这 3 个基本构件中可任意固定一个，其余两个一个为主动件一个为从动件。

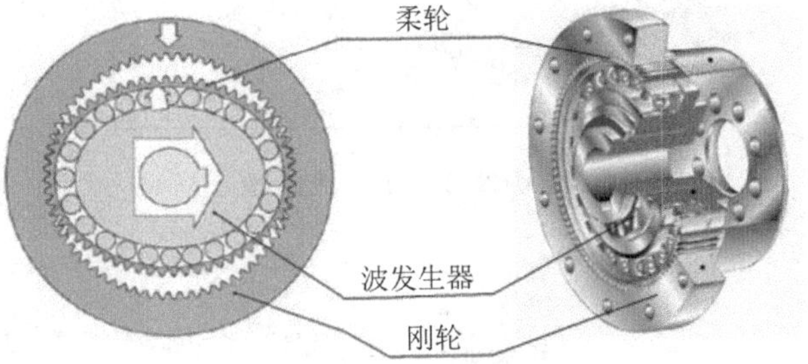

图 2.26　谐波减速器原理图

2.3　机器人驱动系统

2.3.1　机器人驱动系统分类

机器人驱动系统按动力源划分为液压驱动系统、气动驱动系统、电机驱动系统、复合式驱动系统、新型驱动系统。

1. 液压驱动系统

液压驱动系统，由一般电动机带动液压泵，液压泵转动形成高压液流（也就是动力），液压管路将高压液体（一般是液压油）接到液压马达（阀），由液压马达转动形成驱动力，如图 2.27 所示。液压驱动系统具有输出功率大、防爆性能较好的特点，在大型或重载机器人系统中得到应用。

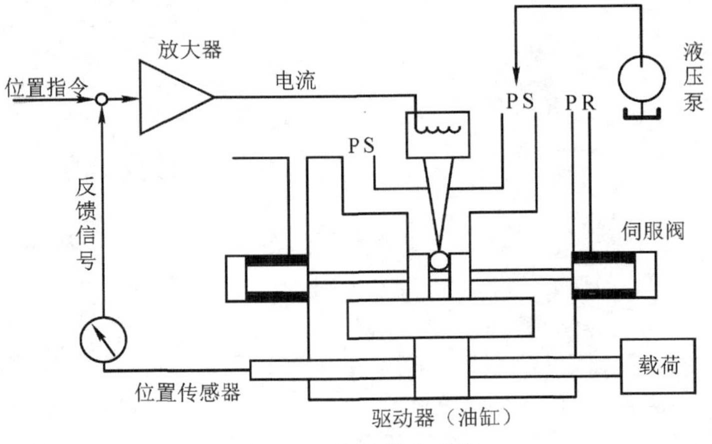

图 2.27　液压驱动系统

电液伺服驱动的机器人所采用的电液转换和功率放大元件有电液伺服阀、电液比例阀等。电液伺服动力执行机构有电液伺服马达、电液伺服液压缸、电液步进马达、电液步进液压缸、液压回转伺服执行器等。采用电液伺服驱动的机器人系统设计中，应注意伺服阀的布置，以使伺服阀与驱动器之间连接的管线距离最短，以提高系统的动态响应。系统动力源压力以适中为宜(689～1379 kPa)，回油管以及油冷却器必须按一定的尺寸制造，以利于热量散发，保护回路中的部件。

2. 气动驱动系统

气动驱动系统，利用气体的抗挤压力来实现力的传递。气动执行装置的种类有气缸和气动马达，如图 2.28 所示。图 2.29 是无杆气缸的结构，图 2.30 是叶片式气动马达的结构。

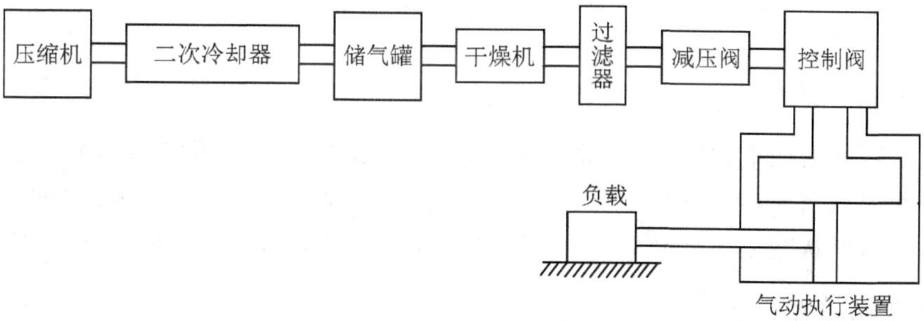

图 2.28　气动驱动系统

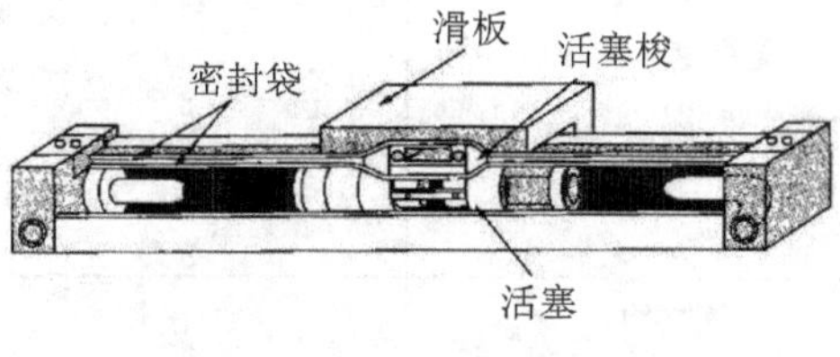

图 2.29　无杆气缸的结构

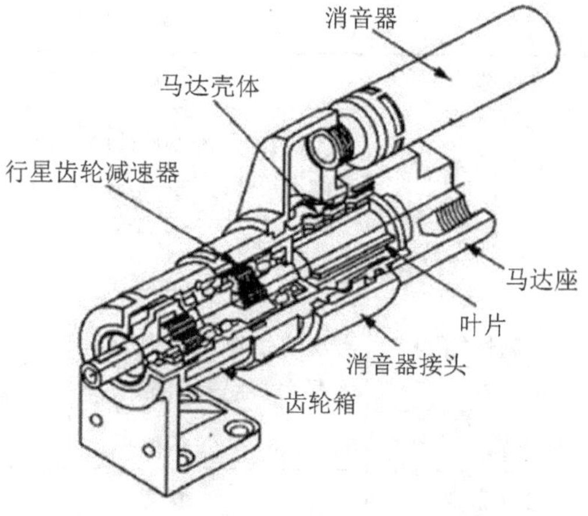

图 2.30　叶片式气动马达的结构

3. 电机驱动系统

电机驱动系统将电信号转换为角位移或线位移，使用的控制电机包括步进电机、直流伺服电机、交流伺服电机等，如图 2.31 所示。机器人对电机的要求如下。

(1) 有较大功率质量比和扭矩惯量比、高启动转矩、低惯量和较宽广且平滑的调速范围；

(2) 必须具有较高的可靠性和稳定性，并且具有较大的短时过载能力；

(3) 机器人末端执行器(手爪)应采用体积、质量尽可能小的电机。

一般负载 1000 N·m 以下的机器人大多采用电机伺服驱动系统。交流伺服电机由于采用电子换向，无换向火花，在易燃易爆环境中得到了广泛使用。步进电机主要适用于开环控制系统，一般用于对位置和速度精度要求不高的环境。机器人关节驱动电动机的功率范围一般为 0.1～10 kW。

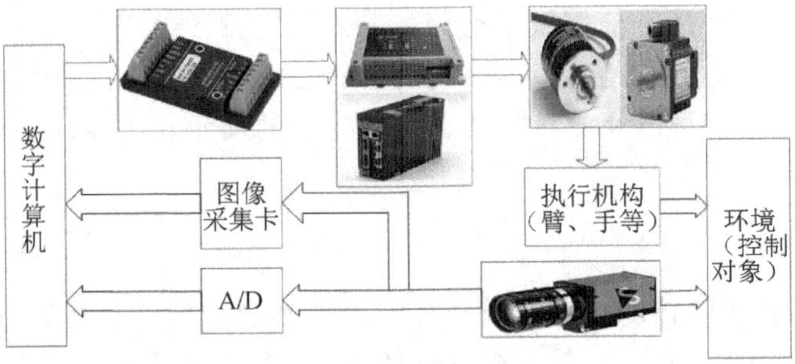

图 2.31　电机驱动系统

4. 新型驱动系统

新型驱动系统由压电执行装置、形状记忆合金等装置驱动。压电执行装置利用在压电陶瓷等材料上施加电压而产生变形的压电效应来实现驱动功能。记忆合金驱动系统利用镍钛合金等材料具有的形状随温度变化，温度恢复时形状也恢复的形状记忆性质来实现驱动功能。

5. 驱动系统对比

不同驱动系统具有不同的性能，适用于不同的应用场合，其对比情况见表 2.2。

表 2.2　驱动系统对比

性能	液压驱动	气动驱动	电机驱动
输出功率	很大，功率范围 50～1400 N·m，液体不可压缩性	大，功率范围为 40～60 N·m，最大可达 100 N·m	较大
控制性能	控制精度较高，可无级调速，可实现连续轨迹控制，但响应慢、体积大、容易漏油	气体压缩性大，精度低，阻尼效果差，低速不易控制，难以实现伺服控制	控制精度高，能精确定位，反应灵敏。可实现高速、高精度连续轨迹控制，伺服特性好，控制系统复杂
响应速度	快	较快	很快
结构性能及体积	执行机构可标准化、模块化，易实现直接驱动，功率/质量比大，体积小，结构紧凑，密封问题较大	执行机构可标准化、模块化，易实现直接驱动，功率/质量比较大，体积小，结构紧凑，密封问题较小	电动机易于标准化，性能好，噪声低。一般需配减速机。结构紧凑，无密封问题
安全性	防爆性能较好，但当用液压油做传动介质时，在一定条件下有火灾危险	防爆性能好，高于 1000 kPa（约 10 个标准大气压）时应注意设备的抗压性	设备自身无爆炸和火灾危险，但直流有刷电机换向时有火花，对环境的防爆性能较差

续表

性能	液压驱动	气动驱动	电机驱动
对环境的影响	泄漏对环境有污染	排气时有噪声	很小
效率与成本	效率中等(0.3～0.6),液压元件成本较高	效率低(0.15～0.2),气源方便,结构简单,成本低	效率为 0.5 左右,成本高
维修及使用	方便,但油液对环境温度有一定要求	方便	较复杂
在机器人中应用范围	适用于重载、低速驱动、采用电压伺服系统的机器人,如喷涂机器人、重载点焊机器人和搬运机器人	适用于中小负载、快速驱动、精度要求较低的点位控制机器人,如冲压机器人等	适用于中小负载、具有较高位置控制精度、速度较高的机器人,如喷涂、点焊、弧焊、装配等机器人

2.3.2 机器人驱动系统设计的选用原则

一般情况下,机器人驱动系统的设计选用原则有以下几个。

1. 负载要求

低速重负载时可选用液压驱动,中低负载、高速时可选用电机驱动系统,轻负载、低速时可选用气动驱动系统。

2. 作业环境要求

对于喷涂作业的工业机器人,由于工作环境需要防爆,多采用液压伺服驱动系统和具有本征防爆的交流电机伺服驱动系统。水下机器人、核工业专用机器人、空间机器人以及在具有腐蚀性、易燃易爆性或含有放射性物质的环境中工作的移动机器人,一般采用交流电机伺服驱动系统。如要求在洁净环境中使用,则多采用直接驱动的电机驱动系统。

3. 操作运行速度

对点位重复精度和运行速度(≤4.5 m/s)要求较高的装配机器人,可采用液压或电机驱动系统。如果对速度、精度要求更高,则采用交直流电机伺服驱动系统。

2.4 机器人内部传感器

对于机器人来说,无论是同外部环境进行交互,还是感知自身的姿态,都需要通过传感器来获取相应的信息,图 2.32 给出了机器人所使用的传感器主要类型。通过传感器提供的信息,机器人不仅可以对自身的姿态、速度、加速度等进行控制,还可以进行任务规划、路径规划以完成既定的工作任务和工作目标。图 2.33 是一个智能多手指传感器,通过从结构与功能上模仿人手的多指协调控制抓取,实现对各种形状物体的灵巧操作,进行精确的力控制与运动控制。该智能手指使用的传感器有复合触觉传感器和角度传感器。

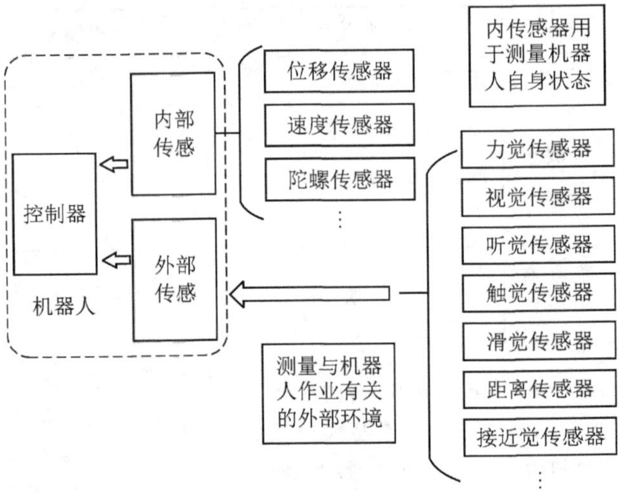

图 2.32　机器人传感器分类

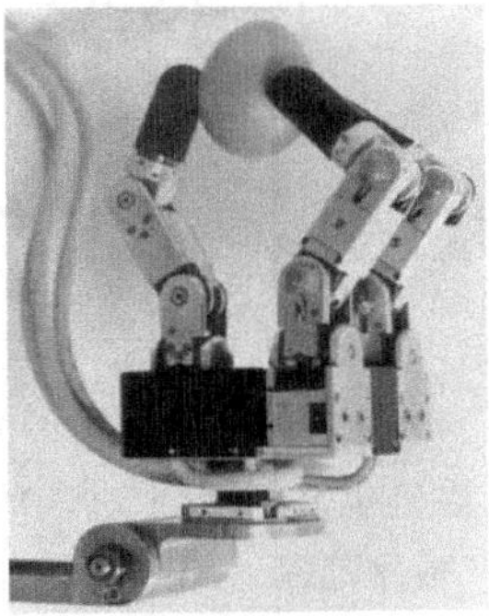

图 2.33　多手指传感器

机器人内部传感器主要对自身运动状态进行测量，包括位移（位置）、速度、加速度和陀螺传感器等类型；外部传感器测量机器人作业外部环境，包括力觉、视觉、听觉、触觉等传感器。

1. 位移（位置）传感器

1）电位器式位移传感器

直线电位器和圆形电位器，可用作直线位移和角位移传感器。

电位器式位移传感器结构简单，性能稳定可靠，精度高，能较方便地选择其输出信号范围。如图 2.34 所示，电位器式位移传感器的可动电刷与被测物体相连，物体的位移引起电位器移动端的电阻变化。阻值的变化量反映了位移的量值，阻值的增加或减小则表明了位移的方向。

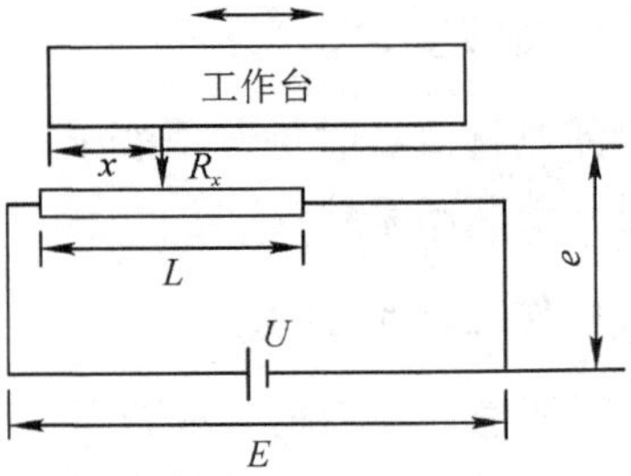

图 2.34　电位器式位移传感器原理图

旋转型电位器式位移传感器的实物如图 2.35(a)所示，其原理如图 2.35(b)所示。

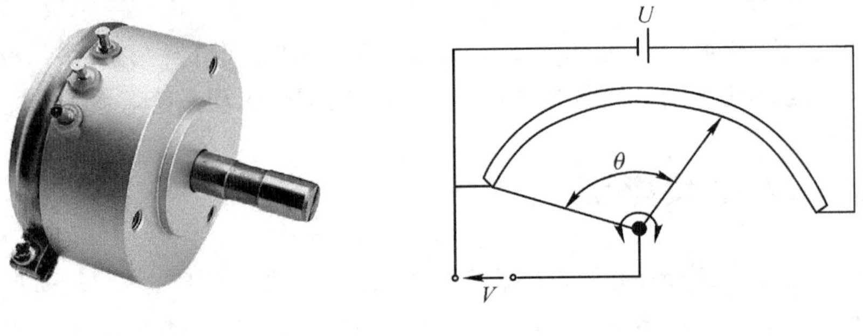

(a) 实物图　　(b) 原理图

图 2.35　旋转型电位器式位移传感器

直线型电位器式位移传感器的实物如图 2.36(a)所示，其原理如图 2.36(b)所示。

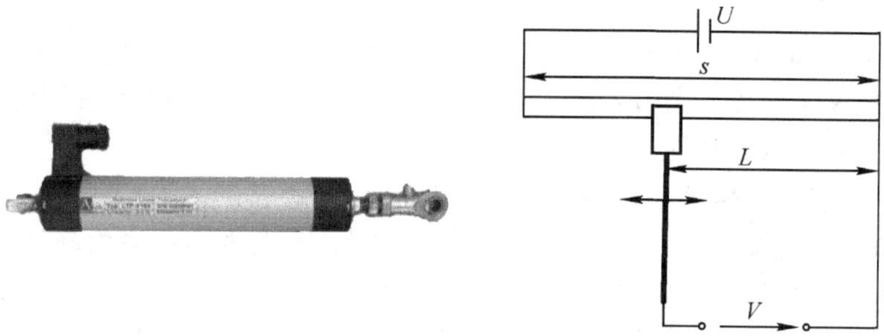

(a) 实物图　　(b) 原理图

图 2.36　直线型电位器式位移传感器

2)编码式位移传感器——光电编码器

光电编码器是角度(角速度)检测装置，通过光电转换，将输出轴上的机械几何位移量转换成脉冲数字量的传感器。它具有体积小、精度高、工作可靠等优点，应用广泛，一般装在机器人各关节的转轴上，用来测量各关节转轴转过的角度。

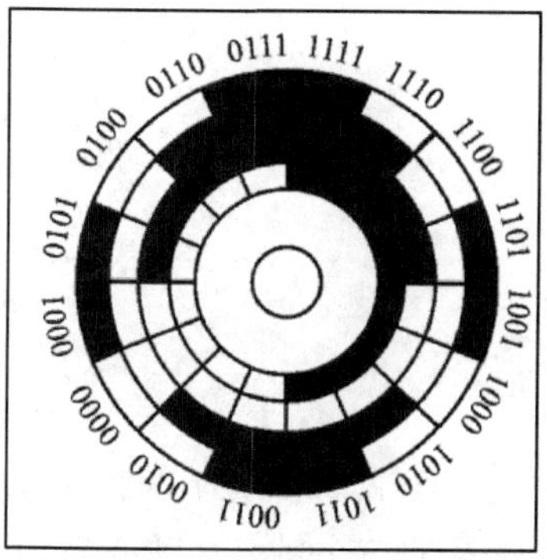

图 2.37　光电编码器原理图

光电编码器由光栅盘和光电检测装置组成。而光电检测装置由发光元件和光敏元件组成。光电码盘随电动机转动，输出脉冲信号。根据旋转方向用计数器对输出脉冲计数就能确定电动机的位移或转速。

根据其刻度方法及信号输出形式，可将光电编码器分为增量式、绝对式以及混合式三种。图 2.37 是一种绝对式光电编码器原理图。透明圆盘上设置 n 条同心圆环，对环带进行二进制编码。

2. 速度传感器

速度传感器用来测量机器人关节速度，主要有测速发电机、增量光电编码器。测速发电机把机械转速变换成电压信号，输出电压与输入的转速成正比，即 $u = Kn$，K 是常数，n 为转速。直流测速发电机的实物如图 2.38(a)所示，其结构原理如图 2.38(b)所示。

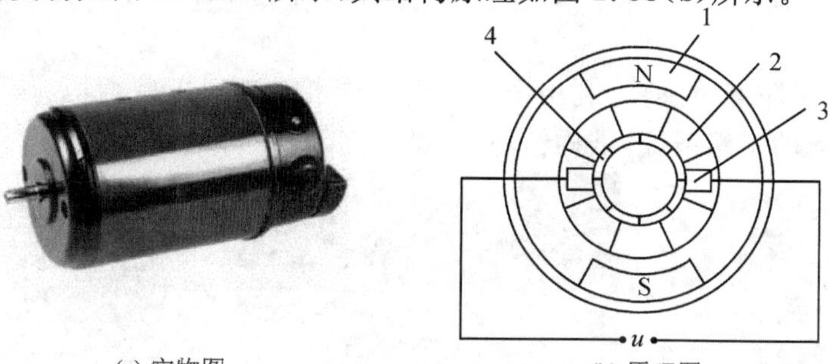

(a) 实物图　　(b) 原理图

1—永久磁铁；2—转子线圈；3—电刷；4—整流子。

图 2.38　直流测速发电机

3. 机器人陀螺传感器

陀螺传感器(陀螺仪)是用来测量运动体角度、角速度和角加速度的传感器。利用陀螺传感器可测量机器人连杆姿态角(航向、俯仰、横滚),精确测量连杆角运动。陀螺传感器基于角动量守恒定律的两个重要特性来实现角速度测量。

(1)陀螺传感器的自转轴在惯性空间中的指向保持稳定。

(2)陀螺转子高速旋转时,若外力矩作用于外环轴,陀螺主轴将绕内环转动;若外力矩作用于内环轴,陀螺主轴将绕外环转动。转动角速度方向与外力矩作用方向相互垂直。

陀螺由一个位于轴心且可旋转的转子构成。将陀螺安装在框架装置上,包括高速旋转的高速转子、内环和外环框架、驱动电机和信号传感器等组成陀螺传感器,如图 2.39(a)所示。

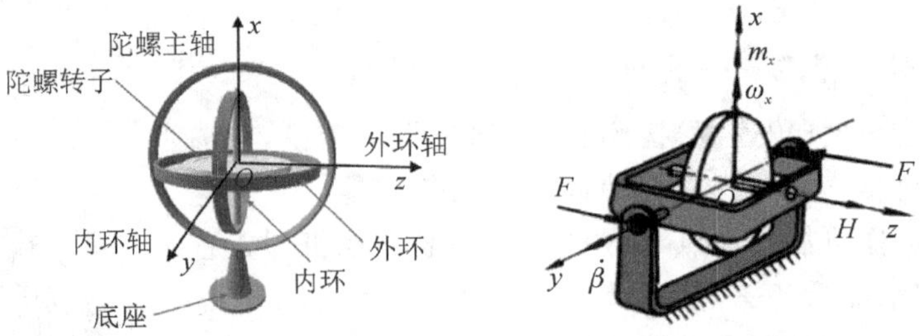

(a) 结构图　　(b) 角速度测量

图 2.39　机器人陀螺传感器原理

图 2.39(b)为一个单自由度陀螺传感器,假设陀螺仪固定在物体上,x,y,z 分别为陀螺传感器的三个轴。y 轴方向为物体的前进方向,当绕 y 轴或 z 轴旋转时,陀螺转轴不会随物体转动而转动。但当物体绕 x 轴转动时,会产生一对力 $\boldsymbol{F}$ 作用在内环上,形成力矩 $\boldsymbol{m}_x$ 沿 x 轴方向。由于陀螺传感器没有该方向的转动自由度,力矩 $\boldsymbol{m}_x$ 使陀螺主轴绕内环 y 轴转动,此时测量 y 轴的角速度即可测量物体在 x 轴的角速度。

机器人陀螺传感器分为机械、电子、光学、微机械电子四类,它们各自的特点分述如下。

(1)机械陀螺传感器:价格贵,有转动部分,精度较高,不易受电磁干扰,如图 2.40(a)所示。

(2)电子陀螺传感器:价格便宜,无转动部分,易受电磁干扰,使用场合受限制,如图 2.40(b)所示。

(3)光学陀螺传感器:只有很少的移动部件或没有移动部件,与机械陀螺相比易于维护、不受重力影响。

(4)微机械电子陀螺传感器:利用半导体制造技术将微型机械结构、信号采集放大与处理电路等集成在一起的陀螺系统,结构精巧,灵敏度高,如图 2.40(c)所示。

(a) 机械陀螺传感器　　(b) 电子陀螺传感器　　(c) 微机械电子陀螺传感器

图 2.40　机器人陀螺传感器

2.5　机器人外部传感器

外部传感器用来检测机器人所处环境及目标状况，从而使得机器人能够与环境发生交互作用，并对环境具有自我校正和适应能力。机器人外部传感器具有和人类五官相似的感知能力，其检测的基本原理如下。

(1)压阻效应。半导体材料受到外力作用时电阻率会发生变化，这是因为外力作用使原子点阵排列发生变化，晶格间距的改变使禁带宽度发生变化，导致载流子迁移率及浓度改变，即电阻率发生变化。

(2)压电效应。压电效应分为正压电效应和逆压电效应。外力沿压电材料特定晶向作用使晶体产生形变，在相应的晶面上将产生电荷，去掉外力后压电材料又重回不带电状态，这种由外力作用产生电极化的现象叫正压电效应。

压电效应是可逆的。在压电材料特定晶向施加电场时，不仅有极化现象发生，还会产生机械形变。去掉电场，应力和形变也随之消失，这种现象称作逆压电效应。

(3)光电效应。物质在光照作用下释放电子的现象称为光电效应，释放的电子叫光电子，光电子在外电场作用下形成的电流叫光电流。实验表明，光电流大小与入射光频率有关，当入射光频率低于某一极限频率时，将不产生光电效应。只有当入射光频率高于极限频率时，光电流的大小才与入射光强度成正比。

(4)热释电效应。在既无外电场也无外力作用时，电石、水晶等晶体材料受温度变化的影响，其晶格的原子排列发生变化，也能产生自发极化。这是由于当环境温度变化时，晶体的热膨胀和热振动状态发生变化，在晶面上产生电荷，从而表现出自发极化现象，称作热释电效应。

下面对机器人主要外部传感器进行介绍。

1. 力觉传感器

力觉是指对机器人的指、肢和关节等在运动中所受力的感知。力觉传感器通过检测弹性体形变的大小和方向来测量所受力，包括腕力、关节力、指力和支座力传感器。图 2.41(a)为一些常见力觉传感器实物图，其检测原理如图 2.41(b)所示。力觉传感器常以固定的三坐标形式出现，有利于满足控制系统的要求，见图 2.41(c)、图 2.41(d)。目前出现的六维力觉传感器可实现全力信息的测量。

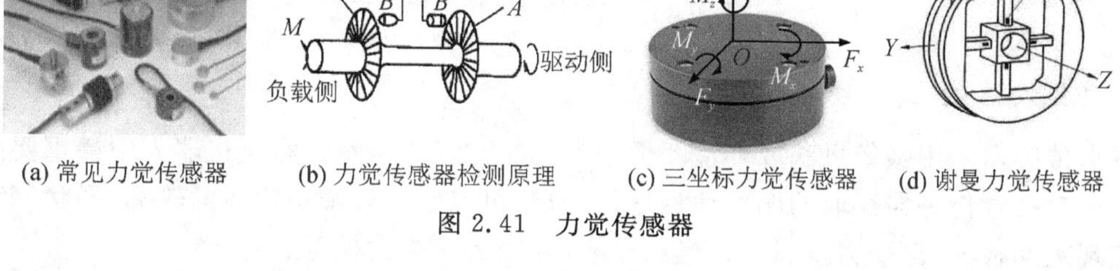

(a) 常见力觉传感器　(b) 力觉传感器检测原理　(c) 三坐标力觉传感器　(d) 谢曼力觉传感器

图 2.41　力觉传感器

各种力觉传感器的主要特点分别如下。

(1)关节力传感器：测量驱动器本身的输出力和力矩，用于控制传感器中的力反馈。

(2)腕力传感器:测量作用在末端执行器上的各向力和力矩。

(3)指力传感器:测量夹持物体手指的受力情况。

腕力传感器按结构主要有以下两种。

(1)十字梁腕力传感器。该传感器整体为轮辐式结构,如图 2.42 所示,传感器在十字梁与轮缘联结处有一个柔性环节,在 4 根交叉梁上共贴有 32 个应变片(图中小方块),组成 8 路全桥输出。

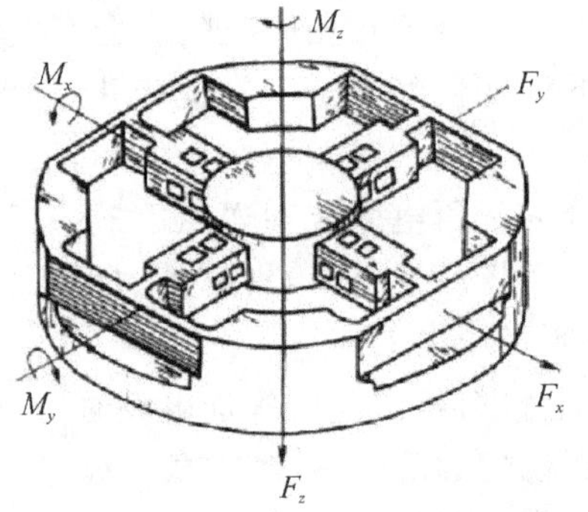

图 2.42 十字梁腕力传感器结构图

(2)六维腕力传感器。如图 2.43 所示,六维腕力传感器具有 8 个窄长的弹性梁,每个梁只传递力。梁的另一头贴有应变片。图中从 P_{+x}到 Q_{-y}代表了 8 根应变梁的形变信号的输出。

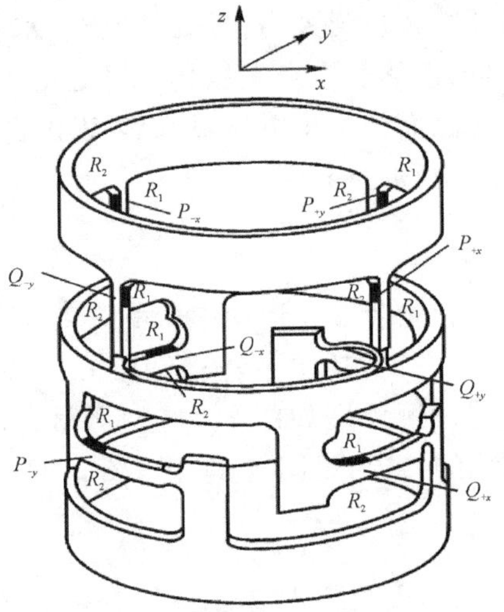

图 2.43 六维腕力传感器的结构图

2. 视觉传感器

视觉传感器采用摄像机获取环境图像信息,如图 2.44 所示。它是机器人中最重要的传感器。通过对视觉传感器获取的图像信息进行处理,可以感知环境中物体的轮廓、形状、颜色,还可以实现运动检测、深度测量、相对定位、导航、环境的三维建模等。

视觉传感器按照成像方法,分为 CCD(charge coupled device,电荷耦合器件)、CMOS(complementary metal oxide semiconductor,互补金属氧化物半导体)传感器;按照获取信息

图 2.44　视觉传感器

的维数，又分为二维、三维传感器。视觉传感器的核心是机器人视觉算法。

从 20 世纪 60 年代开始，人们着手研究机器人视觉传感器及机器人视觉系统。到了 70 年代，机器人已可识别某些加工部件。随着微型计算机技术的发展，机器人视觉系统也走向了实用化，并应用到各个领域。目前机器人二维视觉技术已较成熟，三维视觉技术也得到广泛关注。

3. 听觉传感器

声音识别是人工智能的重要研究课题，也是智能机器人的重要研究内容，如图 2.45(a)所示。图 2.45(b)为听觉传感器的原理示意图，机器人听觉传感器可以感知环境中的声音、超声波、次声波等信息。机器人对声波信号的识别可以用于人机语音交互、防治次声波污染、自然灾害预测等多个领域。听觉传感器主要有无噪声电声传感器、驻极体电容式传声器、动圈式传声器、带式传声器、光纤型声音传感器。

(a) 声音识别

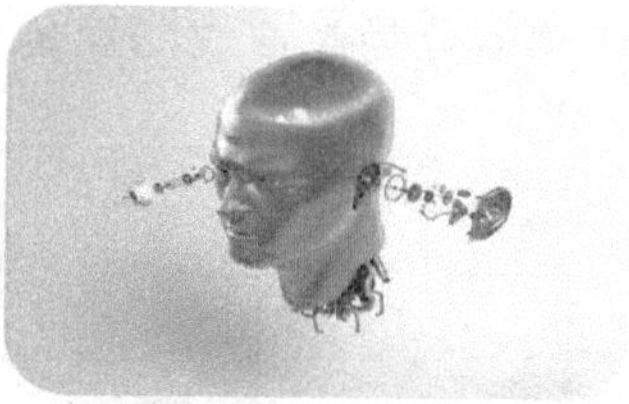

(b) 听觉传感器原理示意图

图 2.45　听觉传感器

4. 触觉传感器

当机器人与环境中物体接触时，触觉传感器给出接触信号，通过接触信号机器人可以确认是否与环境中的物体接触，了解所接触物体的形状和硬度等信息，如图 2.46 所示。简单的触觉传感器可以使机器人对碰撞、接触等作出反应，复杂的触觉传感器不仅可以使机器人了解是否与物体接触，还可以获取接触力的大小。

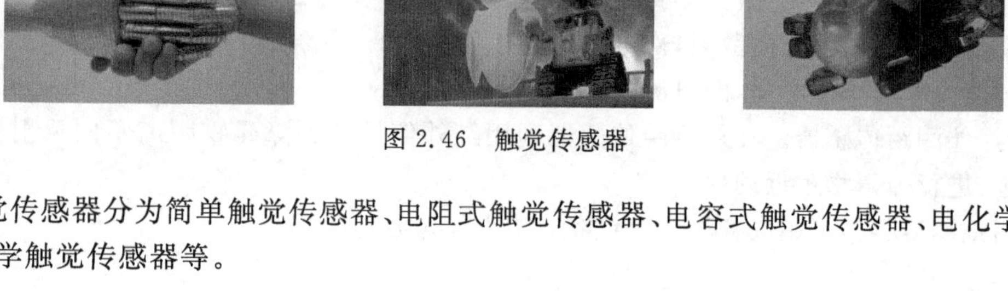

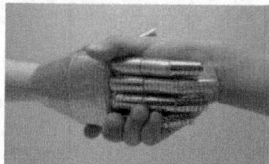

图 2.46　触觉传感器

触觉传感器分为简单触觉传感器、电阻式触觉传感器、电容式触觉传感器、电化学触觉传感器、光学触觉传感器等。

5. 滑觉传感器

为了在抓握物体时确定一个适当的握力值，需要实时检测接触面的相对滑动，然后判断握力，在不损伤物体的情况下逐渐增加力量。滑觉检测功能是实现机器人柔性抓握的必备条件。通过滑觉传感器，可对被抓物体进行表面粗糙度和硬度的判断，可用来检测机器人与抓握对象间的滑移程度，如图 2.47 所示。滑觉传感器可分成无方向性、单方向性、全方向性(球形)等传感器。

图 2.47　滑觉传感器

6. 距离传感器

距离的测量对于机器人来说非常重要。距离传感器发出能量波至环境物体表面并接收反射回来的能量波，记录两者之间的时间差，从而可换算出机器人到该物体的距离，如图 2.48 所示。通过距离传感器可以获取外部环境的深度信息、相对距离信息，也可以用来对机器人进行定位和避障等。距离传感器分为超声波测距传感器、激光测距传感器、红外线测距传感器、微波测距传感器等。

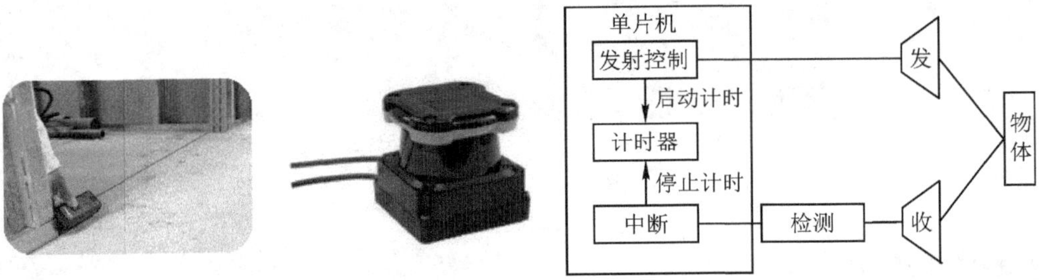

(a) 应用场景　　(b) 实物图　　(c) 原理图

图 2.48　距离传感器

(1)超声波测距传感器。超声波对液体、固体的穿透性很大，尤其是在不透明的固体中，它可穿透几十米的深度。超声波碰到杂质或分界面会产生显著反射形成回波，碰到活动物体能产生多普勒效应，利用该原理可制成测距传感器，其测量原理如图 2.49 所示。

(2)激光测距传感器。激光测距传感器工作时，先由激光二极管对准目标发射激光脉冲，经目标反射后激光向各方向散射，部分散射光返回到传感器接收器，记录并处理从光脉冲发出到返回被接收所经历的时间，即可测定目标距离。

(3)红外测距传感器。红外测距传感器利用红外信号遇到障碍物距离不同反射强度也不同的原理，进行障碍物远近的检测。

应用距离传感器可制成各种测距设备，如图 2.50 所示。

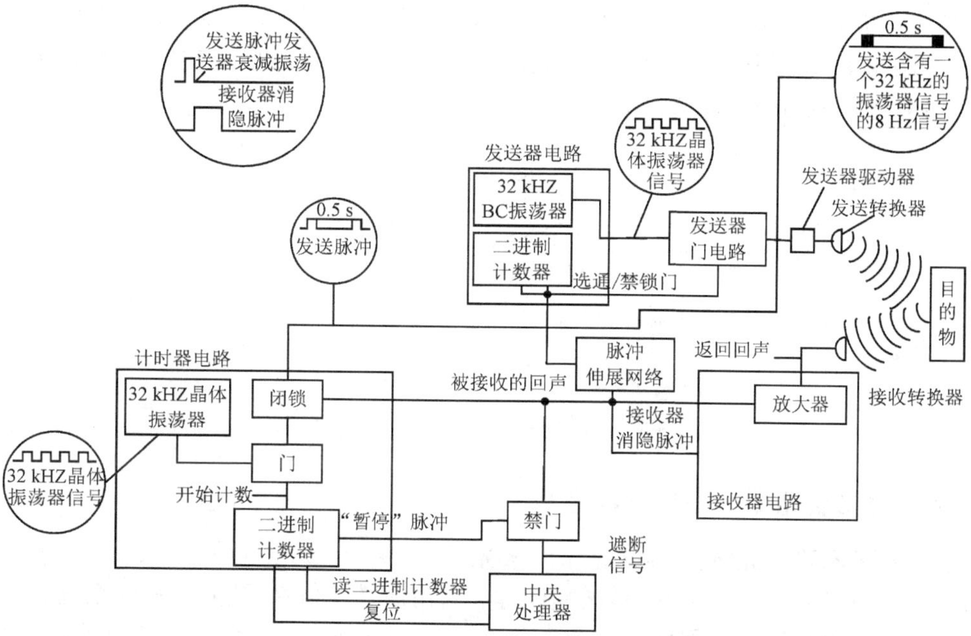

图 2.49　超声波测距传感器示意图

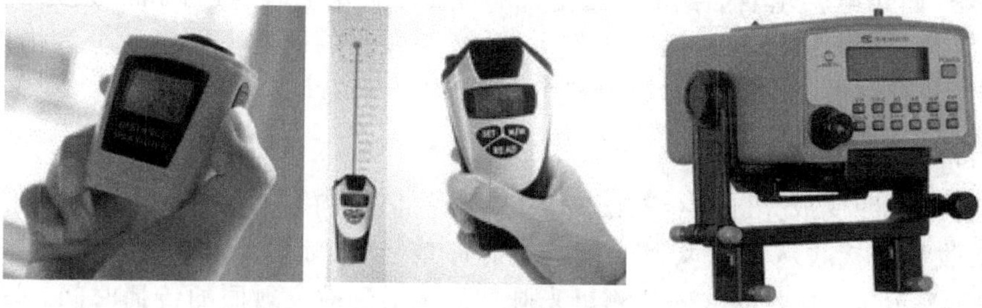

图 2.50　应用距离传感器制成的测距设备

7. 接近觉传感器

接近觉传感器是一种非接触检测器件，利用磁感应、涡流、光学原理、超声波、电容和电感、霍尔效应等原理制成，主要用于探测一个物体是否与另一个物体接近，可用于机器人避障，如图 2.51 所示。接近觉传感器可分为磁感应接近觉传感器、超声波接近觉传感器、光学接近觉传感器等。

图 2.51　接近觉传感器

红外线接近觉传感器，是一种典型的接近觉传感器，其检测原理如图 2.52 所示。它的特点是：发送器和接收器都很小，能够装在机器人手爪上；易于检测出工作空间内是否存在某个物体，但要测量距离则相当复杂。

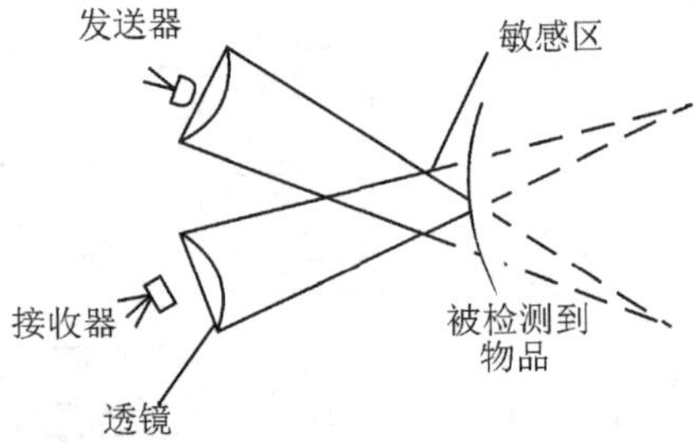

图 2.52　红外线接近觉传感器原理图

8. 多种参数传感器——激光雷达

工作在红外和可见光波段的雷达称为激光雷达(laser radar 或 LADAR)，是激光探测与测距(laser detection and ranging)系统的简称。它由激光发射系统、光学接收系统和信息处理系统等组成。发射系统是各种形式的激光器，如二氧化碳激光器、掺钕钇铝石榴石激光器、半导体激光器、波长可调谐的固体激光器及光学扩束单元等。接收系统采用望远镜和各种形式的光电探测器，如光电倍增管、半导体光电二极管、雪崩光电管、红外和可见光多元探测器件等。激光雷达采用脉冲或连续波两种工作方式，按照探测的原理不同可以分为米散射、瑞利散射、拉曼散射、布里渊散射、荧光、多普勒激光雷达。

1)工作原理

激光器将电脉冲变成光脉冲(激光束)，作为探测信号向目标发射出去，打在物体上并反射回来，光学接收系统接收从目标反射回来的光脉冲信号(目标回波)，与发射信号进行比较，还原成电脉冲，送到显示器。接收器准确地测量光脉冲从发射到被反射回的传播时间。因为光脉冲以光速传播，所以接收器总会在下一个脉冲发出之前收到前一个被反射回的脉冲。鉴于光速是已知的，传播时间即可被转换为对距离的测量。然后经过适当处理后，就可获得目标的有关信息，如目标距离、方位、高度、速度、姿态，甚至形状等参数，从而对目标进行探测、跟踪和识别。

根据扫描机构的不同，激光测距雷达有二维和三维两种。激光测距方法主要分为两类：一类是脉冲测距法；另一类是连续波测距法。连续波测距一般针对合作目标，采用性能良好的反射器，激光器连续输出固定频率的光束，通过调频法或相位法进行测距。脉冲测距也称为飞行时间(time of flight，TOF)测距，应用于反射条件变化很大的非合作目标。

图 2.53(a)是国外某公司生产的一种激光雷达测距仪实物图，图 2.53(b)是其测距原理图。激光器发射的激光脉冲经过分光器后，分为两路，一路进入接收器；另一路则由反射镜面发射到被测障碍物体表面，反射光也经由反射镜返回接收器。发射光与反射光的频率完全相同，通过测量发射脉冲与反射脉冲之间的时间间隔并与光速的乘积来测定被测障碍物体的距离。该激光雷达测距仪的反射镜转动速度为 4500 r/min，即每秒旋转 75 次。由于反射镜的转动，激光雷达得以在一个角度范围内获得线扫描的测距数据。

2)主要特点及应用领域

激光雷达由于使用的是激光束，工作频率高，因此具有以下特点：①激光雷达可以获得极

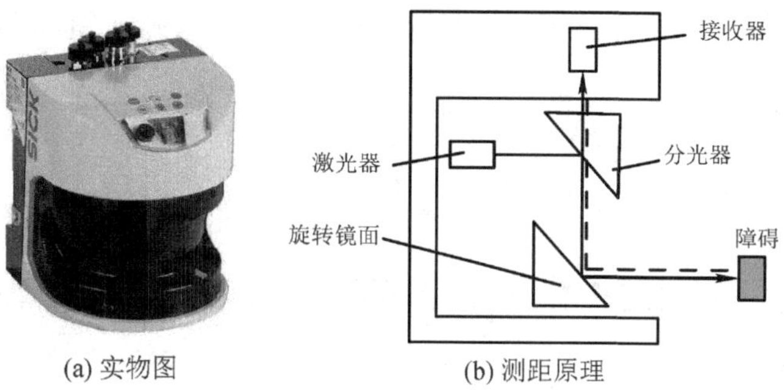

图 2.53　一种激光雷达及其测距原理

高的角度、距离和速度分辨率。通常角分辨率不低于 1×10^{-4} rad，距离分辨率可达 0.1 m，速度分辨率能达到 10 m/s 以内；②体积小、重量轻。

激光雷达的作用是能精确测量目标的位置、运动状态和形状，以及准确探测、识别、分辨和跟踪目标，具有探测距离远和测量精度高等优点，已被普遍应用于移动机器人定位导航，以及资源勘探、城市规划、农业开发、水利工程、土地利用、环境监测、交通监控、防震减灾等方面。

9. 其他传感器

1)生化传感器

生化传感器是一种由生物、化学、物理、电子技术等多个学科相互渗透发展起来的高新技术制成的传感器。因其具有选择性好、灵敏度高、分析速度快、成本低、在复杂的体系中可进行在线连续监测的特点，特别是它的高度自动化、微型化与集成化特点，使其在近几十年获得蓬勃而迅速的发展。生化传感器主要用于微纳机器人和医疗机器人，并正在向传统机器人领域扩展，可以大大提高机器人对外界生化信息的感知能力。

生化传感器分为亲和型、代谢型、催化型、半导体型、生化电极型、光生化型等。机器人酶生化传感器工作原理如图 2.54 所示。

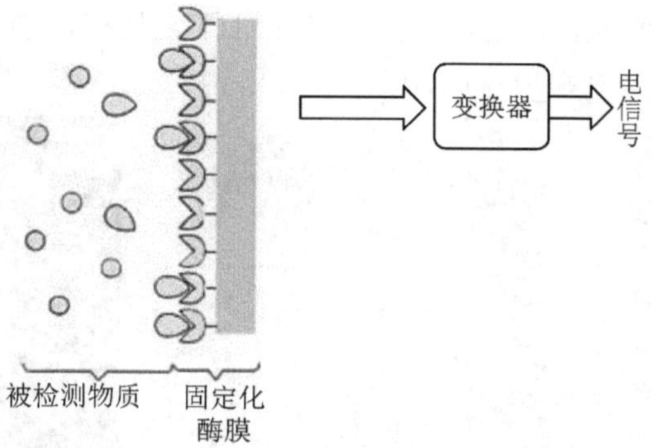

图 2.54　酶生化传感器工作原理示意图

2)嗅觉传感器

机器人嗅觉是一种模拟生物嗅觉工作原理的新颖仿生检测技术，机器人嗅觉系统通常由交叉敏感的化学传感器阵列和计算机模式识别算法模块组成；阵列中的气体传感器各自对特定气体具有较高的敏感性，由一些不同敏感对象的传感器构成的阵列可以测得被测样品挥发性成分的整体信息，与人的鼻子一样，闻到的是样品的总体气味。图 2.55 是嗅觉传感器的工作原理图。

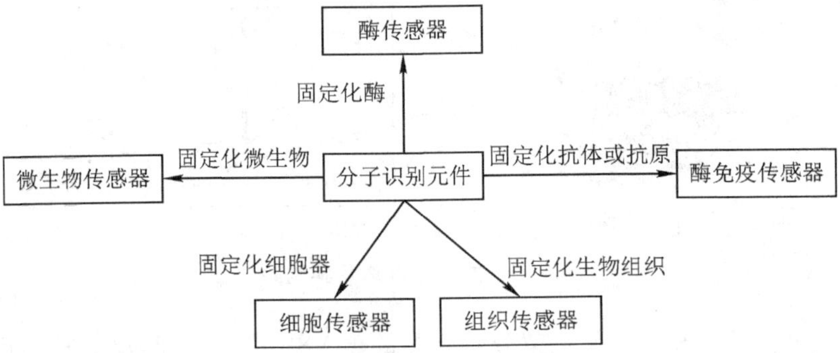

图 2.55　嗅觉传感器的工作原理图

嗅觉传感器可以感知空气中的特殊气味，可用于检测、分析和鉴别各种气味。嗅觉传感器主要有气体嗅觉传感器、仿生嗅觉传感器。图 2.56 是几种机器人嗅觉传感器实物照片。

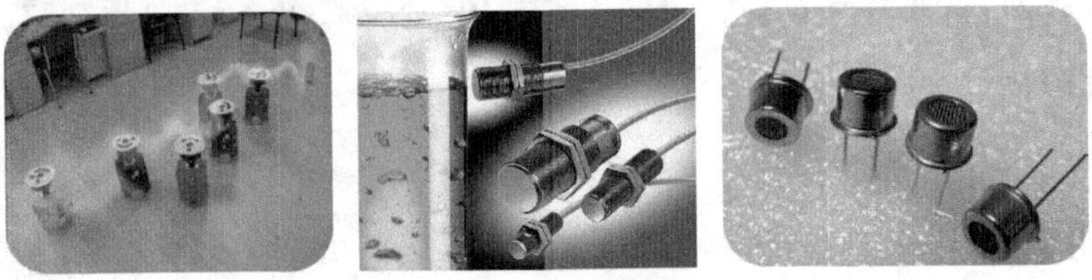

图 2.56　嗅觉传感器

3）味觉传感器

机器人味觉传感器分为化学味觉传感器、细胞味觉传感器、仿生味觉传感器。人类舌头表面感觉味道的器官被称为味蕾[图 2.57(a)]，味蕾上存在可感觉甜、咸、酸、苦、鲜五种基本味道的各种味蕾细胞[图 2.57(b)]。味觉传感器也可以分别区分这五种基本味道的浓淡程度，并将味道数值化再进行评价。味觉传感器可以使机器人具有识别味道的功能，可用于制造机器人美食家[图 5.57(c)]，评判美味的优劣。

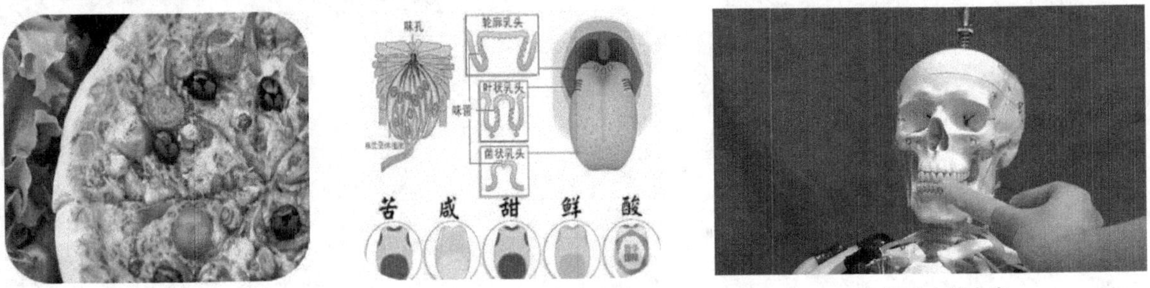

(a) 味蕾　(b) 味蕾感知五种基本味道　(c) 机器人美食家

图 2.57　味觉传感器

2.6　本章小结

本章介绍了机器人组成及主要结构形式、基本机械传动部件以及主要驱动系统。机器人广泛采用的机械传动单元是减速器，分为 RV 减速器和谐波减速器。机器人主要采用液压、气动和电机驱动方式，液压驱动系统适用于重载、较高速度驱动的机器人，气动驱动系统适用于中小负载、低速驱动、精度要求较低的机器人，而电机驱动系统适用于中小负载、对位置控制精度和速度有较高要求的机器人。

智能机器人进行环境感知和自身姿态感知主要通过各类传感器，本章介绍了机器人内、外部传感器的原理和特点。对机器人内部传感器，主要介绍了位移（位置）、速度、陀螺等传感器原理；对外部传感器，主要介绍了力觉、视觉、听觉、触觉、滑觉、距离、接近觉、激光雷达等传感器。

习题

2.1　什么是机器人的自由度？试举出 1～2 种你知道的机器人，分析其自由度数。

2.2　请说明机器人的主要结构形式，并说明各结构的特点和优势。

2.3　请详细说明机器人的主要驱动方式，包括驱动原理、应用场合。

2.4　常用的机器人内部传感器和外部传感器有哪几种？

2.5　力觉传感器有哪几种？试说出它们的原理。

2.6　试谈触觉传感器的工作原理及使用场合。

2.7　激光雷达是怎样工作的？它有哪些特点？

2.8　请说明陀螺传感器测量位姿的原理，并论述陀螺传感器如何将被测物体的位姿转换为输出电信号。

第 3 章　机器人运动学

运动学主要研究机器人的运动关系，包括机器人运动建模、分析及运动方程求解。它仅研究机器人系统在某一空间中的运动情况而不考虑其受力情况。通过研究机器人的关节变量和末端执行器的位姿关系，建立机器人本体运动的数学模型，为机器人的运动控制和机构设计提供依据。机器人运动学包括正运动学、逆运动学。机器人正运动学即已知各关节变量，求取机械手末端位姿，常用于机器人机构设计与分析；机器人逆运动学即已知机械手末端位姿，求取各关节变量，常用于机器人运动控制。

本章 3.1 节介绍机器人运动学必需的数学基础；3.2 节为机器人运动学概述，3.3 节讨论机器人逆运动学，并在这两节分别举例介绍 PUMA560 机器人正运动学和逆运动学方程分析与求解；3.4 节介绍机器人微分运动学；3.5 节介绍移动机器人运动学。

3.1　机器人运动学的数学基础

机器人运动学的数学基础介绍空间任意点位姿描述、坐标系表示，并给出坐标变换、齐次变换关系式，同时给出物体坐标变换与逆变换。

3.1.1　位置和姿态描述

一旦建立了坐标系，就能用一个 3×1 位置矢量对世界坐标系中的任何点进行表述。设 P_x、P_y、P_z 是向量相应轴的投影，用 ${}^A\boldsymbol{P}$ 表示位置矢量，见式(3.1)。位置矢量必须附加信息，标明是在哪一个坐标系被定义的，这个前置的上标 A 标明此位置矢量是在坐标系 $\{A\}$ 中定义的，见图 3.1。

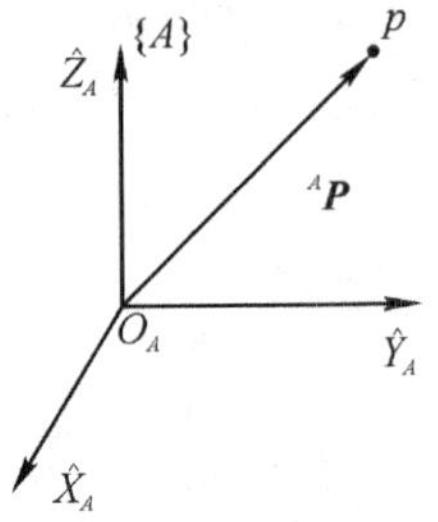

图 3.1　坐标系 $\{A\}$

$$ {}^A\boldsymbol{P}=\begin{bmatrix}P_x\\P_y\\P_z\end{bmatrix} \tag{3.1}$$

对于一个刚体来说，不仅需要表示它在空间中的位置，还需要描述空间中物体的姿态。为了描述刚体的姿态，可用固定在刚体上的坐标系描述方位(orientation)，见图 3.2。已知坐标系 $\{B\}$ 以某种方式固定在物体上，坐标系 $\{B\}$ 三个方向轴的单位矢量，把它们在坐标系 $\{A\}$ 中表达出来，见图 3.3。坐标系 $\{B\}$ 的单位矢量 $[\hat{\boldsymbol{X}}_B,\hat{\boldsymbol{Y}}_B,\hat{\boldsymbol{Z}}_B]$，写成在 $\{A\}$ 中的表达 $[{}^A\hat{\boldsymbol{X}}_B,{}^A\hat{\boldsymbol{Y}}_B,{}^A\hat{\boldsymbol{Z}}_B]$。

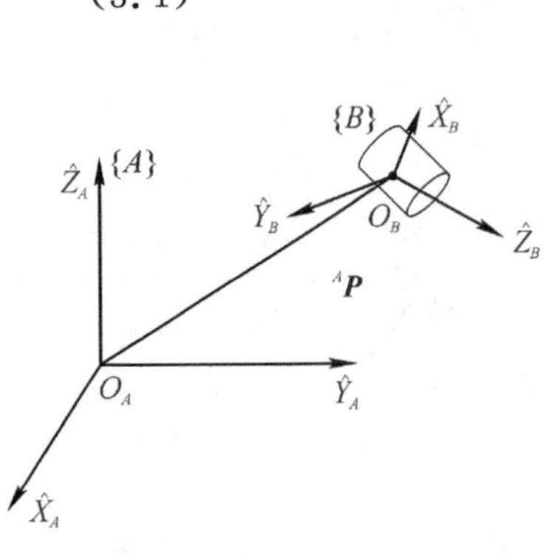

图 3.2　坐标系 $\{B\}$

$^{A}\hat{\boldsymbol{X}}_B=\begin{bmatrix}r_{11}\\r_{21}\\r_{31}\end{bmatrix}$，$r_{11}$、$r_{21}$、$r_{31}$ 分别是矢量 $\hat{\boldsymbol{X}}_B$ 在坐标系$\{A\}$三个轴方向的投影。

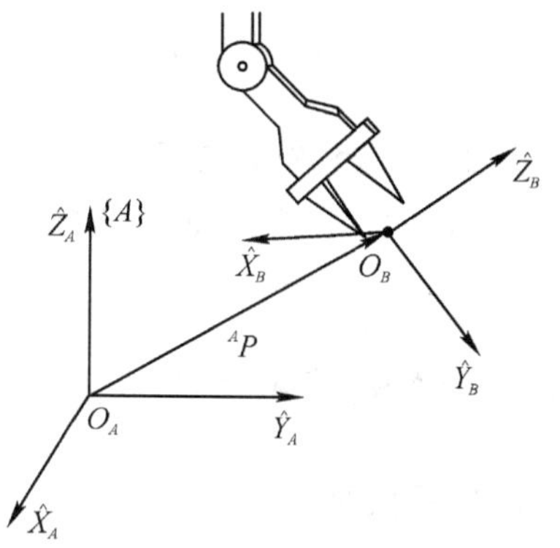

图 3.3　坐标系

$^{A}\hat{\boldsymbol{Y}}_B=\begin{bmatrix}r_{12}\\r_{22}\\r_{32}\end{bmatrix}$，$r_{12}$、$r_{22}$、$r_{32}$ 是矢量 $\hat{\boldsymbol{Y}}_B$ 在坐标系$\{A\}$三个轴方向的投影。

$^{A}\hat{\boldsymbol{Z}}_B=\begin{bmatrix}r_{13}\\r_{23}\\r_{33}\end{bmatrix}$，$r_{13}$、$r_{23}$、$r_{33}$ 是矢量 $\hat{\boldsymbol{Z}}_B$ 在坐标系$\{A\}$三个轴方向的投影。

这三个单位矢量按照顺序排列组成一个 3×3 的矩阵

$${}^{A}_{B}\boldsymbol{R}=\begin{bmatrix}{}^{A}\hat{\boldsymbol{X}}_B & {}^{A}\hat{\boldsymbol{Y}}_B & {}^{A}\hat{\boldsymbol{Z}}_B\end{bmatrix}=\begin{bmatrix}r_{11} & r_{12} & r_{13}\\ r_{21} & r_{22} & r_{23}\\ r_{31} & r_{32} & r_{33}\end{bmatrix}$$ 称为旋转矩阵。

刚体的姿态用这个旋转矩阵来表示。旋转矩阵 ${}^{A}_{B}\boldsymbol{R}$ 的各个分量可用一对单位矢量的点积来求解：

$${}^{A}_{B}\boldsymbol{R}=\begin{bmatrix}{}^{A}\hat{\boldsymbol{X}}_B & {}^{A}\hat{\boldsymbol{Y}}_B & {}^{A}\hat{\boldsymbol{Z}}_B\end{bmatrix}=\begin{bmatrix}\hat{\boldsymbol{X}}_B\cdot\hat{\boldsymbol{X}}_A & \hat{\boldsymbol{Y}}_B\cdot\hat{\boldsymbol{X}}_A & \hat{\boldsymbol{Z}}_B\cdot\hat{\boldsymbol{X}}_A\\ \hat{\boldsymbol{X}}_B\cdot\hat{\boldsymbol{Y}}_A & \hat{\boldsymbol{Y}}_B\cdot\hat{\boldsymbol{Y}}_A & \hat{\boldsymbol{Z}}_B\cdot\hat{\boldsymbol{Y}}_A\\ \hat{\boldsymbol{X}}_B\cdot\hat{\boldsymbol{Z}}_A & \hat{\boldsymbol{Y}}_B\cdot\hat{\boldsymbol{Z}}_A & \hat{\boldsymbol{Z}}_B\cdot\hat{\boldsymbol{Z}}_A\end{bmatrix}\tag{3.2}$$

两个单位矢量的点积可得到二者之间夹角的余弦，因此各分量又被称为方向余弦，虽然有 9 个元素，但独立的元素只有 3 个。

可以看出矩阵的行是坐标系$\{A\}$的单位矢量在坐标系$\{B\}$中的表达，即

$${}^{A}_{B}\boldsymbol{R}=\begin{bmatrix}{}^{A}\hat{\boldsymbol{X}}_B & {}^{A}\hat{\boldsymbol{Y}}_B & {}^{A}\hat{\boldsymbol{Z}}_B\end{bmatrix}=\begin{bmatrix}{}^{B}\hat{\boldsymbol{X}}_A^{\mathrm{T}}\\ {}^{B}\hat{\boldsymbol{Y}}_A^{\mathrm{T}}\\ {}^{B}\hat{\boldsymbol{Z}}_A^{\mathrm{T}}\end{bmatrix}\tag{3.3a}$$

因此，${}^{B}_{A}\boldsymbol{R}$ 为坐标系$\{A\}$相对于坐标系$\{B\}$中的表达，即

$${}^{B}_{A}\boldsymbol{R}=\begin{bmatrix}{}^{B}\hat{\boldsymbol{X}}_A & {}^{B}\hat{\boldsymbol{Y}}_A & {}^{B}\hat{\boldsymbol{Z}}_A\end{bmatrix}=\begin{bmatrix}\hat{\boldsymbol{X}}_A\cdot\hat{\boldsymbol{X}}_B & \hat{\boldsymbol{Y}}_A\cdot\hat{\boldsymbol{X}}_B & \hat{\boldsymbol{Z}}_A\cdot\hat{\boldsymbol{X}}_B\\ \hat{\boldsymbol{X}}_A\cdot\hat{\boldsymbol{Y}}_B & \hat{\boldsymbol{Y}}_A\cdot\hat{\boldsymbol{Y}}_B & \hat{\boldsymbol{Z}}_A\cdot\hat{\boldsymbol{Y}}_B\\ \hat{\boldsymbol{X}}_A\cdot\hat{\boldsymbol{Z}}_B & \hat{\boldsymbol{Y}}_A\cdot\hat{\boldsymbol{Z}}_B & \hat{\boldsymbol{Z}}_A\cdot\hat{\boldsymbol{Z}}_B\end{bmatrix}\Rightarrow{}^{B}_{A}\boldsymbol{R}=({}^{A}_{B}\boldsymbol{R})^{\mathrm{T}}\tag{3.3b}$$

由于这些向量是单位向量，且相互垂直，即 ${}^{A}_{B}\boldsymbol{R}({}^{A}_{B}\boldsymbol{R})^{\mathrm{T}}=\boldsymbol{I}_3$，故而有

$$({}^{A}_{B}\boldsymbol{R})^{\mathrm{T}}({}^{B}_{A}\boldsymbol{R})=\boldsymbol{I}_3\tag{3.4}$$

进一步可推出

$$ {}^{A}_{B}\boldsymbol{R} = ({}^{B}_{A}\boldsymbol{R})^{-1} = ({}^{B}_{A}\boldsymbol{R})^{\mathrm{T}} \tag{3.5a} $$

$$ \left| {}^{A}_{B}\boldsymbol{R} \right| = 1 \tag{3.5b} $$

由此可知，相对参考系$\{A\}$，坐标系$\{B\}$的原点位置和坐标轴的方位，可分别由位置矢量${}^{A}\boldsymbol{P}_{BO}$和旋转矩阵${}^{A}_{B}\boldsymbol{R}$描述。这样，刚体的位姿（位置和姿态）可描述为

$$ \{{}^{B}\boldsymbol{P}\} = \{ {}^{A}_{B}\boldsymbol{R} \ {}^{A}\boldsymbol{P}_{BO} \} \tag{3.6} $$

3.1.2　坐标变换

1. 平移变换

平移变换指两个坐标系具有相同的姿态，坐标原点进行平移，如图 3.4(a)所示。平移变换公式为

$$ {}^{A}\boldsymbol{P} = {}^{B}\boldsymbol{P} + {}^{A}\boldsymbol{P}_{\mathrm{BORG}} \tag{3.7} $$

2. 旋转变换

旋转变换指坐标系进行旋转操作，可用包含三个矢量的旋转矩阵描述姿态变化。

$$ {}^{A}_{B}\boldsymbol{R} = \begin{bmatrix} {}^{A}\hat{\boldsymbol{X}}_{B} & {}^{A}\hat{\boldsymbol{Y}}_{B} & {}^{A}\hat{\boldsymbol{Z}}_{B} \end{bmatrix} = \begin{bmatrix} {}^{B}\hat{\boldsymbol{X}}_{A}^{\mathrm{T}} \\ {}^{B}\hat{\boldsymbol{Y}}_{A}^{\mathrm{T}} \\ {}^{B}\hat{\boldsymbol{Z}}_{A}^{\mathrm{T}} \end{bmatrix} \tag{3.8} $$

旋转变换如图 3.4(b)所示，其变换公式由

$$ \begin{cases} {}^{A}\boldsymbol{P}_{x} = {}^{B}\hat{\boldsymbol{X}} \cdot {}^{B}\boldsymbol{P} \\ {}^{A}\boldsymbol{P}_{y} = {}^{B}\hat{\boldsymbol{Y}} \cdot {}^{B}\boldsymbol{P} \\ {}^{A}\boldsymbol{P}_{z} = {}^{B}\hat{\boldsymbol{Z}} \cdot {}^{B}\boldsymbol{P} \end{cases} $$

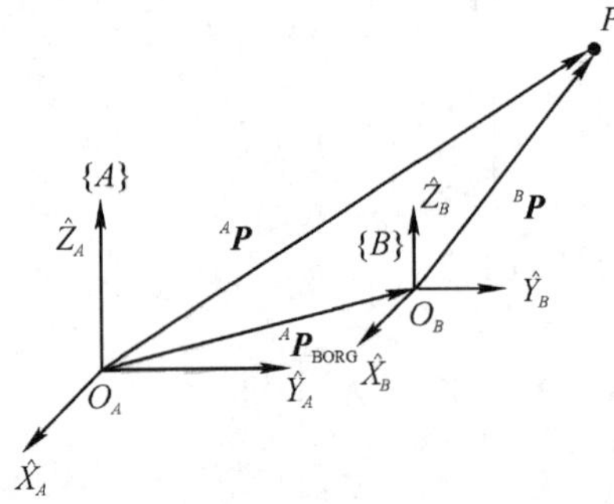

(a) 平移变化

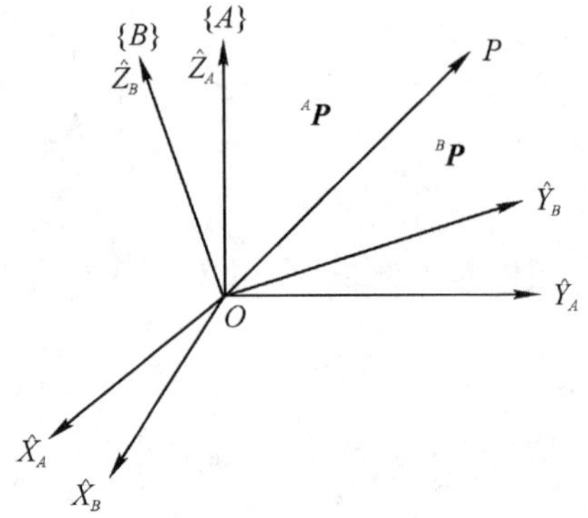

(b) 旋转变化

图 3.4　坐标变换

代入式(3.8)，得

$$ {}^{A}\boldsymbol{P} = ({}^{A}_{B}\boldsymbol{R})\,{}^{B}\boldsymbol{P} \tag{3.9} $$

关于一个轴的旋转变换,其变换公式为

$$\boldsymbol{R}(x,\theta)=\begin{bmatrix}1 & 0 & 0\\ 0 & \cos\theta & -\sin\theta\\ 0 & \sin\theta & \cos\theta\end{bmatrix} \tag{3.10}$$

$$\boldsymbol{R}(y,\theta)=\begin{bmatrix}\cos\theta & 0 & \sin\theta\\ 0 & 1 & 0\\ -\sin\theta & 0 & \cos\theta\end{bmatrix} \tag{3.11}$$

$$\boldsymbol{R}(z,\theta)=\begin{bmatrix}\cos\theta & -\sin\theta & 0\\ \sin\theta & \cos\theta & 0\\ 0 & 0 & 1\end{bmatrix} \tag{3.12}$$

图 3.5 为坐标系{B}相对于坐标系{A}绕 $\hat{Z}$ 轴旋转 30°的示意图。这里 $\hat{Z}$ 轴指向为由纸面向外。在{A}中写出{B}的单位矢量,并且将它们按列组成旋转矩阵,得到旋转矩阵为

$$_B^A\boldsymbol{R}=\begin{bmatrix}0.866 & -0.500 & 0.000\\ 0.500 & 0.866 & 0.000\\ 0.000 & 0.000 & 1.000\end{bmatrix} \tag{3.13}$$

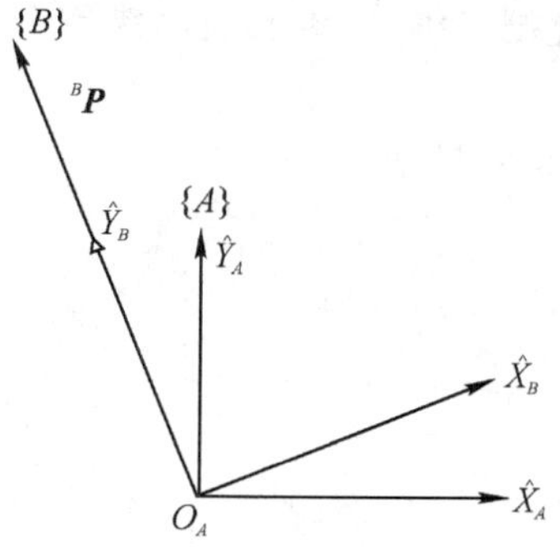

图 3.5　{B}绕 $\hat{Z}$ 轴旋转 30°

这里,$_B^A\boldsymbol{R}$ 的作用是将相对于坐标系{B}描述的 $^B\boldsymbol{P}$ 映射到 $^A\boldsymbol{P}$。已知 $^B\boldsymbol{P}=\begin{bmatrix}0.0\\ 2.0\\ 0.0\end{bmatrix}$,求出 $^A\boldsymbol{P}$:

$$^A\boldsymbol{P}={}_B^A\boldsymbol{R}\,{}^B\boldsymbol{P}=\begin{bmatrix}-1.000\\ 1.732\\ 0.000\end{bmatrix}$$

注意:从映射的角度看,原矢量 $\boldsymbol{P}$ 在空间中并没有改变,只不过求出了这个矢量相对于另一个坐标系的新的描述。

3. 复合变换

复合变换即平移变换与旋转变换相结合,如图 3.6 所示,其变换公式为

$$^A\boldsymbol{P}={}_B^A\boldsymbol{R}\,{}^B\boldsymbol{P}+{}^A\boldsymbol{P}_{BO} \tag{3.14}$$

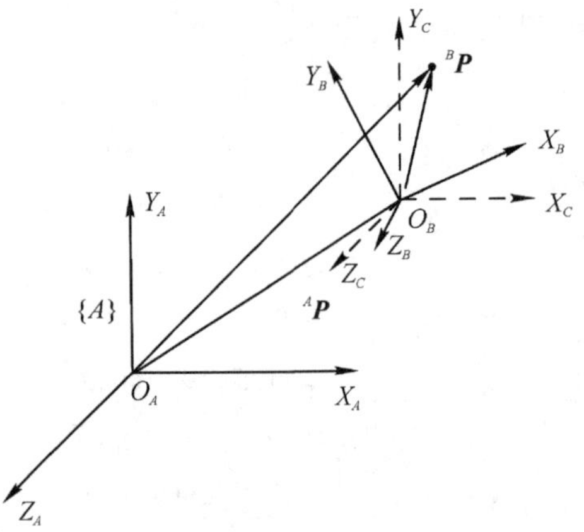

图 3.6　复合变换坐标图

3.1.3　齐次坐标变换

已知直角坐标系中某点坐标，则该点在另一直角坐标系中的坐标可通过齐次坐标变换求得。所谓齐次坐标就是将一个原本是 n 维的向量用一个 $n+1$ 维向量来表示。一个向量的齐次表示是不唯一的，比如齐次坐标[8,4,2]、[4,2,1]表示的都是二维点[2,1]。

齐次坐标提供了用矩阵运算把二维、三维甚至高维空间中的一个点集从一个坐标系变换到另一个坐标系的有效方法。

如图 3.7 所示，设有一个三维向量 $^B\boldsymbol{P}$ 为

$$^B\boldsymbol{P}=\begin{bmatrix}x\\y\\z\end{bmatrix}$$

其四维齐次向量为

$$^A\boldsymbol{P}=\begin{bmatrix}x\\y\\z\\1\end{bmatrix}=\begin{bmatrix}wx\\wy\\wz\\w\end{bmatrix}$$

根据复合变换公式

$$^A\boldsymbol{P}={}^A_B\boldsymbol{R}\,{}^B\boldsymbol{P}+{}^A\boldsymbol{P}_{BO}$$

得到齐次变换矩阵形式：

$$\begin{bmatrix}^A\boldsymbol{P}\\1\end{bmatrix}=\begin{bmatrix}^A_B\boldsymbol{R} & ^A\boldsymbol{P}_{BO}\\\boldsymbol{0} & 1\end{bmatrix}\begin{bmatrix}^B\boldsymbol{P}\\1\end{bmatrix}\tag{3.15a}$$

$$^A\boldsymbol{P}={}^A_B\boldsymbol{T}\,{}^B\boldsymbol{P}\tag{3.15b}$$

式中：$^A_B\boldsymbol{T}$ 称为齐次变换矩阵。

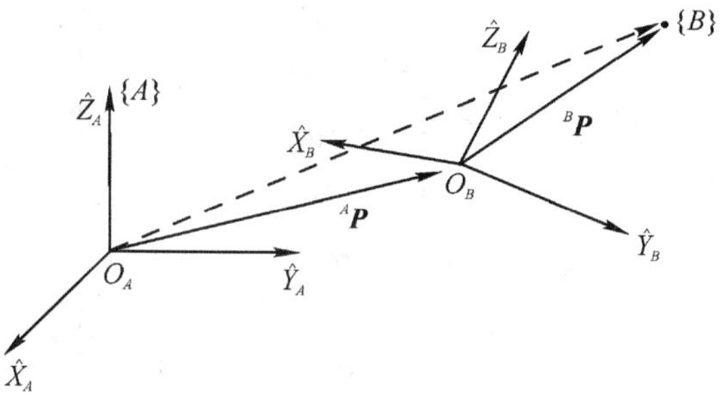

图 3.7　齐次坐标变换

例 3.1　已知坐标系{B}的初始位姿与{A}重合，{B}相对于坐标系{A}的 z_A 轴转 30°，再沿{A}的 x_A 轴移动 12 个单位，并沿{A}的 y_A 轴移动 6 个单位，假设点 P 在坐标系{B}的描述为$^B\boldsymbol{P}=[3\ 7\ 0]^T$，用齐次变换方法求它在坐标系{A}中的描述$^A\boldsymbol{P}$。

解：

$$ {}^A_B\boldsymbol{T}=\begin{bmatrix} {}^A_B\boldsymbol{R} & {}^A\boldsymbol{P}_{BO} \\ 0 & 1 \end{bmatrix}=\begin{bmatrix} 0.866 & -0.5 & 0 & 12 \\ 0.5 & 0.866 & 0 & 6 \\ 0 & 0 & 1 & 0 \\ 0 & 0 & 0 & 1 \end{bmatrix} $$

$$ {}^A\boldsymbol{P}={}^A_B\boldsymbol{T}\,{}^B\boldsymbol{P}=\begin{bmatrix} 0.866 & -0.5 & 0 & 12 \\ 0.5 & 0.866 & 0 & 6 \\ 0 & 0 & 1 & 0 \\ 0 & 0 & 0 & 1 \end{bmatrix}\begin{bmatrix} 3 \\ 7 \\ 0 \\ 1 \end{bmatrix}=\begin{bmatrix} 11.098 \\ 13.562 \\ 0 \\ 1 \end{bmatrix} $$

1. 平移齐次变换矩阵

变换矩阵为

$$ \text{Trans}(a,b,c)=\begin{bmatrix} 1 & 0 & 0 & a \\ 0 & 1 & 0 & b \\ 0 & 0 & 1 & c \\ 0 & 0 & 0 & 1 \end{bmatrix} \tag{3.16} $$

式中：a、b、c 分别是 X、Y、Z 轴的平移量。

对已知矢量 $\boldsymbol{u}=[x,y,z,w]^T$进行平移变换所得的矢量 $\boldsymbol{v}$ 为

$$ \boldsymbol{v}=\text{Trans}(a,b,c)\times\boldsymbol{u}=\begin{bmatrix} 1 & 0 & 0 & a \\ 0 & 1 & 0 & b \\ 0 & 0 & 1 & c \\ 0 & 0 & 0 & 1 \end{bmatrix}\begin{bmatrix} x \\ y \\ z \\ w \end{bmatrix}=\begin{bmatrix} x+aw \\ y+bw \\ z+cw \\ w \end{bmatrix}=\begin{bmatrix} \frac{x}{w}+a \\ \frac{y}{w}+b \\ \frac{z}{w}+c \\ 1 \end{bmatrix} \tag{3.17} $$

2. 旋转齐次变换矩阵

变换矩阵为

$$\mathrm{Rot}(x,\theta)=\begin{bmatrix}1 & 0 & 0 & 0\\0 & \cos\theta & -\sin\theta & 0\\0 & \sin\theta & \cos\theta & 0\\0 & 0 & 0 & 1\end{bmatrix} \tag{3.18}$$

$$\mathrm{Rot}(y,\theta)=\begin{bmatrix}\cos\theta & 0 & \sin\theta & 0\\0 & 1 & 0 & 0\\-\sin\theta & 0 & \cos\theta & 0\\0 & 0 & 0 & 1\end{bmatrix} \tag{3.19}$$

$$\mathrm{Rot}(z,\theta)=\begin{bmatrix}\cos\theta & -\sin\theta & 0 & 0\\\sin\theta & \cos\theta & 0 & 0\\0 & 0 & 1 & 0\\0 & 0 & 0 & 1\end{bmatrix} \tag{3.20}$$

例 3.2　已知点 $\boldsymbol{u}=7\boldsymbol{i}+3\boldsymbol{j}+2\boldsymbol{k}$，将 $\boldsymbol{u}$ 绕 z 轴旋转 90°得到点 $\boldsymbol{v}$，再将点 $\boldsymbol{v}$ 绕 y 轴旋转 90°得到点 $\boldsymbol{w}$，求点 $\boldsymbol{v}$、$\boldsymbol{w}$ 的坐标。

解：

$$\boldsymbol{v}=\mathrm{Rot}(z,90^\circ)\times\boldsymbol{u}=\begin{bmatrix}\cos90^\circ & -\sin90^\circ & 0 & 0\\\sin90^\circ & \cos90^\circ & 0 & 0\\0 & 0 & 1 & 0\\0 & 0 & 0 & 1\end{bmatrix}\begin{bmatrix}7\\3\\2\\1\end{bmatrix}=\begin{bmatrix}-3\\7\\2\\1\end{bmatrix}$$

$$\boldsymbol{w}=\mathrm{Rot}(y,90^\circ)\times\boldsymbol{v}=\begin{bmatrix}\cos90^\circ & 0 & \sin90^\circ & 0\\0 & 1 & 0 & 0\\-\sin90^\circ & 0 & \cos90^\circ & 0\\0 & 0 & 0 & 1\end{bmatrix}\begin{bmatrix}-3\\7\\2\\1\end{bmatrix}=\begin{bmatrix}2\\7\\3\\1\end{bmatrix}$$

其过程如图 3.8(a)所示。

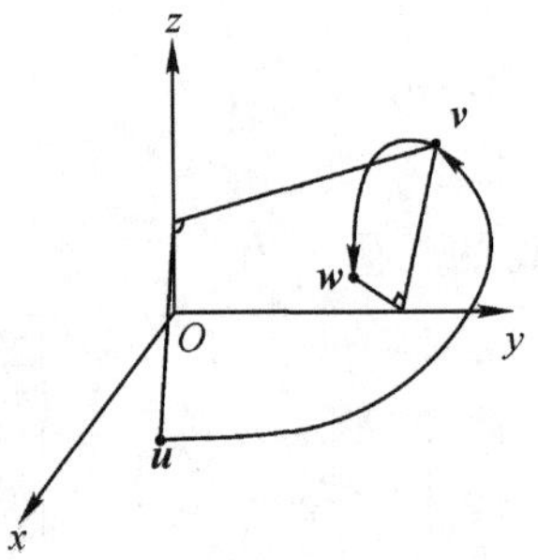

(a) Rot (y,90°) Rot (z,90°)

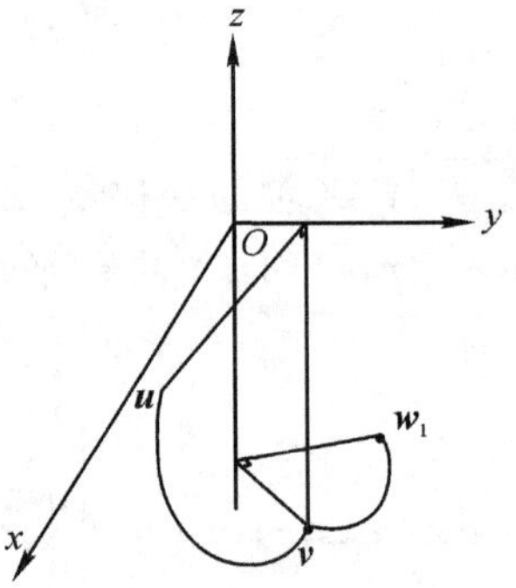

(b) Rot (z,90°) Rot (y,90°)

图 3.8　旋转次序对变换结果的影响

如果把上述两变换组合在一起，有

$$w=\mathrm{Rot}(y,90°)\times\mathrm{Rot}(z,90°)\times u=\begin{bmatrix}0&0&1&0\\1&0&0&0\\0&1&1&0\\0&0&0&1\end{bmatrix}\begin{bmatrix}7\\3\\2\\1\end{bmatrix}=\begin{bmatrix}2\\7\\3\\1\end{bmatrix}$$

若改变旋转次序，首先使 $\boldsymbol{u}$ 绕 y 轴旋转 90°，再绕 z 轴旋转 90°，会使 $\boldsymbol{u}$ 变换至与 $\boldsymbol{w}$ 不同的位置 $\boldsymbol{w}_1$，如图 3.8(b)所示。

例 3.3　已知点 $\boldsymbol{u}=7\boldsymbol{i}+3\boldsymbol{j}+2\boldsymbol{k}$，将 $\boldsymbol{u}$ 绕 z 轴旋转 90°得到点 $\boldsymbol{v}$，再将点 $\boldsymbol{v}$ 绕 y 轴旋转 90°得到点 $\boldsymbol{w}$，最后进行平移变换 $4\boldsymbol{i}-3\boldsymbol{j}+7\boldsymbol{k}$，如图 3.9 所示，求最终的坐标 $\boldsymbol{p}$。

解：把上述三变换组合在一起，其变换矩阵为

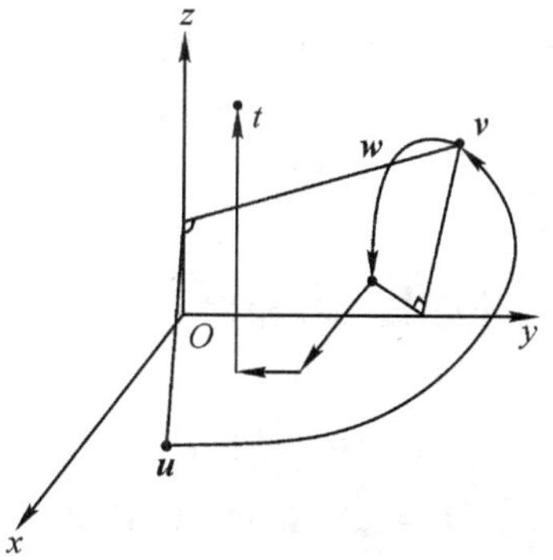

图 3.9　例 3.3 示意图

$$\boldsymbol{T}=\mathrm{Trans}(4,-3,7)\times\mathrm{Rot}(y,90°)\times\mathrm{Rot}(z,90°)=\begin{bmatrix}0&0&1&4\\1&0&0&-3\\0&1&0&7\\0&0&0&1\end{bmatrix}$$

$$\boldsymbol{P}=\mathrm{Trans}(4,-3,7)\times\mathrm{Rot}(y,90°)\times\mathrm{Rot}(z,90°)\times\boldsymbol{u}=\begin{bmatrix}0&0&1&4\\1&0&0&-3\\0&1&0&7\\0&0&0&1\end{bmatrix}\begin{bmatrix}7\\3\\2\\1\end{bmatrix}=\begin{bmatrix}6\\4\\10\\1\end{bmatrix}$$

3.1.4　物体的变换及逆变换

可用描述空间一点的变换方法来描述物体在空间的位置和方向。如图 3.10 所示物体可由坐标系内该物体的 6 个点来表示。

如果首先让物体绕 z 轴旋转 90°，如图 3.11 所示，接着绕 y 轴旋转 90°，再沿 x 轴方向平移 4 个单位，则该变换的变换矩阵为

$$\boldsymbol{T}=\mathrm{Trans}(4,0,0)\times\mathrm{Rot}(y,90°)\times\mathrm{Rot}(z,90°)=\begin{bmatrix}0&0&1&4\\1&0&0&0\\0&1&0&0\\0&0&0&1\end{bmatrix}$$

上述楔形物体的 6 个点变换如下：

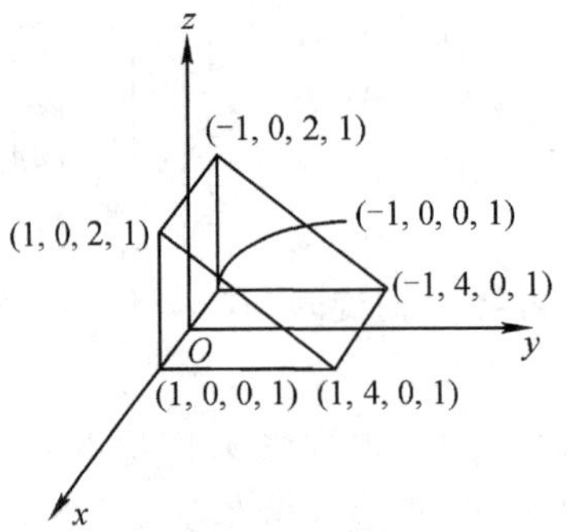

图 3.10　物体变换

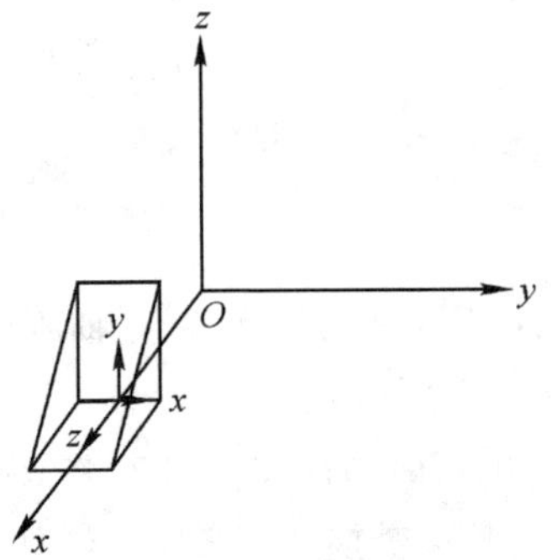

图 3.11　绕 z 轴旋转 90°

$$\begin{bmatrix}0&0&1&4\\1&0&0&0\\0&1&0&0\\0&0&0&1\end{bmatrix}\begin{bmatrix}1&-1&-1&1&1&-1\\0&0&0&0&4&4\\0&0&2&2&0&0\\1&1&1&1&1&1\end{bmatrix}=\begin{bmatrix}4&4&6&6&4&4\\1&-1&-1&1&1&-1\\0&0&0&0&4&4\\1&1&1&1&1&1\end{bmatrix}$$

给定坐标系$\{A\}$、$\{B\}$和$\{C\}$，若已知$\{B\}$相对$\{A\}$的描述为 ${}_B^A\boldsymbol{T}$，$\{C\}$相对$\{B\}$的描述为 ${}_C^B\boldsymbol{T}$，则

$$^B\boldsymbol{P}={}_C^B\boldsymbol{T}{}^C\boldsymbol{P} \tag{3.21}$$

$$^A\boldsymbol{P}={}_B^A\boldsymbol{T}{}^B\boldsymbol{P}={}_B^A\boldsymbol{T}{}_C^B\boldsymbol{T}{}^C\boldsymbol{P} \tag{3.22}$$

定义复合变换为

$${}_C^A\boldsymbol{T}={}_B^A\boldsymbol{T}{}_C^B\boldsymbol{T}=\begin{bmatrix}{}_B^A\boldsymbol{R} & {}^A\boldsymbol{P}_{BO}\\ \boldsymbol{0} & 1\end{bmatrix}\begin{bmatrix}{}_C^B\boldsymbol{R} & {}^B\boldsymbol{P}_{CO}\\ \boldsymbol{0} & 1\end{bmatrix}=\begin{bmatrix}{}_B^A\boldsymbol{R}{}_C^B\boldsymbol{R} & {}^A\boldsymbol{P}_{BO}+{}_B^A\boldsymbol{R}{}^B\boldsymbol{P}_{CO}\\ \boldsymbol{0} & 1\end{bmatrix} \tag{3.23}$$

则

$$^A\boldsymbol{P}={}_C^A\boldsymbol{T}{}^C\boldsymbol{P}$$

从坐标系$\{B\}$相对$\{A\}$的描述 ${}_B^A\boldsymbol{T}$，求得坐标系$\{A\}$相对$\{B\}$的描述 ${}_A^B\boldsymbol{T}$，这是求逆问题。

对于给定的 ${}_B^A\boldsymbol{T}$，求解 ${}_A^B\boldsymbol{T}$，等价于给定 ${}_B^A\boldsymbol{R}$ 和 ${}^A\boldsymbol{P}_{BO}$，计算 ${}_A^B\boldsymbol{R}$ 和 ${}^B\boldsymbol{P}_{AO}$。

$${}^B({}^A\boldsymbol{P}_{BO})={}_A^B\boldsymbol{R}{}^A\boldsymbol{P}_{BO}+{}^B\boldsymbol{P}_{AO} \tag{3.24}$$

$$\Rightarrow {}^B\boldsymbol{P}_{AO}=-{}_A^B\boldsymbol{R}{}^A\boldsymbol{P}_{BO}=-{}_B^A\boldsymbol{R}^{\mathrm{T}}{}^A\boldsymbol{P}_{BO} \tag{3.25}$$

$$\Rightarrow {}_A^B\boldsymbol{T}=\begin{bmatrix}{}_B^A\boldsymbol{R}^{\mathrm{T}} & -{}_B^A\boldsymbol{R}^{\mathrm{T}}{}^A\boldsymbol{P}_{BO}\\ \boldsymbol{0} & 1\end{bmatrix} \tag{3.26}$$

例 3.4　给定一个变换矩阵：$${}_A^B\boldsymbol{T}=\begin{bmatrix}1&0&0&1\\0&\cos\theta&-\sin\theta&2\\0&\sin\theta&\cos\theta&3\\0&0&0&1\end{bmatrix}$$，求 ${}_A^B\boldsymbol{T}$。

解：

$${}_A^B\boldsymbol{T}=\begin{bmatrix}{}_B^A\boldsymbol{R}^{\mathrm{T}} & -{}_B^A\boldsymbol{R}^{\mathrm{T}}{}^A\boldsymbol{P}_{BO}\\ \boldsymbol{0} & 1\end{bmatrix}=\begin{bmatrix}1&0&0&1\\0&\cos\theta&-\sin\theta&-2\cos\theta-3\sin\theta\\0&\sin\theta&\cos\theta&2\sin\theta-3\cos\theta\\0&0&0&1\end{bmatrix}$$

图 3.12 表示机器手与环境间的坐标变换关系，从坐标系$\{T\}$到坐标系$\{B\}$的变换矩阵为

$${}_T^B\boldsymbol{T}={}_S^B\boldsymbol{T}{}_G^S\boldsymbol{T}{}_T^G\boldsymbol{T} \tag{3.27}$$

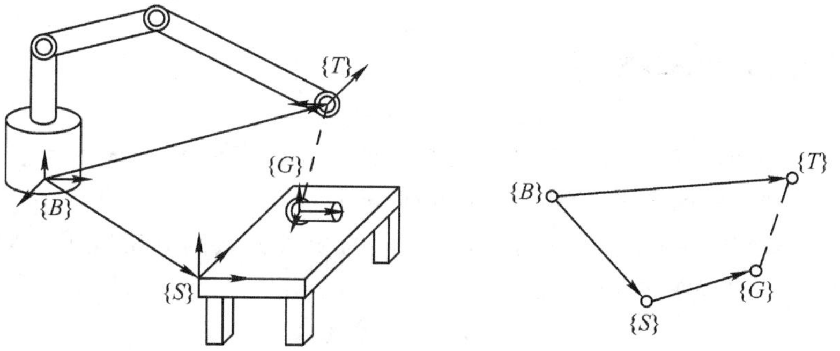

(a) 机械手与环境间的运动关系　(b) 对应的有向变换图

图 3.12　变换关系及其有向变换图

3.1.5　欧拉角表示位姿

机械手的运动姿态往往由一个绕轴 x、y 和 z 的旋转序列来规定。这种转角序列称为欧拉(Euler)角。即用一个绕 z 轴旋转角 φ，再绕新的 y 轴 y'旋转角 θ，最后绕新的 z 轴 z''旋转角 ψ 来描述任何可能的姿态，如图 3.13 所示。

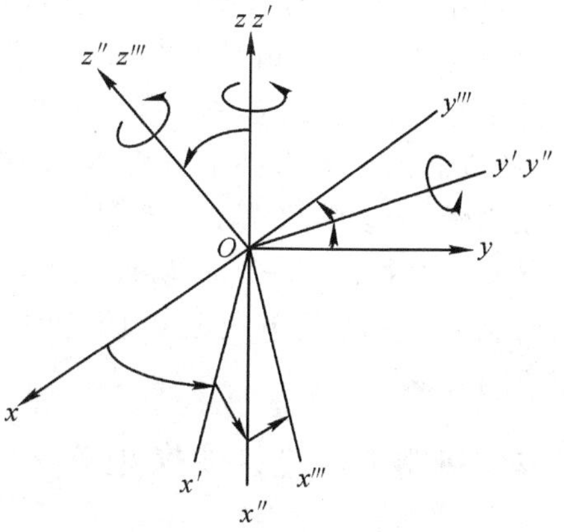

图 3.13　欧拉角定义

欧拉变换可由连乘三个旋转矩阵来求得，即

$$\mathrm{Euler}(\varphi,\theta,\psi)=\mathrm{Rot}(z,\varphi)\mathrm{Rot}(y,\theta)\mathrm{Rot}(z,\psi) \tag{3.28}$$

另一种常用的旋转集合是横滚(roll,R)、俯仰(pitch,P)和偏转(yaw,Y)。横滚、俯仰、偏转代表的运动姿态，如图 3.14 所示。

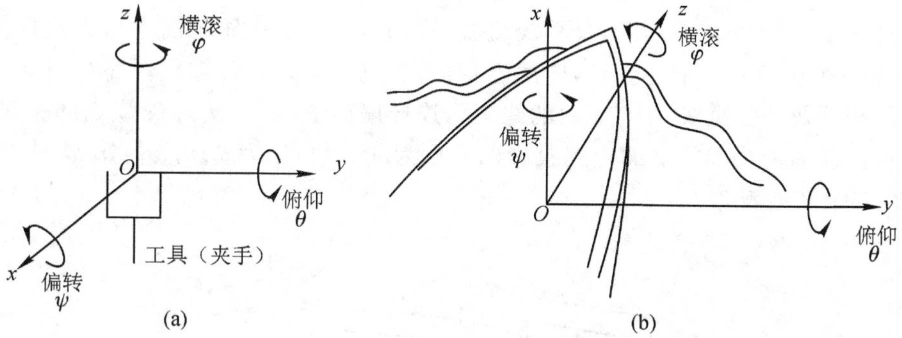

(a)　(b)

图 3.14　用横滚、俯仰和偏转表示机械手运动姿态

对于旋转次序，规定

$$\mathrm{RPY}(\varphi,\theta,\psi)=\mathrm{Rot}(z,\varphi)\mathrm{Rot}(y,\theta)\mathrm{Rot}(x,\psi) \tag{3.29}$$

式中：RPY 表示横滚、俯仰和偏转三旋转的组合变换。也就是说，先绕 z 轴旋转角 φ，再绕 y 轴旋转角 θ，最后绕 x 轴旋转角 ψ 。

3.2　机器人运动学概述

机械手是由一系列关节连接起来的连杆构成的自动操作装置。每一个连杆建立一个坐标系，并用齐次变换描述坐标系之间的相对位置和姿态。

设矩阵 **A** 是一个连杆和下一个连杆坐标系间的相对关系的齐次变换。对于六连杆机械手，由 3.1 节可知，末端齐次变换矩阵为

$$\boldsymbol{T}_6 = \boldsymbol{A}_1\boldsymbol{A}_2\boldsymbol{A}_3\boldsymbol{A}_4\boldsymbol{A}_5\boldsymbol{A}_6 \tag{3.30}$$

3.2.1　机器人的关节与连杆

在机器人中，通常有两类关节：转动关节和移动关节。自由度是指物体能够相对于坐标系进行独立运动的数目。人类关节是软骨连接，有一定弹性变形。不同于人类的关节，一般机器人关节为一个自由度的关节，其目的是为了简化动力学、运动学和机器人控制。

转动关节提供了一个转动自由度，移动关节提供了一个移动自由度，各关节间是以固定杆件相连接的，如图 3.15 所示。

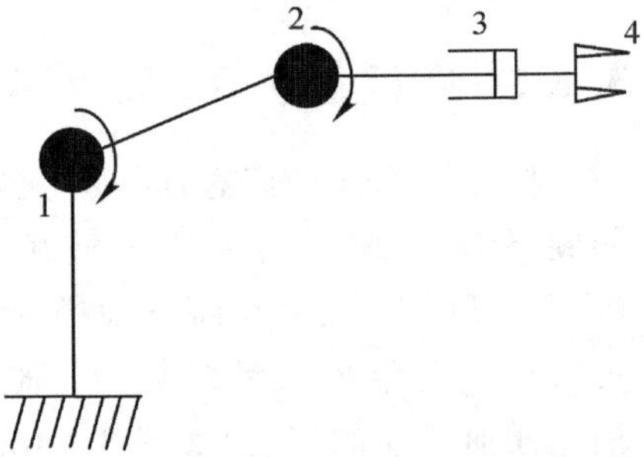

图 3.15　关节与连杆

3.2.2　机器人的连杆变换矩阵

1. 机器人的连杆变换

机器人的连杆变换如图 3.16 所示。对于旋转关节，取其转动轴的中心线作为关节轴线。对于平移关节，取移动方向的中心线作为关节轴线。两个关节的关节轴线 J_i 与 J_{i+1} 的公垂线距离为连杆长度，记为 a_i。由 J_i 与公垂线组成平面 P，J_{i+1} 与平面 P 的夹角为连杆扭转角，记为 α_i。除第一个和最后一个连杆外，中间连杆的两个关节轴线 J_i 与 J_{i+1} 都有一条公垂线 a_i，一个关节的相邻两条公垂线 a_i 与 a_{i-1} 的距离为连杆偏移量，记为 d_i。关节 J_i 的相邻两条公垂线 a_i 与 a_{i-1} 在以 J_i 为法线的平面上的投影的夹角为关节角，记为 θ_i。a_i、α_i、d_i、θ_i 这组参数称为 D-H 参数，其定义见表 3.1。

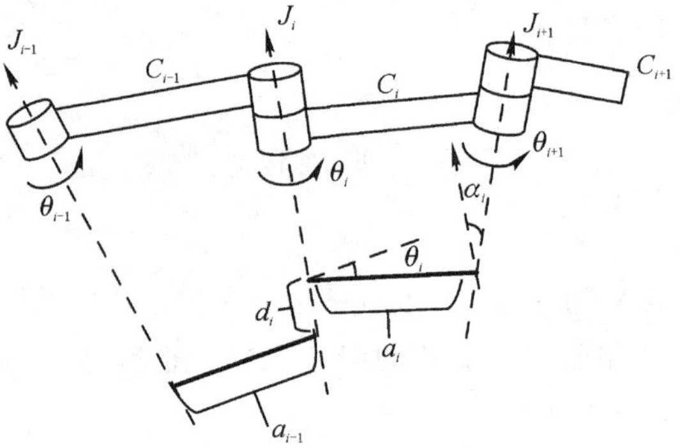

图 3.16　连杆变换示意图

表 3.1　D-H 参数

参数类型	物理本质	符号	含义
连杆本身的参数	连杆长度	a_n	连杆两个轴的公垂线距离(x 方向)
	连杆扭转角	α_n	连杆两个轴的夹角(x 轴的扭转角)
连杆之间的参数	连杆之间的距离	d_n	相连两连杆公垂线距离(z 方向平移距)
	连杆之间的夹角	θ_n	相连两连杆公垂线的夹角(z 轴旋转角)

为描述相邻杆件间平移和转动的关系，迪纳维特(J. Denavt)和哈坦伯格(R. Hartenberg)在 1955 年提出了一种为关节链中的每一杆件建立附体坐标系的矩阵方法，即 D-H 方法。D-H方法为每个关节处的杆件坐标系建立 4×4 齐次变换矩阵，表示它与前一杆件坐标系的关系。这样逐次变换，用“手部坐标”表示的末端执行器可被变换为基座坐标表示。

2. 机器人杆件坐标系定义法

机器人杆件坐标系的建立有两种方式：Paul 定义法、Craig 定义法。

1)Paul 定义法

(1)中间连杆 C_i 坐标系的建立：原点 O_i 取关节轴线 J_i 与 J_{i+1} 的公垂线与 J_{i+1} 的交点，Z_i 轴取 J_{i+1} 的方向，X_i 轴取公垂线指向 O_i 的方向，Y_i 轴根据右手定则，由 X_i 轴和 Z_i 轴确定 Y_i 轴的方向。

采用 Paul 定义法建立的中间连杆 C_i 坐标系如图 3.17 所示。

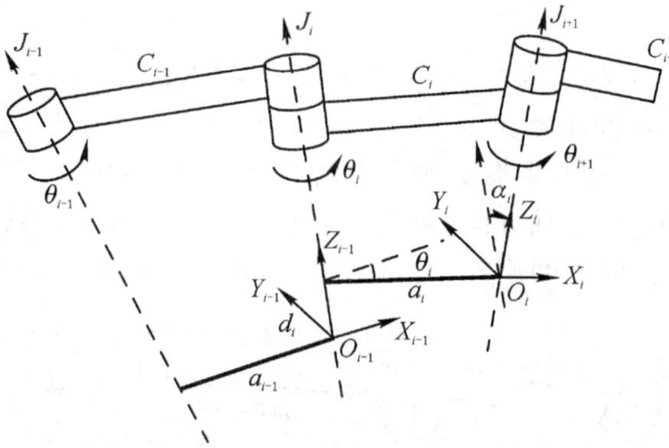

图 3.17　中间连杆 C_i 坐标系(Paul 定义法)

(2)第一连杆 C_1 坐标系的建立：

取 J_1 与 J_2 公垂线与 J_2 的交点为坐标系原点 O_1，取 J_2 的方向为 Z_1 轴方向，任意选取一个方向为 X_1 轴方向，根据右手定则，由 X_1 轴和 Z_1 轴确定 Y_1 轴的方向。

(3)最后一个连杆 C_n 坐标系的建立：

最后一个连杆一般是抓手，取抓手末端中心点为坐标系原点 O_n，取抓手的朝向，即指向被抓取物体的方向为 Z_n 轴方向，取抓手一个指尖到另一个指尖的方向为 X_n 轴方向。

根据右手定则，由 X_n 轴和 Z_n 轴方向，确定 Y_n 轴的方向。

最后一个连杆 C_n 坐标系如图 3.18 所示。

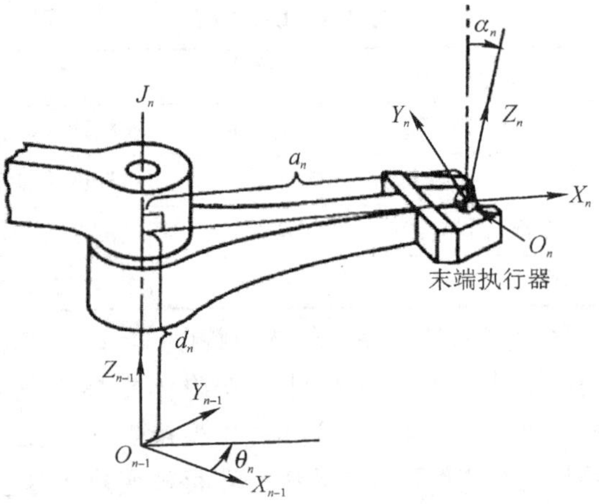

图 3.18　最后一个连杆 C_n 坐标系

(4)采用 Paul 定义法建立的坐标系表示的连杆变换矩阵：

C_{i-1} 坐标系经过两次旋转和两次平移可以变换到 C_i 坐标系。

第一次：以 Z_{i-1} 轴为转轴，旋转 θ_i 角度，使新的 X_{i-1} 轴与 X_i 轴同向。

第二次：沿 Z_{i-1} 轴平移 d_i，使新的 O_{i-1} 移动到关节轴线 J_i 与 J_{i+1} 的公垂线与 J_i 的交点。

第三次：沿新的 X_{i-1} 轴（X_i 轴）平移 a_i，使新的 O_{i-1} 移动到 O_i。

第四次：以 X_i 轴为转轴，旋转 α_i 角度，使新的 Z_{i-1} 轴与 Z_i 轴同向。

至此，坐标系 $O_{i-1}X_{i-1}Y_{i-1}Z_{i-1}$ 与坐标系 $O_iX_iY_iZ_i$ 已经完全重合。

2)Craig 定义法

对于相邻两个连杆 C_i 和 C_{i+1}，有三个关节 J_{i-1}、J_i 和 J_{i+1}。

(1)中间连杆 C_i 坐标系的建立：

取关节轴线 J_i 与 J_{i+1} 的公垂线与 J_i 的交点为坐标系原点，取 J_i 的方向为 Z_i 轴方向，取公垂线从 O_i 指向 J_{i+1} 的方向为 X_i 轴方向，根据右手定则，由 X_i 轴和 Z_i 轴确定 Y_i 轴的方向。

采用 Craig 定义法建立的中间连杆 C_i 的坐标系如图 3.19 所示。

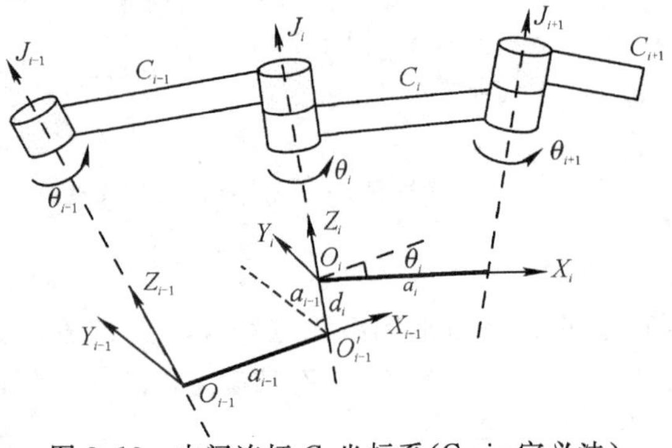

图 3.19　中间连杆 C_i 坐标系（Craig 定义法）

(2)第一连杆 C_1 坐标系的建立：

原点 O_1 取基坐标系原点为坐标系原点，取 J_1 的方向为 Z_1 轴方向，X_1 轴方向任意选取，根据右手定则，由 X_1 轴和 Z_1 轴确定 Y_1 轴的方向。

(3)最后一个连杆 C_n 坐标系建立：

最后一个连杆一般是抓手，取抓手末端中心点为坐标系原点 O_n，取抓手的朝向，即指向被抓取物体的方向为 Z_n 轴方向，取抓手一个指尖到另一个指尖的方向为 X_n 轴方向，根据右手定则，由 X_n 轴和 Z_n 轴确定 Y_n 轴的方向。

(4)采用 Craig 定义法建立的坐标系表示的连杆变换矩阵：

C_{i-1} 坐标系经过两次旋转和两次平移可以变换到 C_i 坐标系。

第一次：沿 X_{i-1} 轴平移 a_{i-1}，将 O_{i-1} 移动到 O'_{i-1}。

第二次：以 X_{i-1} 轴为转轴，旋转 α_{i-1} 角度，使新 Z_{i-1} 轴与 Z_i 轴同向。

第三次：沿 Z_i 轴平移 d_i，使 O'_{i-1} 移动到 O_i。

第四次：以 Z_i 轴为转轴，旋转 θ_i 角度，使新的 X_{i-1} 轴与 X_i 轴同向。

至此，坐标系 $O_{i-1}X_{i-1}Y_{i-1}Z_{i-1}$ 与坐标系 $O_iX_iY_iZ_i$ 已经完全重合。

3. 连杆变换矩阵结果

连杆变换矩阵可以用连杆 C_{i-1} 到连杆 C_i 的 4 个齐次变换来描述。总的变换矩阵(D-H 矩阵)为

$$\boldsymbol{A}_i = \mathrm{Rot}(z,\theta_i)\mathrm{Trans}(0,0,d_i)\mathrm{Rot}(x,\alpha_{i-1})\mathrm{Trans}(a_{i-1},0,0) \tag{3.31}$$

整理后得

$$\boldsymbol{A}_i = \begin{bmatrix} \cos\theta_i & -\sin\theta_i & 0 & a_{i-1} \\ \sin\theta_i\cos\alpha_{i-1} & \cos\theta_i\cos\alpha_{i-1} & -\sin\alpha_{i-1} & -d_i\sin\alpha_{i-1} \\ \sin\theta_i\cos\alpha_{i-1} & \cos\theta_i\sin\alpha_{i-1} & \cos\alpha_{i-1} & d_i\cos\alpha_{i-1} \\ 0 & 0 & 0 & 1 \end{bmatrix} \tag{3.32}$$

3.2.3　机器人正运动学

n 个自由度的工业机器人所有连杆的位置和姿态，可以用一组关节变量(d_i 或 θ_i)以及杆件几何常数来表示。这组变量通常称为关节矢量或关节坐标，由这些矢量描述的空间称为关节空间。

一旦确定了机器人各个关节的关节坐标，机器人末端的位姿也就随之确定。由机器人的关节空间到机器人的末端笛卡儿空间之间的映射，它是一种单射关系。机器人的正运动学，描述的就是机器人的关节空间到机器人的末端笛卡儿空间之间的映射关系。

对于具有 n 个自由度的串联结构工业机器人，各个连杆坐标系之间属于联体坐标关系。若各个连杆的 D-H 矩阵为 $\boldsymbol{A}_i$，则机器人末端的位置和姿态为

$$\boldsymbol{T} = \boldsymbol{A}_1\boldsymbol{A}_2\boldsymbol{A}_3\cdots\boldsymbol{A}_n \tag{3.33}$$

相邻连杆 C_{i-1} 和 C_i，两连杆坐标系之间的变换矩阵即为连杆变换矩阵位姿：

$$^{i-1}\boldsymbol{T}_i = \boldsymbol{A}_i \tag{3.34}$$

由于坐标系的建立不是唯一的，不同的坐标系下 D-H 矩阵是不同的，末端位姿 $\boldsymbol{T}$ 不同。但对于相同的基坐标系，不同的 D-H 矩阵下的末端位姿 $\boldsymbol{T}$ 相同：

$$^{i-1}\boldsymbol{T}_n = \boldsymbol{A}_i\boldsymbol{A}_{i+1}\cdots\boldsymbol{A}_n \tag{3.35}$$

3.2.4　PUMA560 机器人的正运动学

1. PUMA560 机器人简介

PUMA560 属于关节式机器人，6 个关节都是转动关节。前 3 个关节确定手腕参考点的位置，后 3 个关节确定手腕的方位，其连杆及关节参数见表 3.2。

表 3.2　连杆及关节参数表

连杆 i	变量 θ_i	α_{i-1}	a_{i-1}	d_i	变量范围
1	θ_1 (90°)	0°	0	0	−160°～160°
2	θ_2 (0°)	−90°	0	d_2	−225°～45°
3	θ_3 (−90°)	0°	a_2	0	−45°～225°
4	θ_4 (0°)	90°	a_3	d_4	−110°～170°
5	θ_5 (0°)	90°	0	0	−100°～100°
6	θ_6 (0°)	−90°	0	0	−266°～266°

PUMA560 机器人的结构如图 3.20 所示，其连杆坐标系如图 3.21 所示。它的每个关节均有角度零位与正负方向限位开关。机器人的回转机体实现了机器人机体绕 z_0 轴的回转(角 θ_1)，它由固定底座和回转工作台组成。安装在轴中心的驱动电机经传动装置，可以实现工作台的回转。大臂、小臂的平衡由机器人中的平衡装置控制。在机器人的回转工作台上安装有大臂台座，将大臂下端关节支承在台座上，大臂的上端关节用于支承小臂。大臂臂体的下端安有直流伺服电机，可控制大臂上下摆动(角 θ_2)。小臂支承于大臂臂体的上关节处，其驱动电机可带动小臂做上下俯仰(角 θ_3)，以及小臂的回转(θ_4)。机器人的腕部位于小臂臂体前端，通过伺服电动机传动，可实现腕部摆动(θ_5)和转动(θ_6)。

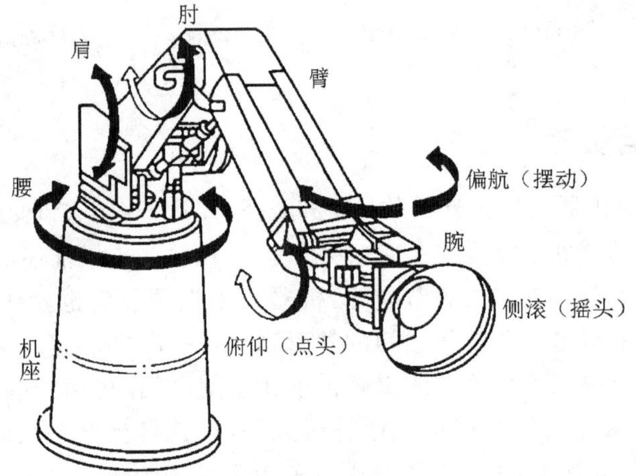

图 3.20　PUMA560 机器人

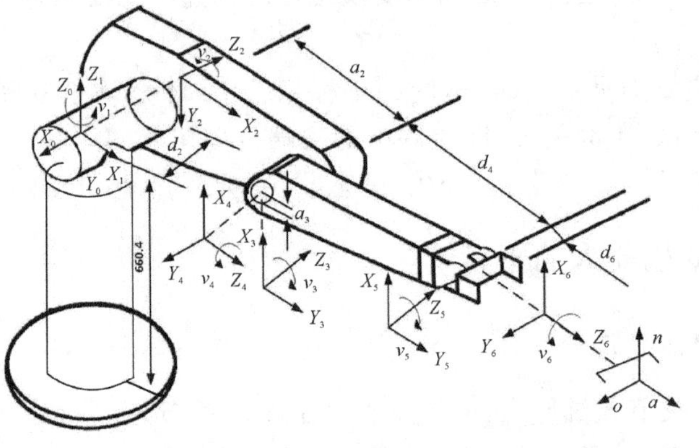

图 3.21　PUMA560 机器人的连杆坐标系

2. PUMA560 机器人的连杆变换矩阵

基坐标系 $OX_0Y_0Z_0$ 与坐标系 $O_1X_1Y_1Z_1$ 之间的变换矩阵：两坐标系原点重合，连杆长度和连杆偏移量为零。关节角为 θ_1，连杆扭角为 $-90°$。因此，变换矩阵为

$$\boldsymbol{A}_1 = \begin{bmatrix} \cos\theta_1 & -\sin\theta_1 & 0 & 0 \\ \sin\theta_1 & \cos\theta_1 & 0 & 0 \\ 0 & 0 & 1 & 0 \\ 0 & 0 & 0 & 1 \end{bmatrix} \tag{3.36}$$

坐标系 $O_1X_1Y_1Z_1$ 与 $O_2X_2Y_2Z_2$ 连杆长度为 a_2，连杆偏移量为 d_2，关节角为 θ_2，连杆扭转角为零。因此，变换矩阵为

$$\boldsymbol{A}_2 = \begin{bmatrix} \cos\theta_2 & -\sin\theta_2 & 0 & 0 \\ 0 & 0 & 1 & d_2 \\ -\sin\theta_2 & -\cos\theta_2 & 0 & 0 \\ 0 & 0 & 0 & 1 \end{bmatrix} \tag{3.37}$$

坐标系 $O_2X_2Y_2Z_2$ 与 $O_3X_3Y_3Z_3$ 之间的变换矩阵：两坐标系之间连杆长度为 a_3，连杆偏移量为 d_3，关节角为 θ_3，连杆扭转角为 $-90°$。因此，变换矩阵为

$$\boldsymbol{A}_3 = \begin{bmatrix} \cos\theta_3 & -\sin\theta_3 & 0 & a_2 \\ \sin\theta_3 & \cos\theta_3 & 0 & 0 \\ 0 & 0 & 1 & 0 \\ 0 & 0 & 0 & 1 \end{bmatrix} \tag{3.38}$$

坐标系 $O_3X_3Y_3Z_3$ 与 $O_4X_4Y_4Z_4$ 之间的变换矩阵：两坐标系之间连杆长度和连杆偏移量为零，关节角为 θ_4，连杆扭转角为 $90°$。因此，变换矩阵为

$$\boldsymbol{A}_4 = \begin{bmatrix} \cos\theta_4 & -\sin\theta_4 & 0 & a_3 \\ 0 & 1 & 1 & d_4 \\ -\sin\theta_4 & -\cos\theta_4 & 0 & 0 \\ 0 & 0 & 0 & 1 \end{bmatrix} \tag{3.39}$$

坐标系 $O_4X_4Y_4Z_4$ 与 $O_5X_5Y_5Z_5$ 之间的变换矩阵：两坐标系之间连杆长度和连杆偏移量为零，关节角为 θ_5，连杆扭转角为 $-90°$。因此，变换矩阵为

$$\boldsymbol{A}_5 = \begin{bmatrix} \cos\theta_5 & -\sin\theta_5 & 0 & 0 \\ 0 & 0 & -1 & 0 \\ \sin\theta_5 & \cos\theta_5 & 0 & 0 \\ 0 & 0 & 0 & 1 \end{bmatrix} \tag{3.40}$$

坐标系 $O_5X_5Y_5Z_5$ 与 $O_6X_6Y_6Z_6$ 之间的变换矩阵：两坐标系之间连杆长度和连杆偏移量为零，关节角为 θ_6，连杆扭转角为 $0°$。因此，变换矩阵为

$$\boldsymbol{A}_6 = \begin{bmatrix} \cos\theta_6 & -\sin\theta_6 & 0 & 0 \\ 0 & 0 & 1 & 0 \\ -\sin\theta_6 & -\cos\theta_6 & 0 & 0 \\ 0 & 0 & 0 & 1 \end{bmatrix} \tag{3.41}$$

由 6 个连杆的 D-H 矩阵，可求取机器人末端在基坐标系下的位姿：

$$T=A_1A_2\cdots A_6 \tag{3.42a}$$

$$\begin{cases}
n_x = \cos\theta_1[\cos(\theta_2+\theta_3)(\cos\theta_4\cos\theta_5\cos\theta_6-\sin\theta_4\sin\theta_6)-\sin(\theta_2+\theta_3)\sin\theta_5\sin\theta_6]+\\
\quad \sin\theta_1(\sin\theta_4\cos\theta_5\cos\theta_6+\cos\theta_4\sin\theta_6)\\
n_y = \sin\theta_1[\cos(\theta_2+\theta_3)(\cos\theta_4\cos\theta_5\cos\theta_6-\sin\theta_4\sin\theta_6)-\sin(\theta_2+\theta_3)\sin\theta_5\sin\theta_6]+\\
\quad \cos\theta_1(\sin\theta_4\cos\theta_5\cos\theta_6+\cos\theta_4\sin\theta_6)\\
n_z = -\sin(\theta_2+\theta_3)(\cos\theta_4\cos\theta_5\cos\theta_6-\sin\theta_4\sin\theta_6)-\cos(\theta_2+\theta_3)\sin\theta_5\sin\theta_6\\
o_x = \cos\theta_1[\cos(\theta_2+\theta_3)(-\cos\theta_4\cos\theta_5\cos\theta_6-\sin\theta_4\sin\theta_6)+\sin(\theta_2+\theta_3)\sin\theta_5\sin\theta_6]+\\
\quad \sin\theta_1(\cos\theta_4\sin\theta_6-\sin\theta_4\cos\theta_5\cos\theta_6)\\
o_y = \sin\theta_1[\cos(\theta_2+\theta_3)(-\cos\theta_4\cos\theta_5\cos\theta_6-\sin\theta_4\sin\theta_6)+\sin(\theta_2+\theta_3)\sin\theta_5\sin\theta_6]-\\
\quad \cos\theta_1(\cos\theta_4\sin\theta_6-\sin\theta_4\cos\theta_5\cos\theta_6)\\
o_z = -\sin(\theta_2+\theta_3)(-\cos\theta_4\cos\theta_5\cos\theta_6-\sin\theta_4\sin\theta_6)+\cos(\theta_2+\theta_3)\sin\theta_5\sin\theta_6\\
a_x = -\cos\theta_1[\cos(\theta_2+\theta_3)\cos\theta_4\sin\theta_5+\sin(\theta_2+\theta_3)\cos\theta_5]-\sin\theta_1\sin\theta_4\sin\theta_5\\
a_y = -\sin\theta_1[\cos(\theta_2+\theta_3)\cos\theta_4\sin\theta_5+\sin(\theta_2+\theta_3)\cos\theta_5]-\cos\theta_1\sin\theta_4\sin\theta_5\\
a_z = \sin(\theta_2+\theta_3)\cos\theta_4\sin\theta_5-\cos(\theta_2+\theta_3)\cos\theta_5\\
p_x = \cos\theta_1[a_2\cos\theta_2+a_3\cos(\theta_2+\theta_3)-d_4\sin(\theta_2+\theta_3)]-d_2\sin\theta_1\\
p_y = \sin\theta_1[a_2\cos\theta_2+a_3\cos(\theta_2+\theta_3)-d_4\sin(\theta_2+\theta_3)]+d_2\sin\theta_1\\
p_z = -a_3\cos(\theta_2+\theta_3)-a_2\sin\theta_2-d_4\sin(\theta_2+\theta_3)
\end{cases} \tag{3.42b}$$

上述方程即为 PUMA560 机器人的运动学方程。

3.3 机器人逆运动学

机器人正运动学问题是已知机器人各关节、各连杆参数及各关节变量，求机器人手端坐标在基础坐标中的位置和姿态，由关节空间到末端笛卡儿空间(如图 3.22 所示)的映射为单映射。机器人逆运动学问题是已知满足某工作要求时末端执行器的位置和姿态，以及各连杆的结构参数，求关节变量，由末端笛卡儿空间到关节空间的映射为复映射。所谓逆运动学方程的解，就是已知机械手直角坐标空间的位姿 T_n，求出各节变量 θ_i或 d_i。机器人逆运动学是机器人控制的基础。

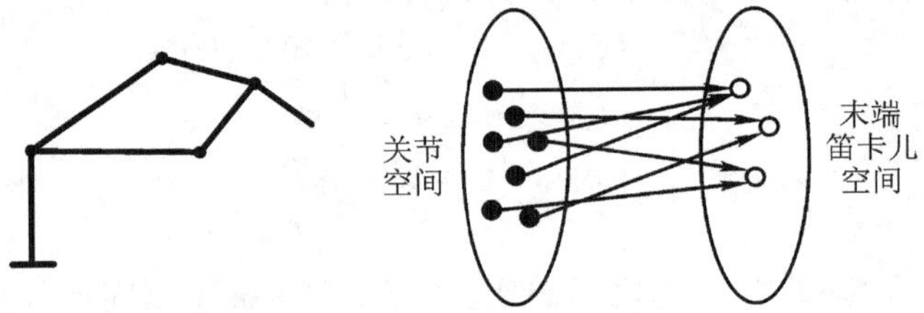

图 3.22 笛卡儿空间

3.3.1　机器人逆运动学基本概念

1. 逆运动学解的存在性和工作空间

逆运动学解关心的问题是，对于给定的位置矢量(x,y)，由运动学方程求出相应的关节矢量。求解之前最关心的问题是，对于给定的值(x,y)，相应的关节矢量是否存在。通常，把逆运动学解存在的区域称为该机器人的工作空间。

灵活空间指机器人手爪能以任意方位到达的目标点的集合，可达空间指机器人手爪至少能以一个方位到达的目标点的集合。灵活空间是可达空间的子集，在灵活空间的各点上，手爪的指向可以任意规定。

1）可解性

可把解分成两种形式：封闭解（解析解）、数值解。所有具有转动和移动关节的系统，在一个单一串联中总共有 6 个自由度时，是可解的。一般是数值解，不是解析表达式。Pieper 封闭解存在的条件：3 个相邻关节轴交于一点或 3 个相邻关节轴相互平行或垂直。

2）工作空间

机器人工作空间是指机器人末端执行器所能达到的空间点的集合，一般用水平面和垂直面的投影表示。图 3.23 是串联多关节机器人 MOTOMAN 的工作空间示意图。

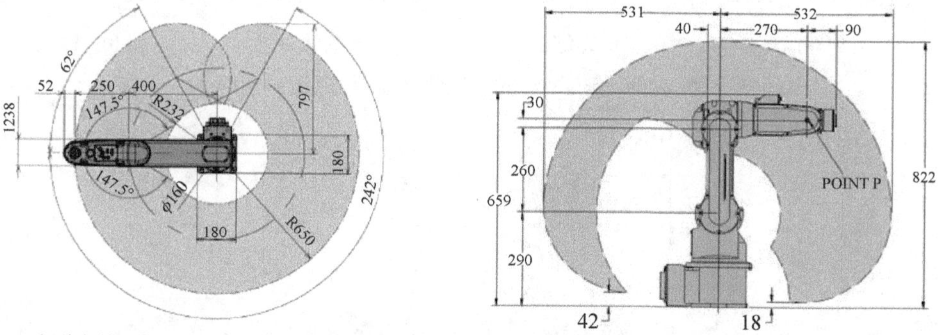

(a) 串联多关节机器人MOTOMAN MPP3S　　(b) 串联多关节机器人MOTOMAN MH3F

图 3.23　关节工业机器人的工作空间示意图

2. 逆运动学解的唯一性和最优解

机器人操作臂逆运动学解的数目决定于关节数目、连杆参数和关节变量的活动范围。PUMA560 机器人可有 8 组逆运动学解。实际上，由于关节活动范围的限制，有些解可能达不到。

一般而言，非零连杆参数愈多，到达某一目标的方式也愈多，即逆运动学解的数目愈多。逆运动学解的数目与连杆长度非零情况的关系见表 3.3。

表 3.3　逆运动学解的数目与连杆长度之间是否非零关系

连杆长度非零情况	逆运动学解的数目
$a_1=a_3=a_5=0$	$\leqslant 4$
$a_3=a_5=0$	$\leqslant 8$
$a_3=0$	$\leqslant 16$
所有 $a_i \neq 0$	$\leqslant 16$

从多重解中选择其中的一组时，在避免碰撞的前提下，通常按“最短行程”准则来择优，即使每个关节的移动量为最小。

由于工业机器人前面 3 个连杆的尺寸较大，后面 3 个较小。故应加权处理，遵循“多移动小关节、少移动大关节”的原则。

图 3.24 给出了 PUMA560 机器人的 4 种逆运动学解示意图。图 3.25 给出了机器人手腕翻转对应的 2 种子逆运动学解示意图。

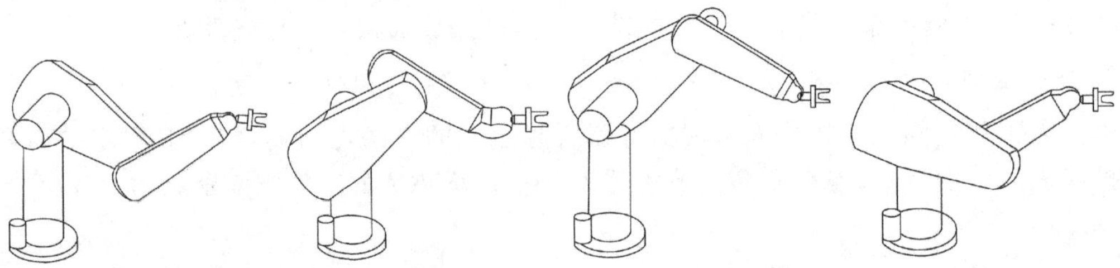

(a) 逆解1　(b) 逆解2　(b) 逆解3　(b) 逆解4

图 3.24　PUMA560 机器人的 4 种逆运动学解

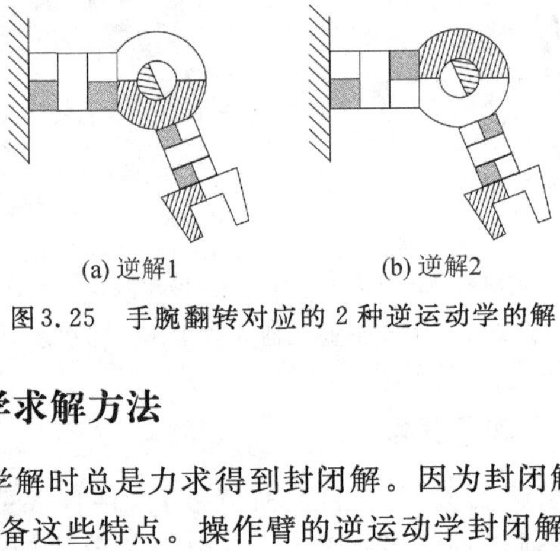

(a) 逆解1　(b) 逆解2

图3.25　手腕翻转对应的 2 种逆运动学的解

3.3.2　机器人逆运动学求解方法

在求操作臂的逆运动学解时总是力求得到封闭解。因为封闭解的计算速度快，效率高，便于实时控制，而数值法不具备这些特点。操作臂的逆运动学封闭解可通过两种途径得到：代数解法和几何解法。

如图 3.26 所示，以三连杆平面操作臂为例说明代数解法，其坐标和连杆参数见表 3.4。

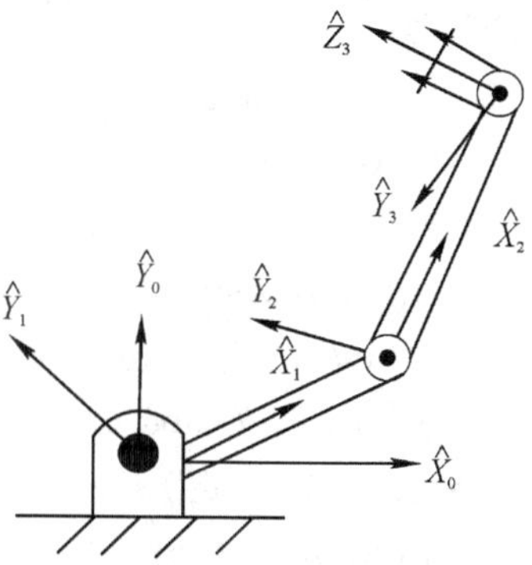

图 3.26　三连杆平面操作臂

表 3.4　连杆参数

i	α_{i-1}	a_{i-1}	d_i	θ_i
1	0	0	0	θ_1
2	0	L_1	0	θ_2
3	0	L_2	0	θ_3

应用这些连杆参数，可以求得这个机械臂的运动学方程：

$$ {}^{B}_{W}\boldsymbol{T} = {}^{0}_{3}\boldsymbol{T} = \begin{bmatrix} \cos(\theta_1+\theta_2+\theta_3) & -\sin(\theta_1+\theta_2+\theta_3) & 0 & l_1\cos\theta_1 + l_2\cos(\theta_1+\theta_2) \\ \sin(\theta_1+\theta_2+\theta_3) & \cos(\theta_1+\theta_2+\theta_3) & 0 & l_1\sin\theta_1 + l_2\sin(\theta_1+\theta_2) \\ 0 & 0 & 1 & 0 \\ 0 & 0 & 0 & 1 \end{bmatrix} \tag{3.43} $$

为了集中讨论逆运动学问题，假设腕部坐标系相对于基坐标系的变换已经完成。这个操作臂通过 3 个量 x、y 和 φ 很容易确定这些目标点，变换矩阵为

$$ {}^{B}_{W}\boldsymbol{T} = \begin{bmatrix} \cos\varphi & -\sin\varphi & 0 & x \\ \sin\varphi & \cos\varphi & 0 & y \\ 0 & 0 & 1 & 0 \\ 0 & 0 & 0 & 1 \end{bmatrix} \tag{3.44} $$

令式(3.43)和式(3.44)相等，可以求得 4 个非线性方程，进而求出 θ_1、θ_2 和 θ_3：

$$ \begin{cases} \cos\varphi = \cos(\theta_1+\theta_2+\theta_3) \\ \sin\varphi = \sin(\theta_1+\theta_2+\theta_3) \\ x = l_1\cos\theta_1 + l_2\cos(\theta_1+\theta_2) \\ y = l_1\sin\theta_1 + l_2\sin(\theta_1+\theta_2) \end{cases} \tag{3.45} $$

将式(3.45)中的后面两个公式同时改为 2 次方，然后相加，得

$$ x^2 + y^2 = l_1^2 + l_2^2 + 2l_1 l_2 \cos\theta_2 \tag{3.46} $$

解得

$$ \cos\theta_2 = \frac{x^2 + y^2 - l_1^2 - l_2^2}{2l_1 l_2} \tag{3.47} $$

上式有解的条件是上式右边的值必须在 −1 和 1 之间。

$\sin\theta_2$ 的表达式为

$$ \sin\theta_2 = \pm\sqrt{1-\cos^2\theta_2} \tag{3.48} $$

最后利用 2 幅角反正切公式计算 θ_2：

$$\theta_2 = \mathrm{atan2}(\sin\theta_2, \cos^2\theta_2) \tag{3.49}$$

$$\begin{aligned} x &= l_1\cos\theta_1 + l_2\cos(\theta_1+\theta_2) \\ &= l_1\cos\theta_1 + l_2\cos\theta_1\cos\theta_2 - l_2\sin\theta_1\sin\theta_2 \\ &= (l_1 + l_2\cos\theta_2)\cos\theta_1 - (l_2\sin\theta_2)\sin\theta_1 \\ y &= l_1\sin\theta_1 + l_2\sin(\theta_1+\theta_2) \\ &= l_1\sin\theta_1 + l_2\sin\theta_1\cos\theta_2 + l_2\cos\theta_1\sin\theta_2 \\ &= (l_1 + l_2\cos\theta_2)\sin\theta_1 + (l_2\sin\theta_2)\cos\theta_1 \end{aligned}$$

$$\begin{cases} x = k_1\cos\theta_1 - k_2\sin\theta_1 \\ y = k_1\sin\theta_1 - k_2\cos\theta_1 \end{cases}$$

$$k_1 = l_1 + l_2\cos\theta_2$$

$$k_2 = l_2\sin\theta_2$$

定义

$$\begin{cases} r = \sqrt{k_1^2 + k_2^2} \\ \gamma = \mathrm{atan2}(k_2, k_1) \end{cases} \Rightarrow \begin{cases} k_1 = r\cos\gamma \\ k_2 = r\sin\gamma \end{cases}$$

有

$$\begin{cases} \dfrac{x}{r} = \cos\gamma\cos\theta_1 - \sin\gamma\sin\theta_1 \\ \dfrac{y}{r} = \cos\gamma\cos\theta_1 - \sin\gamma\sin\theta_1 \end{cases}$$

$$\Rightarrow \begin{cases} \cos(\gamma+\theta_1) = \dfrac{x}{r} \\ \sin(\gamma+\theta_1) = \dfrac{y}{r} \end{cases}$$

$$\Rightarrow \gamma + \theta_1 = \mathrm{atan2}\left(\frac{y}{r}, \frac{x}{r}\right) = \mathrm{atan2}(y, x)$$

$$\Rightarrow \theta_1 = \mathrm{atan2}(y, x) - \mathrm{atan2}(k_2, k_1) \tag{3.50}$$

注意：如果 $x=y=0$，则 θ_1 不确定，此时 θ_1 可取任意值。

由上面式子能够求出 θ_1、θ_2、θ_3 的和：

$$\theta_2 + \theta_2 + \theta_3 = \mathrm{atan2}(\sin\varphi, \cos\varphi) = \varphi \tag{3.51}$$

由于 θ_1、θ_2 已知，从而可以解出 θ_3。用代数方法求解运动学方程是求解操作臂的基本方法之一。

3.3.3 PUMA560 机器人逆运动学解——解析法

根据机器人关节变量和参数，可获得 6 关节运动方程 $\boldsymbol{T}_6 = \boldsymbol{A}_1\boldsymbol{A}_2\boldsymbol{A}_3\boldsymbol{A}_4\boldsymbol{A}_5\boldsymbol{A}_6$，式中，$\boldsymbol{T}_6$ 为机械手末端在直角坐标系（参考坐标或基坐标）中的位姿，位姿可由作业任务确定。由 $\boldsymbol{T}_6$ 和 $\boldsymbol{A}_i(i=1,2,\cdots,6)$ 的值，可求出相应的关节变量 θ_i 或 d_i。

1. 基本步骤

分别用 $\boldsymbol{A}_i(i=1,2,\cdots,5)$ 的逆左乘 $\boldsymbol{T}_6$ 有

$\boldsymbol{A}_1^{-1}\boldsymbol{T}_6 = {}^1\boldsymbol{T}_6$　　　　$({}^1\boldsymbol{T}_6 = \boldsymbol{A}_2\boldsymbol{A}_3\boldsymbol{A}_4\boldsymbol{A}_5\boldsymbol{A}_6)$

$A_2^{-1}A_1^{-1}T_6 = {}^2T_6 \qquad ({}^2T_6 = A_3A_4A_5A_6)$

$A_3^{-1}A_2^{-1}A_1^{-1}T_6 = {}^3T_6 \qquad ({}^3T_6 = A_4A_5A_6)$

$A_4^{-1}A_3^{-1}A_2^{-1}A_1^{-1}T_6 = {}^4T_6 \qquad ({}^4T_6 = A_5A_6)$

$A_5^{-1}A_4^{-1}A_3^{-1}A_2^{-1}A_1^{-1}T_6 = {}^5T_6 \qquad ({}^5T_6 = A_6)$

根据上述 5 个矩阵方程对应元素相等，可得到若干个可解的代数方程，便可求出关节变量 θ_i 或 d_i。

PUMA560 机器人的连杆参数如表 3.5 所示，按照 Craig 定义法建立坐标系如图 3.27 所示，其变换矩阵为

$$A_1 = {}^0_1T = \begin{bmatrix} \cos\theta_1 & -\sin\theta_1 & 0 & 0 \\ \sin\theta_1 & \cos\theta_1 & 0 & 0 \\ 0 & 0 & 1 & 0 \\ 0 & 0 & 0 & 1 \end{bmatrix}$$

$$A_2 = {}^1_2T = \begin{bmatrix} \cos\theta_2 & -\sin\theta_2 & 0 & 0 \\ 0 & 0 & 1 & d_2 \\ -\sin\theta_2 & -\cos\theta_2 & 0 & 0 \\ 0 & 0 & 0 & 1 \end{bmatrix}$$

$$A_3 = {}^2_3T = \begin{bmatrix} \cos\theta_3 & -\sin\theta_3 & 0 & a_2 \\ \sin\theta_3 & \cos\theta_3 & 0 & 0 \\ 0 & 0 & 1 & 0 \\ 0 & 0 & 0 & 1 \end{bmatrix}$$

$$A_4 = {}^3_4T = \begin{bmatrix} \cos\theta_4 & -\sin\theta_4 & 0 & a_3 \\ 0 & 0 & 1 & d_4 \\ -\sin\theta_4 & -\cos\theta_4 & 0 & 0 \\ 0 & 0 & 0 & 1 \end{bmatrix}$$

$$A_5 = {}^4_5T = \begin{bmatrix} \cos\theta_5 & -\sin\theta_5 & 0 & 0 \\ 0 & 0 & -1 & 0 \\ -\sin\theta_5 & -\cos\theta_5 & 0 & 0 \\ 0 & 0 & 0 & 1 \end{bmatrix}$$

$$A_6 = {}^5_6T = \begin{bmatrix} \cos\theta_6 & -\sin\theta_6 & 0 & 0 \\ 0 & 0 & 1 & 0 \\ -\sin\theta_6 & -\cos\theta_6 & 0 & 0 \\ 0 & 0 & 0 & 1 \end{bmatrix}$$

表 3.5　PUMA560 机器人的连杆参数

连杆 i	变量 θ_i	α_{i-1}	a_{i-1}	d_i
1	θ_1 (90°)	0°	0	0
2	θ_2 (0°)	−90°	0	d_2
3	θ_3 (−90°)	0°	a_2	0
4	θ_4 (0°)	90°	a_3	d_4
5	θ_5 (0°)	90°	0	0
6	θ_6 (0°)	−90°	0	0

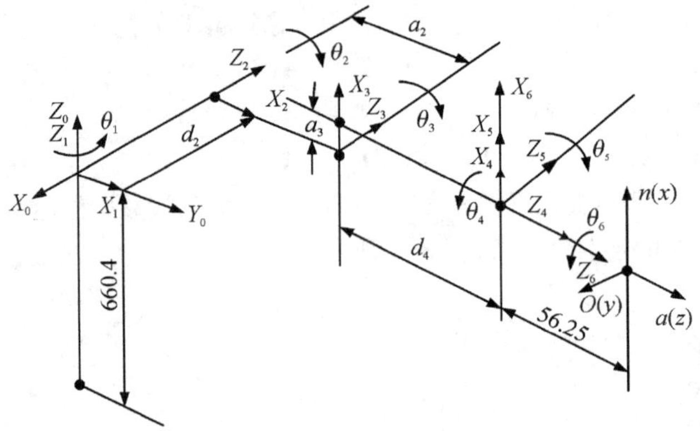

图 3.27　Craig 定义法建立的坐标系

2. 具体步骤

1）解出 θ_1

$$\boldsymbol{A}_1^{-1}\boldsymbol{T}=\boldsymbol{A}_2\boldsymbol{A}_3\boldsymbol{A}_4\boldsymbol{A}_5\boldsymbol{A}_6$$

$$\boldsymbol{A}_1^{-1}\boldsymbol{T}=\begin{bmatrix}\cos\theta_1 & \sin\theta_1 & 0 & 0\\ -\sin\theta_1 & \cos\theta_1 & 0 & 0\\ 0 & 0 & 1 & 0\\ 0 & 0 & 0 & 1\end{bmatrix}\begin{bmatrix}n_x & o_x & a_x & p_x\\ n_y & o_y & a_y & p_y\\ n_z & o_z & a_z & p_z\\ 0 & 0 & 0 & 1\end{bmatrix}=\begin{bmatrix}t_{11} & t_{21} & t_{31} & \cos\theta_1 p_x+\sin\theta_1 p_y\\ t_{12} & t_{22} & t_{32} & -\sin\theta_1 p_x+\cos\theta_1 p_y\\ t_{13} & t_{23} & t_{33} & p_z\\ 0 & 0 & 0 & 1\end{bmatrix}$$

$$\boldsymbol{A}_2\boldsymbol{A}_3\boldsymbol{A}_4\boldsymbol{A}_5\boldsymbol{A}_6=\begin{bmatrix}m_{11} & m_{21} & m_{31} & a_2\cos\theta_2+a_3\cos(\theta_2+\theta_3)-d_4\sin(\theta_2+\theta_3)\\ m_{12} & m_{22} & m_{32} & d_2\\ m_{13} & m_{23} & m_{33} & -a_2\sin\theta_2-a_3\sin(\theta_2+\theta_3)-d_4\cos(\theta_2+\theta_3)\\ 0 & 0 & 0 & 1\end{bmatrix}$$

由矩阵方程两端元素(2,4) 相等可得

$$-\sin\theta_1 p_x+\cos\theta_1 p_y=d_2$$

$$\Rightarrow\theta_1=\operatorname{atan2}(p_y,p_x)-\operatorname{atan2}\left(d_2,\pm\sqrt{p_x^2+p_y{}^y-d_2{}^2}\right)\tag{3.52}$$

2）求 θ_3

由矩阵方程两端的元素(1,4)和(3,4)分别对应相等，可推出 2 个方程，进一步取其平方和得

$$a_3\cos\theta_3-d_4\sin\theta_3=k$$

式中：

$$k=\frac{p_x^2+p_y^2+p_z^2-d_2^2-d_4^2-a_2^2-a_3^2}{2a_2}$$

解得

$$\theta_3=\operatorname{atan2}(a_3,d_4)-\operatorname{atan2}(k,\pm\sqrt{d_4^2+a_3^2-k^2})\tag{3.53}$$

3）求 θ_2

因为

$$\boldsymbol{A}_3^{-1}\boldsymbol{A}_2^{-1}\boldsymbol{A}_1^{-1}\boldsymbol{T}=\boldsymbol{A}_4\boldsymbol{A}_5\boldsymbol{A}_6$$

而

$$
\begin{aligned}
&\boldsymbol{A}_3^{-1}\boldsymbol{A}_2^{-1}\boldsymbol{A}_1^{-1}\boldsymbol{T}\\
&=\begin{bmatrix}\cos\theta_1\cos(\theta_2+\theta_3) & \sin\theta_1\cos(\theta_2+\theta_3) & -\sin(\theta_2+\theta_3) & a_2\cos\theta_3\\ -\cos\theta_1\sin(\theta_2+\theta_3) & -\sin\theta_1\sin(\theta_2+\theta_3) & -\cos(\theta_2+\theta_3) & a_2\sin\theta_3\\ -\sin\theta_1 & \cos\theta_1 & 0 & -d_2\\ 0 & 0 & 0 & 1\end{bmatrix}\begin{bmatrix}n_x & o_x & a_x & p_x\\ n_y & o_y & a_y & p_y\\ n_z & o_z & a_z & p_z\\ 0 & 0 & 0 & 1\end{bmatrix}
\end{aligned}
$$

$$
\boldsymbol{A}_4\boldsymbol{A}_5\boldsymbol{A}_6=\begin{bmatrix}m_{111} & m_{112} & -\cos\theta_4\sin\theta_5 & a_3\\ m_{121} & m_{122} & \cos\theta_5 & d_4\\ m_{131} & m_{132} & \sin\theta_4\sin\theta_5 & 0\\ 0 & 0 & 0 & 1\end{bmatrix}
$$

从而有

$$
\begin{cases}\cos\theta_1\cos(\theta_2+\theta_3)p_x+\sin\theta_1\cos(\theta_2+\theta_3)p_y-\sin(\theta_2+\theta_3)p_z-a_2\cos\theta_3=a_3\\ -\cos\theta_1\sin(\theta_2+\theta_3)p_x-\sin\theta_1\sin(\theta_2+\theta_3)p_y-\cos(\theta_2+\theta_3)p_z+a_2\sin\theta_3=d_4\end{cases}
$$

故而求得

$$
\begin{aligned}
\theta_2=\operatorname{atan2}[&(-a_3-a_2\cos\theta_3)p_z+(\cos\theta_1p_x+\sin\theta_1p_y)(a_2\sin\theta_3-d_4),\\
&(-d_4-a_2\sin\theta_3)p_z+(\cos\theta_1p_x+\sin\theta_1p_y)(a_2\cos\theta_3+a_3)]-\theta_3
\end{aligned}
\tag{3.54}
$$

4)求 θ_4

因为

$$
\boldsymbol{A}_3^{-1}\boldsymbol{A}_2^{-1}\boldsymbol{A}_1^{-1}\boldsymbol{T}=\boldsymbol{A}_4\boldsymbol{A}_5\boldsymbol{A}_6
$$

令两边元素(1,3)和(3,3)分别对应相等,即可得

$$
\begin{cases}\cos\theta_1\cos(\theta_2+\theta_3)a_x+\sin\theta_1\cos(\theta_2+\theta_3)a_y-\sin(\theta_2+\theta_3)a_z=-\cos\theta_4\sin\theta_5\\ -\sin\theta_1a_x+\cos\theta_1a_y=\sin\theta_4\sin\theta_5\end{cases}
\tag{3.55}
$$

故而求得

$$
\begin{aligned}
\theta_4=\operatorname{atan2}[&-\sin\theta_1a_x+\cos\theta_1a_y,-\cos\theta_1\cos(\theta_2+\theta_3)a_x-\sin\theta_1\cos(\theta_2+\theta_3)a_y+\\
&\sin(\theta_2+\theta_3)a_z]
\end{aligned}
\tag{3.56}
$$

当 $\sin\theta_5=0$ 时,操作臂处于奇异位形。在奇异位形时,可以任意选取 θ_4 的值,再计算相应 θ_6。

5)求 θ_5

因为

$$
\boldsymbol{A}_4^{-1}\boldsymbol{A}_3^{-1}\boldsymbol{A}_2^{-1}\boldsymbol{A}_1^{-1}\boldsymbol{T}=\boldsymbol{A}_5\boldsymbol{A}_6
$$

而

$$
\boldsymbol{A}_5\boldsymbol{A}_6=\begin{bmatrix}\cos\theta_5\cos\theta_6 & -\cos\theta_5\sin\theta_6 & -\sin\theta_5 & 0\\ \sin\theta_6 & \cos\theta_6 & 0 & 0\\ \sin\theta_5\sin\theta_6 & -\sin\theta_5\cos\theta_6 & \cos\theta_5 & 0\\ 0 & 0 & 0 & 1\end{bmatrix}
$$

从而有

$$
\begin{cases}[\cos\theta_1\cos(\theta_2+\theta_3)\cos\theta_4+\sin\theta_1\sin\theta_4]a_x+[\sin\theta_1\cos(\theta_2+\theta_3)\cos\theta_4-\cos\theta_1\sin\theta_4]a_y-\\ \sin(\theta_2+\theta_3)\cos\theta_4a_z=-\sin\theta_5\\ -\cos\theta_1\sin(\theta_2+\theta_3)a_x-\sin\theta_1\sin(\theta_2+\theta_3)a_y-\cos(\theta_2+\theta_3)a_z=\cos\theta_5\end{cases}
$$

故而求得

$$\theta_5 = \text{atan2}(\sin\theta_5, \cos\theta_5) \tag{3.57}$$

6)求 θ_6

因为

$$\boldsymbol{A}_5^{-1}\boldsymbol{A}_4^{-1}\boldsymbol{A}_3^{-1}\boldsymbol{A}_2^{-1}\boldsymbol{A}_1^{-1}\boldsymbol{T} = \boldsymbol{A}_6$$

而

$$\boldsymbol{A}_6 = \begin{bmatrix} \cos\theta_6 & -\sin\theta_6 & 0 & 0 \\ 0 & 0 & 1 & 0 \\ -\sin\theta_6 & \cos\theta_6 & 0 & 0 \\ 0 & 0 & 0 & 1 \end{bmatrix}$$

从而有

$$-[\cos\theta_1\cos(\theta_2+\theta_3)\sin\theta_4 - \sin\theta_1\cos\theta_4]n_x - [\sin\theta_1\cos(\theta_2+\theta_3)\sin\theta_4 + \cos\theta_1\theta_4]n_y -$$
$$\sin(\theta_2+\theta_3)\sin\theta_4 n_z = \sin\theta_6$$
$$\{[\cos\theta_1\cos(\theta_2+\theta_3)\cos\theta_4 - \sin\theta_1\sin\theta_4]\cos\theta_5 - \cos\theta_1\sin(\theta_2+\theta_3)\sin\theta_5\}n_x +$$
$$\{[\sin\theta_1\cos(\theta_2+\theta_3)\cos\theta_4 - \cos\theta_1\sin\theta_4]\cos\theta_5 - \sin\theta_1\sin(\theta_2+\theta_3)\sin\theta_5\}n_y -$$
$$[\sin(\theta_2+\theta_3)\cos\theta_4\cos\theta_5 + \cos(\theta_2+\theta_3)\sin\theta_5]n_z = \cos\theta_6$$

故而求得

$$\theta_6 = \text{atan2}(\sin\theta_6, \cos\theta_6) \tag{3.58}$$

问题讨论：逆运动学问题共有 8 组解，如图 3.28 所示，因而 PUMA560 机器人的逆运动学问题的解可能存在 8 种解？

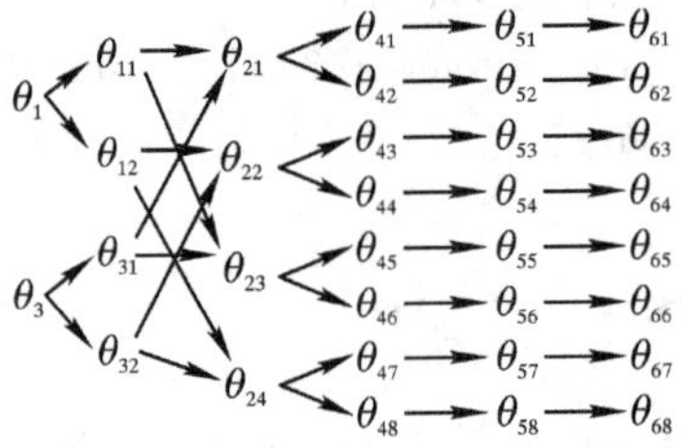

图 3.28 逆运动学问题的 8 组解

3.4 机器人微分运动学

运动学研究末端执行器位姿的描述方法，以及关节坐标系与直角坐标系的变换关系。假设末端执行器的位姿是 $\boldsymbol{x}$，关节角为 $\boldsymbol{\theta}$，则线速度为 $\dot{\boldsymbol{x}}$，关节角速度为 $\dot{\boldsymbol{\theta}}$。正运动学需要解决的问题是 $\boldsymbol{\theta}\to\boldsymbol{x}$，逆运动学需要解决的问题是 $\boldsymbol{x}\to\boldsymbol{\theta}$。

微分运动学($\boldsymbol{\theta}+\delta\boldsymbol{\theta}\to\boldsymbol{x}+\delta\boldsymbol{x}$)需要解决的问题是 $\delta\boldsymbol{\theta}\to\delta\boldsymbol{x}$，即从关节角速度到线速度：$\dot{\boldsymbol{\theta}}\to\dot{\boldsymbol{x}}$。机器人微分运动学也称瞬态运动学。可以通过一个矩阵将两者联系在一起，这个矩阵就是雅可比(Jacobian)矩阵。

若机器人末端执行器的线速度为 $\boldsymbol{v}$，其角速度为 $\boldsymbol{\omega}$，关节速度为 $\dot{\boldsymbol{q}} = (\dot{q}_1, \dot{q}_2, \cdots, \dot{q}_n)^{\mathrm{T}}$，则关节速度 $\dot{\boldsymbol{q}}$、线速度 $\boldsymbol{v}$ 和角速度 $\boldsymbol{\omega}$ 的关系为

$$\boldsymbol{v} = \boldsymbol{J}_v(\dot{\boldsymbol{q}})\dot{\boldsymbol{q}} \tag{3.59}$$

$$\boldsymbol{\omega} = \boldsymbol{J}_\omega(\boldsymbol{q})\dot{\boldsymbol{q}} \tag{3.60}$$

式中：$\boldsymbol{J}_v(\dot{\boldsymbol{q}})$为联系关节速度 $\dot{\boldsymbol{q}}$ 和末端执行器线速度 $\boldsymbol{v}$ 的矩阵，$\boldsymbol{J}_\omega(\dot{\boldsymbol{q}})$为联系关节速度 $\dot{\boldsymbol{q}}$ 和末端执行器角速度 $\boldsymbol{\omega}$ 的矩阵。

若机器人末端执行器的速度为 $\dot{x}$，则上式可以写成如下形式：

$$\dot{x} = \begin{bmatrix} \boldsymbol{v} \\ \boldsymbol{\omega} \end{bmatrix} = \boldsymbol{J}(\boldsymbol{q})\dot{\boldsymbol{q}} \tag{3.61}$$

式中：$\boldsymbol{J}(\boldsymbol{q})$为机器人的雅可比矩阵，是关节变量 $\boldsymbol{q}$ 的函数。

雅可比矩阵是机器人末端执行器的速度与关节速度的线性变换，用公式表达如下：

$$\boldsymbol{J}(\boldsymbol{q}) = \begin{bmatrix} \boldsymbol{J}_v \\ \boldsymbol{J}_\omega \end{bmatrix} \tag{3.62}$$

将末端执行器的线速度(v_x, v_y, v_z)和角速度$(\omega_x, \omega_y, \omega_z)$6 个变量作为雅可比矩阵等式的左边，即

$$\begin{bmatrix} v_x \\ v_y \\ v_z \\ \omega_x \\ \omega_y \\ \omega_z \end{bmatrix}_{(6\times1)} = \boldsymbol{J}_{(6\times n)}\dot{\boldsymbol{q}}_{(n\times1)} \tag{3.63}$$

式中：n 是机器人的自由度。

1. 旋转矩阵的导数

由于旋转矩阵具有正交性，对于时变的旋转矩阵 $\boldsymbol{R}=\boldsymbol{R}(t)$，有如下关系：

$$\boldsymbol{R}(t)\boldsymbol{R}^{\mathrm{T}}(t) = \boldsymbol{I}$$

设 $\boldsymbol{O}$ 表示 3×3 的零矩阵，对上式求导，可以得到

$$\dot{\boldsymbol{R}}(t)\boldsymbol{R}^{\mathrm{T}}(t) + \boldsymbol{R}(t)\dot{\boldsymbol{R}}^{\mathrm{T}}(t) = \boldsymbol{O}$$

令 $\boldsymbol{S}(t) = \dot{\boldsymbol{R}}(\mathrm{t})\boldsymbol{R}^{\mathrm{T}}(\mathrm{t})$，则有 $\boldsymbol{S}(t) + \boldsymbol{S}^{\mathrm{T}}(t) = \boldsymbol{O}$。对 $\boldsymbol{S}(t)$定义式两边同时右乘 $\boldsymbol{R}(t)$，得

$$\dot{\boldsymbol{R}}(t) = \boldsymbol{S}(t)\boldsymbol{R}(t) \tag{3.64}$$

这个公式说明，$\boldsymbol{R}(t)$的导数可以表示为它自身的函数。

设 t 时刻 $\boldsymbol{R}(t)$ 相对参考坐标系的角速度为 $\boldsymbol{\omega}(t) = (\omega_x, \omega_y, \omega_z)^{\mathrm{T}}$，则由力学知识可以得到，矩阵算子 $\boldsymbol{S}$ 中的反对称元素与向量 $\boldsymbol{\omega}$ 分量之间的关系可表示为

$$\boldsymbol{S} = \begin{bmatrix} 0 & -\omega_z & \omega_y \\ \omega_z & 0 & -\omega_x \\ -\omega_y & \omega_x & 0 \end{bmatrix}$$

这说明式(3.64)中矩阵 $\boldsymbol{S}$ 是关于向量 $\boldsymbol{\omega}(t)$的函数，即 $\boldsymbol{S}(t) = \boldsymbol{S}[\boldsymbol{\omega}(t)]$。因此，式(3.64)可以表示成如下形式：

$$\dot{\boldsymbol{R}}(t) = \boldsymbol{S}(\omega)\boldsymbol{R}(t) \tag{3.65}$$

若有任一常向量 $\boldsymbol{P}'$ 和向量 $\boldsymbol{P}(t)=\boldsymbol{R}(t)\boldsymbol{P}'$，则 $\boldsymbol{P}(t)$ 关于时间的导数为

$$\dot{\boldsymbol{P}}(t)=\dot{\boldsymbol{R}}(t)\boldsymbol{P}'$$

将式(3.65)代入上式，整理可得

$$\dot{\boldsymbol{P}}(t)=\boldsymbol{S}(\omega)\boldsymbol{R}(t)\boldsymbol{P}' \tag{3.66}$$

式(3.66)表明，机器人的线速度可以表示为向量 $\boldsymbol{\omega}$ 和一个向量 $\boldsymbol{R}(t)\boldsymbol{P}'$ 之间的乘积(进一步可证明是向量叉积)。

点 P 从坐标系$\{A\}$到坐标系$\{B\}$的坐标变换(如图 3.29 所示)公式为

$${}^{A}\boldsymbol{P}={}_{B}^{A}\boldsymbol{R}\,{}^{B}\boldsymbol{P}+{}^{A}\boldsymbol{P}_{\mathrm{BORG}}$$

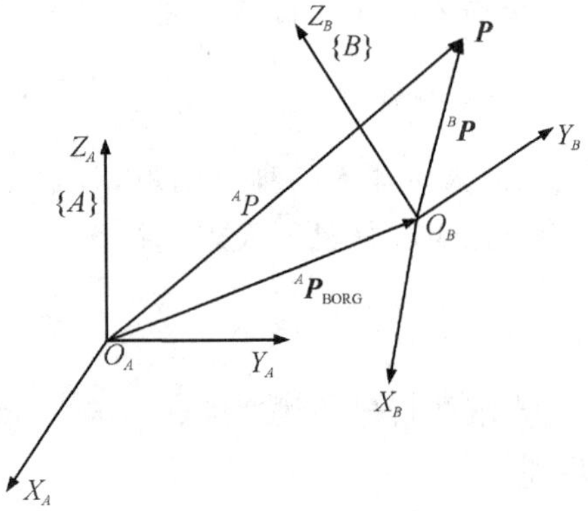

图 3.29 点 P 的坐标变换

对上式求导，可得

$${}^{A}\dot{\boldsymbol{P}}={}^{A}\dot{\boldsymbol{P}}_{\mathrm{BORG}}+{}_{B}^{A}\boldsymbol{R}\,{}^{B}\dot{\boldsymbol{P}}+{}_{B}^{A}\dot{\boldsymbol{R}}\,{}^{B}\boldsymbol{P}$$

由式(3.66)旋转矩阵导数的表达式，可得 ${}^{A}\boldsymbol{P}$ 与角度之间的关系如下：

$${}^{A}\dot{\boldsymbol{P}}={}^{A}\dot{\boldsymbol{P}}_{\mathrm{BORG}}+{}_{B}^{A}\boldsymbol{R}\,{}^{B}\dot{\boldsymbol{P}}+\boldsymbol{S}(\omega^{n})\,{}_{B}^{A}\boldsymbol{R}\,{}^{B}\boldsymbol{P} \tag{3.67}$$

令 ${}_{B}^{A}\boldsymbol{R}\,{}^{B}\boldsymbol{P}={}_{B}^{A}\boldsymbol{r}$，有

$${}^{A}\dot{\boldsymbol{P}}={}^{A}\dot{\boldsymbol{P}}_{\mathrm{BORG}}+{}_{B}^{A}\boldsymbol{R}\,{}^{B}\dot{\boldsymbol{P}}+\boldsymbol{\omega}^{n}\times{}_{B}^{A}\boldsymbol{r} \tag{3.68}$$

若 ${}^{B}\boldsymbol{P}$ 在坐标系$\{B\}$中固定，则 ${}^{B}\dot{\boldsymbol{P}}=\boldsymbol{0}$

$${}^{A}\dot{\boldsymbol{P}}={}^{A}\dot{\boldsymbol{P}}_{\mathrm{BORG}}+\boldsymbol{\omega}^{n}\times{}_{B}^{A}\boldsymbol{r} \tag{3.69}$$

2. 雅可比矩阵的计算

1)对线速度的作用

由齐次转换矩阵 $\boldsymbol{T}$ 可知，在笛卡儿坐标系中，矩阵 $\boldsymbol{T}$ 的最后一列前 3 个变量(P_x, P_y, P_z)表示末端执行器或者物体最后 1 个关节坐标系相对于基坐标系的位置，将这 3 个变量统一表示为 1 个位置变量 $\boldsymbol{x}_P$，则线速度可以表示为

$$\boldsymbol{v}=\begin{bmatrix}\dot{x}\\ \dot{y}\\ \dot{z}\end{bmatrix}=\dot{\boldsymbol{x}}_P=\sum_{i=1}^{n}\frac{\partial\boldsymbol{x}_P}{\partial q_i}\dot{q}_i=\sum_{i=1}^{n}\boldsymbol{J}_{vi}\dot{q}_i \tag{3.70}$$

$$\boldsymbol{J}_v=\begin{bmatrix}\dfrac{\partial\boldsymbol{x}_P}{\partial q_1} & \dfrac{\partial\boldsymbol{x}_P}{\partial q_2} & \cdots & \dfrac{\partial\boldsymbol{x}_P}{\partial q_n}\end{bmatrix}$$

线速度可以通过对 $\boldsymbol{J}_{vi}\dot{q}_i$ 项求和得到。$\boldsymbol{J}_{vi}\dot{q}_i$ 表示当其他关节静止时，单个关节 i 的速度对末端执行器线速度的作用。

2)对角速度的作用

可以推出

$$\boldsymbol{\omega}_n=\sum_{i=1}^{n}\boldsymbol{\omega}_{i-1}=\sum_{i=1}^{n}\boldsymbol{J}_{\omega i}\dot{q}_i \tag{3.71}$$

对于不同类型的关节，$J_{\omega i}$ 的表达式也不相同：

(1)关节 i 为移动关节，可得 $J_{\omega i}\dot{q}_i = \mathbf{0}$，故 $J_{\omega i} = \mathbf{0}$；

(2)关节 i 为转动关节，可得 $J_{\omega i}\dot{q}_i = \dot{q}_i z_{i-1}$，故 $J_{\omega i} = z_{i-1}$。

综上所述，可以将式(3.62)写成如下形式：

$$J = \begin{bmatrix} J_{v1} & J_{v2} & \cdots & J_{vn} \\ J_{\omega 1} & J_{\omega 2} & \cdots & J_{\omega n} \end{bmatrix} \tag{3.72}$$

$$\begin{bmatrix} J_{vi} \\ J_{\omega i} \end{bmatrix} = \begin{cases} \begin{bmatrix} z_{i-1} \\ \mathbf{0} \end{bmatrix} & \text{(移动关节)} \\ \begin{bmatrix} z_{i-1} \times (p_l - p_{i-1}) \\ z_{i-1} \end{bmatrix} & \text{(转动关节)} \end{cases} \tag{3.73}$$

利用上述公式可以计算基坐标系下的雅可比矩阵，如果要计算不同参考坐标系 ν 表示的雅可比矩阵，只需知道相对的旋转矩阵 R^{ν} 即可。两坐标系中速度之间的关系如下：

$$\begin{bmatrix} \dot{p}_l^{\nu} \end{bmatrix} = \begin{bmatrix} R^{\nu} & O \\ O & R^{\nu} \end{bmatrix} \begin{bmatrix} \dot{p}_l \\ \omega \end{bmatrix} \tag{3.74}$$

式中：$\dot{p}_l$ 为末端执行器的线速度 v。

将上式与式(3.61)整理，可得

$$\begin{bmatrix} v \\ \omega \end{bmatrix} = \begin{bmatrix} R^{\nu} & O \\ O & R^{\nu} \end{bmatrix} J\dot{q} \Rightarrow J^{\nu} = \begin{bmatrix} R^{\nu} & O \\ O & R^{\nu} \end{bmatrix} J \tag{3.75}$$

式中：J^{ν} 为基于坐标系 ν 表示的几何雅可比矩阵。

3. 雅可比矩阵小结

操作空间速度与关节空间速度之间的线性变换：

$\dot{x} = J(q)\dot{q}$，操作臂的雅可比矩阵 $J(q)$，建立了从关节速度向操作速度的映射关系，可用来进行机器人操作臂的速度分析。

$x = x(q)$，操作臂的运动学方程，描述机器人操作臂的位移关系，建立了操作空间与关节空间的映射关系。

${}^{A}P = {}^{A}_{B}T\,{}^{B}P$ 刚体的齐次变换矩阵，描述刚体之间的空间位姿关系。

3.5　移动机器人运动学

移动机器人的运动学模型可以通过一个带有轮子的刚体在一个二维的平面上运动来描述。不同轮子的类型、数量、位置都影响着运动学方程的表达形式。移动机器人轮子类型及约束方程尤为重要，对移动机器人运动学方程有着本质的影响。

3.5.1　移动机器人轮子类型及约束方程

移动机器人涉及的轮子类型包括固定式标准轮、受操纵的标准轮、小脚轮、麦克纳姆轮、球形轮等。

1. 固定式标准轮

固定式标准轮的坐标如图 3.30 所示。该图描述了半径为 r 的固定标准轮 A 相对于机器

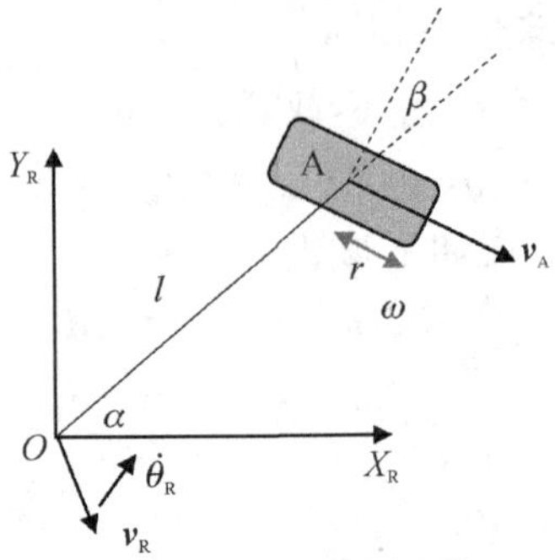

图 3.30　固定式标准轮

人局部参考框架$\{X_R,Y_R\}$的位置和姿态，且机器人相对参考框架的移动速度为$\boldsymbol{v}_R=[\boldsymbol{v}_R^{xy},\dot{\boldsymbol{\theta}}_R]$。A 的位置用极坐标中的距离 l 和角度 α 表示，轮子平面相对于底盘的角度用 β 表示，由于不可操控，所以 β 为定值。其绕水平轴旋转的角速度为 ω。从图中可知，$\boldsymbol{v}_A$ 的方向向量为 $\boldsymbol{v}_{Ae}=[\sin(\alpha+\beta),-\cos(\alpha+\beta)]$，$\boldsymbol{v}_R$ 在 $\boldsymbol{v}_{Ae}$ 的方向上的分量为

$$\boldsymbol{v}_{\boldsymbol{v}_R}^{A}=|\boldsymbol{v}_R|\cdot\cos(<\boldsymbol{v}_R,\boldsymbol{v}_A>)=\boldsymbol{v}_R\cdot\boldsymbol{v}_{Ae} \tag{3.76}$$

$\boldsymbol{v}_R$ 在垂直于 $\boldsymbol{v}_A$ 的方向向量为 $\boldsymbol{v}_{Ae\perp}=[\cos(\alpha+\beta),\sin(\alpha+\beta)]$，$\boldsymbol{v}_R$ 在 $\boldsymbol{v}_{Ae\perp}$ 方向上的分量为

$$\boldsymbol{v}_{\boldsymbol{v}_R}^{A\perp}=\boldsymbol{v}_R\cdot\boldsymbol{v}_{Ae\perp} \tag{3.77}$$

$\dot{\boldsymbol{\theta}}_R$ 在 $\boldsymbol{v}_A$ 方向上的分量为

$$\boldsymbol{v}_{\dot{\boldsymbol{\theta}}_R}^{A}=-l\cos\beta\cdot\dot{\boldsymbol{\theta}}_R \tag{3.78}$$

$\dot{\boldsymbol{\theta}}_R$ 在垂直于 $\boldsymbol{v}_A$ 方向上分量为

$$\boldsymbol{v}_{\dot{\boldsymbol{\theta}}_R}^{A\perp}=l\sin\beta\cdot\dot{\boldsymbol{\theta}}_R \tag{3.79}$$

由式(3.76)与式(3.78)组合得滚动约束：

$$|\boldsymbol{v}_A|=|\boldsymbol{v}_{\boldsymbol{v}_R}^{A}+\boldsymbol{v}_{\dot{\boldsymbol{\theta}}_R}^{A}|=[\sin(\alpha+\beta)\quad -\cos(\alpha+\beta)\quad -l\cos\beta]\cdot\boldsymbol{v}_R=r\omega \tag{3.80}$$

由式(3.77)与式(3.79)组合得滑动约束：

$$|\boldsymbol{v}_{A\perp}|=[\cos(\alpha+\beta)\quad \sin(\alpha+\beta)\quad l\sin\beta]\cdot\boldsymbol{v}_R=0 \tag{3.81}$$

当固定式标准轮无驱动时，轮子在滚动方向上可以自由移动，所以不受滚动约束，仅存在滑动约束。

2. 受操纵的标准轮

受操纵的标准轮坐标如图 3.31 所示。该图描述了半径为 r 的固定标准轮 A 相对于机器人局部参考框架$\{\boldsymbol{X}_r,\boldsymbol{Y}_r\}$的位置和姿态，且机器人相对参考框架的移动速度为$\boldsymbol{v}_R=[\boldsymbol{v}_R^{xy},\dot{\boldsymbol{\theta}}_R]$。A 的位置用极坐标中的距离 l 和角度 α 表示，轮子平面相对于底盘的角度用 β 表示，与固定式标准轮不同，轮子相对底盘的角度可操控，所以 β 为时变量。其绕水平轴旋转的角速度为 ω。由图 3.31 可得，滚动约束为

$$\{\sin[\alpha+\beta(t)]\quad -\cos[\alpha+\beta(t)]\quad -l\cos\beta(t)\}\cdot\boldsymbol{v}_R=r\omega \tag{3.82}$$

由图 3.31 可得，滑动约束为

$$\{\cos(\alpha+\beta(t))\quad \sin[\alpha+\beta(t)]\quad l\sin\beta(t)\}\cdot\boldsymbol{v}_R=0 \tag{3.83}$$

当固定式标准轮无驱动时，轮子在滚动方向上可以自由移动，所以不受滚动约束，仅存在滑动约束。

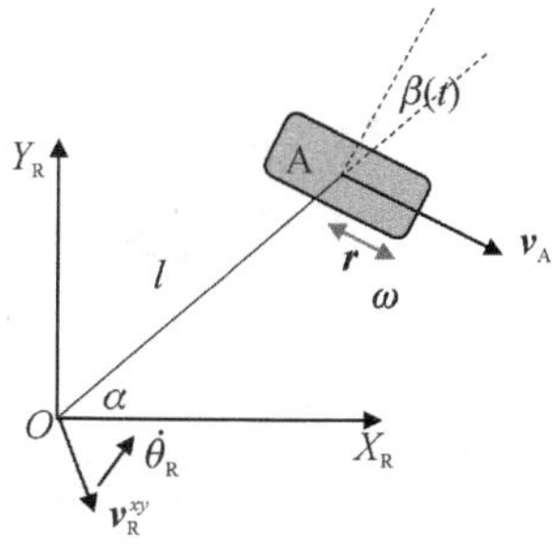

图 3.31　受操纵的标准轮

3. 小脚轮

与受操纵的标准轮类似，可绕垂直轴旋转，但与受操纵的标准轮不同的是，小脚轮绕垂直轴转动不通过地面接触点。因此小脚轮相对于受操纵的标准轮需要一个附加参数 d，表示轮子地面接触点与垂直旋转轴的距离。小脚轮的坐标如图 3.32 所示。

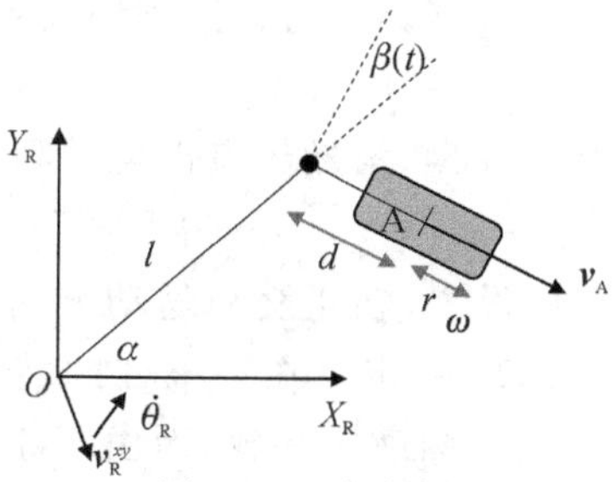

图 3.32　小脚轮

由图可得，滚动约束为

$$\{\sin[\alpha+\beta(t)] \quad -\cos[\alpha+\beta(t)] \quad -l\cos\beta(t)\}\cdot \boldsymbol{v}_{\mathrm{R}} = r\omega \tag{3.84}$$

由图可得，滑动约束为

$$\{\cos[\alpha+\beta(t)] \quad \sin[\alpha+\beta(t)] \quad l\sin\beta(t)\}\cdot \boldsymbol{v}_{\mathrm{R}} = -d\dot{\beta} \tag{3.85}$$

与受操纵的标准轮不同，小脚轮的操纵会使机器人底盘移动，通过式(3.84)和式(3.85)可知，给定任意底盘速度 $\boldsymbol{v}_r$，一定存在旋转速度 ω 和操作速度 $\dot{\beta}$ 满足约束。因此无驱动时，小脚轮可让机器人按照任意速度在可能的机器人运动空间中运动，不存在滚动和滑动约束。

4. 麦克纳姆轮

麦克纳姆轮又称作瑞典轮，由带有小滚柱的固定式标准轮所组成，滚柱放在轮子的外侧，滚柱轴和轮子主轴之间的角度用 γ 表示。常见的有 45°和 90°的麦克纳姆轮。

麦克纳姆轮的坐标如图 3.33 所示。从图可得，从 $X'_{\mathrm{R}}O'_{\mathrm{R}}Y'_{\mathrm{R}}$ 坐标系到 $X_{\mathrm{R}}O_{\mathrm{R}}Y_{\mathrm{R}}$ 坐标系的旋转矩阵为

$$\boldsymbol{R}_{O'_{\mathrm{R}}}^{O_{\mathrm{R}}} = \begin{bmatrix} \sin(\alpha+\beta) & \cos(\alpha+\beta) \\ -\cos(\alpha+\beta) & \sin(\alpha+\beta) \end{bmatrix} \tag{3.86}$$

$\boldsymbol{v}_{\mathrm{A}}$ 的单位向量在 $X'_{\mathrm{R}}O'_{\mathrm{R}}Y'_{\mathrm{R}}$ 下的描述为

$$\boldsymbol{v}_{\mathrm{A}e}^{O'_{\mathrm{R}}} = [\cos\gamma, \sin\gamma] \tag{3.87}$$

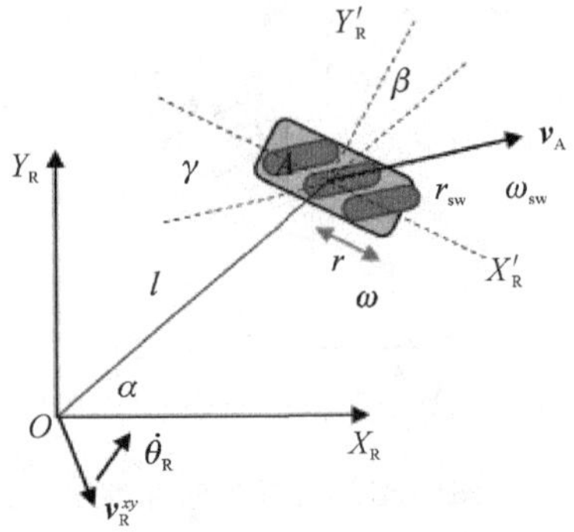

图 3.33　麦克纳姆轮

则 $\boldsymbol{v}_A$ 的单位向量在 $X_R\ O_R\ Y_R$ 下的描述为

$$\boldsymbol{v}_{Ae}=\boldsymbol{R}_{O'_R}^{O_R}\ \boldsymbol{v}_{Ae}^{O'_R}=[\sin(\alpha+\beta+\gamma)\quad -\cos(\alpha+\beta+\gamma)] \tag{3.88}$$

与固定角类似，但由于小滚柱的作用，轮子的运动方向变成了小滚柱的轴所在方向，因此利用 γ 对固定式标准轮的滚动约束进行修正，可得滚动约束：

$$[\sin(\alpha+\beta+\gamma)\quad -\cos(\alpha+\beta+\gamma)\quad -l\cos(\beta+\gamma)]\cdot \boldsymbol{v}_R=r\omega\cos\gamma \tag{3.89}$$

与固定角类似，但由于小滚柱的作用，滑动约束也需要利用 γ 进行修正。可得滑动约束：

$$[\cos(\alpha+\beta+\gamma)\quad \sin(\alpha+\beta+\gamma)\quad l\sin(\beta+\gamma)]\cdot \boldsymbol{v}_R=r\omega\sin\gamma+r_{sw}\,\omega_{sw} \tag{3.90}$$

由于小滚柱无驱动，ω_{sw} 可自由设置，在正交与运动方向上不受约束。由式(3.90)可知，对于任意的移动速度和轮子转动速度，一定存在小滚柱的转动速度满足滑动约束。对于 90°麦克纳姆轮($\gamma=0$)，滚动约束与固定式标准轮一致，而由于小滚柱的存在，故无滑动约束。当 $\gamma=90$ 时，小滚柱的转轴与主轮转轴平行，主轴不需要旋转即可移动，相当于无驱动的固定式标准轮，无滚动约束，但会存在滑动约束，此时滑动约束与固定式标准轮一致。

5)球形轮

球形轮的坐标如图 3.34 所示。

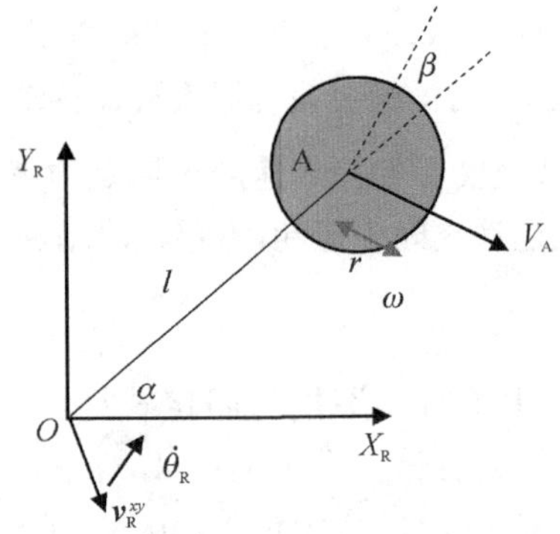

图 3.34　球形轮

由图 3.34 可得，滚动约束为

$$[\sin(\alpha+\beta)\quad -\cos(\alpha+\beta)\quad -l\cos\beta]\cdot \boldsymbol{v}_R=r\omega \tag{3.91}$$

由图 3.34 可得，滑动约束为

$$[\cos(\alpha+\beta)\quad \sin(\alpha+\beta)\quad l\sin\beta]\cdot \boldsymbol{v}_R=0 \tag{3.92}$$

由于这种机械结构没有转动主轴，所以不存在适合的滚动和滑动约束，对机器人的底盘运动学不加约束，即实际上不存在滚动约束和滑动约束。

3.5.2　移动机器人运动学

移动机器人是一种或多种轮子的组合，确定轮子类型、数量及位置后即可确定机器人的运动学模型。可以用如表 3.6 所示的参数表进行描述：每个轮子用表的一行信息来描述，每行需要给出轮子的类型及描述轮子位置的参数，包括极坐标夹角 α_i、轮子相对底盘角度β_i、小滚柱与主轮夹角γ_i、极坐标半径l_i、轮子半径r_i、地面接触点到操作轴的距离 d_i，其中 γ_i 仅适用于麦克纳姆轮，其他类型轮子忽略。轮子类型可分为有旋转驱动的固定式标准轮、无旋转驱动的固定式标准轮、有操作驱动的受操纵的标准轮、有操作驱动和旋转驱动的受操纵的标准轮、小脚轮、麦克纳姆轮、球形轮。

表 3.6　移动机器人运动学参数

轮子编号	α_i	β_i	γ_i	l_i	r_i	d_i	轮子类型
0	α_1	β_1	γ_1	l_1	r_1	d_1	某种轮子类型
1	α_2	β_2	γ_2	l_2	r_2	d_2	某种轮子类型
2	α_3	β_3	γ_3	l_3	r_3	d_3	某种轮子类型
3	α_4	β_4	γ_4	l_4	r_4	d_4	某种轮子类型
4	α_5	β_5	γ_5	l_5	r_5	d_5	某种轮子类型

根据移动机器人运动学参数表，由式(3.80)(有旋转驱动情况下)、式(3.89)、式(3.82)(有旋转驱动情况下)中的一个或多个构成下列表达式：

$$\boldsymbol{J}_1 \cdot \boldsymbol{v}_{\mathrm{R}} = \boldsymbol{J}_2 \cdot \boldsymbol{\omega} \tag{3.93}$$

由式(3.81)、式(3.83)中的一个或多个构成下列表达式：

$$\boldsymbol{C} \cdot \boldsymbol{v}_{\mathrm{R}} = 0 \tag{3.94}$$

由式(3.93)可得逆运动学的解：

$$\boldsymbol{\omega} = \boldsymbol{J}_2^{-1} \boldsymbol{J}_1 \cdot \boldsymbol{v}_{\mathrm{R}} \tag{3.95}$$

且 $\boldsymbol{v}_{\mathrm{R}}$ 满足式(3.94)[可求解出式(3.84)的操控角]。

由式(3.93)和式(3.94)组合，可得正解：

$$\boldsymbol{v}_R = (\boldsymbol{A}^{\mathrm{T}}\boldsymbol{A})^{-1} \boldsymbol{A}^{\mathrm{T}} \boldsymbol{B}\boldsymbol{W} \tag{3.96}$$

式中：

$$\boldsymbol{A} = \begin{bmatrix} \boldsymbol{J}_1 \\ \boldsymbol{C} \end{bmatrix}$$

$$\boldsymbol{B} = \begin{bmatrix} \boldsymbol{J}_2 & \boldsymbol{O} \\ \boldsymbol{O} & \boldsymbol{I} \end{bmatrix}$$

$$\boldsymbol{W} = [\boldsymbol{\omega}, \boldsymbol{0}]$$

3.5.3　移动机器人里程计算

移动机器人的速度描述是移动机器人运动学的基础。移动机器人的小车坐标系与世界坐标系的转换关系如下。

设小车坐标系下的速度为

$$\boldsymbol{v}_{\mathrm{R}}=\begin{bmatrix}\dot{x}_{\mathrm{R}} & \dot{y}_{\mathrm{R}} & \dot{\theta}_{\mathrm{R}}\end{bmatrix}^{\mathrm{T}} \tag{3.97}$$

设世界坐标系下的速度为

$$\boldsymbol{v}=\begin{bmatrix}\dot{x} & \dot{y} & \dot{\theta}\end{bmatrix}^{\mathrm{T}} \tag{3.98}$$

则从小车坐标系到世界坐标系下的旋转矩阵为

$$\boldsymbol{R}(\theta)=\begin{bmatrix}\cos\theta & -\sin\theta & 0\\ \sin\theta & \cos\theta & 0\\ 0 & 0 & 1\end{bmatrix} \tag{3.99}$$

故小车坐标系下的速度与世界坐标系下的速度变换关系为

$$\boldsymbol{v}=\boldsymbol{R}(\theta)\boldsymbol{v}_{\mathrm{R}} \tag{3.100}$$

为了确定移动机器人的位置，需要对移动机器人进行里程计算，通过图 3.35 对里程计算进行描述。

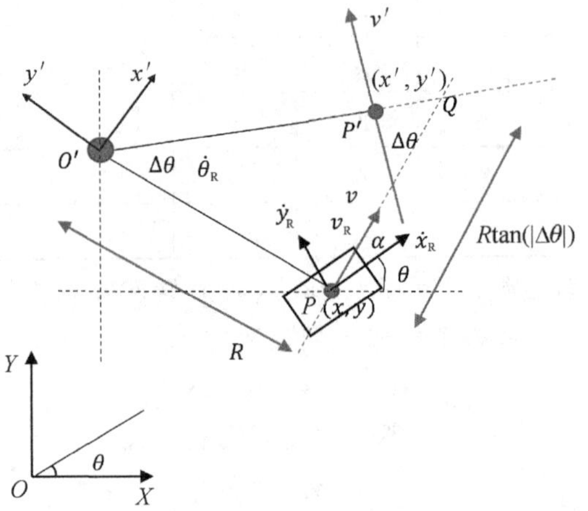

图 3.35　移动机器人在世界坐标系下的运动描述

由图 3.35 中的几何关系，有

$$\boldsymbol{v}=\begin{bmatrix}\dot{x}\\ \dot{y}\end{bmatrix}=\boldsymbol{R}_2\theta\,\boldsymbol{v}_R=\begin{bmatrix}\cos\theta & -\sin\theta\\ \sin\theta & \cos\theta\end{bmatrix}\begin{bmatrix}\dot{x}_R\\ \dot{y}_R\end{bmatrix} \tag{3.101}$$

即

$$\begin{cases}\dot{x}=\dot{x}_R\cos\theta-\dot{y}_R\sin\theta\\ \dot{y}=\dot{x}_R\sin\theta+\dot{y}_R\cos\theta\end{cases} \tag{3.102}$$

当 $|\dot{\theta}_R|\neq 0$ 时，得转动运动方程为

$$\dot{\theta}=\dot{\theta}_R \tag{3.103}$$

$$\Delta\theta=\dot{\theta}\mathrm{d}t=\dot{\theta}_R\mathrm{d}t \tag{3.104}$$

$$|\boldsymbol{v}|=\sqrt{\dot{x}^2+\dot{y}^2}=\sqrt{\dot{x}_R^2+\dot{y}_R^2} \tag{3.105}$$

$$R = \frac{|\boldsymbol{v}|}{|\dot{\theta}_R|} = \frac{\sqrt{\dot{x}_R^2 + \dot{y}_R^2}}{|\dot{\theta}_R|} \tag{3.106}$$

当 $\overrightarrow{OP} \times \boldsymbol{v}$ 的方向与坐标系 O 的 Z 轴方向一致时，即 $\overrightarrow{OP} \times \boldsymbol{v}$ 的 Z 轴为正时，$\dot{\theta} > 0$ ；反之，$\dot{\theta} < 0$。所以，可以根据 $\dot{\theta}$ 的正负判断 $\overrightarrow{OP} \times \boldsymbol{v}$ 的方向，进而确定 O' 的坐标值。可转换为表达式描述：

$$\overrightarrow{PO'} = -\overrightarrow{O'P} = \boldsymbol{R}\left(\begin{bmatrix} 0 \\ 0 \\ \mathrm{sgn}(\dot{\theta}_R) \end{bmatrix} \times \begin{bmatrix} \frac{\dot{x}}{|\boldsymbol{v}|} \\ \frac{\dot{y}}{|\boldsymbol{v}|} \\ 0 \end{bmatrix}\right) = \mathrm{sgn}(\dot{\theta}_R)\frac{\boldsymbol{R}}{|\boldsymbol{v}|}\begin{bmatrix} -\dot{y} \\ \dot{x} \\ 0 \end{bmatrix} = \mathrm{sgn}(\dot{\theta}_R)\frac{1}{|\dot{\theta}_R|}\begin{bmatrix} -\dot{y} \\ \dot{x} \\ 0 \end{bmatrix}$$

$$= \frac{1}{\dot{\theta}_R}\begin{bmatrix} -\dot{y} \\ \dot{x} \\ 0 \end{bmatrix} \tag{3.107}$$

则

$$\boldsymbol{O}' = \begin{bmatrix} x - \frac{1}{\dot{\theta}_R}\dot{y} \\ y + \frac{1}{\dot{\theta}_R}\dot{x} \\ 0 \end{bmatrix} \tag{3.108}$$

由几何关系，进一步得

$$\overrightarrow{PQ} = \boldsymbol{R}\tan(|\Delta\theta|)\frac{\boldsymbol{v}}{|\boldsymbol{v}|} = \frac{\tan(|\Delta\theta|)}{|\dot{\theta}_R|}\begin{bmatrix} \dot{x} \\ \dot{y} \\ 0 \end{bmatrix} = \frac{\tan(\Delta\theta)}{\dot{\theta}_R}\begin{bmatrix} \dot{x} \\ \dot{y} \\ 0 \end{bmatrix} \tag{3.109}$$

$$\overrightarrow{O'Q} = \overrightarrow{O'P} + \overrightarrow{PQ} = \frac{1}{\dot{\theta}_R}\begin{bmatrix} \tan(\Delta\theta)\cdot\dot{x} + \dot{y} \\ \tan(\Delta\theta)\cdot\dot{y} - \dot{x} \\ 0 \end{bmatrix} \tag{3.110}$$

当 $|\overrightarrow{O'Q}| \neq 0$ 时，线速度为

$$\overrightarrow{O'P'} = \boldsymbol{R}\frac{\overrightarrow{O'Q}}{|\overrightarrow{O'Q}|} \tag{3.111}$$

则

$$\boldsymbol{P}' = \begin{bmatrix} x' \\ y' \\ 0 \end{bmatrix} = \overrightarrow{O'\boldsymbol{P}'} + \boldsymbol{O}' \tag{3.112}$$

$$\theta' = \theta + \Delta\theta = \theta + \dot{\theta}_R\mathrm{d}t \tag{3.113}$$

当 $|\overrightarrow{O'Q}| = 0$ ，即 $|\boldsymbol{v}| = 0$ 时，无线速度，仅存在旋转运动：

$$P' = \begin{bmatrix} x' \\ y' \\ 0 \end{bmatrix} = \begin{bmatrix} x \\ y \\ 0 \end{bmatrix} + \begin{bmatrix} \dot{x} \\ \dot{y} \\ 0 \end{bmatrix} \mathrm{d}t = \begin{bmatrix} x \\ y \\ 0 \end{bmatrix} \tag{3.114}$$

$$\theta' = \theta + \Delta\theta = \theta + \dot{\theta}_R \mathrm{d}t \tag{3.115}$$

当 $|\dot{\theta}_R| = 0$ 时，即沿直线运动：

$$P' = \begin{bmatrix} x' \\ y' \\ 0 \end{bmatrix} = \begin{bmatrix} x \\ y \\ 0 \end{bmatrix} + \begin{bmatrix} \dot{x} \\ \dot{y} \\ 0 \end{bmatrix} \mathrm{d}t \tag{3.116}$$

$$\theta' = \theta + \Delta\theta = \theta \tag{3.117}$$

3.5.4 移动机器人建模示例

1. 示例 1

给出机器人机构图如图 3.36 所示，其运动学参数见表 3.7。

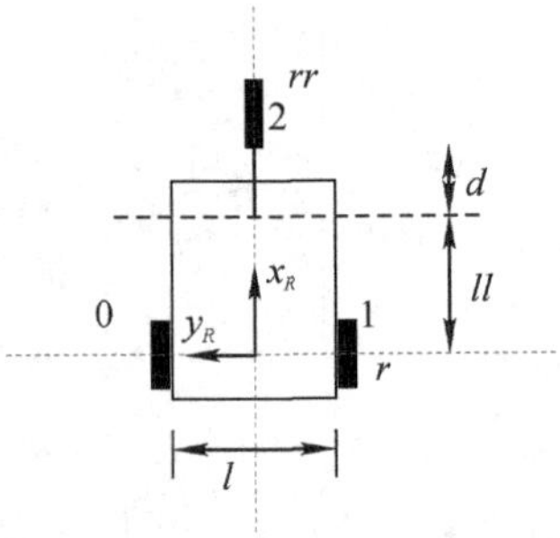

图 3.36 示例 1 机器人机构图

表 3.7 示例 1 机器人运动学参数表

轮子编号	α_i	β_i	γ_i	l_i	r_i	d_i	轮子类型
0	$\pi/2$	0	—	$l/2$	r	0	1
1	$-\pi/2$	π	—	$l/2$	r	0	1
2	0	—	—	ll	rr	d	3

轮子 2 为小脚轮、无驱动且不会对机器人底盘产生任何约束，所以不必考虑。根据运动学参数表可得

$$J_1 = \begin{bmatrix} \sin(\alpha_0+\beta_0) & -\cos(\alpha_0+\beta_0) & -l_0\cos\beta_0 \\ \sin(\alpha_1+\beta_1) & -\cos(\alpha_1+\beta_1) & -l_1\cos\beta_1 \end{bmatrix} = \begin{bmatrix} 1 & 0 & -l/2 \\ 1 & 0 & l/2 \end{bmatrix} \tag{3.118}$$

$$J_2 = \begin{bmatrix} r_0 & 0 \\ 0 & r_1 \end{bmatrix} = \begin{bmatrix} r & 0 \\ 0 & r \end{bmatrix} \tag{3.119}$$

$$C = \begin{bmatrix} \cos(\alpha_0+\beta_0) & \sin(\alpha_0+\beta_0) & l_0\sin\beta_0 \\ \cos(\alpha_1+\beta_1) & \sin(\alpha_1+\beta_1) & l_1\sin\beta_1 \end{bmatrix} = \begin{bmatrix} 0 & 1 & 0 \\ 0 & 1 & 0 \end{bmatrix} \tag{3.120}$$

代入式(3.95)得逆运动学解为

$$\boldsymbol{\omega} = \begin{bmatrix} \omega_0 \\ \omega_1 \end{bmatrix} = \boldsymbol{J}_2^{-1} \boldsymbol{J}_1 \boldsymbol{v}_R = \begin{bmatrix} 1/r & 0 & -l/2r \\ 1/r & 0 & l/2r \end{bmatrix} \begin{bmatrix} \dot{x}_R \\ \dot{y}_R \\ \dot{\theta}_R \end{bmatrix} \tag{3.121}$$

即

$$\omega_0 = \frac{\dot{x}_R - \dfrac{l}{2}\dot{\theta}_R}{r} \tag{3.122}$$

$$\omega_1 = \frac{\dot{x}_R + \dfrac{l}{2}\dot{\theta}_R}{r} \tag{3.123}$$

考虑到式(3.94)中有 $\boldsymbol{C} \cdot \boldsymbol{v}_R = 0$，必须要求

$$\dot{y}_R \equiv 0 \tag{3.124}$$

否则设置的 $\dot{y}_R$ 也不会实现。

代入式(3.96)可得正解：

$$\boldsymbol{A} = \begin{bmatrix} \boldsymbol{J}_1 \\ \boldsymbol{C} \end{bmatrix} = \begin{bmatrix} 1 & 0 & -l/2 \\ 1 & 0 & l/2 \\ 0 & 1 & 0 \\ 0 & 1 & 0 \end{bmatrix} \tag{3.125}$$

$$\boldsymbol{B} = \begin{bmatrix} \boldsymbol{J}_2 & 0 \\ 0 & \boldsymbol{I} \end{bmatrix} = \begin{bmatrix} r & 0 & 0 & 0 \\ 0 & r & 0 & 0 \\ 0 & 0 & 1 & 0 \\ 0 & 0 & 0 & 1 \end{bmatrix} \tag{3.126}$$

$$\boldsymbol{v}_R = \begin{bmatrix} \dot{x}_R \\ \dot{y}_R \\ \dot{\theta}_R \end{bmatrix} = (\boldsymbol{A}^{\mathrm{T}}\boldsymbol{A})^{-1} \boldsymbol{A}^{\mathrm{T}}\boldsymbol{B}\boldsymbol{W} = \begin{bmatrix} r/2 & r/2 & 0 & 0 \\ 0 & 0 & 1/2 & 1/2 \\ -r/l & r/l & 0 & 0 \end{bmatrix} \begin{bmatrix} \omega_0 \\ \omega_1 \\ 0 \\ 0 \end{bmatrix} \tag{3.127}$$

即

$$\dot{x}_R = \frac{(\omega_1 + \omega_0)r}{2} \tag{3.128}$$

$$\dot{y}_R = 0 \tag{3.129}$$

$$\dot{\theta}_R = \frac{(\omega_1 - \omega_0)r}{l} \tag{3.130}$$

2. 示例 2

机器人机构图如图 3.37 所示，其运动学参数见表 3.8。

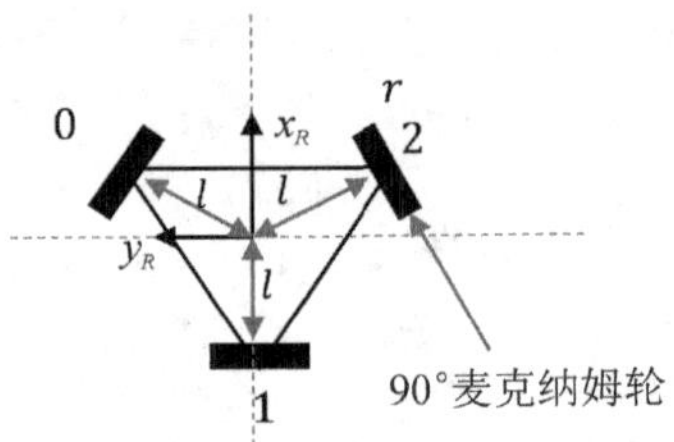

图 3.37　示例 2 机器人机构图

表 3.8　示例 2 机器人运动学参数表

轮子编号	α_i	β_i	γ_i	l_i	r_i	d_i	轮子类型
0	π/3	0	0	l	r	0	4
1	π	0	0	l	r	0	4
2	−π/3	0	0	l	r	0	4

根据运动学参数表可得

$$\boldsymbol{J}_1=\begin{bmatrix}\sin(\alpha_0+\beta_0+\gamma_0) & -\cos(\alpha_0+\beta_0+\gamma_0) & -l_0\cos(\beta_0+\gamma_0)\\ \sin(\alpha_1+\beta_1+\gamma_1) & -\cos(\alpha_1+\beta_1+\gamma_1) & -l_1\cos(\beta_1+\gamma_1)\\ \sin(\alpha_2+\beta_2+\gamma_2) & -\cos(\alpha_2+\beta_2+\gamma_2) & -l_2\cos(\beta_2+\gamma_2)\end{bmatrix}=\begin{bmatrix}\sqrt{3}/2 & -1/2 & -l\\ 0 & 1 & -l\\ -\sqrt{3}/2 & -1/2 & -l\end{bmatrix}\tag{3.131}$$

$$\boldsymbol{J}_2=\begin{bmatrix}r_0\cos\gamma_0 & 0 & 0\\ 0 & r_1\cos\gamma_1 & 0\\ 0 & 0 & r_2\cos\gamma_2\end{bmatrix}=\begin{bmatrix}r & 0 & 0\\ 0 & r & 0\\ 0 & 0 & r\end{bmatrix}\tag{3.132}$$

$$\boldsymbol{C}=\boldsymbol{0}\tag{3.133}$$

代入式(3.95)得逆运动学解：

$$\boldsymbol{\omega}=\begin{bmatrix}\omega_0\\ \omega_1\\ \omega_2\end{bmatrix}=\boldsymbol{J}_2^{-1}\boldsymbol{J}_1\boldsymbol{v}_R=\frac{1}{r}\begin{bmatrix}\sqrt{3}/2 & -1/2 & -l\\ 0 & 1 & -l\\ -\sqrt{3}/2 & -1/2 & -l\end{bmatrix}\begin{bmatrix}\dot{x}_R\\ \dot{y}_R\\ \dot{\theta}_R\end{bmatrix}\tag{3.134}$$

即

$$\omega_0=\frac{\frac{\sqrt{3}}{2}\dot{x}_R-\frac{\dot{y}_R}{2}-l\dot{\theta}_R}{r}\tag{3.135}$$

$$\omega_1=\frac{\dot{y}_R-l\dot{\theta}_R}{r}\tag{3.136}$$

$$\omega_3=\frac{-\frac{\sqrt{3}}{2}\dot{x}_R-\frac{\dot{y}_R}{2}-l\dot{\theta}_R}{r}\tag{3.137}$$

代入式(3.96)可得正运动学解：

$$A=\begin{bmatrix}J_1\\C\end{bmatrix}=\begin{bmatrix}\sqrt{3}/2 & -1/2 & -l\\0 & 1 & -l\\-\sqrt{3}/2 & -1/2 & -l\end{bmatrix} \tag{3.138}$$

$$B=\begin{bmatrix}J_2 & 0\\0 & I\end{bmatrix}=\begin{bmatrix}r & 0 & 0\\0 & r & 0\\0 & 0 & r\end{bmatrix} \tag{3.139}$$

$$v_R=\begin{bmatrix}\dot{x}_R\\\dot{y}_R\\\dot{\theta}_R\end{bmatrix}=(A^{\mathrm{T}}A)^{-1}A^{\mathrm{T}}BW=M\begin{bmatrix}\omega_0\\\omega_1\\\omega_2\end{bmatrix} \tag{3.140}$$

式中：

$$M=(A^{\mathrm{T}}A)^{-1}A^{\mathrm{T}}B=\begin{bmatrix}r/(2.0\times\sqrt{3}/2) & 0 & -r/(2.0\times\sqrt{3}/2)\\-r\times1/3 & r\times(2.0\times1/3) & -r\times1/3\\-r\times(1.0/(3.0\times l)) & -r\times(1.0/(3.0\times l)) & -r\times(1.0/(3.0\times l))\end{bmatrix}$$

3. 示例 3

机器人机构图如图 3.38 所示，其运动学参数见表 3.9。

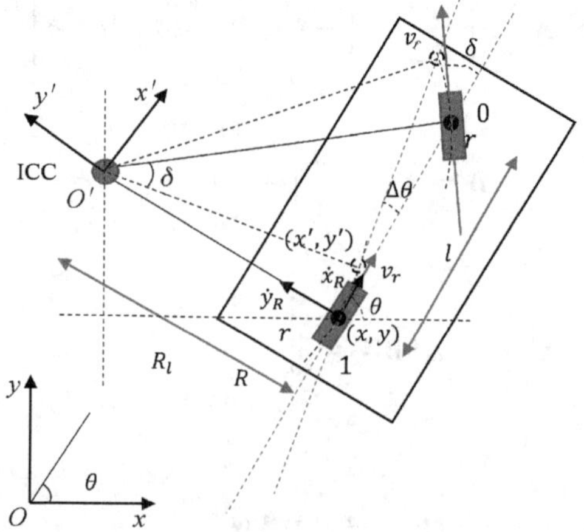

图 3.38　示例 3 机器人机构图

表 3.9　示例 3 机器人运动学参数表

轮子编号	α_i	β_i	γ_i	l_i	r_i	d_i	轮子类型
0	0	$\frac{\pi}{2}+\delta$	—	l	r	0	2
1	0	$\frac{\pi}{2}$	—	0	r	0	1

根据运动学参数表可得

$$J_1=[\sin(\alpha_1+\beta_1)\quad -\cos(\alpha_1+\beta_1)\quad -l_1\cos\beta_1]=[1\quad 0\quad 0] \tag{3.141}$$

$$J_2=[r_1]=[r] \tag{3.142}$$

$$\boldsymbol{C}=\begin{bmatrix}\cos(\alpha_0+\beta_0) & \sin(\alpha_0+\beta_0) & l_0\sin\beta_0\\ \cos(\alpha_1+\beta_1) & \sin(\alpha_1+\beta_1) & l_1\sin\beta_1\end{bmatrix}=\begin{bmatrix}-\sin\delta & \cos\delta & l\cos\delta\\ 0 & 1 & 0\end{bmatrix} \tag{3.143}$$

代入式(3.95)得逆运动学解：

$$\boldsymbol{\omega}=[\omega_1]=\boldsymbol{J}_2^{-1}\boldsymbol{J}_1\boldsymbol{v}_R=[1/r\quad 0\quad 0]\begin{bmatrix}\dot{x}_R\\ \dot{y}_R\\ \dot{\theta}_R\end{bmatrix} \tag{3.144}$$

即

$$\omega_1=\dot{x}_R/r \tag{3.145}$$

考虑到式(3.94)，必须要求

$$\dot{y}_R\equiv 0 \tag{3.146}$$

$$\dot{x}_R-\sin\delta+l\dot{\theta}_R\cos\delta=0 \tag{3.147}$$

则

$$\delta=\operatorname{atan}\left(\frac{l\dot{\theta}_R}{\dot{x}_R}\right)=\operatorname{atan2}(l\dot{\theta}_R,\dot{x}_R) \tag{3.148}$$

代入式(3.96)可得正解：

$$\boldsymbol{A}=\begin{bmatrix}\boldsymbol{J}_1\\ \boldsymbol{C}\end{bmatrix}=\begin{bmatrix}1 & 0 & 0\\ -\sin\delta & \cos\delta & l\cos\delta\\ 0 & 1 & 0\end{bmatrix} \tag{3.149}$$

$$\boldsymbol{B}=\begin{bmatrix}\boldsymbol{J}_2 & \boldsymbol{0}\\ \boldsymbol{0} & \boldsymbol{I}\end{bmatrix}=\begin{bmatrix}r & 0 & 0\\ 0 & 1 & 0\\ 0 & 0 & 1\end{bmatrix} \tag{3.150}$$

$$\boldsymbol{v}_R=\begin{bmatrix}\dot{x}_R\\ \dot{y}_R\\ \dot{\theta}_R\end{bmatrix}=(\mathbf{A}^{\mathrm{T}}\mathbf{A})^{-1}\mathbf{A}^{\mathrm{T}}\boldsymbol{BW}=\begin{bmatrix}r & 0 & 0\\ 0 & 0 & 1\\ r\tan\delta/l & (1/l)\cos\delta & -1/l\end{bmatrix}\begin{bmatrix}\omega_1\\ 0\\ 0\end{bmatrix} \tag{3.151}$$

即

$$\dot{x}_R=r\omega_1 \tag{3.152}$$

$$\dot{y}_R=0 \tag{3.153}$$

$$\dot{\theta}_R=\frac{\omega_1 r}{l}\tan\delta \tag{3.154}$$

当 $\delta=0$ 时，$\mathbf{A}$ 不可逆。分析可知道 $\delta=0$ 时，导航角不会发生偏转，即：$\dot{\theta}_R=0$。可见该情况已经包含在上述表达式中。

由式(3.100)得世界坐标系下的导航速度：

$$\begin{bmatrix}\dot{x}\\ \dot{y}\\ \dot{\theta}\end{bmatrix}=\begin{bmatrix}\cos\theta & -\sin\theta & 0\\ \sin\theta & \cos\theta & 0\\ 0 & 0 & 1\end{bmatrix}\begin{bmatrix}\dot{x}_R\\ \dot{y}_R\\ \dot{\theta}_R\end{bmatrix} \tag{3.155}$$

$$\dot{x}=r\omega_1\cos\theta \tag{3.156}$$

$$\dot{y} = r\omega_1 \sin\theta \tag{3.157}$$

$$\dot{\theta} = \frac{\omega_1 r}{l}\tan\delta \tag{3.158}$$

3.6　机器人运动学 MATLAB 仿真实验

Robotics Toolbox 是彼特·考克(Peter Corke)教授团队为 MATLAB 开发的机器人工具箱。代码成熟，函数简明易懂，提供了各种机器人算法。

1. 机器人运动学建模函数

1)参数形式一：关键字形式输入 D-H 参数

L1 = Link('revolute','d',5,'a',0,'alpha',-pi/2)；%建立旋转副

或 L1 = Revolute('d',5,'a',0,'alpha',-pi/2)；%建立旋转副

或 L2 = Prismatic('theta',0,'a',0,'alpha',0)；%建立移动副

其中，Link 函数中 revolute/prismatic 表示建立旋转或移动副，也可以直接使用 revolute/prismatic 函数。

2)参数形式二：输入 D-H 参数矩阵

L = Link([theta,d,a,alpha,sigma,offset])

其中，sigma 为 1 表示移动副，为 0 表示旋转副；offset 表示初始偏移量。

2. 正运动学函数

T=robot.fkine(q)

其中，robot 为建立的机器人模型，q 表示广义关节角坐标，函数输出 T 为笛卡儿坐标系下位姿的齐次变换矩阵。

3. 逆运动学函数

q = robot.ikine(T)

其中，robot 为机器人模型，T 表示笛卡儿坐标下的齐次矩阵，函数输出关节变量矩阵。

4. 关节空间轨迹规划函数

q = jtraj(q0, qf, m)

其中，q0 和 qf 分别表示起点和终点关节角，m 表示轨迹插值时刻，函数输出 q 为每个插值点的关节角度。

5. 笛卡儿坐标轨迹规划

Ts = ctraj(T1, T2, length(t))

其中，T1、T2 分别为起点和终点的齐次变换矩阵，length(t)为插值次数，函数输出为每个插值点的齐次变换矩阵。

实验 3.1　针对六轴机械臂机器人 PUMA560，利用 MATLAB 中的工具箱完成下列运动学仿真：

(1)用 D-H 坐标系创建关节机器人；

(2)当规定关节角为 theta=[pi/2,0,pi/2,0,0,0]时，利用正运动学求解位姿的齐次变换矩阵 T；

(3)当末端位置向量为[−0.06,−0.2,0.1]，偏转角为 90°、俯仰角为 −180°、回转角为 −180°时，利用逆运动学求解对应关节角坐标。

实验过程：

(1)建立关节机器人模型。

①建立关节机器人模型，输入以下命令：

```
>> L(1) = Revolute('d', 0, 'a', 0, 'alpha', pi/2);
>> L(2) = Revolute('d', 0, 'a', 0.43, 'alpha', 0);
>> L(3) = Revolute('d', 0.15, 'a', 0.02, 'alpha', -pi/2);
>> L(4) = Revolute('d', 0.43, 'a', 0, 'alpha', pi/2);
>> L(5) = Revolute('d', 0, 'a', 0, 'alpha', -pi/2);
>> L(6) = Revolute('d', 0, 'a', 0, 'alpha', 0);
>> robot = SerialLink(L, 'name', 'PUMA560');%将各连杆联系起来形成机械臂
>> view(3);%以三维的形式显示
>> robot.plot([0 0 0 0 0 0]); %设定关节角坐标为[0,0,0,0,0,0],并将所创建的机械臂图像化显示
```

②建立关节机器人模型，输入以下命令：

```
>> L1=Link([0 0 0 pi/2 0 0]);
>> L2=Link([0 0 0.43 0 0 0]);
>> L3=Link([0 0.15 0.12 -pi/2 0 0]);
>> L4=Link([0 0.43 0 pi/2 0 0]);
>> L5=Link([0 0 0 -pi/2 0 0]);
>> L6=Link([0 0 0 0 0 0]);
>> robot = SerialLink([L1, L2, L3, L4, L5, L6], 'name','PUMA560');%将连杆联系起来形成机械臂
>> view(3);%以三维形式显示
>> robot.plot([0 0 0 0 0 0 ]);%设定关节角坐标为[0,0,0,0,0,0],并将所创建的机械臂图像化显示
```

创建的命名为“PUMA560”的关节机器人，如图 3.39 所示。

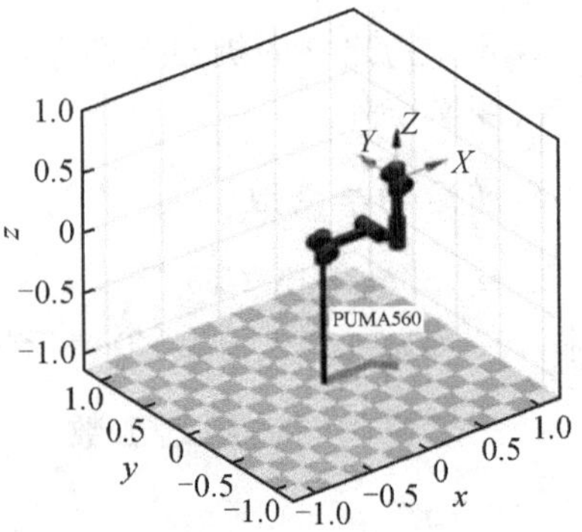

图 3.39 PUMA560 关节机器人

(2)求解正运动学时输入命令：

```
>> theta=[pi/2 0 pi/2 0 0 0];%定义关节角
>> T = robot.fkine(theta);%求解位姿齐次变换矩阵
```

运行结果：

```
T =

     0    -1     0    0.15
     0     0    -1    0
     1     0     0    0.12
     0     0     0    1
```

(3)求解逆运动学，输入命令：

```
>> targetPos = [-0.06 -0.2 0.1]; %定义末端位置向量
```

```
>> targetform = rpy2tr(90,－180,－180);% 转化偏转角、俯仰角和回转角为旋转矩阵表示
>> TR=transl(targetPos) * targetform;%计算位姿齐次变换矩阵
>> q=robot.ikine(TR);%求逆运动学解
```

运行结果：

```
q = －1.0608   －0.8575   1.4395   1.2151   －1.4778   －0.0245
```

实验 3.2　以六轴机械臂机器人 PUMA560 为例，完成下列仿真：

(1)关节空间轨迹规划(曲线规划)：规定起点 A 位置向量为[0　－0.25　0]，终点 B 位置向量为[0.5　0.25　0.5]，末端执行器始终相对于 x 轴旋转 90°，要求在 2 s 内完成机械臂由 A 点到 B 点的移动，并将轨迹规划起点终点空间变换、关节角变化、末端执行器运动轨迹以图像的形式显示出来。

(2)以(1)中的初始条件为基准，进行笛卡儿坐标系轨迹规划。

实验过程：

(1)计算过程

步骤一：加载 PUMA560 机器人模型 mdl_puma560。

步骤二：根据起点和终点求解位姿变换矩阵和关节角坐标

```
T1 = transl(0, －0.25, 0) * trotx(pi/2);     %起点末端执行器位姿变换矩阵
T2 = transl(0.5, 0.25, 0.5) * trotx(pi/2);   %终点末端执行器位姿变换矩阵
q1 = p560.ikine(T1);   %逆解求起点关节角
q2 = p560.ikine(T2);   %逆解求终点关节角
```

步骤三：利用关节轨迹规划函数，得到插值点的各个关节角，并进行轨迹动画仿真。

```
t = [0:0.05:2]';            %设置用时 2 s 每 50 ms 计算一次关节角
q = jtraj(q1, q2, t);       %调用关节空间规划函数
p560.plot(q);               %对关节空间规划过程进行动画仿真
```

实验结果：

笛卡儿坐标轨迹规划仿真图像、各关节角度变化曲线和末端执行器的运动轨迹如图 3.40～图 3.42 所示。

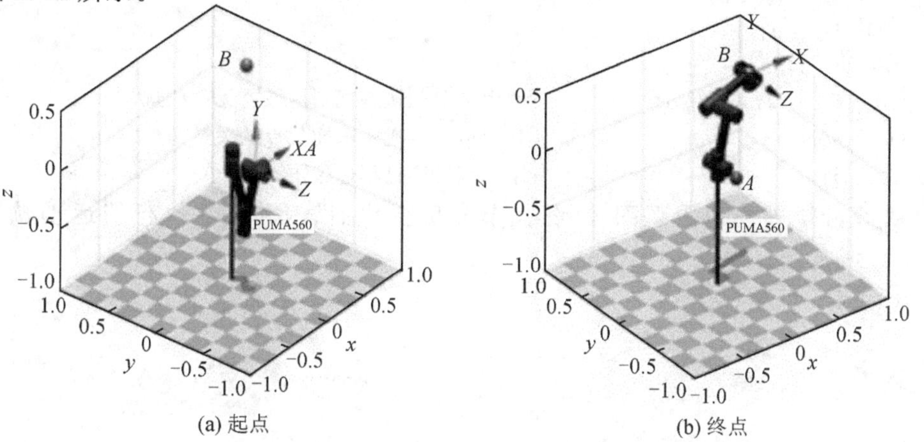

图 3.40　关节空间规划起点、终点空间变换

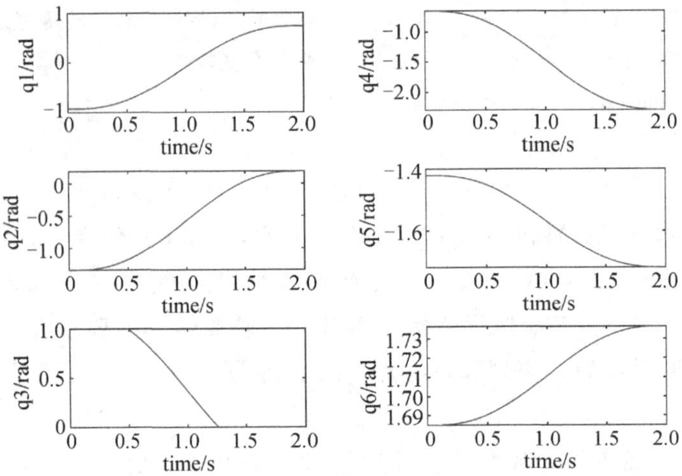

图 3.41　关节角度变化

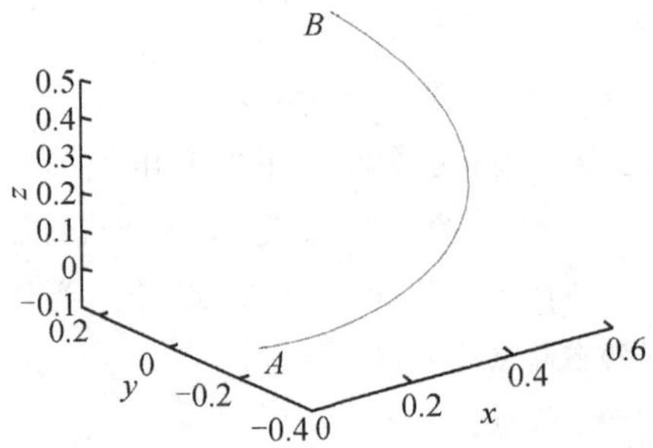

图 3.42　末端执行器运动轨迹

(2)笛卡儿坐标轨迹规划。

①加载 PUMA560 机器人模型 mdl_puma560;

②根据始末点求解位姿变换矩阵。

```
T1 = transl(0, -0.25, 0) * trotx(pi/2);     %初始末端执行器位姿变换矩阵
T2 = transl(0.5, 0.25, 0.5) * trotx(pi/2);  %终点末端执行器位姿变换矩阵
```

③利用笛卡儿轨迹规划函数,得到各插值点的位姿变换矩阵,再利用运动学逆解,最后进行轨迹动画仿真。

```
t = [0:0.05:2]';
Ts = ctraj(T1, T2, length(t));        %调用笛卡儿轨迹规划函数有无曲线规划
q=p560.ikine6s(Ts);                   %利用运动学逆解求插值点的关节角
p560.plot(q);                         %用动画对该过程进行仿真
```

笛卡儿坐标轨迹规划仿真图像、各关节角度变化曲线,和末端执行器运动轨迹图如图 3.43～图 3.45 所示。

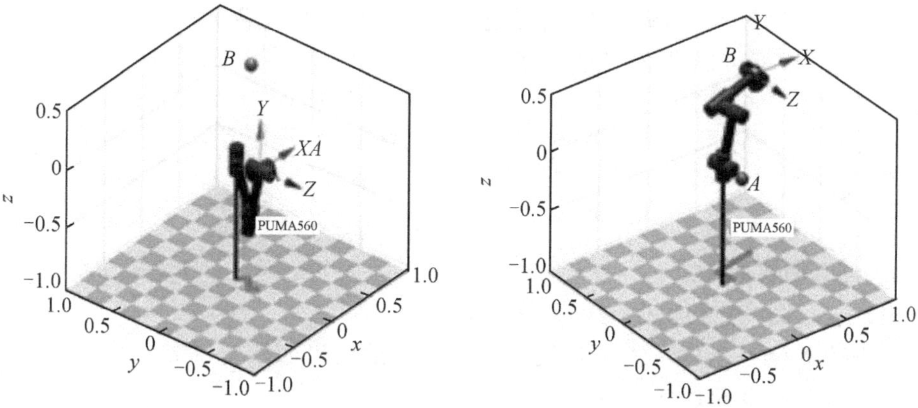

图 3.43　笛卡儿规划起点终点空间变换

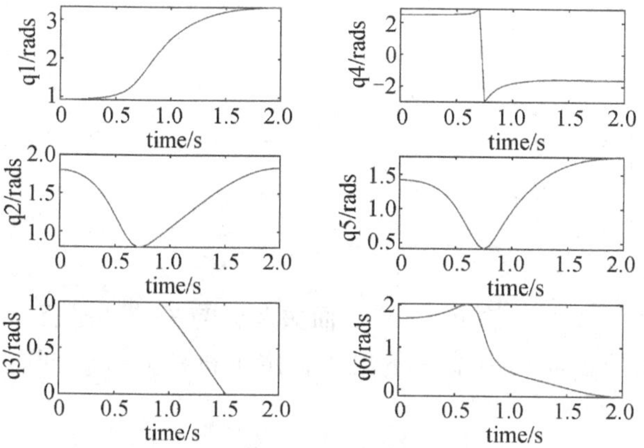

图 3.44　关节角度变化

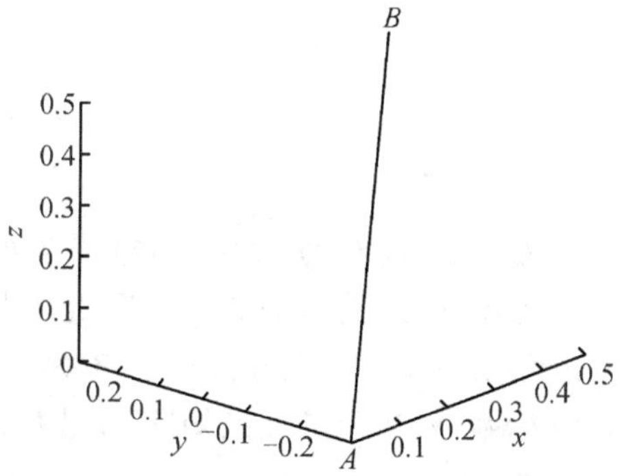

图 3.45　末端执行器运动轨迹

3.7　本章小结

本章讨论了机器人运动学的相关问题，包括数学基础、机器人正逆运动学模型及求解算法。运动学数学基础分别讲解了坐标变换、齐次坐标变换、物体的变换和逆变换。连杆机械手是由一系列由关节连接起来的连杆构成的，每个连杆建立一个坐标系。本章给出了 D-H 几何建模方法，按照 Paul 定义法和 Craig 定义法，介绍了连杆变换矩阵。

机器人运动学分为正运动学和逆运动学。本章给出了固定式机器人正运动学的齐次变换矩阵，介绍了逆运动学计算方法，还以 PUMA560 机器人为例，具体求得了正运动学方程和逆运动学方程；本章介绍了机器人的微分运动学方程；考虑到移动机器人已广泛地使用，本章还讨论了移动机器人的运动学模型。

习题

3.1　矢量 ${}^{A}\boldsymbol{p}$ 绕 Z_A 旋转 θ，然后绕 X_A 旋转 ϕ。试给出依次按上述次序完成旋转的旋转矩阵。

3.2　坐标系 $\{B\}$ 的位置变化如下：初始时，坐标系 $\{A\}$ 与 $\{B\}$ 重合，使坐标系 $\{B\}$ 绕 Z_B 轴

旋转 θ；然后再绕 X_B 轴旋转 ϕ。给出把对矢量 ${}^{B}\boldsymbol{P}$ 的描述变为对 ${}^{A}\boldsymbol{P}$ 描述的旋转矩阵。

3.3　已知矢量 $\boldsymbol{u}=3\boldsymbol{i}+2\boldsymbol{j}+2\boldsymbol{k}$ 和坐标系

$$\boldsymbol{F}=\begin{bmatrix}0 & -1 & 0 & 10\\1 & 0 & 0 & 20\\0 & 0 & 1 & 1\\0 & 0 & 0 & 1\end{bmatrix}$$

$\boldsymbol{u}$ 为由 $\boldsymbol{F}$ 所描述的一点。

(1)确定表示同一点但由基坐标系描述的矢量 $\boldsymbol{u}$。

(2)首先让 $\boldsymbol{F}$ 绕基坐标系的 y 轴旋转 90°，然后沿基坐标系 x 轴方向平移 20 个单位。求变换所得新坐标系 $\boldsymbol{F}'$。

(3)确定表示同一点但由坐标系 $\boldsymbol{F}'$ 所描述的矢量 $\boldsymbol{v}'$。

(4)作图表示 $\boldsymbol{u}$、$\boldsymbol{v}$、$\boldsymbol{v}'$、$\boldsymbol{F}$ 和 $\boldsymbol{F}'$ 之间的关系。

3.4　已知齐次变换矩阵

$$\boldsymbol{H}=\begin{bmatrix}0 & 1 & 0 & 0\\0 & 0 & -1 & 0\\-1 & 0 & 0 & 0\\0 & 0 & 0 & 1\end{bmatrix}$$

要求 $\mathrm{Rot}(f,\theta)=\boldsymbol{H}$，确定 f 和 θ 值。

3.5　如图 3.46 所示的 3 自由度机器人，其关节 1 与关节 2 相交，而关节 2 与关节 3 平行。图中所有关节均处于零位。各关节转角的正向均由箭头示出。指定本机器人各连杆的坐标系，然后求各变换矩阵 ${}^{0}_{1}\boldsymbol{T}$、${}^{1}_{2}\boldsymbol{T}$、${}^{2}_{3}\boldsymbol{T}$。

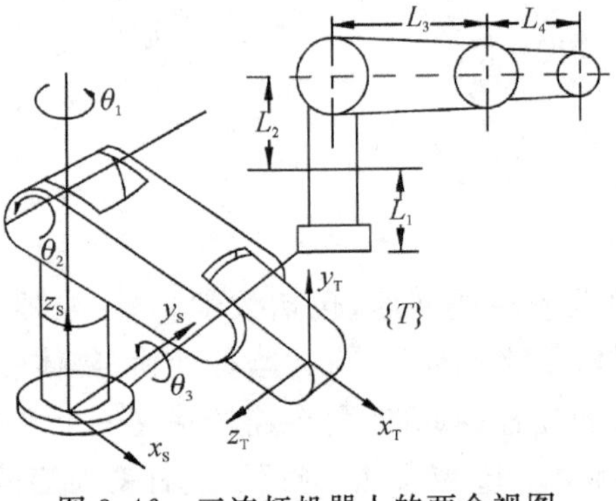

图 3.46　三连杆机器人的两个视图

3.6　图 3.47 和表 3.10 表示 PUMA250 机器人的几何结构和连杆参数。试求：

(1)各连杆的变换矩阵；

(2)末端执行器的变换矩阵。

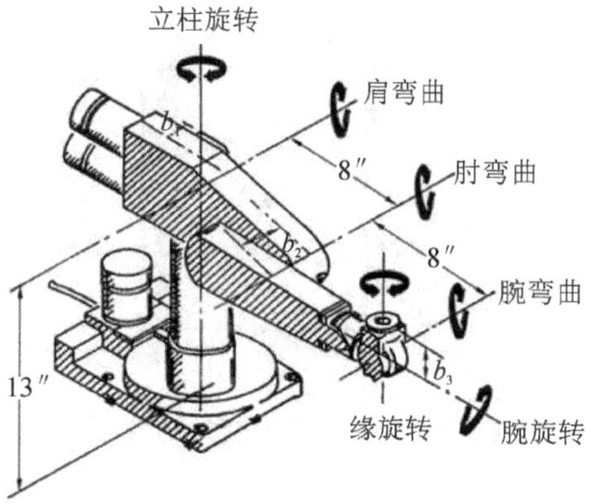

图 3.47　PUMA250 工业机器人的结构

表 3.10　PUMA250 的连杆参数

连杆编号	关节变量	θ 变化范围	α	a	d
1	θ_1	315°	90°	0	0
2	θ_2	320°	0°	8	b_1+b_2
3	θ_3	285°	90°	0	0
4	θ_4	240°	−90°	0	8
5	θ_5	535°	−90°	0	0
6	θ_6	575°	0°	0	b_3

3.7　图 3.48 中，并不知道工具的准确方位 ${}^{W}_{T}\boldsymbol{T}$。应用力控制，当工具尖端插入座孔（或目标）位置 ${}^{S}_{G}\boldsymbol{T}$ 时，机器人能感觉到插入情况。一旦达到这一对准位形，即坐标系 $\{G\}$ 与 $\{T\}$ 重合，机器人的位置 ${}^{B}_{W}\boldsymbol{T}$ 就能够由关节角传感器的读数确定，并计算出其运动学特性。假设 ${}^{B}_{S}\boldsymbol{T}$ 和 ${}^{S}_{G}\boldsymbol{T}$ 为已知，试推导出计算未知工具坐标系 ${}^{W}_{T}\boldsymbol{T}$ 的变换方程式。

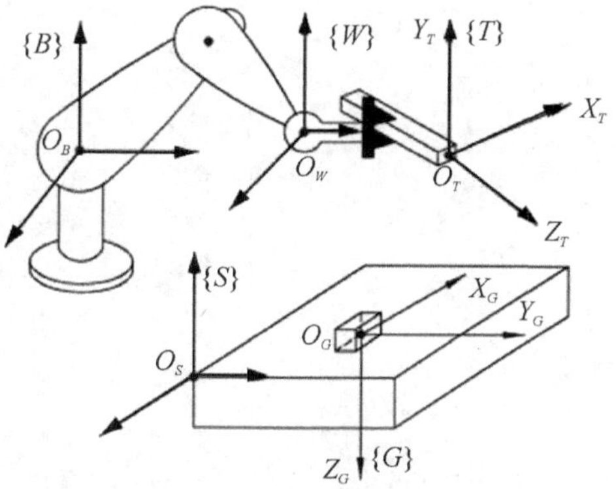

图 3.48　确定工具坐标系的变换方程

3.8　试求 PUMA250 各关节变量的解 $\theta_i, i=1,2,\cdots,6$。

3.9　图 3.49 表示一种 45°麦克纳姆轮移动机器人的几何结构和尺寸参数。

(1)建立移动机器人运动学参数表；

(2)求解对应的运动学及逆运动学表达式。

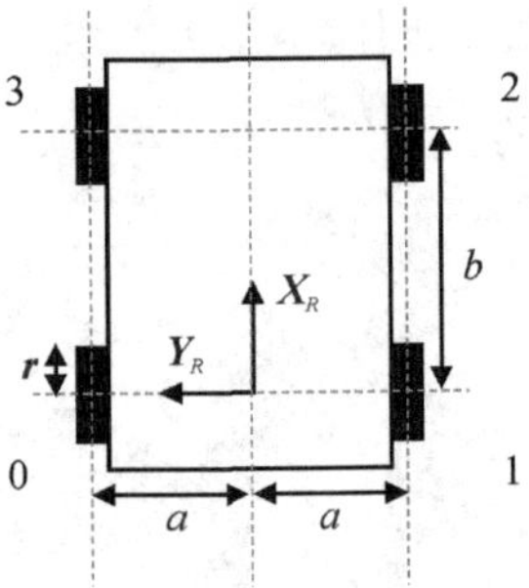

图 3.49　45°麦克纳姆轮

MATLAB 仿真实验作业

使用 MATLAB 的 Robotics Toolbox，对 PUMA560 机器人进行正运动学和逆运动学仿真实验分析：

(1)在笛卡儿坐标系中进行轨迹规划，对正运动学进行仿真实验分析；

(2)在关节坐标系中进行轨迹规划，对逆运动学进行仿真实验分析。

第 4 章　机器人动力学

前面所研究的机器人运动学都是在稳态下进行的，没有考虑机器人运动的动态过程。实际上，机器人的动态性能不仅与运动学相对位置有关，还与机器人的结构形式、质量分布、执行机构的位置、传动装置等因素有关。机器人的动态性能由动力学方程描述，动力学研究机器人运动与关节力（力矩）间的动态关系。求解机器人动态数学模型，主要采用两种工具：牛顿-欧拉方程、拉格朗日方程。

对于动力学有两类相反的问题：一是已知各关节作用力或力矩，求各关节的位移、速度和加速度，即求运动轨迹；二是已知机器人的运动轨迹，即各关节的位移、速度和加速度，求各关节所需要的驱动力或力矩。

4.1　刚体的动能与势能

拉格朗日函数 L 被定义为系统动能 K 和势能 P 之差，即

$$L = K - P \tag{4.1}$$

系统动力学方程式，即拉格朗日方程为

$$F_i = \frac{\mathrm{d}}{\mathrm{d}t}\left(\frac{\partial L}{\partial \dot{q}_i}\right) - \frac{\partial L}{\partial q_i}, i = 1,2,\cdots,n \tag{4.2}$$

式中：q_i 表示动能和势能的坐标，$\dot{q}_i$ 为相应速度，而 F_i 为作用在第 i 个坐标上的力或力矩。

如图 4.1 所示，小车-弹簧系统的拉格朗日函数为

$$L = K - P = \frac{1}{2}m\dot{d}^2 - \frac{1}{2}kd^2$$

一般物体的动能为 $K = \frac{1}{2}mv^2 = \frac{1}{2}m\dot{d}^2$，势能为 $P = \frac{1}{2}kd^2$，其中 d 为小车运动位移。

拉格朗日函数的导数为

$$\frac{\mathrm{d}}{\mathrm{d}t}\left(\frac{\partial L}{\partial \dot{d}}\right) = m\ddot{d},\ \frac{\partial L}{\partial d} = -kd$$

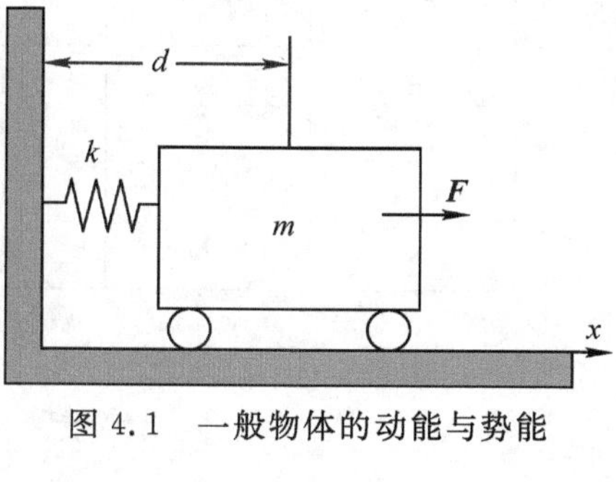

图 4.1　一般物体的动能与势能

拉格朗日方程为

$$F = m\ddot{d} + kd \tag{4.3}$$

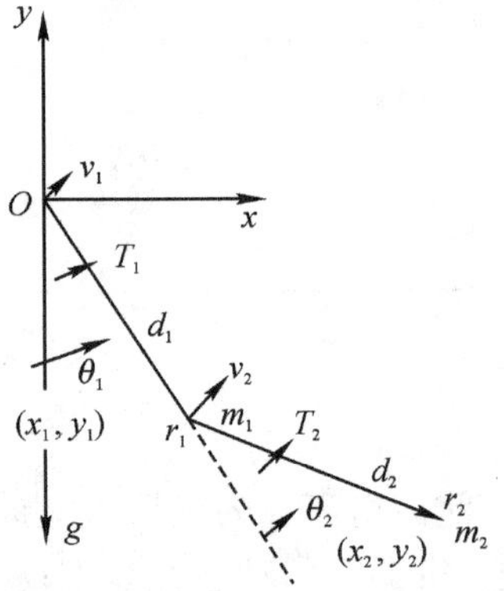

图 4.2 二连杆机器手坐标系

4.2 拉格朗日方法

1. 二连杆机械手系统的拉格朗日函数

如图 4.2 所示，二连杆机械手系统的总动能和总势能分别为

$$K = K_1 + K_2 = \frac{1}{2}(m_1 + m_2)d_1^2\dot{\theta}_1^2 + \frac{1}{2}m_2 d_2^2(\dot{\theta}_1 + \dot{\theta}_2)^2 + m_2 d_1 d_2 \cos\theta_2(\dot{\theta}_1^2 + \dot{\theta}_1\dot{\theta}_2) \tag{4.4}$$

$$P = P_1 + P_2 = -(m_1 + m_2)g d_1 \cos\theta_1 - m_2 g d_2 \cos(\theta_1 + \theta_2) \tag{4.5}$$

$$L = K - P = \frac{1}{2}(m_1 + m_2)d_1^2\dot{\theta}_1^2 + \frac{1}{2}m_2 d_2^2(\dot{\theta}_1^2 + 2\dot{\theta}_1\dot{\theta}_2 + \dot{\theta}_2^2) + m_2 d_1 d_2\cos\theta_2(\dot{\theta}_1^2 + \dot{\theta}_1\dot{\theta}_2) + (m_1 + m_2)g d_1\cos\theta_1 + m_2 g d_2\cos(\theta_1 + \theta_2) \tag{4.6}$$

式中：g 为加速度值。

由式(4.2)拉格朗日方程，可求得力矩的动力学方程式：

$$\begin{bmatrix} T_1 \\ T_2 \end{bmatrix} = \begin{bmatrix} D_{11} & D_{12} \\ D_{21} & D_{22} \end{bmatrix}\begin{bmatrix} \ddot{\theta}_1 \\ \ddot{\theta}_2 \end{bmatrix} + \begin{bmatrix} D_{111} & D_{122} \\ D_{211} & D_{222} \end{bmatrix}\begin{bmatrix} \dot{\theta}_1^2 \\ \dot{\theta}_2^2 \end{bmatrix} + \begin{bmatrix} D_{112} & D_{121} \\ D_{212} & D_{221} \end{bmatrix}\begin{bmatrix} \dot{\theta}_1\dot{\theta}_2 \\ \dot{\theta}_2\dot{\theta}_1 \end{bmatrix} + \begin{bmatrix} D_1 \\ D_2 \end{bmatrix} \tag{4.7}$$

式中：D_{ii} 为关节 i 的有效惯量，D_{ij} 为关节 i 和关节 j 之间的耦合惯量，D_{ijj} 为向心加速度系数，D_{iij}、D_{iji} 为哥氏加速度系数，D_i 代表关节 i 处的重力。比较可得本系统各系数如下：

有效惯量 $D_{11} = (m_1 + m_2)d_1^2 + m_2 d_2^2 + 2m_2 d_1 d_2\cos\theta_2$，$D_{22} = m_2 d_2^2$，耦合惯量 $D_{12} = m_2 d_2^2 + m_2 d_1 d_2\cos\theta_2$。向心加速度系数 $D_{111} = 0$，$D_{122} = -m_2 d_1 d_2\sin\theta_2$，$D_{211} = m_2 d_1 d_2\sin\theta_2$，$D_{222} = 0$。哥氏加速度系数 $D_{112} = D_{121} = -m_2 d_1 d_2\sin\theta_2$，$D_{212} = D_{221} = 0$。重力项 $D_1 = (m_1 + m_2)g d_1\sin\theta_1 + m_2 g d_2\sin(\theta_1 + \theta_2)$，$D_2 = m_2 g d_2\sin(\theta_1 + \theta_2)$。

取 $d_1 = d_2 = 1$，$m_1 = 2$，计算 $m_2 = 1$、4 和 100（分别表示机械手在空载、负载和外层空间负载的三种情况）三个不同数值下的各系数值。表 4.1 给出这些系数与位置 θ_2 的关系。

表 4.1 各系数值与位置 θ_2 的关系

负载	θ_2	$\cos\theta_2$	D_{11}	D_{12}	D_{22}	I_1	I_2
地面空载	0°	1	6	2	1	6	2
	90°	0	4	1	1	4	3
	180°	−1	2	0	1	2	2
	270°	0	4	1	1	4	3

续表

负载	θ_2	$\cos\theta_2$	D_{11}	D_{12}	D_{22}	I_1	I_2
地面满载	0°	1	18	8	4	18	2
	90°	0	10	4	4	10	6
	180°	−1	2	0	4	2	2
	270°	0	10	4	4	10	6
外空间负载	0°	1	402	200	100	402	2
	90°	0	202	100	100	202	102
	180°	−1	2	0	100	2	2
	270°	0	202	100	100	202	102

从表中可以看出：有效惯量 D_{11}、D_{22} 在不同负载条件下有明显变化，该变化将对机械手的控制产生显著影响。I_1、I_2 为与 T_1、T_2 成正比的系数。

2. 机械手动力学方程的计算与简化

分析由一组连杆变换描述的任何机械手，可求出其动力学方程。推导过程分五步进行：

(1)计算任一连杆上任一点的速度；

(2)计算各连杆的动能和机械手的总动能；

(3)计算各连杆的势能和机械手的总势能；

(4)建立机械手系统的拉格朗日函数；

(5)对拉格朗日函数求导，以得到动力学方程式。

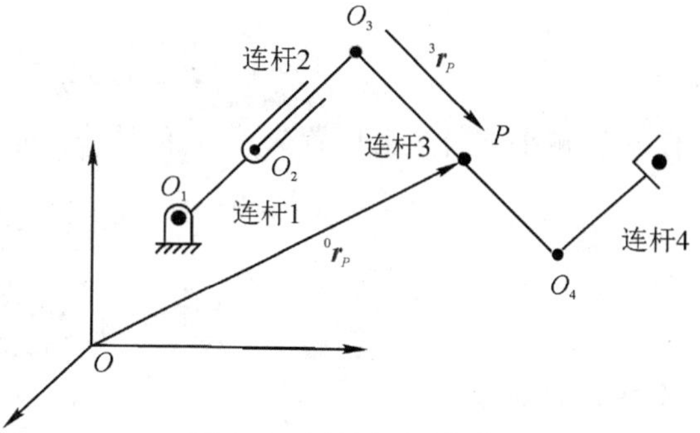

图 4.3　四连杆机械手

3. 质点速度的计算

为了计算系统的动能，必须知道机器人各关节的速度。

如图 4.3 为四连杆机械手的坐标系，连杆 3 上点 P 的速度为

$$ {}^0\boldsymbol{v}_P=\frac{\mathrm{d}}{\mathrm{d}t}({}^0\boldsymbol{r}_P)=\frac{\mathrm{d}}{\mathrm{d}t}(\boldsymbol{T}_3\,{}^3\boldsymbol{r}_P)=\dot{\boldsymbol{T}}_3\,{}^3\boldsymbol{r}_P \tag{4.8}$$

式中：$\boldsymbol{T}_3$ 是连杆 3 相对基坐标系的变换矩阵。

连杆 i 上任一点的速度为

$$\boldsymbol{v}=\frac{\mathrm{d}\boldsymbol{r}}{\mathrm{d}t}=\left(\sum_{j=1}^{i}\frac{\partial\boldsymbol{T}_i}{\partial q_j}\dot{q}_j\right){}^i\boldsymbol{r}_P \tag{4.9}$$

P 点的加速度为

$$\begin{aligned}{}^0\boldsymbol{a}_P&=\frac{\mathrm{d}}{\mathrm{d}t}({}^0\boldsymbol{v}_P)=\frac{\mathrm{d}}{\mathrm{d}t}(\dot{\boldsymbol{T}}_3\,{}^3\boldsymbol{r}_P)=\dot{\boldsymbol{T}}_3\,{}^3\boldsymbol{r}_P=\frac{\mathrm{d}}{\mathrm{d}t}\left(\sum_{j=1}^{3}\frac{\partial\boldsymbol{T}_3}{\partial q_j}\dot{q}_j\right)({}^3\boldsymbol{r}_P)=\left(\sum_{j=1}^{3}\frac{\partial\boldsymbol{T}_3}{\partial q_j}\frac{\mathrm{d}}{\mathrm{d}t}\dot{q}_i\right)({}^3\boldsymbol{r}_P)+\\&\left(\sum_{k=1}^{3}\sum_{j=1}^{3}\frac{\partial^2\boldsymbol{T}_3}{\partial q_j\partial q_k}\dot{q}_k\dot{q}_j\right)({}^3\boldsymbol{r}_P)=\left(\sum_{j=1}^{3}\frac{\partial\boldsymbol{T}_3}{\partial q_j}\ddot{q}_j\right)({}^3\boldsymbol{r}_P)+\left(\sum_{k=1}^{3}\sum_{j=1}^{3}\frac{\partial^2\boldsymbol{T}_3}{\partial q_j\partial q_k}\dot{q}_k\dot{q}_j\right)({}^3\boldsymbol{r}_P)\end{aligned} \tag{4.10}$$

P 点的速度 2 次方为

$$({}^0\boldsymbol{v}_P)^2 = ({}^0\boldsymbol{v}_P)\cdot({}^0\boldsymbol{v}_P) = \mathrm{Trace}[({}^0\boldsymbol{v}_P)\cdot({}^0\boldsymbol{v}_P)^{\mathrm{T}}] = \mathrm{Trace}\left[\sum_{j=1}^{3}\frac{\partial \boldsymbol{T}_3}{\partial q_i}\dot{q}_j({}^3\boldsymbol{r}_P)\sum_{j=1}^{3}\left(\frac{\partial \boldsymbol{T}_3}{\partial q_k}\dot{q}_k\right)({}^3\boldsymbol{r}_P)^{\mathrm{T}}\right]$$

$$= \mathrm{Trace}\left[\sum_{j=1}^{3}\sum_{k=1}^{3}\frac{\partial \boldsymbol{T}_3}{\partial q_j}({}^3\boldsymbol{r}_P)({}^3\boldsymbol{r}_P)^{\mathrm{T}}\frac{\partial \boldsymbol{T}_3}{\partial q_k}^{\mathrm{T}}\dot{q}_j\dot{q}_k\right] \tag{4.11}$$

式中：Trace 表示矩阵迹。对于 n 阶方程，其迹为它的主对角线上各元素之和。

任一机械手上一点的速度平方为

$$\boldsymbol{v}^2 = \left(\frac{\mathrm{d}\boldsymbol{r}}{\mathrm{d}t}\right)^2 = \mathrm{Trace}\left[\sum_{j=1}^{i}\frac{\partial \boldsymbol{T}_i}{\partial q_j}\dot{q}_j{}^i\boldsymbol{r}\left(\sum_{k=1}^{i}\frac{\partial \boldsymbol{T}_i}{\partial q_k}\dot{q}_k{}^i\boldsymbol{r}\right)^{\mathrm{T}}\right] =$$

$$\mathrm{Trace}\left[\sum_{j=1}^{i}\sum_{k=1}^{i}\frac{\partial \boldsymbol{T}_i}{\partial q_k}{}^i\boldsymbol{r}\,{}^i\boldsymbol{r}^{\mathrm{T}}\left(\frac{\partial \boldsymbol{T}_i}{\partial q_k}\right)^{\mathrm{T}}\dot{q}_K\dot{q}_k\right] \tag{4.12}$$

4. 动能和势能的计算

1) 动能的计算

令连杆 3 上任一质点 P 的质量为 $\mathrm{d}m$，则其动能为

$$\mathrm{d}K_3 = \frac{1}{2}v_P^2\mathrm{d}m = \frac{1}{2}\mathrm{Trace}\left[\sum_{j=1}^{3}\sum_{k=1}^{3}\frac{\partial \boldsymbol{T}_3}{\partial q_i}{}^3\boldsymbol{r}_P({}^3\boldsymbol{r}_P)^{\mathrm{T}}\left(\frac{\partial \boldsymbol{T}_3}{\partial q_k}\right)^{\mathrm{T}}\dot{q}_i\dot{q}_k\right]\mathrm{d}m$$

$$= \frac{1}{2}\mathrm{Trace}\left[\sum_{j=1}^{3}\sum_{k=1}^{3}\frac{\partial \boldsymbol{T}_3}{\partial q_i}({}^3\boldsymbol{r}_P\cdot\mathrm{d}m\cdot{}^3\boldsymbol{r}_P{}^{\mathrm{T}})^{\mathrm{T}}\left(\frac{\partial \boldsymbol{T}_3}{\partial q_k}\right)^{\mathrm{T}}\dot{q}_i\dot{q}_k\right] \tag{4.13}$$

任一机械手连杆 i 上位置矢量 ${}^i\boldsymbol{r}$ 的质点，其动能为

$$\mathrm{d}K_i = \frac{1}{2}\mathrm{Trace}\left[\sum_{j=1}^{i}\sum_{k=1}^{i}\frac{\partial \boldsymbol{T}_i}{\partial q_j}{}^i\boldsymbol{r}\,{}^i\boldsymbol{r}^{\mathrm{T}}\frac{\partial \boldsymbol{T}_i}{\partial q_k}^{\mathrm{T}}\dot{q}_j\dot{q}_k\right]\mathrm{d}m$$

$$= \frac{1}{2}\mathrm{Trace}\left[\sum_{j=1}^{i}\sum_{k=1}^{i}\frac{\partial \boldsymbol{T}_i}{\partial q_j}({}^i\boldsymbol{r}\cdot\mathrm{d}m\cdot{}^i\boldsymbol{r}^{\mathrm{T}})^{\mathrm{T}}\frac{\partial \boldsymbol{T}_i}{\partial q_k}^{\mathrm{T}}\dot{q}_j\dot{q}_k\right] \tag{4.14}$$

连杆 3 的动能为

$$K_3 = \int_{连杆3}\mathrm{d}K_3 = \frac{1}{2}\mathrm{Trace}\left[\sum_{j=1}^{3}\sum_{k=1}^{3}\frac{\partial \boldsymbol{T}_3}{\partial q_j}\left(\int_{连杆3}{}^i\boldsymbol{r}\cdot\mathrm{d}m\cdot{}^i\boldsymbol{r}^{\mathrm{T}}\right)\left(\frac{\partial \boldsymbol{T}_3}{\partial q_k}\right)^{\mathrm{T}}\dot{q}_j\dot{q}_k\right] \tag{4.15}$$

任何机械手上任一连杆 i 动能为

$$K_i = \int_{连杆i}\mathrm{d}K_i = \frac{1}{2}\mathrm{Trace}\left[\sum_{j=1}^{i}\sum_{k=1}^{i}\frac{\partial \boldsymbol{T}_i}{\partial q_j}\boldsymbol{I}_i\left(\frac{\partial \boldsymbol{T}_i}{\partial q_k}\right)\dot{q}_j\dot{q}_k\right] \tag{4.16}$$

式中：$\boldsymbol{I}_i$ 为伪惯量矩阵。

具有 n 个连杆的机械手总的动能为

$$K = \sum_{i=1}^{n}K_i = \frac{1}{2}\sum_{i=1}^{n}\mathrm{Trace}\left[\sum_{j=1}^{n}\sum_{k=1}^{i}\frac{\partial \boldsymbol{T}_i}{\partial q_j}\boldsymbol{I}_i\frac{\partial \boldsymbol{T}_i}{\partial q_k}^{\mathrm{T}}\dot{q}_i\dot{q}_k\right] \tag{4.17}$$

式(4.17)中忽略了各杆件传动装置的动能，考虑后如下：

连杆 i 的传动装置动能为

$$K_{ai} = \frac{1}{2}I_{ai}\dot{q}_i^2$$

式中：I_{ai} 为传动装置等效质量。

所有关节传动装置总动能为

$$K_a = \frac{1}{2}\sum_{i=1}^{n}I_{ai}\dot{q}_i^2$$

机械手系统(包括传动装置)的总动能为

$$K_t = K + K_a = \frac{1}{2}\sum_{i=1}^{6}\sum_{j=1}^{i}\sum_{k=1}^{i}\mathrm{Trace}\left(\frac{\partial \boldsymbol{T}_i}{\partial q_i}\boldsymbol{I}_i\frac{\partial \boldsymbol{T}_i^{\mathrm{T}}}{\partial q_k}\right)\dot{q}_j\dot{q}_k + \frac{1}{2}\sum_{i=1}^{6} I_{ai}\dot{q}_i^2 \tag{4.18}$$

2) 势能的计算

一个在高度 h 处质量为 m 的物体,其势能为

$$P = mgh$$

连杆 i 上位置 ${}^i\boldsymbol{r}$ 处的质点 $\mathrm{d}m$,其势能为

$$\mathrm{d}P_i = -\mathrm{d}m \cdot \boldsymbol{g}^{\mathrm{T}} \cdot {}^0\boldsymbol{r} = -\boldsymbol{g}^{\mathrm{T}} \cdot (\boldsymbol{T}_i{}^i\boldsymbol{r})\mathrm{d}m$$

式中:$\boldsymbol{g}^{\mathrm{T}} = [g_x, g_y, g_z, 0]$

$$P_i = \int_{连杆i}\mathrm{d}P_i = -\int_{连杆i}\boldsymbol{g}^{\mathrm{T}} \cdot (\boldsymbol{T}_i{}^i\boldsymbol{r})\mathrm{d}m = -\boldsymbol{g}^{\mathrm{T}} \cdot \boldsymbol{T}_i\int_{连杆i}{}^i\boldsymbol{r}\mathrm{d}m = -\boldsymbol{g}^{\mathrm{T}} \cdot (\boldsymbol{T}_i{}^i\boldsymbol{r}_i)m_i = -m_i\boldsymbol{g}^{\mathrm{T}} \cdot (\boldsymbol{T}_i{}^i\boldsymbol{r}_i)$$

式中:${}^i\boldsymbol{r}_i$ 为连杆 i 相对于前端关节坐标系的重心位置。

机械手系统的总势能为

$$P = \sum_{i=1}^{n}(P_i - P_{ai}) \approx \sum_{i=1}^{n}P_i = -\sum_{i=1}^{n}m_i\boldsymbol{g}^{\mathrm{T}} \cdot (\boldsymbol{T}_i{}^i\boldsymbol{r}_i) \tag{4.19}$$

5. 机械手动力学方程的推导

$$L = K_t - P = \frac{1}{2}\sum_{i=1}^{n}\sum_{j=1}^{i}\sum_{k=1}^{i}\mathrm{Trace}\left(\frac{\partial \boldsymbol{T}_i}{\partial q_i}\boldsymbol{I}_i\frac{\partial \boldsymbol{T}_i^{\mathrm{T}}}{\partial q_k}\right)\dot{q}_j\dot{q}_k +$$

$$\frac{1}{2}\sum_{i=1}^{n} I_{ai}\dot{q}_i^2 + \sum_{i=1}^{n}[m_i\boldsymbol{g}^{\mathrm{T}} \cdot (\boldsymbol{T}_i{}^i\boldsymbol{r}_i)], n = 1, 2, \cdots \tag{4.20}$$

再据式(4.20)求动力学方程。先求导数:

$$\frac{\partial L}{\partial \dot{q}_p} = \frac{1}{2}\sum_{i=1}^{n}\sum_{k=1}^{i}\mathrm{Trace}\left(\frac{\partial \boldsymbol{T}_i}{\partial q_p}\boldsymbol{I}_i\frac{\partial \boldsymbol{T}_i^{\mathrm{T}}}{\partial q_k}\right)\dot{q}_k + \frac{1}{2}\sum_{i=1}^{n}\sum_{j=1}^{i}\mathrm{Trace}\left(\frac{\partial \boldsymbol{T}_i}{\partial q_i}\boldsymbol{I}_i\frac{\partial \boldsymbol{T}_i^{\mathrm{T}}}{\partial q_p}\right)\dot{q}_j + I_{ap}\dot{q}_p, p = 1, 2, \cdots, n$$

因为 $\boldsymbol{I}_i$ 为对称矩阵,即 $\boldsymbol{I}_i^{\mathrm{T}} = \boldsymbol{I}_i$,所以下式成立:

$$\frac{\partial L}{\partial \dot{q}_p} = \sum_{i=1}^{n}\sum_{k=1}^{i}\mathrm{Trace}\left(\frac{\partial \boldsymbol{T}_i}{\partial q_k}\boldsymbol{I}_i\frac{\partial \boldsymbol{T}_i^{\mathrm{T}}}{\partial q_p}\right)\dot{q}_k + I_{ap}\dot{q}_p$$

$$\frac{\mathrm{d}}{\mathrm{d}t}\frac{\partial L}{\partial \dot{q}_p} = \sum_{i=p}^{n}\sum_{k=1}^{i}\mathrm{Trace}\left(\frac{\partial \boldsymbol{T}_i}{\partial q_k}\boldsymbol{I}_i\frac{\partial \boldsymbol{T}_i^{\mathrm{T}}}{\partial q_p}\right)\ddot{q}_k + I_{ap}\ddot{q}_p + \sum_{i=p}^{n}\sum_{j=1}^{i}\sum_{k=1}^{i}\mathrm{Trace}\left(\frac{\partial^2 \boldsymbol{T}_i}{\partial q_j\partial q_k}\boldsymbol{I}_i\frac{\partial \boldsymbol{T}_i^{\mathrm{T}}}{\partial q_i}\right)\dot{q}_j\dot{q}_k +$$

$$\sum_{i=p}^{n}\sum_{j=1}^{i}\sum_{k=1}^{i}\mathrm{Trace}\left(\frac{\partial^2 \boldsymbol{T}_i}{\partial q_p\partial q_k}\boldsymbol{I}_i\frac{\partial \boldsymbol{T}_i^{\mathrm{T}}}{\partial q_i}\right)\dot{q}_j\dot{q}_k$$

$$= \sum_{i=p}^{n}\sum_{k=1}^{i}\mathrm{Trace}\left(\frac{\partial \boldsymbol{T}_i}{\partial q_k}\boldsymbol{I}_i\frac{\partial \boldsymbol{T}_i^{\mathrm{T}}}{\partial q_p}\right)\ddot{q}_k + I_{ap}\ddot{q}_p + 2\sum_{i=p}^{n}\sum_{j=1}^{i}\sum_{k=1}^{i}\mathrm{Trace}\left(\frac{\partial^2 \boldsymbol{T}_i}{\partial q_j\partial q_k}\boldsymbol{I}_i\frac{\partial \boldsymbol{T}_i^{\mathrm{T}}}{\partial q_k}\right)\dot{q}_j\dot{q}_k$$

$$\frac{\partial L}{\partial q_p} = \frac{1}{2}\sum_{i=p}^{n}\sum_{j=1}^{i}\sum_{k=1}^{i}\mathrm{Trace}\left(\frac{\partial^2 \boldsymbol{T}_i}{\partial q_j\partial q_k}\boldsymbol{I}_i\frac{\partial \boldsymbol{T}_i^{\mathrm{T}}}{\partial q_k}\right)\dot{q}_j\dot{q}_k +$$

$$\frac{1}{2}\sum_{i=p}^{n}\sum\nolimits_{i=1}^{i}\sum_{k=1}^{i}\mathrm{Trace}\left(\frac{\partial^2 \boldsymbol{T}_i}{\partial q_k\partial q_p}\boldsymbol{I}_i\frac{\partial \boldsymbol{T}_i^{t}}{\partial q_j}\right)\dot{q}_j\dot{q}_k + \sum\nolimits_{i=p}^{n}m_i\boldsymbol{g}^{\mathrm{T}}\frac{\partial \boldsymbol{T}_i}{\partial q_p}{}^ir_i$$

$$= \sum_{i=p}^{n}\sum\nolimits_{j=1}^{i}\sum_{k=1}^{i}\mathrm{Trace}\left(\frac{\partial^2 \boldsymbol{T}_i}{\partial q_p\partial q_j}\boldsymbol{I}_i\frac{\partial \boldsymbol{T}_i^{\mathrm{T}}}{\partial q_k}\right)\dot{q}_j\dot{q}_k + \sum\nolimits_{i=p}^{n}m_i\boldsymbol{g}^{\mathrm{T}}\frac{\partial \boldsymbol{T}_i}{\partial q_p}{}^ir_i$$

具有 n 个连杆的机械手系统动力学方程为

$$\boldsymbol{T}_i = \sum_{j=i}^{n} \sum\nolimits_{k=1}^{j} \mathrm{Trace}\left(\frac{\partial \boldsymbol{T}_j}{\partial q_k} \boldsymbol{I}_j \frac{\partial \boldsymbol{T}_j^{\mathrm{T}}}{\partial q_i}\right) \ddot{q}_k + \boldsymbol{I}_{ai} \ddot{q}_i + \sum_{j=1}^{n} \sum\nolimits_{k=1}^{j} \sum\nolimits_{m=1}^{j}$$

$$\mathrm{Trace}\left(\frac{\partial^2 \boldsymbol{T}_i}{\partial q_k \partial q_m} \boldsymbol{I}_j \frac{\partial \boldsymbol{T}_j^{\mathrm{T}}}{\partial q_i}\right) \dot{q}_k \dot{q}_m - \sum\nolimits_{j=1}^{n} m_j \boldsymbol{g}^{\mathrm{T}} \frac{\partial \boldsymbol{T}_i^{\,i}}{\partial q_i} \boldsymbol{r}_i \tag{4.21}$$

上述方程式与求和顺序无关,可写成

$$\boldsymbol{T}_i = \sum_{j=1}^{n} D_{ij} \ddot{q}_j + \boldsymbol{I}_{ai} \ddot{q}_i + \sum\nolimits_{j=1}^{n} \sum\nolimits_{k=1}^{n} D_{ijk} \dot{q}_j \dot{q}_k + \boldsymbol{D}_i \tag{4.22}$$

$$D_{ij} = \sum_{p=\max i,j}^{6} \mathrm{Trace}\left(\frac{\partial \boldsymbol{T}_p}{\partial q_j} \boldsymbol{I}_p \frac{\partial \boldsymbol{T}_p^{\mathrm{T}}}{\partial q_i}\right)$$

$$D_{ijk} = \sum_{p=\max i,j,k}^{6} \mathrm{Trace}\left(\frac{\partial^2 \boldsymbol{T}_p}{\partial q_j \partial q_k} \boldsymbol{I}_p \frac{\partial \boldsymbol{T}_p^{\mathrm{T}}}{\partial q_i}\right)$$

$$\boldsymbol{D}_i = \sum_{p=i}^{6} - m_p \frac{\partial \boldsymbol{T}_p}{\partial q_i} {}^p r_p$$

对于一个 6 轴转动机器人,上式展开为

$$\begin{aligned}\boldsymbol{T}_i = {} & D_{i1} \ddot{\theta}_1 + D_{i2} \ddot{\theta}_2 + D_{i3} \ddot{\theta}_3 + D_{i4} \ddot{\theta}_4 + D_{i5} \ddot{\theta}_5 + D_{i6} \ddot{\theta}_6 + I_{ai} \ddot{\theta}_i + D_{i11} \dot{\theta}_1^2 + D_{i22} \dot{\theta}_2^2 + D_{i33} \dot{\theta}_3^2 + \\ & D_{i44} \dot{\theta}_4^2 + D_{i55} \dot{\theta}_5^2 + D_{i66} \dot{\theta}_6^2 + D_{i12} \dot{\theta}_1 \dot{\theta}_2 + D_{i13} \dot{\theta}_1 \dot{\theta}_3 + D_{i14} \dot{\theta}_1 \dot{\theta}_4 + D_{i15} \dot{\theta}_1 \dot{\theta}_5 + D_{i16} \dot{\theta}_1 \dot{\theta}_6 + D_{i21} \dot{\theta}_2 \dot{\theta}_1 + \\ & D_{i23} \dot{\theta}_2 \dot{\theta}_3 + D_{i24} \dot{\theta}_2 \dot{\theta}_4 + D_{i25} \dot{\theta}_2 \dot{\theta}_5 + D_{i26} \dot{\theta}_2 \dot{\theta}_6 + D_{i31} \dot{\theta}_3 \dot{\theta}_1 + D_{i32} \dot{\theta}_3 \dot{\theta}_2 + D_{i34} \dot{\theta}_3 \dot{\theta}_4 + D_{i35} \dot{\theta}_3 \dot{\theta}_5 \\ & + D_{i41} \dot{\theta}_4 \dot{\theta}_1 ++ D_{i36} \dot{\theta}_3 \dot{\theta}_6\ D_{i42} \dot{\theta}_4 \dot{\theta}_2 + D_{i43} \dot{\theta}_4 \dot{\theta}_3 + D_{i45} \dot{\theta}_4 \dot{\theta}_5 + D_{i46} \dot{\theta}_4 \dot{\theta}_6 + D_{i51} \dot{\theta}_5 \dot{\theta}_1 + \\ & D_{i52} \dot{\theta}_5 \dot{\theta}_2 + D_{i53} \dot{\theta}_5 \dot{\theta}_3 + D_{i54} \dot{\theta}_5 \dot{\theta}_4 + D_{i56} \dot{\theta}_5 \dot{\theta}_6 + D_{i61} \dot{\theta}_6 \dot{\theta}_1 + D_{i62} \dot{\theta}_6 \dot{\theta}_2 + D_{i63} \dot{\theta}_6 \dot{\theta}_3 + \\ & D_{i64} \dot{\theta}_6 \dot{\theta}_4 + D_{i65} \dot{\theta}_6 \dot{\theta}_5 + D_i\end{aligned} \tag{4.23}$$

6. 二连杆机械手动力学方程实例

给定机械手的坐标系如图 4.4 所示,连杆参数如表 4.2 所示。

表 4.2　连杆参数

连杆	变量	α	a	d	$\cos\alpha$	$\sin\alpha$
1	θ_1	0°	d_1	0	1	0
2	θ_2	0°	d_2	0	1	0

计算 **A** 矩阵和 **T** 矩阵:

$$\boldsymbol{A}_1 = {}^0\boldsymbol{T}_1 = \begin{bmatrix} \cos\theta_1 & -\sin\theta_1 & 0 & d_1 \cos\theta_1 \\ \sin\theta_1 & \cos\theta_1 & 0 & d_1 \sin\theta_1 \\ 0 & 0 & 1 & 0 \\ 0 & 0 & 0 & 1 \end{bmatrix}$$

$$\boldsymbol{A}_2 = {}^1\boldsymbol{T}_2 = \begin{bmatrix} \cos\theta_2 & -\sin\theta_2 & 0 & d_2 \cos\theta_2 \\ \sin\theta_2 & \cos\theta_2 & 0 & d_2 \sin\theta_2 \\ 0 & 0 & 1 & 0 \\ 0 & 0 & 0 & 1 \end{bmatrix}$$

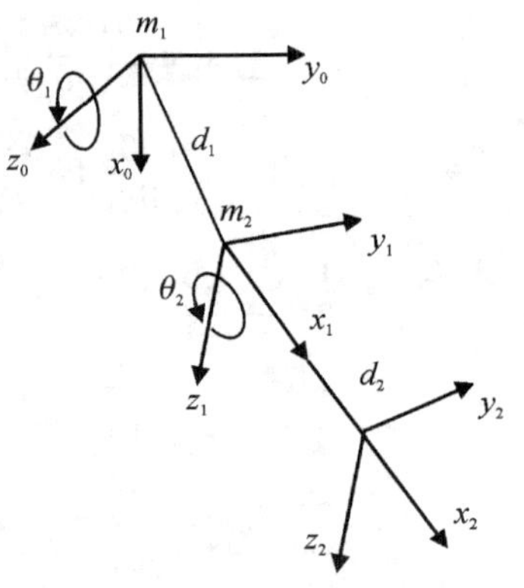

图 4.4　二连杆机械手的坐标系

$$
{}^{0}\boldsymbol{T}_2 = \begin{bmatrix} \cos(\theta_1+\theta_2) & -\sin(\theta_1+\theta_2) & 0 & d_1\cos\theta_1 + d_2\cos(\theta_1+\theta_2) \\ \sin(\theta_1+\theta_2) & \cos(\theta_1+\theta_2) & 0 & d_1\sin\theta_1 + d_2\sin(\theta_1+\theta_2) \\ 0 & 0 & 1 & 0 \\ 0 & 0 & 0 & 1 \end{bmatrix}
$$

将变换矩阵 $\boldsymbol{T}$ 代入式(4.22)中,可求出动力学方程为

$$
\boldsymbol{T}_1 = D_{11}\ddot{\theta}_1 + D_{12}\ddot{\theta}_2 + D_{111}\dot{\theta}_1^2 + D_{122}\dot{\theta}_2^2 + D_{112}\dot{\theta}_1\dot{\theta}_2 + D_1 + I_{a1}\ddot{\theta}_1
$$

$$
\boldsymbol{T}_2 = D_{21}\ddot{\theta}_1 + D_{22}\ddot{\theta}_2 + D_{211}\dot{\theta}_1^2 + D_{222}\dot{\theta}_2^2 + D_{212}\dot{\theta}_1\dot{\theta}_2 + D_2 + I_{a2}\ddot{\theta}_2
$$

$$
\begin{bmatrix}\boldsymbol{T}_1 \\ \boldsymbol{T}_1\end{bmatrix} = \begin{bmatrix} \frac{1}{3}m_1 l^2 + \frac{4}{3}m_2 l^2 + m_2 l^2\cos\theta_2 & \frac{1}{3}m_2 l^2 + \frac{1}{2}m_2 l^2\cos\theta_2 \\ \frac{1}{3}m_2 l^2 + \frac{1}{2}m_2 l^2\cos\theta_2 & \frac{1}{3}m_2 l^2 \end{bmatrix} \begin{bmatrix}\ddot{\theta}_1 \\ \ddot{\theta}_2\end{bmatrix} +
$$

$$
\begin{bmatrix} 0 & -\frac{1}{2}m_2 l^2\sin\theta_2 \\ \frac{1}{2}m_2 l^2\sin\theta_2 & 0 \end{bmatrix} \begin{bmatrix}\dot{\theta}_1^2 \\ \dot{\theta}_2^2\end{bmatrix} + \begin{bmatrix} -\frac{1}{2}m_2 l^2\sin\theta_2 & -\frac{1}{2}m_2 l^2\sin\theta_2 \\ 0 & 0 \end{bmatrix} \begin{bmatrix}\dot{\theta}_1\dot{\theta}_2 \\ \dot{\theta}_2\dot{\theta}_1\end{bmatrix} +
$$

$$
\begin{bmatrix} \frac{1}{2}m_2 gl\cos\theta_1 + \frac{1}{2}m_2 gl\cos(\theta_1+\theta_2) + m_2 gl\cos\theta_1 \\ \frac{1}{2}m_2 gl\cos(\theta_1+\theta_2) \end{bmatrix} + \begin{bmatrix} I_{a1} & 0 \\ 0 & I_{a2} \end{bmatrix} \begin{bmatrix}\ddot{\theta}_1 \\ \ddot{\theta}_2\end{bmatrix} \tag{4.24}
$$

4.3 牛顿-欧拉方程

上面利用拉格朗日方程推导了机器人动力学模型,也可以利用牛顿方程及欧拉方程推导出动力学模型。图 4.5 表示作用在刚体上的力引起加速度变化,表示为牛顿方程 $\boldsymbol{F} = \boldsymbol{M}\dot{\boldsymbol{v}}_C$。

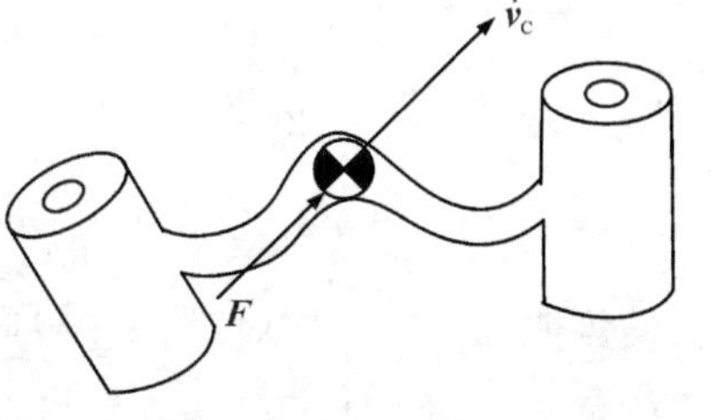

图 4.5　作用于刚体质心力 $\boldsymbol{F}$ 引起加速度

图 4.6 所示为一个旋转刚体,其角速度和角加速度分别为 $\boldsymbol{\omega}$、$\dot{\boldsymbol{\omega}}$,此时由欧拉方程可得作用在刚体上的力矩 $\boldsymbol{N}$ 引起刚体的转动

$$
\boldsymbol{N} = {}^{C}\boldsymbol{I}\dot{\boldsymbol{\omega}} + \boldsymbol{\omega} \times {}^{C}\boldsymbol{I}\boldsymbol{\omega} \tag{4.25}
$$

式中:${}^{C}\boldsymbol{I}$ 是刚体在坐标系$\{C\}$中的惯性张量,而刚体的质心在坐标系$\{C\}$的原点上。

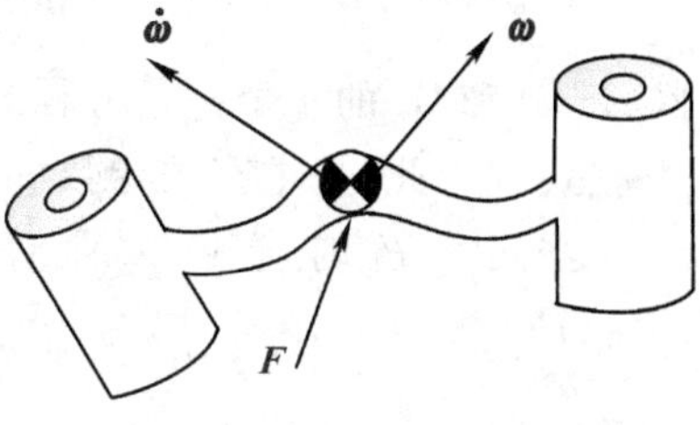

图 4.6　旋转刚体

结合牛顿方程和欧拉方程计算关节力矩的完整过程由两部分组成:第一部分是对每个连杆应用牛顿-欧拉方程,从连杆 1 到连杆 n 向外迭代计算连杆的速度和加速度;第二部分是从连杆 n 到连杆 1,向内迭代计算连杆间的相互作用力和力矩以及关节力矩。

通过上述过程推出的机器人动力学方程,一般形式为

$$\frac{\partial W}{\partial q_i}=\frac{\mathrm{d}}{\mathrm{d}t}\left(\frac{\partial K}{\partial \dot{q}_i}\right)-\frac{\partial K}{\partial q_i}+\frac{\partial D}{\partial \dot{q}_i}+\frac{\partial P}{\partial \dot{q}_i}, i=1,2,\cdots,n \tag{4.26}$$

式中：W、K、D、P 和 q_i 等表示的含义与拉格朗日方程中相同；i 为连杆代号，n 为连杆数目。

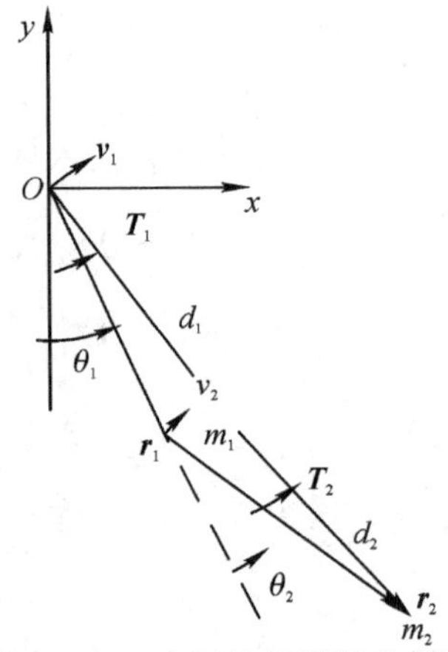

图 4.7 二连杆机械臂的坐标系

二连杆机械臂的坐标系如图 4.7 所示，质量 m_1 和m_2 的连杆位置矢量为 $\boldsymbol{r}_1$ 和$\boldsymbol{r}_2$。下面利用牛顿-欧拉方程推导其动力学模型。

位置矢量 $\boldsymbol{r}_1$ 和 $\boldsymbol{r}_2$：

$$\begin{aligned}\boldsymbol{r}_1&=\boldsymbol{r}_0+(d_1\cos\theta_1)\boldsymbol{i}+(d_1\sin\theta_1)\boldsymbol{j}\\&=(d_1\cos\theta_1)\boldsymbol{i}+(d_1\sin\theta_1)\boldsymbol{j}\end{aligned} \tag{4.27}$$

$$\begin{aligned}\boldsymbol{r}_2&=\boldsymbol{r}_1+[d_2\cos(\theta_1+\theta_2)]\boldsymbol{i}+[d_2\sin(\theta_1+\theta_2)]\boldsymbol{j}\\&=[d_1\cos\theta_1+d_2\cos(\theta_1+\theta_2)]\boldsymbol{i}+\\&\quad[d_1\sin\theta_1+d_2\sin(\theta_1+\theta_2)]\boldsymbol{j}\end{aligned} \tag{4.28}$$

速度矢量 $\boldsymbol{v}_1$ 和$\boldsymbol{v}_2$ ：

$$\boldsymbol{v}_1=\frac{\mathrm{d}\boldsymbol{r}_1}{\mathrm{d}t}=[-\dot{\theta}_1\,d_1\sin\theta_1]\boldsymbol{i}+[\dot{\theta}_1\,d_1\cos\theta_1]\boldsymbol{j}$$

$$\begin{aligned}\boldsymbol{v}_2=\frac{\mathrm{d}\boldsymbol{r}_2}{\mathrm{d}t}&=[-\dot{\theta}_1\,d_1\sin\theta_1-(\dot{\theta}_1+\dot{\theta}_2)d_2\sin(\theta_1+\theta_2)]\boldsymbol{i}+\\&\quad[\dot{\theta}_1 d_1\cos\theta_1-(\dot{\theta}_1+\dot{\theta}_2)d_2\cos(\theta_1+\theta_2)]\boldsymbol{j}\end{aligned}$$

再求速度的 2 次方：

$$\boldsymbol{v}_1^2=d_1^2\,\dot{\theta}_1^2$$

$$\boldsymbol{v}_2^2=d_1^2\,\dot{\theta}_1^2+d_2^2(\dot{\theta}_1^2+2\,\dot{\theta}_1\,\dot{\theta}_2+\dot{\theta}_2^2)+2\,d_1\,d_2(\dot{\theta}_1^2+\dot{\theta}_1\,\dot{\theta}_2)\cos\theta_2$$

于是可得系统动能为

$$\begin{aligned}K&=\frac{1}{2}m_1\,\boldsymbol{v}_1^2+\frac{1}{2}m_2\,\boldsymbol{v}_2^2\\&=\frac{1}{2}(m_1+m_2)d_1^2\,\dot{\theta}_1^2+\frac{1}{2}m_2\,d_2^2(\dot{\theta}_1^2+2\,\dot{\theta}_1\,\dot{\theta}_2+\dot{\theta}_2^2)+m_2\,d_1\,d_2(\dot{\theta}_1^2+\dot{\theta}_1\,\dot{\theta}_2)\cos\theta_2\end{aligned}$$

系统的势能随 $\boldsymbol{r}$ 的增大(位置下降)而减小，以坐标原点为参考点进行计算：

$$\begin{aligned}P&=-m_1\,\boldsymbol{g}\cdot\boldsymbol{r}_1-m_2\,\boldsymbol{g}\cdot\boldsymbol{r}_2\\&=-(m_1+m_2)g\,d_1\cos\theta_1-m_2\,gd_2\cos(\theta_1+\theta_2)\end{aligned}$$

系统能耗 $D=\frac{1}{2}C_1\,\dot{\theta}_1^2+\frac{1}{2}C_2\,\dot{\theta}_2^2$ ，外力矩所做的功 $W=T_1\,\theta_1+T_2\,\theta_2$ 。至此，求得关于 K、P、D 和 W 的 4 个标量方程式。有了这 4 个方程式，就能够按式(4.26)求出系统的动力学方程式。为此，先求有关导数和偏导数。

当 $q_i=\theta_1$ 时，有

$$\frac{\partial K}{\partial\theta_1}=(m_1+m_2)d_1^2\,\dot{\theta}_1^2+m_2\,d_2^2(\theta_1+\theta_2)+m_2\,d_1\,d_2(2\,\dot{\theta}_1+\dot{\theta}_2)\cos\theta_2$$

$$\begin{aligned}\frac{\mathrm{d}}{\mathrm{d}t}\left[\frac{\partial K}{\partial\dot{\theta}_1}\right]&=(m_1+m_2)d_1^2\,\ddot{\theta}_1+m_2\,d_2^2(\ddot{\theta}_1+\ddot{\theta}_2)+m_2\,d_1\,d_2(2\,\ddot{\theta}_1+\ddot{\theta}_2)\cos\theta_2-\\&\quad m_2 d_1\,d_2(2\,\dot{\theta}_1+\dot{\theta}_2)\dot{\theta}_2\sin\theta_2\end{aligned}$$

$$\frac{\partial K}{\partial \theta_1} = 0\ ,\ \frac{\partial D}{\partial \dot{\theta}_1} = C_1 \dot{\theta}_1$$

$$\frac{\partial P}{\partial \theta_1} = (m_1 + m_2) g d_1 \sin \theta_1 + m_2 d_2 g \sin(\theta_1 + \theta_2)\ ,\ \frac{\partial W}{\partial \theta_1} = T_1$$

把所求得的上列各导数代入式(4.26)，经合并整理可得

$$\begin{aligned} T_1 = &[(m_1 + m_2) d_1^2 + m_2 d_2^2 + 2m_2 d_1 d_2 \cos \theta_2]\ddot{\theta}_1 + \\ &[m_2 d_2^2 + m_2 d_1 d_2 \cos \theta_2]\ddot{\theta}_2 + C_1 \dot{\theta}_1 - (2 m_2 d_1 d_2 \sin \theta_2)\dot{\theta}_1 \dot{\theta}_2 - \\ &(m_2 d_1 d_2 \sin \theta_2)\dot{\theta}_2^2 + [(m_1 + m_2) g d_1 \sin \theta_1 + m_2 d_2 g \sin(\theta_1 + \theta_2)] \end{aligned} \tag{4.29}$$

当 $q_i = \theta_2$ 时，有

$$\frac{\partial K}{\partial \dot{\theta}_2} = m_2 d_2^2 (\dot{\theta}_1 + \dot{\theta}_2) + m_2 d_1 d_2 \dot{\theta}_1 \cos \theta_2$$

$$\frac{\mathrm{d}}{\mathrm{d}t}\left(\frac{\partial K}{\partial \dot{\theta}_2}\right) = m_2 d_2^2 (\ddot{\theta}_1 + \ddot{\theta}_2) + m_2 d_1 d_2 \ddot{\theta}_1 \cos \theta_2 - m_2 d_1 d_2 \ddot{\theta}_1 \ddot{\theta}_2 \sin \theta_2$$

$$\frac{\partial K}{\partial \dot{\theta}_2} = - m_2 d_2^2 (\dot{\theta}_1^2 + \dot{\theta}_1 \dot{\theta}_2) \sin \theta_2$$

$$\frac{\partial D}{\partial \dot{\theta}_2} = C_2 \dot{\theta}_2\ ,\ \frac{\partial P}{\partial \dot{\theta}_2} = m_2 g d_2 \sin(\theta_1 + \theta_2)\ ,\ \frac{\partial W}{\partial \dot{\theta}_2} = T_2$$

把上列各式代入式(4.26)，并化简得

$$\begin{aligned} T_2 = &(m_2 d_2^2 + m_2 d_1 d_2 \cos \theta_2)\ddot{\theta}_1 + m_2 d_2^2 \ddot{\theta}_2 + \\ &m_2 d_1 d_2 \sin \theta_2 \dot{\theta}_1^2 + C_2 \dot{\theta}_2 + \sin(\theta_1 + \theta_2) \end{aligned} \tag{4.30}$$

4.4　机器人的动静态特性

机器人的动态特性是指机器人输出对时间变化的输入量的响应特性，包括响应时间、超调量、稳定性等特性。稳定性是指机器人在运动过程中是否能到达平衡点及有无振荡问题。机器人发生振荡有两种类型：衰减振荡、非衰减振荡。而维持振荡是一种临界情况。机器人的静态指标包括：稳定性、空间分辨度、工作精度、重复性等。

1）稳定性

稳定性是机器人最重要的性能指标，主要分为两个方面：一是机器人的运动颠覆稳定性，它主要反映机器人在复杂的非结构环境中运动和工作的可靠性，即机器人能否完成预期任务；二是机器人控制系统的稳定性，它主要是对设计的控制率能否渐进跟踪期望的运动轨迹，而且所取得的反馈控制率能否保证整个闭环系统的平衡状态是渐近稳定的。当机器人控制系统处于振动状态时，严格来说是不稳定的。

2）空间分辨度

空间分辨度是描述机器人工具末端运动的一个重要指标。空间分辨度指系统能够区别工作空间所需要的最小运动增量。空间分辨度可以是控制系统能够控制的最小位置增量的函

数,或者是测量系统能够辨别的最小位置增量。图 4.8 和图 4.9 分别是控制系统、测量系统对空间分辨度的影响。

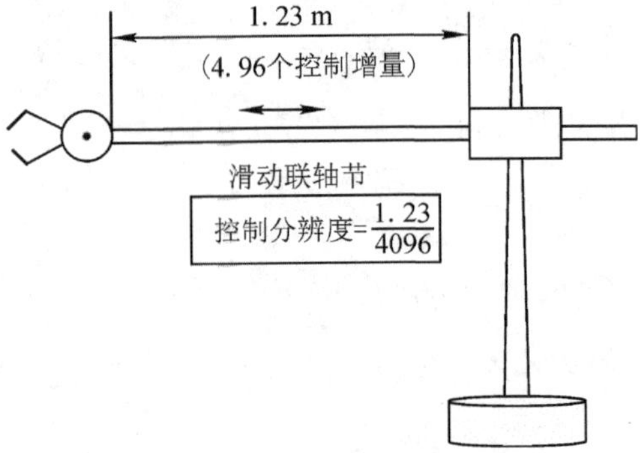

图 4.8 控制对空间分辨度的影响

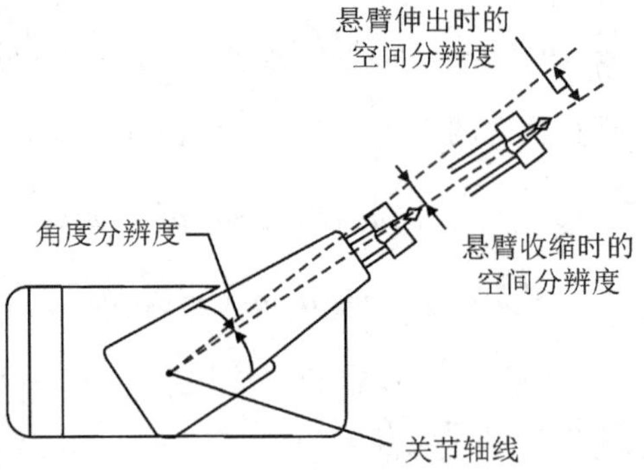

图 4.9 悬臂伸缩对空间分辨度的影响

3)工作精度

图 4.10 和图 4.11 分别以图示方式说明了工作精度与空间分辨度、工作精度与重复性的关系。影响工作精度的因素有 3 个,分别是各控制部件的分辨度、各机械部件的偏差及某个任意的从未接近的固定位置(目标)。

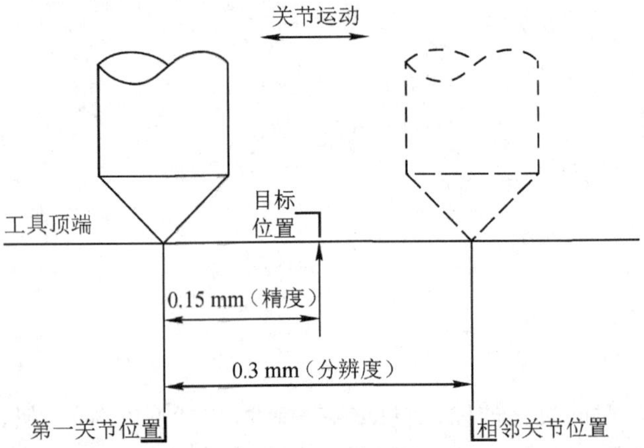

图 4.10 考虑机械偏差时工作精度与空间分辨度的关系

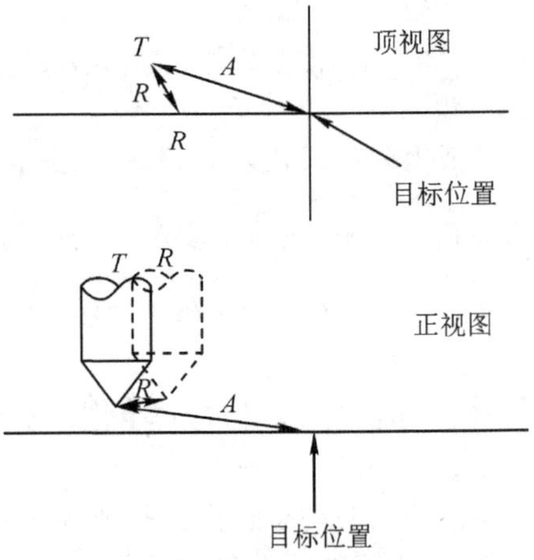

图 4.11 工作精度与重复性的关系

4)重复性

重复性又称重复定位精度,是指机器人自身重复到达原先被命令或训练到达某一位置的能力。影响重复性的 3 个因素是:分辨度、部件偏差、某个任意目标位置。

4.5 机器人动力学 MATLAB 仿真实验

在 MATLAB 中,机器人正向动力学函数为

```
[T,q,qd]=R.fdyn(T,torqfun,q0,qd0)
qdd =R.accel(q,qd,torqfun);
```

其中,输入参数 q0 和 qd0 分别是初始关节角度和角速度,torqfun 为给定的力矩函数,T 表示整个时间间隔(采样时间);函数输出 q、qd 和 qdd 分别是给定机器人关节角度、角速度和角加

速度。

逆向动力学函数为 tau = R. rne(q,qd,qdd,option)，其中输入参数 q、qd 和 qdd 分别是机器人 R 到达指定关节位置的关节角度、角速度和角加速度；函数输出 tau 为驱动的关节力矩。

实验 4.1　针对如图 4.12 所示的六轴机械臂 PUMA560，在忽略重力的情况下(即假定重力的作用方向与运动平面垂直)，求解正向动力学问题，其中关节扭矩、关节角度和关节角速度如下：$\boldsymbol{T}=[1\ 1\ 1\ 1\ 1\ 1]^{\mathrm{T}}$(N·m，常量)，$\theta_0=[-60°\ 90°\ 30°\ 0\ 0\ 0]^{\mathrm{T}}$，$\dot{\theta}_0=[0\ 0\ 0\ 0\ 0\ 0]^{\mathrm{T}}$(rad/s)。

实验结果：

用 MATLAB 对 PUMA560 机器人进行正向动力学求解，根据给定关节角度、角速度、力矩等条件，使用机器人工具箱中的函数 R. accel(q,qd,torqfun)计算角加速度，并利用 plot 函数来显示机器人在给定条件下的姿态。运行 three_dof1_forward_dynamics. m 文件(详细代码见附录)可求取正向动力学角加速度，结果如下：

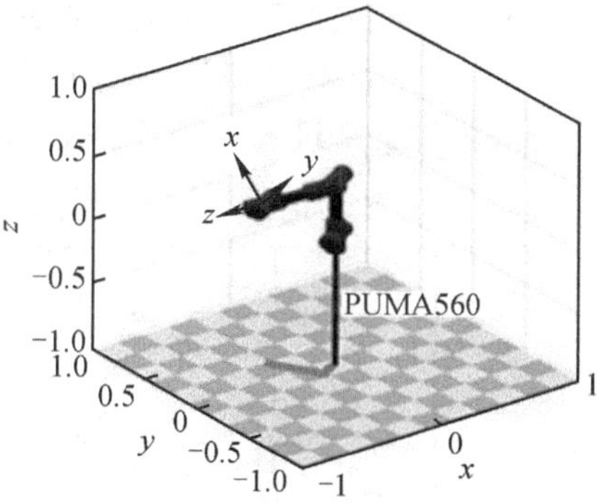

图 4.12　正向动力学机械臂运动图

```
>> three_dof1_forward_dynamics
qdd =
    0.6697
    2.1099
    8.8318
    5.1985
    5.8652
    5.1509
```

实验 4.2　对于如图 4.13 所示的 3 自由度 3R 机器人，已知长度参数 $L_1=4$(m)，$L_2=3$(m)，$L_3=2$(m)，质量和惯性矩 $m_1=20$(kg)，$m_2=15$(kg)，$m_3=10$(kg)，${}^{C}I_{zz_1}=0.5$(kg·m²)，${}^{C}I_{zz_2}=0.2$(kg·m²)，${}^{C}I_{zz_3}=0.1$(kg·m²)。假定每个连杆的重心在其几何中心处，并且假定重力作用在运动平面的 $-y$ 方向上。

(1)编写逆运动力学程序，计算所需的关节驱动力矩。利用给定的运动指令为：$\Theta=[10°\quad 20°\quad 30°]^{\mathrm{T}}$，$\dot{\Theta}=[1\quad 2\quad 3]^{\mathrm{T}}$(rad/s)，$\ddot{\Theta}=[0.5\quad 1\quad 1.5]^{\mathrm{T}}$(rad/s²)。

(2) 用函数 rne()和 gravload()对结果进行验证。

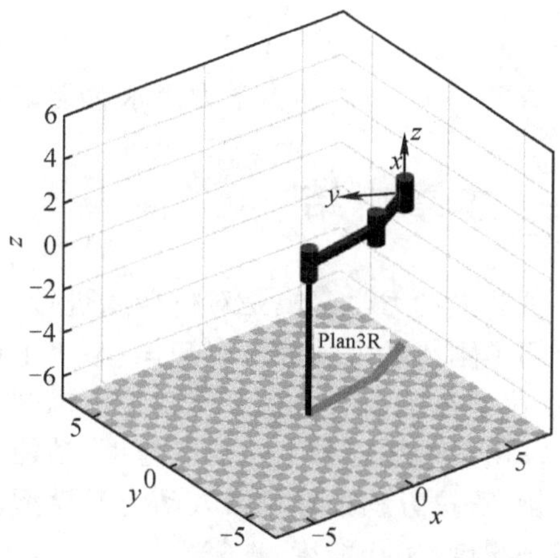

图 4.13　逆向动力学机械臂运动

实验结果：

(1)用 MATLAB 对 PUMA560 机器人进行逆向动力学求解，根据给定关节角度、角速度、角加速度等条件，首先利用改进的 D-H 参数描述机器人几何结构并计算旋转矩阵 T 和各个连杆之间的转换矩阵；其次通过使用运动外推，从关节 1 到关节 3 进行迭代计算角度、角速度和角加速度，同时求解作用在连杆质心上的惯性力和力矩；最后使用力矩内推的方法，从关节 3 到关节 1 进行迭代计算关节力矩。运行 three_dof_reverse_dynamics(theta, theta_d, theta_dd)函数(详细代码见附录)求取逆向动力学关节力矩，结果如下：

```
>> tau =three_dof_reverse_dynamics([10;20;30],[1;2;3],[0.5;1;1.5]);
tau = 851.7198   636.6980   296.7687
```

(2)为了验证逆向动力学力矩结果，首先使用改进的 D-H 参数描述机器人几何结构：

```
robot =Plan3R: 3 axis, RRR, modDH, slowRNE
```

并通过 Link 对象来设置每个连杆的 D-H 参数，如表 4.3 所示。

表 4.3　每个连杆的 D-H 参数

j	theta	d	a	alpha	offset
1	q_1	0	0	0	0
2	q_2	0	4	0	0
3	q_3	0	3	0	0

其次针对 Link 对象设置各连杆质量、质心位置和惯性张量，同时创建 SerialLink 机器人对象，并根据题目给定关节角度，可利用 fkine 函数计算末端执行器位姿，结果如下：

```
t0 =
0.5000   -0.8660   0   6.537
0.8660    0.5000   0   2.195
  0         0      1     0
  0         0      0     1
```

最后，使用 rne(q,qd,qdd,grav)函数进行动力学逆解求解，得到各个关节的力矩并保存在变量 tau 中，结果如下：

```
tau = 851.7198   636.6980   296.7687
```

结果表明：逆向动力学力矩求解无偏差。

4.6　本章小结

机器人动力学建模是对机器人进行控制的基础。为了获得机器人的动力学模型，本章首先介绍了刚体动力学的基本知识，给出了机器人动力学方程的两种求法：拉格朗日平衡法、牛顿-欧拉动态平衡法。在分析二连杆机械手的基础上，总结出建立拉格朗日方程的方法，并据之计算出机械手连杆上一点的速度、动能和势能，进而推导出机械手动力学方程，还介绍了利用牛顿-欧拉方程推导机器人动力学模型。进一步分析了机器人的动静态特性，包括稳定性、空间分辨度、工作精度、重复性。

习题

4.1　建立如图 4.14 所示的二连杆机械手的动力学方程式，把每个连杆当作均匀长方形刚体，其长、宽、高分别为 l_i、W_i 和 h_i，总质量为 m_i ($i=1,2$)。

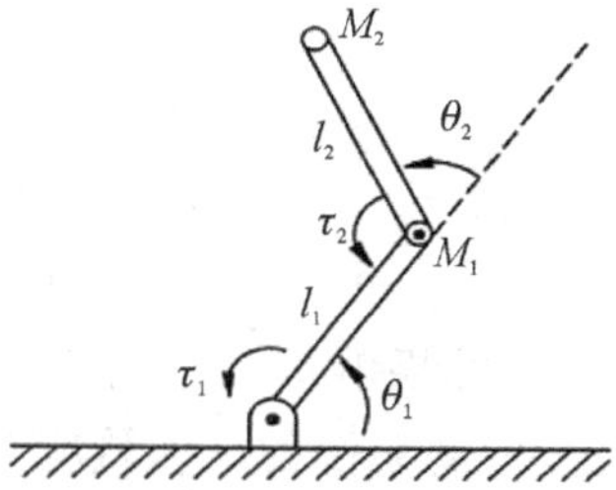

图 4.14　质量均匀分布的二连杆机械手

4.2　建立如图 4.15 所示的机械手的变换矩阵和速度求解公式。假设各关节速度为已知，只要把与第一个关节速度有关的各矩阵乘在一起即可。

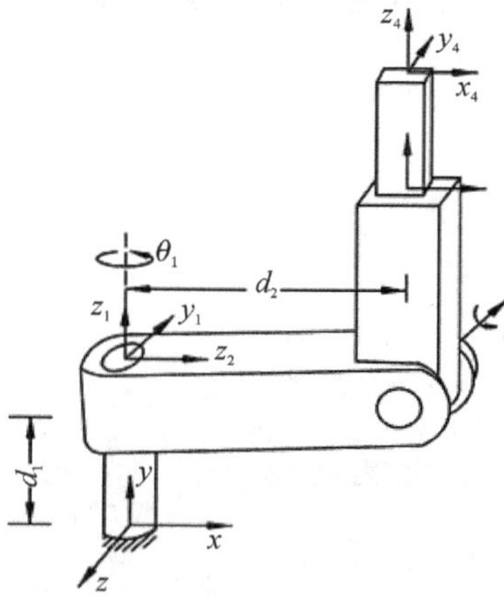

图 4.15　三连杆机械手

4.3　求图 4.16 所示的三连杆操作手的动力学方程式。连杆 1 的惯量矩阵为

$$
{}^{c_1}\boldsymbol{I}=\begin{bmatrix} I_{xx1} & 0 & 0 \\ 0 & I_{yy1} & 0 \\ 0 & 0 & I_{zz1} \end{bmatrix}
$$

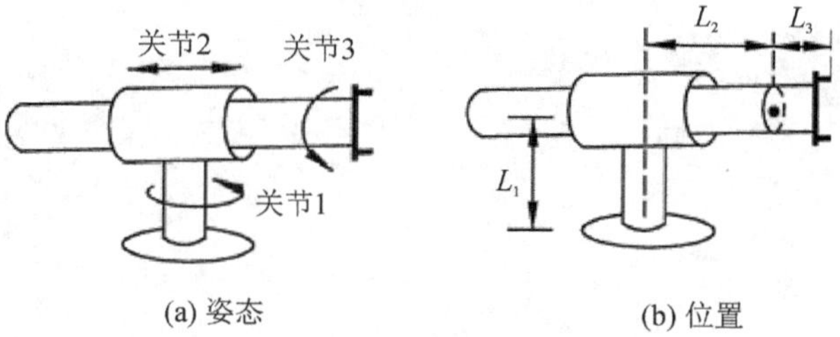

图 4.16　具有一个滑动关节的三连杆机械手

连杆 2 具有点质量 m_2，位于此连杆坐标系的原点。连杆 3 的惯量矩阵为

$$
{}^{c_3}\boldsymbol{I}=\begin{bmatrix} I_{xx3} & 0 & 0 \\ 0 & I_{yy3} & 0 \\ 0 & 0 & I_{zz3} \end{bmatrix}
$$

假设重力的作用方向垂直向下，而且各关节都存在有黏性摩擦，其摩擦系数为 ν_i，$i=1$，2，3。

4.4　有个单连杆机械手，其惯量矩阵为

$$ {}^{c_1}\boldsymbol{I}=\begin{bmatrix} I_{xx1} & 0 & 0 \\ 0 & I_{yy1} & 0 \\ 0 & 0 & I_{zz1} \end{bmatrix} $$

假设这正好是连杆本身的惯量。如果电动机电枢的转动惯量为 $\boldsymbol{I}_{\mathrm{m}}$，减速齿轮的传动比为 100，那么，从电动机轴来看，传动系统的总惯量应为多大？

MATLAB 仿真实验作业

针对 4.5 节实验 4.2 给出的一个 3 自由度机器人，利用 MATLAB 进行动力学建模及仿真计算。

第5章　机器人轨迹规划

轨迹规划是根据作业任务要求，计算出机器人的预期运动轨迹，而轨迹是指机器人在运动过程中的位移、速度和加速度。轨迹规划的任务是获得机器人位姿或关节角度随时间变化的关系，首先需对机器人的任务、运动路径进行描述；然后，利用数学模型或智能优化方法，实时计算出机器人运动的位移、速度和加速度，并生成运动轨迹。对于机器人轨迹规划求解，已提出了多种优化算法：图方法、人工势场法、快速扩展随机树法、强化学习算法等。为解决机器人轨迹编程需要，已开发出一些机器人编程软件，用户只需输入有关路径和轨迹的若干约束和简单描述，复杂的计算过程则由规划器完成。

本章主要介绍机器人轨迹规划的原理和方法，讨论几种关节轨迹插值算法，并介绍典型的笛卡儿坐标系中的轨迹规划方法。本章还将讨论移动机器人轨迹方法，包括全局和局部规划、RRT 算法和强化学习算法等。

5.1　机器人轨迹规划概述

轨迹规划器可形象地看成一个黑箱，如图 5.1 所示，其输入包括路径的设定和约束，输出的是机械手末端手部的位姿序列，表示末端在各离散时刻的中间位形或关节轨迹值。

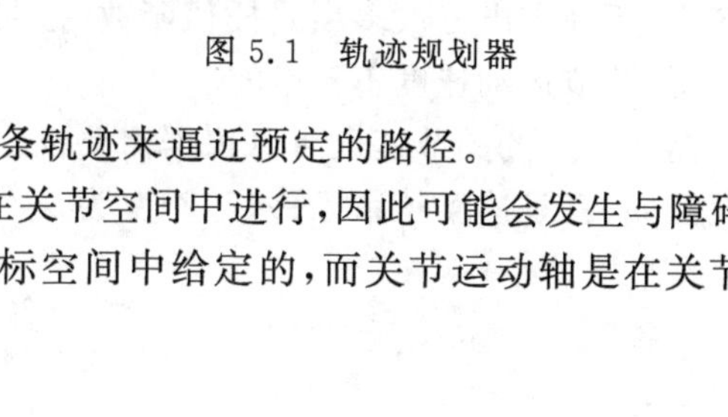

图 5.1　轨迹规划器

机器人最常用的轨迹规划方法有两种：第一种方法要求用户对于选定的转变节点（插值点）上的位姿、速度和加速度给出一组显式约束（例如连续性和光滑程度等），轨迹规划器从一类函数（例如 n 次多项式）中选取参数化轨迹，对节点进行插值，并满足约束条件。第二种方法要求用户给出运动路径的解析式，如运动路径为直角坐标空间中的直线，轨迹规划器在关节空间或直角坐标空间中确定一条轨迹来逼近预定的路径。

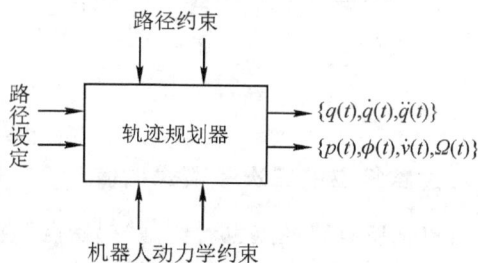

在第一种方法中，约束的设定和轨迹规划均在关节空间中进行，因此可能会发生与障碍物相碰的情况。第二种方法的路径约束是在直角坐标空间中给定的，而关节运动轴是在关节空间中受控的。

5.2　关节轨迹的插值计算

对关节进行插值时，应满足一系列的约束条件，例如抓取物体时，手部运动方向（初始点）、提升物体离开的方向（提升点）、放下物体（下放点）和停止点等节点上的位姿、速度和加速度的要求；与此相应的各个关节的位移、速度、加速度在整个时间间隔内连续性的要求；其极值必须在各个关节变量的容许范围之内等。

在满足所要求的约束条件下，可以选取不同类型的关节插值函数，生成不同的轨迹。

1. 三次多项式插值

运动轨迹的描述可用起始点关节角度与终止点关节角度的一个平滑插值函数来表示，在 $t_0=0$ 时刻的值是起始关节角度，在终端时刻 t_f 的值是终止关节角度。显然，有许多平滑函数可作为关节插值函数，如图 5.2 所示。

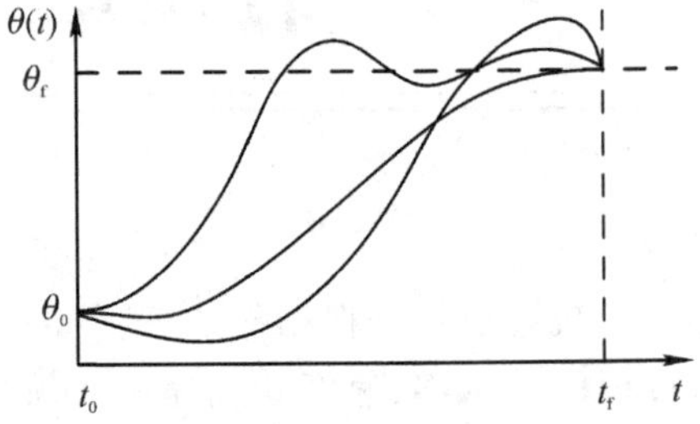

图 5.2　单个关节的不同轨迹曲线

为了实现单个关节的平稳运动，轨迹函数至少需要满足 4 个约束条件：

$$\begin{cases}\theta(0)=\theta_0\\ \theta(t_f)=\theta_f\end{cases} \tag{5.1}$$

$$\begin{cases}\dot\theta(0)=0\\ \dot\theta(t_f)=0\end{cases} \tag{5.2}$$

$$\theta(t)=a_0+a_1t+a_2t^2+a_3t^3 \tag{5.3}$$

$$\begin{cases}\dot\theta(t)=a_1+2a_2t+3a_3t^2\\ \ddot\theta(t)=2a_2+6a_3t\end{cases} \tag{5.4}$$

求解约束条件可得

$$\begin{cases}a_0=\theta_0\\ a_1=0\\ a_2=\dfrac{3}{t_f^2}(\theta_f-\theta_0)\\ a_3=-\dfrac{2}{t_f^3}(\theta_f-\theta_0)\end{cases} \tag{5.5}$$

2. 过路径点的三次多项式插值

可以把所有路径点也看作是“起始点”或“终止点”，求解逆运动学问题，得到相应的关节矢量值；然后确定出三次多项式插值函数，把路径点平滑地连接起来。但是这些“起始点”和“终止点”的关节运动速度不再是零。

路径点上的关节速度可以根据需要设定，这样一来，确定三次多项式的方法与前面所述的完全相同，只是速度约束条件(5.2)变为

$$\begin{cases}\dot\theta(0)=\dot\theta_0\\ \dot\theta(t_f)=\dot\theta_f\end{cases} \tag{5.6}$$

求得三次多项式的系数为

$$\begin{cases} a_0 = \theta_0 \\ a_1 = \dot{\theta}_0 \\ a_2 = \dfrac{3}{t_f^2}(\theta_f - \theta_0) - \dfrac{2}{t_f}\dot{\theta}_0 - \dfrac{1}{t_f}\dot{\theta}_f \\ a_3 = -\dfrac{2}{t_f^3}(\theta_f - \theta_0) + \dfrac{1}{t_f^2}(\dot{\theta}_0 + \dot{\theta}_f) \end{cases} \tag{5.7}$$

由式(5.7)确定的三次多项式就可以计算出任意给定位置和速度的运动轨迹，而路径点上的关节速度可通过下列方法确定：①根据工具坐标系在直角坐标空间中的瞬时线速度和角速度来确定每个路径点的关节速度；②采用适当的启发式方法，由控制系统自动地选择路径点的速度；③为了保证每个路径点上的加速度连续，由控制系统按此要求自动地选择路径点的速度。

3. 高阶多项式插值

如果对于运动轨迹的要求更为严格，约束条件增多，则必须用更高阶的多项式对运动轨迹的路径段进行插值。例如，对某段路径的起始点和终止点都规定了关节的位置、速度和加速度，则要用一个五次多项式

$$\theta(t) = a_0 + a_1 t + a_2 t^2 + a_3 t^3 + a_4 t^4 + a_5 t^5 \tag{5.8}$$

进行插值，多项式的系数 a_0，a_1，…，a_5 必须满足 6 个约束条件：

$$\begin{cases} \theta_0 = a_0 \\ \theta_f = a_0 + a_1 t_f + a_2 t_f^2 + a_3 t_f^3 + a_4 t_f^4 + a_5 t_f^5 \\ \dot{\theta}_0 = a_1 \\ \dot{\theta}_f = a_1 + 2a_2 t_f + 3a_3 t_f^2 + 4a_4 t_f^3 + 5a_5 t_f^4 \\ \ddot{\theta}_0 = 2a_2 \\ \ddot{\theta}_f = 2a_2 + 6a_3 t_f + 12a_4 t_f^2 + 20a_5 t_f^3 \end{cases} \tag{5.9}$$

线性方程组的解为

$$\begin{cases} a_0 = \theta_0 \\ a_1 = \dot{\theta}_0 \\ a_2 = \dfrac{\ddot{\theta}_0}{2} \\ a_3 = \dfrac{20\theta_f - 20\theta_0 - (8\dot{\theta}_f + 12\dot{\theta}_0)t_f - (3\ddot{\theta}_0 - \ddot{\theta}_f)t_f^2}{2t_f^3} \\ a_4 = \dfrac{30\theta_0 - 30\theta_f + (14\dot{\theta}_f + 16\dot{\theta}_0)t_f + (3\ddot{\theta}_0 - 2\ddot{\theta}_f)t_f^2}{2t_f^3} \\ a_5 = \dfrac{12\theta_f - 12\theta_0 - (6\dot{\theta}_f + 6\dot{\theta}_0)t_f - (\ddot{\theta}_0 - \ddot{\theta}_f)t_f^2}{2t_f^3} \end{cases} \tag{5.10}$$

4. 用抛物线过渡的线性插值

单纯使用线性插值会导致关节处运动速度不连续，加速度无限大。为了生成光滑的运动轨迹，在生成线性插值时，可在每个节点的邻域内增加一个抛物线的缓冲区段。线性函数与两段抛物线函数平滑地衔接在一起形成的轨迹称为带有抛物线过渡域的线性轨迹，如图 5.3(a)所示。

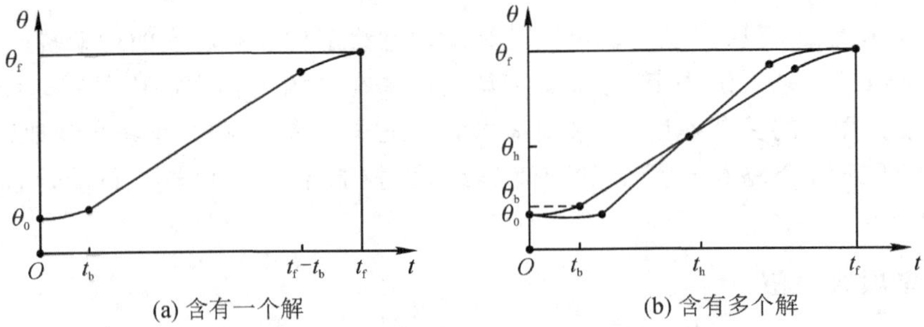

图 5.3　带抛物线过渡的线性插值

为了构成这段运动轨迹，假设两端的过渡域(抛物线)具有相同的持续时间，因而在这两个域中采用相同的恒加速度值，只是符号相反。正如图 5.3(b)所示，存在多个解，得到的轨迹不是唯一的。但每个结果对称于时间中点 t_h 和位置中点 θ_h。由于过渡域$[t_0, t_b]$的终点速度必须等于线性域的速度。对图 5.3(b)所示轨迹，有

$$\dot{\theta}_{t_b} = \frac{\theta_h - \theta_b}{t_h - t_b} \tag{5.11}$$

用$\ddot{\theta}$ 表示过渡域的加速度，则可得 θ_b 的值为

$$\theta_b = \theta_0 + \frac{1}{2}\ddot{\theta} t_b^2 \tag{5.12}$$

令 $t_f = 2t_h$，据式(5.11)和式(5.12)可得

$$\ddot{\theta} t_b^2 - \ddot{\theta} t_f t_b + (\theta_f - \theta_0) = 0 \tag{5.13}$$

对于给定 θ_f、θ_0 和 t_f，可由式(5.13)计算$\ddot{\theta}$、t_b。

由式(5.13)得

$$t_b = \frac{t_f}{2} - \frac{\sqrt{\ddot{\theta}^2 t_f^2 - 4\ddot{\theta}(\theta_f - \theta_0)}}{2\ddot{\theta}} \tag{5.14}$$

由上式可知，为保证 t_b有解，过渡域加速度值 必须选得足够大，即

$$\ddot{\theta} \geqslant \frac{4(\theta_f - \theta_0)}{t_f^2} \tag{5.15}$$

5. 多段带有抛物线过渡的线性插值

如图 5.4 所示，某个关节在运动中设有 n 个路径点，其中 3 个相邻的路径点表示为 j、k 和 l，每两个相邻的路径点之间都以线性函数相连，而所有路径点附近则由抛物线过渡。

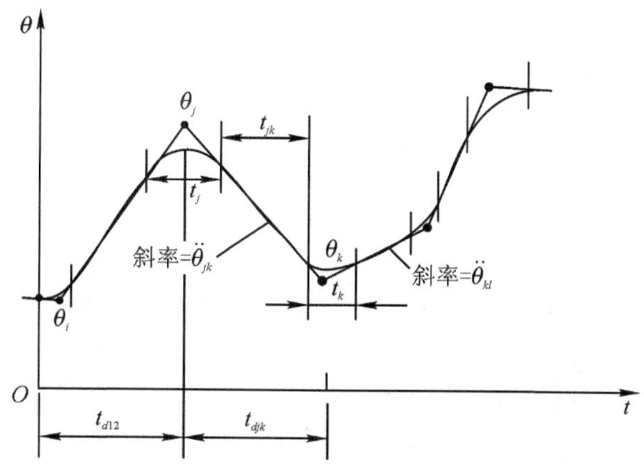

图 5.4　多段带有抛物线过渡的线性插值轨迹

$$\begin{cases}\dot{\theta}_{jk}=\dfrac{\theta_k-\theta_j}{t_{djk}}\\ \ddot{\theta}_k=\operatorname{sgn}(\dot{\theta}_{kl}-\dot{\theta}_{jk})\left|\ddot{\theta}_k\right|\\ t_k=\dfrac{\dot{\theta}_{kl}-\dot{\theta}_{jk}}{\ddot{\theta}_k}\\ t_{jk}=t_{djk}-\dfrac{1}{2}t_j-\dfrac{1}{2}t_k\end{cases}\tag{5.16}$$

式中:在 j、k 点的过渡域的持续时间为 t_j、t_k，点 j 与点 k 之间线性域的持续时间为 t_{jk}，j 与 k 之间的线性域速度为 $\dot{\theta}_{jk}$，k 点过渡域的加速度为 $\ddot{\theta}_k$。

第一个路径段和最后一个路径段的处理与式(5.16)略有不同,因为轨迹端部的整个过渡域的持续时间都必须计入这一路径段内。对于一个路径段,令线性域速度的两个表达式相等,就可求出 t_1：

$$\frac{\theta_2-\theta_1}{t_{d12}-\dfrac{1}{2}t_1}=\ddot{\theta}_1 t_1\tag{5.17}$$

算出起始点过渡域的持续时间 t_1之后,进而求出 $\dot{\theta}_{12}$ 和 t_{12}：

$$\begin{cases}\ddot{\theta}_1=\operatorname{sgn}(\dot{\theta}_2-\dot{\theta}_1)\left|\ddot{\theta}_1\right|\\ t_1=t_{d12}-\sqrt{t_{d12}^2-\dfrac{2(\theta_2-\theta_1)}{\ddot{\theta}_1}}\\ \dot{\theta}_{12}=\dfrac{\theta_2-\theta_1}{t_{d12}-\dfrac{1}{2}t_1}\\ t_{12}=t_{d12}-t_1-\dfrac{1}{2}t_2\end{cases}\tag{5.18}$$

对于最后一个路径段,路径点 $n-1$ 与终止点 n 之间的参数与第一个路径段相似,即

$$\frac{\theta_{n-1}-\theta_n}{t_{d(n-1)n}-\frac{1}{2}t_n}=\ddot{\theta}_n t_n \tag{5.19}$$

根据式(5.19)便可求出

$$\begin{cases}\ddot{\theta}_n=\operatorname{sgn}(\dot{\theta}_{n-1}-\dot{\theta}_n)\left|\ddot{\theta}_n\right| \\ t_n=t_{d(n-1)n}-\sqrt{t_{d(n-1)n}^2+\dfrac{2(\theta_n-\theta_{n-1})}{\ddot{\theta}_n}} \\ \dot{\theta}_{(n-1)n}=\dfrac{\theta_n-\theta_{n-1}}{t_{d(n-1)n}-\frac{1}{2}t_n} \\ t_{(n-1)n}=t_{d(n-1)n}-t_n-\dfrac{1}{2}t_{n-1}\end{cases} \tag{5.20}$$

利用上述公式，只要给出路径点以及各个路径段的持续时间，就可以求出多段轨迹中各个过渡域的时间和速度。特别注意，多段抛物线过渡的直线函数一般并不经过那些路径点，除非在这些路径点处停止。

5.3 笛卡儿坐标系运动规划

5.3.1 轨迹规划方法

物体空间的描述方法，任一刚体相对参考系的位姿是用与它固接的坐标系来描述的。相对于固接坐标系，物体上任一点用相应的位置矢量 $\boldsymbol{p}$ 表示，任一方向用方向余弦表示。给出物体的几何图形及固接坐标系后，只要规定固接坐标系的位姿，便可重构该物体，如图 5.5 所示。

作业机械手的运动可用手部位姿节点序列来规定，每个节点是由工具坐标系相对于作业坐标系的齐次变换来描述，相应的关节变量可用运动学反解程序计算，如图 5.6 所示。

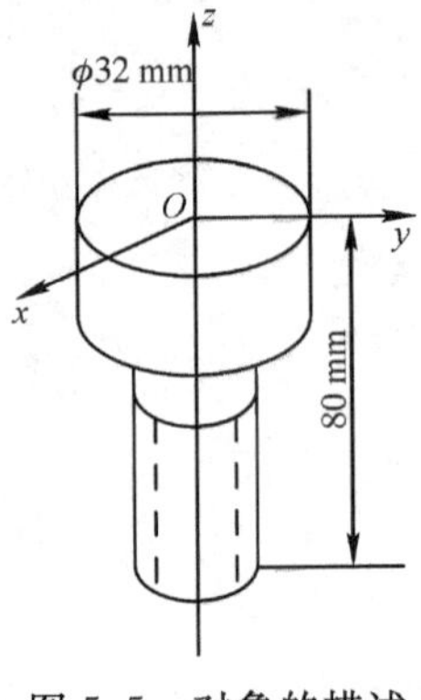

图 5.5　对象的描述

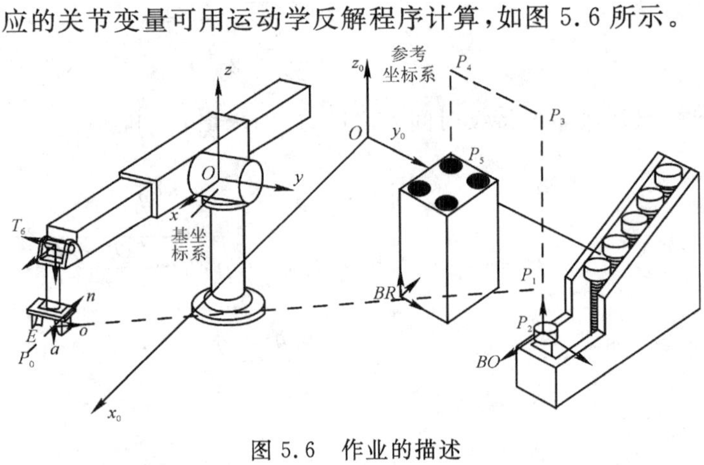

图 5.6　作业的描述

1. 两个节点之间的“直线”运动

机械手在完成作业时，手爪的位姿可用一系列节点 P_i 来表示。因此，在直角坐标空间中进行轨迹规划的首要问题是：由两节点 P_i 和 P_{i+1} 所定义的路径起点和终点之间，如何生成一系列中间点？两节点之间最简单的路径是在空间的一个直线移动和绕某定轴的转动。若运动时间给定之后，则可以产生一个使线速度和角速度受控的运动。

2. 两段路径之间的过渡

为了避免两段路径衔接点处速度不连续，由一段轨迹过渡到下一段轨迹时，需要进行加速或减速。在机械手手部到达节点前的时刻开始改变速度，然后保持加速度不变，直至到达节点为止，如图 5.7 所示。

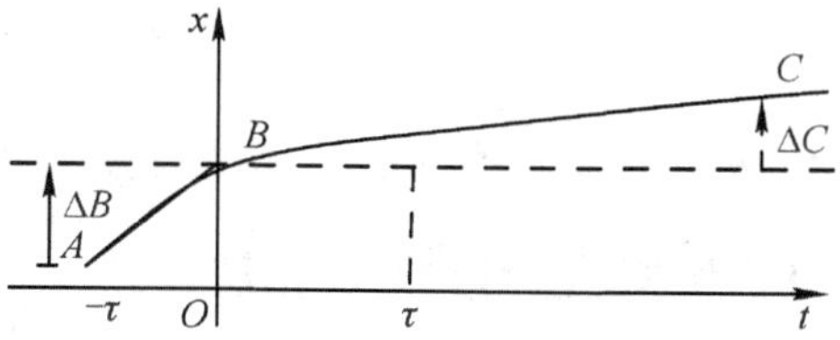

图 5.7　两段轨迹间的过渡

5.3.2　规划轨迹的实时生成

对于带抛物线过渡的直线样条插值，每次更新轨迹时，应首先检测时间 t 的值以判断当前处于路径段的是线性域还是过渡域。当处于线性域时，各关节的轨迹按下式计算：

$$\begin{cases}\theta = \theta_j + \dot{\theta}_{jk} t \\ \dot{\theta} = \dot{\theta}_{jk} \\ \ddot{\theta} = 0\end{cases} \tag{5.21}$$

令

$$t_{\text{inb}} = t - \left(\frac{1}{2} t_j + t_{jk}\right) \tag{5.22}$$

则

$$\begin{cases}\theta = \theta_j + \dot{\theta}_{jk}(t - t_{\text{inb}}) + \frac{1}{2}\ddot{\theta}_k t_{\text{inb}}^2 \\ \dot{\theta} = \dot{\theta}_{jk} + \ddot{\theta}_k t_{\text{inb}} \\ \ddot{\theta} = \ddot{\theta}_k\end{cases} \tag{5.23}$$

笛卡儿空间轨迹实时生成方法与关节空间相似，在线性域 X 中的每一自由度按下式计算：

$$\begin{cases}x = x_j + \dot{x}_{jk} t \\ \dot{x} = \dot{x}_{jk} \\ \ddot{x} = 0\end{cases} \tag{5.24}$$

在线性域中，每个自由度的轨迹按下式计算：

$$\begin{cases}t_{\text{inb}} = t - \left(\frac{1}{2} t_j + t_{jk}\right) \\ x = x_j + \dot{x}_{jk}(t - t_{\text{inb}}) + \frac{1}{2}\ddot{x}_k t_{\text{inb}}^2 \\ \dot{x} = \dot{x}_{jk} + \dot{x}_k t_{\text{inb}} \\ \ddot{x} = \ddot{x}_k\end{cases} \tag{5.25}$$

将笛卡儿空间轨迹转换成等价的关节空间的量，算法如下：

$$
\begin{cases}
X \rightarrow D(\lambda) \\
q(t) = \mathrm{Solve}[D(\lambda)] \\
\dot{q}(t) = \dfrac{q(t) - q(t-\delta t)}{\delta t} \\
\ddot{q}(t) = \dfrac{\dot{q}(t) - \dot{q}(t-\delta t)}{\delta t}
\end{cases}
\tag{5.26}
$$

根据 q、$\dot{q}$ 和 $\ddot{q}$ 计算结果，由控制系统执行。

5.3.3　机器人速度规划算法

为了保证机器人能沿着规划轨迹高速平稳运行，还需要进行速度规划。S 型是常用的一种速度规划方法，保证加速度连续。S 型速度规划包括离线规划和在线规划两种，本节介绍一种在线规划方法，允许在线修改速度、加速度、加加速度且设置最大速度不受限制。

1. 速度规划流程

计算流程图如图 5.8 所示。

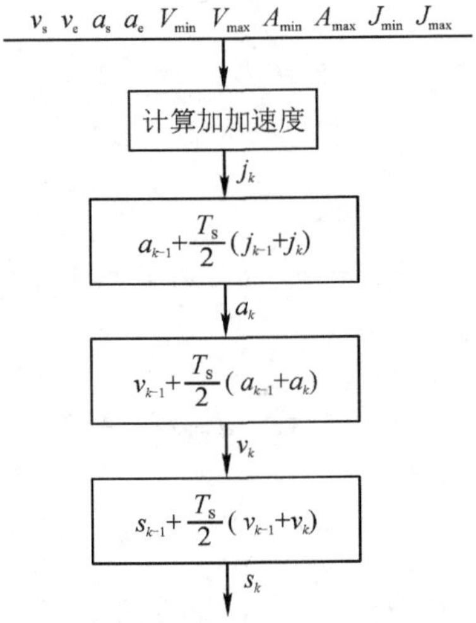

图 5.8　S 型在线速度规划流程图

该在线规划方法的重点是根据已知的初始和终止状态 v_s、v_e、a_s、a_e 及约束信息 V_{min}、V_{max}、A_{min}、A_{max}、J_{min}、J_{max}，计算加加速度 j_k，再进行积分，可进一步求得加速度 a_k、速度 v_k、位移 s_k。随着 T_s 的增大积分误差随之增大，为了减小几个积分误差，可以通过对 T_s 进行细分来提高计算精度。即：以周期 $T_s^* = \dfrac{T_s}{N}(N \geqslant 1)$ 进行积分运算，减小计算周期，提高积分精度。

其中，S 为规划位移（$S \geqslant 0$），t_k 为当前时刻（$t_k \geqslant 0$），s_k 为当前位移（$0 \leqslant s_k \leqslant S$），$v_k$ 为当前速度，a_k 为当前加速度，j_k 为当前加加速度，T_s 为插补周期，v_s 为起始规划速度（$v_s \geqslant 0$），v_e 为终止规划速度（$v_e \geqslant 0$），a_s 为起始规划加速度（$A_{min} \leqslant a_s \leqslant A_{max}$），$a_e$ 为终止规划加速度（$A_{min} \leqslant a_e \leqslant A_{max}$），$V_{min}$ 为最小允许速度（$V_{min} \leqslant 0$），V_{max} 为最大允许速度（$V_{max} \geqslant 0$），A_{min} 为最小允许加速度（$A_{min} \leqslant 0$），A_{max} 为最大允许加速度（$A_{max} \geqslant 0$），J_{min} 为最小允许加

加速度（ $J_{min} \leqslant 0$ ），J_{max} 为最大允许加加速度（ $J_{max} \geqslant 0$ ）。

2. 加加速度计算

该规划算法中 V_{max} 并不严格指最大允许速度，允许 $v_k > V_{max}$ 的情况出现，V_{max} 实际上是指匀速运动的速度。整个规划过程分为两部分：匀速运动前及匀速运动的开始运动段和匀速运动后的停止运动段。

1）第一段：匀速运动前及匀速运动的开始运动段

该段存在两种情况，$v_s \leqslant V_{max}$ 和 $v_s > V_{max}$ 两种情况

当 $v_s \leqslant V_{max}$ 时，为加速过程。需要注意的是，在 $a_s < 0$ 时，为先减速运动再加速运动，这里通常为加速过程。如图 5.9 和图 5.10 所示。

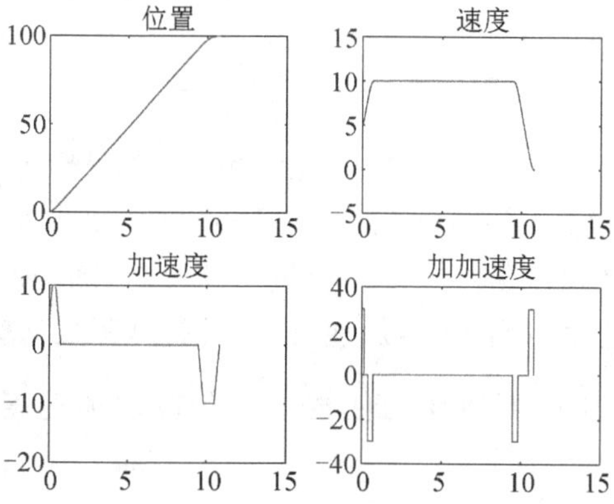

图 5.9　$v_s \leqslant V_{max}$ ，$a_s > 0$ 的规划曲线

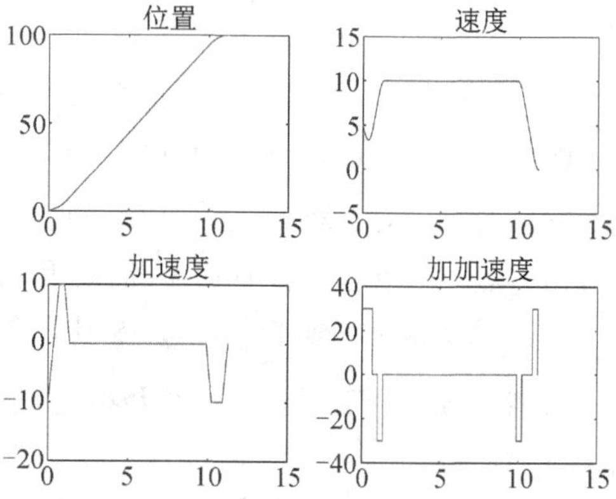

图 5.10　$v_s \leqslant V_{max}$ ，$a_s < 0$ 的规划曲线

在加速过程前期，加加速度 j_k 应保持最大值 J_{max} ，加速度 a_k 不断增大，直到加速度 a_k 达到最大值 A_{max} ，加加速度 j_k 保持 0，加速度 a_k 维持最大值不变。在接近匀速段时，加加速度 j_k 应保持最小值 J_{min} ，直到加速度 a_k 达到 0，加加速度 j_k 保持 0，加速度 a_k 维持 0 不变，速度维持 V_{max} 不变。$v_k - \frac{a_k^2}{2J_{min}}$ 与 a_k 的大小是判断加加速度切换的依据。该阶段加加速度表达式如下：

$$j_k = \begin{cases} J_{max} & v_k - \frac{a_k^2}{2J_{min}} < V_{max} \text{ 和 } a_k < A_{max} \\ 0 & v_k - \frac{a_k^2}{2J_{min}} < V_{max} \text{ 和 } a_k \geqslant A_{max} \\ J_{min} & v_k - \frac{a_k^2}{2J_{min}} \geqslant V_{max} \text{ 和 } a_k > 0 \\ 0 & v_k - \frac{a_k^2}{2J_{min}} \geqslant V_{max} \text{ 和 } a_k \leqslant 0 \end{cases} \tag{5.27}$$

式中：$v_k - \frac{a_k^2}{2J_{min}} < V_{max}$ 和 $a_k < A_{max}$ 为加加速段，$v_k - \frac{a_k^2}{2J_{min}} < V_{max}$ 和 $a_k \geqslant A_{max}$ 为匀加速段，使用 $a_k \geqslant A_{max}$ 而不使用 $a_k = A_{max}$ 是考虑可能产生计算误差；$v_k - \frac{a_k^2}{2J_{min}} \geqslant V_{max}$ 和 $a_k > 0$ 为减加速段，$v_k - \frac{a_k^2}{2J_{min}} \geqslant V_{max}$ 和 $a_k \leqslant 0$ 为匀速段，使用 $a_k \leqslant 0$ 而不使用 $a_k = 0$ 是考虑可能产

生计算误差。由于规划条件的不同,某些段可能不会出现。

当 $v_s > V_{max}$ 时,为减速过程。需要注意的是,在 $a_s > 0$ 时,为先加速运动再减速运动。如图 5.11 和图 5.12 所示。

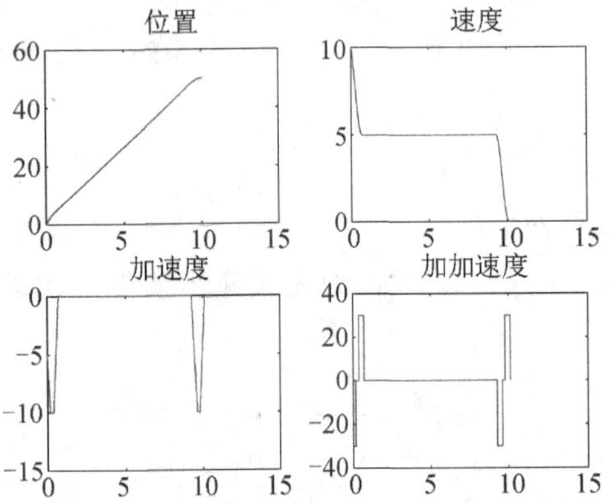

图 5.11　$v_s > V_{max}$, $a_s < 0$ 规划曲线

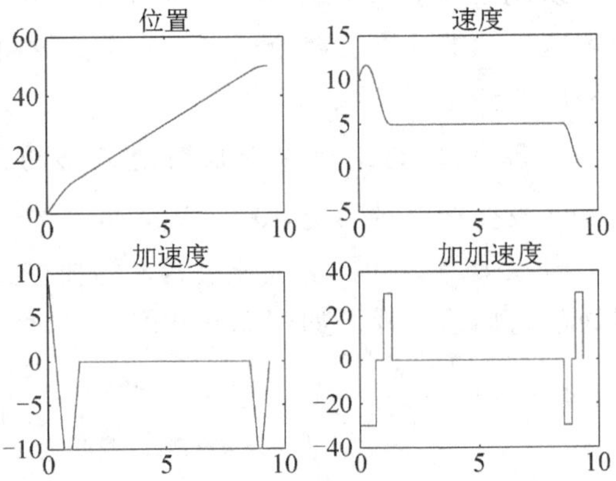

图 5.12　$v_s > V_{max}$, $a_s > 0$ 规划曲线

在减速过程前期,加加速度 j_k 应保持最小值 J_{min} ,加速度 a_k 不断减小,直到加速度 a_k 达到最小值 A_{min} ,加加速度 j_k 保持 0,加速度 a_k 维持最小值不变。在接近匀速段时,加加速度 j_k 应保持最大值 J_{max} ,直到加速度 a_k 达到 0,加加速度 j_k 保持 0,加速度 a_k 维持 0 不变,速度维持 V_{max} 不变。$v_k - \frac{a_k^2}{2J_{max}}$ 与 a_k 的大小是判断加加速度切换的依据。该阶段加加速度表达式如下:

$$j_k = \begin{cases} J_{min} & v_k - \frac{a_k^2}{2J_{max}} > V_{max} \text{ 和 } a_k > A_{min} \\ 0 & v_k - \frac{a_k^2}{2J_{max}} > V_{max} \text{ 和 } a_k \leqslant A_{min} \\ J_{max} & v_k - \frac{a_k^2}{2J_{max}} \leqslant V_{max} \text{ 和 } a_k < 0 \\ 0 & v_k - \frac{a_k^2}{2J_{max}} \leqslant V_{max} \text{ 和 } a_k \geqslant 0 \end{cases} \tag{5.28}$$

式中:$v_k - \frac{a_k^2}{2J_{max}} > V_{max}$ 和 $a_k > A_{min}$ 为加减速度段,$v_k - \frac{a_k^2}{2J_{max}} > V_{max}$ 和 $a_k \leqslant A_{min}$ 为匀减速段,使用 $a_k \leqslant A_{min}$ 而不使用 $a_k = A_{min}$ 是考虑可能产生计算误差;$v_k - \frac{a_k^2}{2J_{max}} \leqslant V_{max}$ 和 $a_k < 0$ 为减减速段,$v_k - \frac{a_k^2}{2J_{max}} \leqslant V_{max}$ 和 $a_k \geqslant 0$ 为匀速段,使用 $a_k \geqslant 0$ 而不使用 $a_k = 0$ 是考虑可能产生计算误差。由于规划条件的不同,某些段可能不再出现。

2)第二段:匀速运动后的停止段

考虑到停止速度可能非零,最终可能以减速形式停止,也可能以加速形式停止。如图 5.13 和图 5.14 所示。

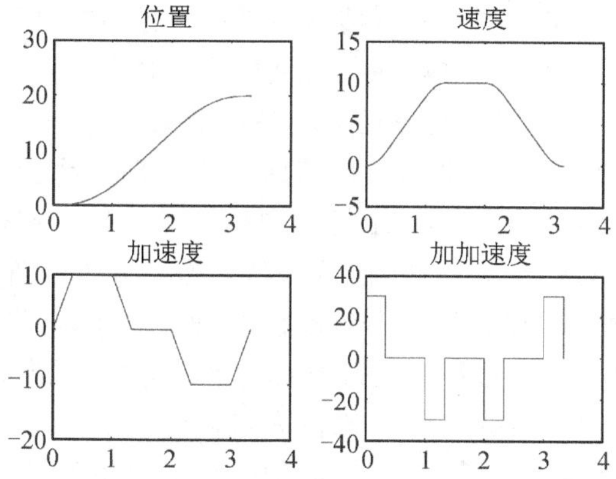

图 5.13　减速停止曲线图

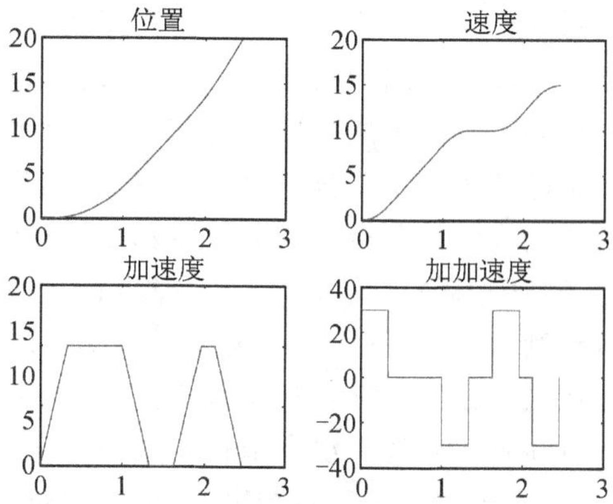

图 5.14　加速停止曲线图

以减速形式停止还是以加速形式停止，取决于 v_k、$V_{\max}$ 及 v_e 的情况。是否进入停止段，取决于停止段位移 h_k 与 $S-s_k$ 的关系。当 $h_k \geqslant S-s_k$ 时，进入匀速运动后的停止段，否则为匀速运动前及匀速运动。

减速停止阶段可分为三个阶段：加减速阶段、匀减速阶段和减减速阶段。对应的时间段分别为 T_{j2a}、T_{j2c}、T_{j2b}，总减速时间为 $T_{\mathrm{d}}=T_{\mathrm{j2a}}+T_{\mathrm{j2c}}+T_{\mathrm{j2b}}$。如果 $T_{\mathrm{j2c}}=T_{\mathrm{d}}-(T_{\mathrm{j2a}}+T_{\mathrm{j2b}})\geqslant 0$，存在匀减速段，如果 $T_{\mathrm{j2c}}=T_{\mathrm{d}}-(T_{\mathrm{j2a}}+T_{\mathrm{j2b}})<0$，无匀减速段。该阶段加加速度表达式如下：

$$j_k=\begin{cases}J_{\min} & 0\leqslant t_k-t_{\mathrm{h}}<T_{\mathrm{j2a}}\\ 0 & T_{\mathrm{j2a}}\leqslant t_k-t_{\mathrm{h}}<T_{\mathrm{d}}-T_{\mathrm{j2b}}\\ J_{\max} & T_{\mathrm{d}}-T_{\mathrm{j2b}}\leqslant t_k-t_{\mathrm{h}}\leqslant T_{\mathrm{d}}\end{cases} \tag{5.29}$$

式中：t_{h} 为该段的起始时刻。

加速停止阶段可分为三个阶段：加加速阶段、匀加速阶段和减加速阶段。对应的时间段分别为：T_{j2a}、T_{j2c}、T_{j2b}，总加速时间为 $T_{\mathrm{d}}=T_{\mathrm{j2a}}+T_{\mathrm{j2c}}+T_{\mathrm{j2b}}$。如果 $T_{\mathrm{j2c}}=T_{\mathrm{d}}-(T_{\mathrm{j2a}}+T_{\mathrm{j2b}})\geqslant 0$，存在匀加速段，如果 $T_{\mathrm{j2c}}=T_{\mathrm{d}}-(T_{\mathrm{j2a}}+T_{\mathrm{j2b}})<0$，无匀加速段。该阶段加加速度表达式如下：

$$j_k=\begin{cases}J_{\max} & 0\leqslant t_k-t_{\mathrm{h}}<T_{\mathrm{j2a}}\\ 0 & T_{\mathrm{j2a}}\leqslant t_k-t_{\mathrm{h}}<T_{\mathrm{d}}-T_{\mathrm{j2b}}\\ J_{\min} & T_{\mathrm{d}}-T_{\mathrm{j2b}}\leqslant t_k-t_{\mathrm{h}}\leqslant T_{\mathrm{d}}\end{cases} \tag{5.30}$$

式中：t_{h} 为该段的起始时刻。

5.4　移动机器人的路径规划

根据移动机器人所处的环境，路径规划可以分为室内路径规划和室外路径规划。根据环境中障碍物的运动状态，可分为静态路径规划和动态路径规划；根据环境信息是否已知，可分为全局路径规划和局部路径规划。

5.4.1　路径规划的基本概念

全局路径规划是移动机器人在周围环境信息已知的情况下，根据给定的规则规划出最优路径，其理论已经研究得相当完善，但是需要知道环境的先验地图，计算量很大，且未考虑实时性。移动机器人在可能存在动态障碍物、环境信息未知的情况下搜索出最优路径，它主要关注机器人当前位置周围的局部信息，通过传感器数据进行在线规划。与全局路径规划相比，局部路径规划不仅要考虑机器人的安全，还要考虑实时性，具有更强的环境适应能力。

路径规划的主要步骤包括环境建模、路径搜索和路径平滑。环境建模是从现实物理空间到算法处理的抽象空间的映射表示。常用建模方法有栅格法、几何法和拓扑图法等。栅格法类似于矩阵，栅格数据表示有无障碍物。该方法易创建和维护，但分辨率和数据量互相制约。几何法利用几何特征表示，需要对感知信息作额外处理。拓扑图将前面两种方法结果用拓扑法连接成一个图。路径搜索包括搜索、光滑过程。搜索过程通过某种优化算法，生成机器人运动节点序列。路径平滑即依据机器人运动学或动力学约束形成机器人可跟踪执行的运动轨迹；若考虑机器人运动学约束，则路径轨迹的一阶导数应连续。如果考虑动力学约束，则路径轨迹的二阶导数应连续。

路径规划常用的是图方法。荷兰学者艾滋格·迪科斯彻(E. W. Dijkstra)提出了 Dijkstra 算法。此算法一经提出便成为经典的求解最优路径算法。该算法主要特征是每一次迭代时选择的节点间路径都是当前最短的，通过保证每一步都是最短路径从而得到最终寻找到的路径最短即全局最优解。但此算法需要重复迭代计算，计算时间长，地图增大后运行内存消耗大，不利于大环境下实时运行。哈特(P. E. Hart)等人在 Dijkstra 算法基础上提出了 A* 算法。A* 算法通过定义启发式搜索规则来衡量实时搜索位置和目标位置间的距离关系，优先向目标位置方向进行路径搜索，提高了路径搜索速度，弥补了 Dijkstra 算法的不足。A* 算法也能得到全局最优，在路径规划中应用广泛。

1986 年奥萨玛·哈提卜(O. Khatib)提出了人工势场法。通过引入引力场中的概念，给障碍物赋予排斥力，目标位置赋予吸引力，通过吸引力与排斥力的合力来作为机器人的加速力，从而控制机器人的姿态和速度。该算法得到的路径具有安全平滑的优点，但当机器人受到的吸引力和排斥力相等时存在局部最优情况，且目标点附近有障碍物时，无法到达目标点。

为了解决高维空间中的路径规划问题，斯蒂文·拉瓦勒(Steven M. LaValle)和詹姆斯·库夫纳(James J. Kuffner Jr.)提出了快速扩展随机树(rapidly-exploring random trees, RRT)算法。该算法通过在工作空间内随机采样并用随机树进行扩展的方式生成路径。与其他规划算法相比，RRT 搜索算法不仅非常适用于解决高维问题，而且在采样过程中也不依赖于精确的环境模型。这种优势使得 RRT 算法在近年来受到了国内外研究者的关注。

强化学习作为一种热门的机器学习方法，在移动机器人路径规划问题中受到越来越多的关注和应用。它是一种从环境状态到动作映射的学习方法，通过机器人与外部环境不断地交互进行试错学习，获取周围的环境信息，并利用学习经验优化机器人的动作策略。

5.4.2　基于 RRT 算法的机器人轨迹规划

RRT 算法是一种基于随机采样的算法，它的特性是会向还未采样的区域进行扩展，直到采样结束或寻到路径。它从起始点开始向外拓展出一棵随机树，而随机树的拓展方向并不固定，可通过在构型空间内的随机采样点来确定。RRT 算法探索未知区域能力强且不需要对空间进行预处理，所以在路径规划领域得到了广泛的应用。

RRT 算法中一个非常重要的概念就是构型空间。对于串联机械臂来说，它的构型空间是指空间中机械臂能够到达的所有位姿组成的集合。构型空间定义为 C-Space，简记为 **C**。构型

空间 **C** 由两个区域构成：一个是障碍区域，记为 $\boldsymbol{q}_{\mathrm{obs}} \in \mathbf{C}$，该区域由障碍物构成，随机树的节点无法在该区域内产生，路径也无法通过该区域；另一个是自由区域 $\boldsymbol{q}_{\mathrm{free}}$，即构型空间中的非障碍区。基本的 RRT 树生长过程如图 5.15 所示，$\boldsymbol{q}_{\mathrm{init}}$ 表示初始状态；$\boldsymbol{q}_{\mathrm{near}}$ 表示相邻状态；$\boldsymbol{q}_{\mathrm{new}}$ 为新扩展的状态，$\boldsymbol{q}_{\mathrm{rand}}$ 为随机点。

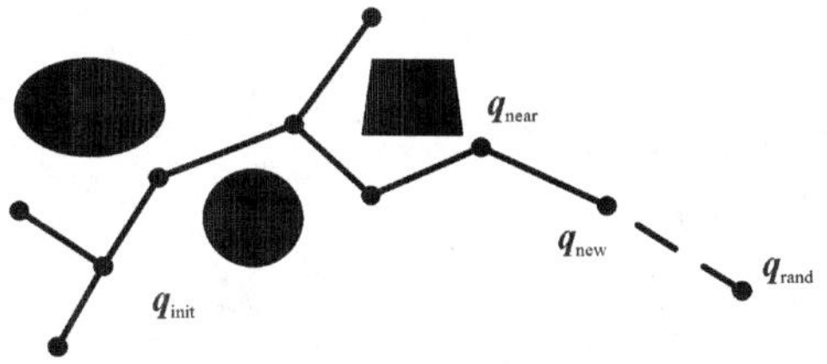

图 5.15　RRT 树生长过程

基本 RRT 算法步骤如下：

(1) 给定一初始状态 $\boldsymbol{q}_{\mathrm{init}}$，在 $\boldsymbol{q}_{\mathrm{free}}$ 中产生一个随机点 $\boldsymbol{q}_{\mathrm{rand}}$。令 $\boldsymbol{q}_{\mathrm{rand}}$ 为每次扩展 RRT 时在 $\boldsymbol{q}_{\mathrm{free}}$ 中随机选取的点，即 $\boldsymbol{q}_{\mathrm{rand}} \in \boldsymbol{q}_{\mathrm{free}}$。RRT 算法中用 RANDOM_STATE 函数来选取空间随机点。

RANDOM 函数表示生成(0，1)之间的随机数，RANDOM_STATE 函数表示用 RANDOM函数乘上状态空间的大小，这样 RANDOM_STATE 函数就可以表示为在状态空间内生成的一个随机状态。

(2)遍历当前 RRT 树，寻找所有节点中与 $\boldsymbol{q}_{\mathrm{rand}}$ 距离最近的点，并命名为 $\boldsymbol{q}_{\mathrm{near}}$。NEAREST_NEIGHBOR 函数的功能是寻找随机数内距离 $\boldsymbol{q}_{\mathrm{rand}}$ 最近的点 $\boldsymbol{q}_{\mathrm{near}}$，一般由欧氏距离计算，其表达式为

$$d_i = \min(\| \boldsymbol{q}_{\mathrm{rand}} - \boldsymbol{q}_i \|), i = 0,1,2,\cdots,n \tag{5.31}$$

根据 d_i 值来找 $\boldsymbol{q}_{\mathrm{near}}$，其中 q_i 为随机树中已经加入的状态点，n 为随机树中的状态点数量，d 为随机点和随机树内点的最小距离。

(3) $\boldsymbol{q}_{\mathrm{new}}$ 为每次新增加的扩展节点。在 $\boldsymbol{q}_{\mathrm{near}}$ 指向 $\boldsymbol{q}_{\mathrm{rand}}$ 的方向上以一定步长生成 $\boldsymbol{q}_{\mathrm{new}}$，若 $\boldsymbol{q}_{\mathrm{new}}$ 到 $\boldsymbol{q}_{\mathrm{near}}$ 之间的连线没有碰到障碍物，则将 $\boldsymbol{q}_{\mathrm{new}}$ 加入到随机树中，若碰到障碍物，则返回步骤(1)。

在这一步骤中，确定 $\boldsymbol{q}_{\mathrm{new}}$ 的方法为：对于非完整系统 $\dot{\boldsymbol{q}} = f(\boldsymbol{q},\boldsymbol{u})$，其中向量 $\boldsymbol{u}$ 可以是设定值也可以是输入值。对 $\boldsymbol{u}$ 在一个固定时间 Δt 内做积分，再根据 $\boldsymbol{q}_{\mathrm{near}}$ 的位置，即可确定 $\boldsymbol{q}_{\mathrm{new}}$ 的位置。使用欧氏积分，可得 $\boldsymbol{q}_{\mathrm{new}}$ 的表达式为

$$\boldsymbol{q}_{\mathrm{new}} = \boldsymbol{q}_{\mathrm{near}} + f(\boldsymbol{q},\boldsymbol{u})\Delta t \tag{5.32}$$

对于完整的系统来说，一般选择 $f(\boldsymbol{q},\boldsymbol{u}) = \boldsymbol{u}$，则公式可表示为

$$\boldsymbol{q}_{\mathrm{new}} = \boldsymbol{q}_{\mathrm{near}} + \boldsymbol{u}\Delta t \tag{5.33}$$

上述 $f(\boldsymbol{q},\boldsymbol{u})\Delta t$ 的实质也就是在 $\boldsymbol{q}_{\mathrm{near}}$ 到 $\boldsymbol{q}_{\mathrm{rand}}$ 方向按一定的步长 P 截取一段距离，所以要求新节点 $\boldsymbol{q}_{\mathrm{new}}$ 的方式也可以来表示为

$$\boldsymbol{q}_{\mathrm{new}} = \boldsymbol{q}_{\mathrm{near}} + P \times \frac{(\boldsymbol{q}_{\mathrm{rand}} - \boldsymbol{q}_{\mathrm{near}})}{\| \boldsymbol{q}_{\mathrm{rand}} - \boldsymbol{q}_{\mathrm{near}} \|} \tag{5.34}$$

若 $\boldsymbol{q}_{\mathrm{new}}$ 等于 $\boldsymbol{q}_{\mathrm{goal}}$ 或 $\boldsymbol{q}_{\mathrm{new}}$ 进入目标区域 $\boldsymbol{q}_{\mathrm{goal}} \in \mathbf{X}$，即 $\| \boldsymbol{q}_{\mathrm{new}} - \boldsymbol{q}_{\mathrm{goal}} \| \leqslant \varepsilon$，则算法结束，并生成轨迹；若没有，则返回步骤(1)。

基本 RRT 算法的伪代码如下：

Basic RRT Algorithm

```
GENERATE_RRT (q_init , K , Δt);
T. int (q_init);
for k = 1 to K do
        q_rand ← RANDOM_STATE();
        q_near ← NEAREST_NEIGHBOR(q_rand , T);
        u ← SELECT_INPUT(q_rand , q_near);
        q_new ← NEW_STATE(q_near , u, Δt);
        if success
            T. Add_Vertex(q_new);
            T. Add_Edge(q_near , q_new , u);
        end if
endfor
Return T
```

其算法流程如图 5.16 所示。

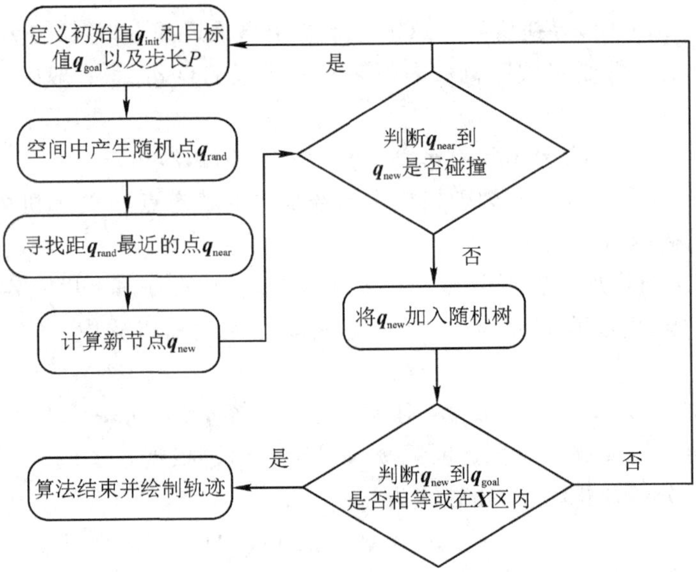

图 5.16 RRT 树算法流程图

RRT 算法虽然有明显优势，但是其本身也存在缺陷：①RRT 算法采用全局的均匀随机采样策略，扩展方式过于平均而且会导致算法耗费较大，使得收敛速度慢；②算法的随机性会导致生成的路径不平滑，可能在实际应用中根本无法使用。

针对其算法耗费较大，收敛速度慢以及路径不平滑等特点，可将人工势场法思想融入 RRT 算法中，用于指导随机树生长方向，同时引入平滑算法使得移动路径平滑。人工势场法的引入是为了引导随机点的选择，使其具有一定方向性，加快收敛速度。

人工势场可由如下公式表示，其中 $U_{att}(p)$ 为引力场，$U_{rep}(p)$ 为斥力场，p 为当前 RRT 一末端点：

$$U_{att}(p)=\frac{1}{2}K_a\rho_g^2(p) \tag{5.35a}$$

$$U_{rep}(p)=\begin{cases}\frac{1}{2}K_r\left(\frac{1}{\rho(p)}-\frac{1}{\rho_0}\right) & \rho(p)\leqslant\rho_0\\ 0 & \rho(p)>\rho_0\end{cases} \tag{5.35b}$$

$$U_{total}=\sum U_{rep}+\sum U_{att} \tag{5.35c}$$

式中：K_a 为引力场增益系数，K_r 为为斥力场增益系数。设 ρ_0 表示 p 到威胁范围的最大安全距离，$\rho(p)$ 和 $\rho_g(p)$ 分别表示点 p 与目标点和最近威胁中心的欧氏距离。引力和斥力的大小分别是引力场函数和斥力场函数的负梯度，得到下式：

$$F_{att}(p)=K_a\rho_g(p) \tag{5.36a}$$

$$F_{rep}(p)=\begin{cases}K_r\left[\frac{1}{\rho(P)}-\frac{1}{\rho_0}\right]\frac{\partial P(p)}{\rho^2(P)\partial X} & \rho(P)\leqslant\rho_0\\ 0 & \rho(P)>\rho_0\end{cases} \tag{5.36b}$$

$$F_{total}=\sum F_{rep}+\sum F_{att} \tag{5.36c}$$

该方法主要作用于基本 RRT 算法的第一步，改动如下：给定一初始状态 $\boldsymbol{q}_{init}$，在 $\boldsymbol{q}_{free}$ 中根据人工势场法的引力场产生一个随机点 $\boldsymbol{q}_{rand}$，通过引力场的力控制随机点选取的方向。令 $\boldsymbol{q}_{rand}$ 为每次扩展 RRT 时在 $\boldsymbol{q}_{free}$ 中根据引力场选取的随机点，即 $\boldsymbol{q}_{rand}\in\boldsymbol{q}_{free}$。RRT 改进算法中用 GRAVI_RANDOM_STATE 函数来选取该点。RANDOM 函数是生成(0,1)之间的随机数，GRAVI_RANDOM_STATE 函数用 RANDOM 函数与状态空间的大小相乘并加上引力场得到的方向向量，这样 GRAVI_RANDOM_STATE 函数就可以表示为在状态空间内生成的一个具有一定方向性的随机状态。

5.4.3　基于强化学习的机器人路径规划

强化学习的基本思想与动物界学习中的“试错法”思路极为相似，即要求智能体通过与环境的试错交互来进行学习，同时利用环境对所执行动作的评价性反馈信号来优化动作策略以完成学习任务，其基本模型如图 5.17 所示。

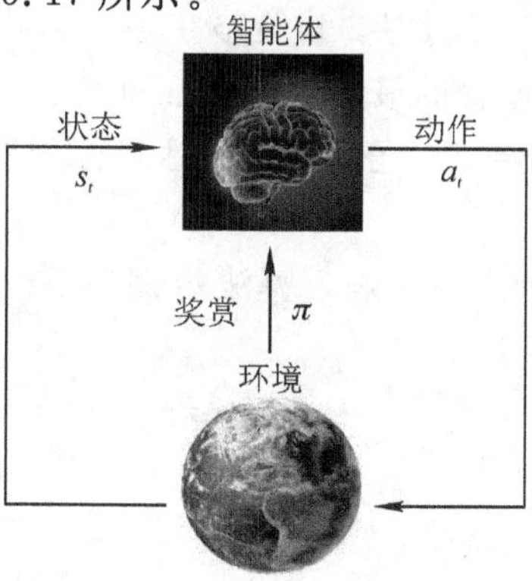

图 5.17　强化学习基本模型

智能体在完成某项任务时，首先通过动作与周围环境进行交互，在动作的作用下，环境会产生新的状态，同时环境会给出一个立即奖赏。强化学习算法利用产生的数据修改自身的动作策略，再与环境交互，产生新的数据，并利用新的数据进一步改善自身的动作，如此循环下去，智能体与环境不断地交互，从而产生很多数据。经过多次迭代学习后，智能体能最终学到完成相应任务的最优动作。

1. Q-learning 算法原理

Q-learning 算法是一种无模型的策略强化学习算法，它将动态规划的基本理论与学习心理学的有关机理相互结合，可用来求解具有延迟奖赏的序贯决策问题。Q-learning 算法已被应用于机器人领域。

Q-learning 算法在学习过程中使用状态-动作对的奖赏 $Q(s_t,a_t)$ 作为评价函数，智能体在每一次更新时都要考察每一个动作，这样可以确保学习过程能够收敛。$Q(s_t,a_t)$ 函数是在状态 s_t 时执行动作 a_t 的评价函数，具体公式为

$$Q(s_t,a_t)=r_t+\gamma\max_{a\in A}Q(s_{t+1},a) \tag{5.37}$$

式中：r_t 是在状态 s_t 时执行动作 a_t 到达状态 s_{t+1} 时得到的立即奖赏，$\gamma\max\limits_{a\in A}Q(s_{t+1},a)$ 是状态 s_{t+1} 时累积奖赏的估计值，a 为状态 s_{t+1} 时所有可执行的动作。

最优策略 π^* 为在 s_t 状态下选用 Q 值最大的动作，式(5.37)只有在得到最优策略 π^* 的前提下才成立，而在学习阶段两边误差为

$$\Delta Q(s_t,a_t)=r_{t+1}+\gamma\max_{a\in A}Q(s_{t+1},a)-Q(s_t,a_t) \tag{5.38}$$

更新规则为

$$Q(s_t,a_t)\leftarrow Q(s_t,a_t)+\alpha\Delta Q(s_t,a_t) \tag{5.39a}$$

$$Q(s_t,a_t)\leftarrow Q(s_t,a_t)+\alpha[r_t+\gamma\max_{a\in A}Q(s_{t+1},a)-Q(s_t,a_t)] \tag{5.39b}$$

$$Q(s_t,a_t)\leftarrow (1-\alpha)Q(s_t,a_t)+\alpha[r_t+\gamma\max_{a\in A}Q(s_{t+1},a)] \tag{5.39c}$$

式中：α 为学习率(或学习步长)，它控制着学习的速度，α 越大则收敛越快，保留之前训练的效果就越少，但过大的 α 可能引起收敛不成熟：$\gamma\in[0,1]$ 为折扣因子，决定了未来奖赏值的重要性，γ 趋于 0 表示 Agent 主要考虑立即奖赏，而趋于 1 表示 Agent 主要考虑未来奖赏。

Q-learning 算法应用于移动机器人路径规划时，首先需要进行多次试验，得到收敛的 $Q(s,a)$ 表，待 $Q(s,a)$ 表收敛后，再利用贪婪策略在每一个状态选择具有最大 $Q(s,a)$ 值的动作，从而得到从起始位置到目标位置的最优路径。在训练过程中每一次从起始位置开始到满足终止条件即为一次试验。终止条件一般为：①到达目标位置；②满足每一次试验中指定的最大运动步数；③碰到障碍物(可选)。

基于 Q-learning 的移动机器人路径规划算法步骤如下：

步骤 1：训练得到 $Q(s,a)$ 表。

(1) 初始化各个参数。

(2) 初始化 $Q(s,a)=0$。

(3) 给定试验次数，对每一次试验：

①将起始位置设为初始状态 s_0 。

②若满足终止条件，本次试验结束，否则循环执行以下步骤：

a. 在当前状态 s 根据动作选择策略选取一个动作 a ;

b. 执行选定的动作 a 后，得到立即奖赏 r，进入下一个状态 s';

c. 依据更新规则更新 $Q(s,a)$;

d. 将下一个状态设置为当前状态，即令 $s = s'$。

步骤 2：利用收敛的 $Q(s,a)$ 表，得到最优路径。

(1) 将起始位置 s_0 设置为当前状态，即令 $s = s_0$。

(2) 在当前状态找到具有最大 $Q(s,a)$ 值的动作 a，即满足 $a = \arg\max\limits_{a_i \in A} Q(s,a_i)$。

(3) 执行动作 a 后，将下一个状态 s'设置为当前状态 $s = s'$。

(4) 重复执行步骤(2)和(3)，直到当前状态为目标位置。

2. 基于深度强化学习的移动机器人路径规划算法

为了使移动机器人从原始视觉感知数据中直接获得最优动作，中间无需任何人工提取特征和特征匹配过程，下面介绍基于深度强化学习的移动机器人路径规划算法。其基本思想是：当移动机器人进行路径规划时，机器人首先通过环境感知获取所观察到的当前环境状态；其次将该环境状态作为深度 Q 网络(deep Q-network，DQN)的输入，网络输出即为机器人每个可能的动作所对应的 Q 值；然后机器人根据动作选择策略确定出机器人应执行的动作；最后移动机器人执行该动作后，场景图像发生变化并观察到新的环境状态，同时环境返回给机器人一个立即奖赏以对执行的动作进行评价。

1) 算法框图

基于深度强化学习的移动机器人路径规划算法的整体框架如图 5.18 所示，它主要包含三个模块：环境感知、值函数获取、动作选择。

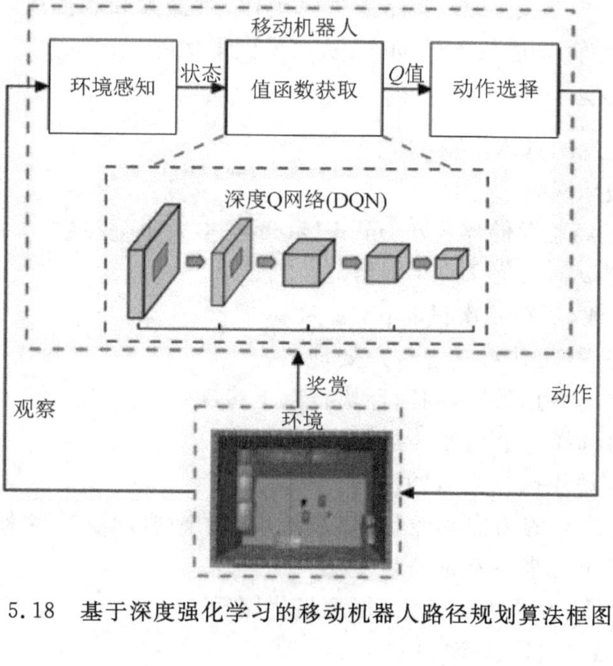

图 5.18　基于深度强化学习的移动机器人路径规划算法框图

各模块的功能及实现方法如下：

(1)环境感知。为了减小后续图像操作的计算量，该模块采用灰度化和降采样两种基本处理方式来降低图像的维度。输入原始 RGB 图像，经过灰度化和降采样预处理后，堆叠最近的 4 帧图像作为当前的环境状态，输出即为当前状态。

(2)值函数获取。该模块利用 DQN 网络来获得状态-动作值函数 $Q(s,a)$，输入是经过预处理的最近的 4 帧图像(环境状态)，输出是机器人每个可能的动作对应的 Q 值。

采用 DQN 网络是把无模型 Q-learning 方法与卷积特征提取结构相结合，利用卷积神经网络来逼近 Q-learning 的动作值函数，$Q(s,a)$ 值表的迭代更新就等价于网络参数的迭代更新。设计的 DQN 网络架构如表 5.1 所示，它使用 2 个卷积层(Conv1，Conv2)进行图像的特征提取，2 个全连接层(f_{c1}，f_{c2})进行策略学习，并且为了增加非线性以便更好地进行数据拟合，除了最后一个全连接层(f_{c2})使用线性函数外，其余的卷积层和全连接层都使用修正线性单元激活函数。

表 5.1　DQN 网络架构

层	输入	卷积核大小	步长	特征图数量	激活函数	输出
Conv1	40×40×4	3×3	2	8	ReLU	19×19×8
Conv2	19×19×8	3×3	2	16	ReLU	9×9×16
f_{c1}	9×9×16	/	/	128	ReLU	128
f_{c2}	128	/	/	actions_num	Linear	actions_num

(3)动作选择。该模块是根据动作选择策略选择出移动机器人要执行的动作，输入是 3 个可能的动作(即左转、右转、前进)所对应的 Q 值，输出是移动机器人要执行的动作。在 DQN 网络训练期间采用贪婪(ε-greedy)策略来选择动作，对探索和利用进行平衡。网络训练完成后，根据贪婪策略选择使 Q 值最大的动作，从而得到最优路径。

2)算法实现的步骤

路径规划算法实现的具体步骤如下。

步骤 1：训练 DQN 网络。

(1) 初始化 γ、ε，经验存储器大小，mini-batch 样本大小等参数。

(2) 以随机权重 w 初始化 DQN 网络。

(3) 设置试验次数，对每一次试验：

①获取起始状态图像，并对其进行预处理。

②若未满足试验的终止条件，则循环执行以下步骤：

a. 利用贪婪策略选择一个动作并执行；

b. 获得奖赏以及动作执行之后的图像；

c. 存储动作执行之后的图像到经验存储器，并从中随机选取样本来训练网络；

d. 通过随机梯度下降来更新网络权重。

步骤 2：利用训练好的深度 Q 网络，得到最优路径。

(1) 观察环境，感知初始状态，并设为当前状态：$s=s_0$。

(2) 在当前状态选择具有最大 Q 值的动作，即动作 a 满足 $Q(s,a)=\max\limits_{a'}\{Q(s,a')\}$。

(3) 执行动作 a，获得下一个状态 s'。

(4) 更新当前状态 $s=s'$，判断是否为目标状态。若是，则找到最优路径；否则，重复执行步骤(2)和步骤(3)。

5.5　本章小结

本章主要讨论了机器人轨迹规划问题，介绍了常用的轨迹规划原理和具体算法。关节空间轨迹插值在不同的约束条件下有不同的方法，分为三次多项式插值、过路径点的三次多项式插值、高阶多项式插值、用抛物线过渡的线性插值等。讨论了笛卡儿空间中的路径规划方法。针对移动机器人路径规划问题，对全局路径规划和局部路径规划方法进行了介绍，重点讨论了 RRT 算法、强化学习算法。

习题

5.1　平面机械手的两连杆长度均为 1 m，要求从初始位置 $(x_0, y_0)=(1.96, 0.50)$ 移至终止位置 $(x_1, y_1)=(1.00, 0.75)$。初始位置和终止位置的速度和加速度均为 0。试求每一关节的三次多项式的系数。(提示：可把关节轨迹分成几段路径来求解。)

5.2　针对以下两种情况，用 MATLAB 编写一个程序，以建立单关节多项式关节空间轨迹生成方程。对给定的任务输出结果。对于每种情况，给出关节角、角速度、角加速度及角加速度变化率的多项式函数。

(1)三阶多项式。令起始点和终止点的角速度为 0。已知初始点的 $\theta_0=120°$，终止点的 $\theta_f=60°$，$t_f=1$ s。

(2)五阶多项式。令起始点和终止点的角速度和角加速度均为 0。已知初始点的 $\theta_0=120°$，终止点的 $\theta_f=60°$，$t_f=1$ s。把计算结果与(1)加以比较。

5.3　一台单连杆旋转式机械手停在初始位置 $\theta=-5°$ 处，要求在 4 s 内平滑移动它至目标位置 $\Phi=80°$，并实现平滑停车。当路径为混合抛物线的线性轨迹时，试计算此轨迹的相应参数，并画出此关节的位置、速度和加速度随时间变化的曲线。

5.4　图 5.19 为机器人工作的世界模型。要求机器人 Robot 把如图 5.19(a)所示的 3 个箱子 BOX_1、BOX_2 和 BOX_3 移到如图 5.19(b)所示目标位置，试用基于规则的专家系统方法建立本规划，并给出规划序列。

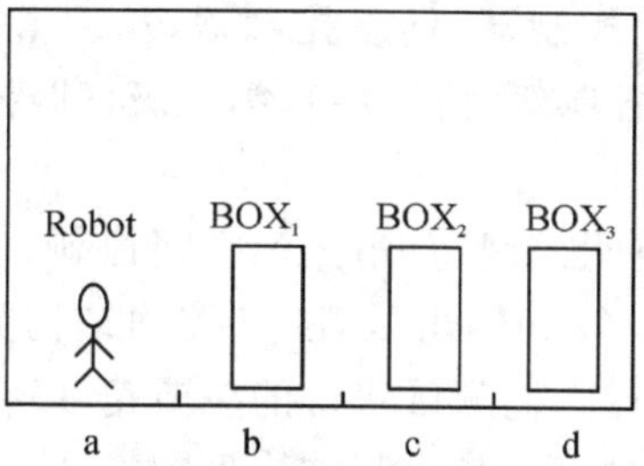

(a) 初始世界模型M0

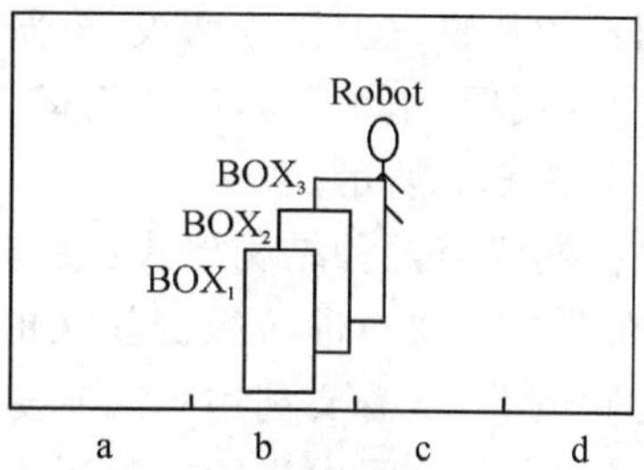

(b) 目标世界模型G0

图 5.19　移动箱子至一处的机器人规划

第6章　机器人控制基础

机器人是多变量、非线性、复杂耦合动态系统，其控制系统的性能是衡量机器人发展水平的重要标志。机器人的典型控制方式有点位控制、连续轨迹控制、速度控制、力（力矩）控制及自主控制等。点位控制可实现机器人运行到期望关键点，而不关注关键点之间的运动轨迹。如点焊、搬运、装配等。轨迹控制需要限定关键点之间的轨迹，要求机器人按指定的直线或圆弧等曲线轨迹运行，如弧焊、喷涂、切割等任务。速度控制要求机器人的行程遵循一定的速度变化曲线。力（力矩）控制要求对末端施加在对象上的力进行控制，如抓放操作、去毛刺等。

机器人常用的控制方法有：传统比例-积分-微分（proportion-integration-differentiation，PID）控制、基于模型的控制、变结构控制、自适应控制、鲁棒控制等。PID控制简单，易于实现，无需建模，但是这类方法难以保证受控机器人具有良好的动态和静态品质。基于模型的控制方法有前馈补偿控制法、计算力矩控制法、最优控制法、非线性反馈控制法等，但在实际工程中很难得到机器人精确的数学模型。变结构控制法通过控制量的切换使系统状态沿着滑模面滑动，由于系统在受到参数摄动和外干扰的时候具有不变性，使得变结构控制方法在机器人控制中得到广泛的应用。自适应控制能够及时修正自己的特性以适应控制对象和外部扰动的动态特性变化，使整个控制系统始终获得满意的性能，其缺点是在线辨识参数所需的计算量很庞大。鲁棒控制可同时补偿结构和非结构不确定性的影响。与自适应控制方法相比，鲁棒控制还有实现简单、对时变参数以及非结构非线性不确定性的影响有更好的补偿效果、更易于保证稳定性等优点。

本章主要讨论机器人的常规控制方法。首先介绍机器人的控制系统结构，然后介绍伺服系统数学模型，在此基础上介绍机器人的位置控制、机器人的力和位置混合控制、机器人变结构控制、自适应控制、基于非线性模型的机器人解耦控制等方法。

6.1　机器人位置控制

机器人控制系统从物理上分为两级：机器人控制器、伺服控制器，从逻辑上一般分为三级（层）：第一级作业控制级（组织层），第二级运动控制级（协调层），第三级伺服控制级（执行层）。机器人控制过程如图6.1所示。

第二级运动控制级有两种结构形式：关节空间控制、直角坐标空间控制。在关节空间控制情况下，可直接在关节空间中进行控制算法的计算和输出处理，其控制结构见图6.2(a)。在直角坐标空间控制情况下，需要利用齐次变换矩阵，把测量获得的关节角度转换为笛卡儿空间位姿数据，然后在笛卡儿空间中进行控制运算和处理，其控制结构见图6.2(b)。

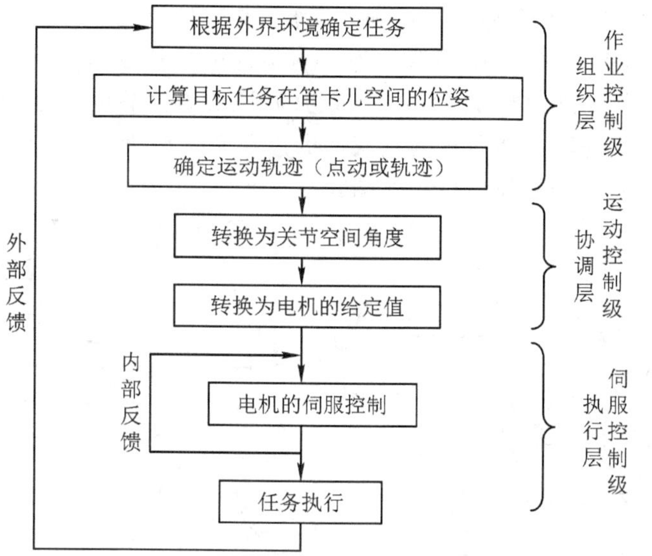

图 6.1 机器人控制过程示意图

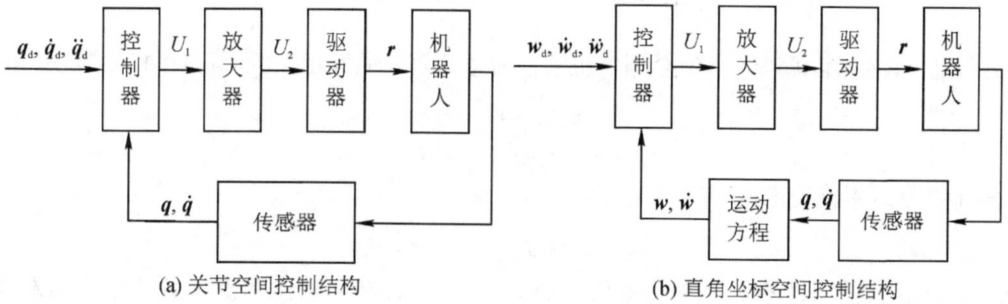

图 6.2 机器人位置控制基本结构

6.1.1 机器人单关节传递函数

机器人伺服驱动有三种基本类型，分别为液压伺服系统、电液伺服系统、电气伺服系统。电气伺服系统原理如图 6.3 所示，驱动器有位置、速度、力矩等模式。当驱动器处于位置模式时，能保证电机跟踪期望的位置，驱动器上层的机器人控制器仅提供期望的位置即可。当驱动器处于力矩模式时，仅能保证电机跟踪期望的力矩；若想确保机器人跟踪期望位置，需要在机器人控制器内实现位置闭环和速度闭环。

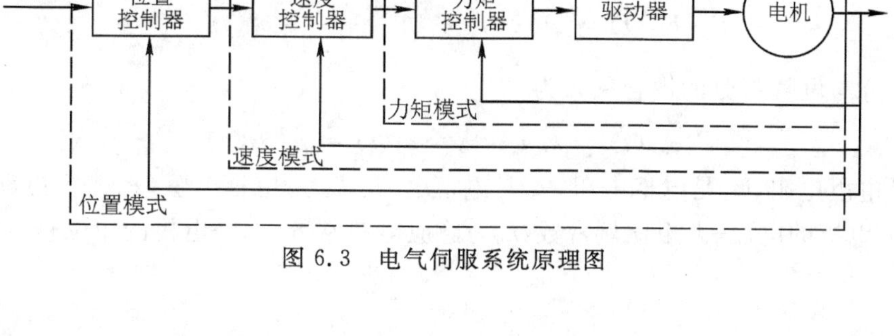

图 6.3 电气伺服系统原理图

机器人使用的电机驱动系统有直流伺服系统和交流伺服系统，近年来交流伺服系统发展迅速。从控制角度而言，电机和驱动器作为控制系统中的控制对象，无论是交流还是直流调速，其作用和原理是类似的。本节以直流电机为例，说明单关节位置控制系统的传递函数。图 6.4 是一个带有减速齿轮和旋转负载的直流电机传动系统原理图，其中图 6.4(a)为机械传动的等效惯量图，图 6.4(b)为直流电机等效图。

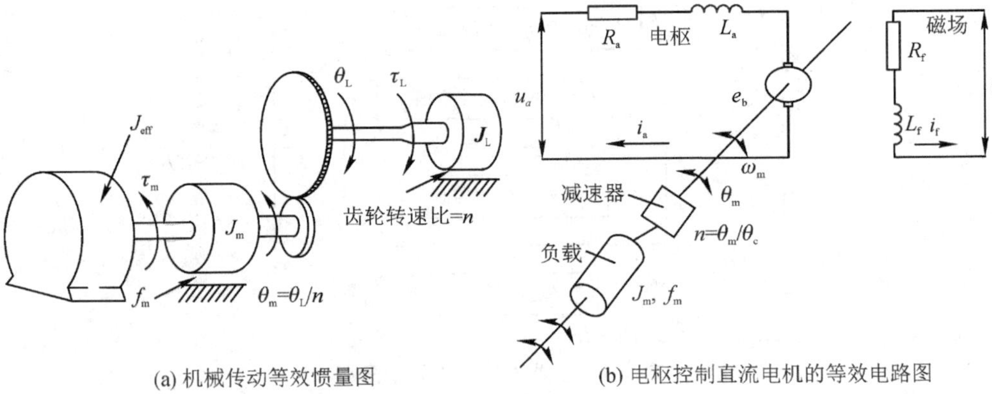

图 6.4　直流电机传动系统原理图

根据以上等效图，可以求出折合到电机轴上的总的等效惯性矩 J_{eff} 和等效摩擦系数 f_{eff}，分别为

$$J_{eff} = J_m + n^2 J_L$$

$$f_{eff} = f_m + n^2 f_L$$

电机的力矩平衡方程为

$$\tau_m(t) = J_{eff}\ddot{\theta}_m + f_{eff}\dot{\theta}_m$$

式中：J_m 为电机轴惯性矩；J_L 为负载轴惯性矩；f_m 为电机轴黏性摩擦系数；f_L 为负载轴黏性摩擦系数；n 为齿轮转速比，通常为小于 1 的常数；τ_m 为电机力矩；θ_m 为电机的角位移。

如果操作臂负载惯性矩 J_L 在 2～8 kg · m^2 变化，电机轴惯性矩 J_m=0.01 kg · m^2，减速比 $n=\frac{1}{40}$，则可求得等效惯性矩的最小值为

$$J_m+n^2J_{Lmin}=(0.01+\frac{1}{40^2}\times 2)\text{kg}\cdot\text{m}^2=0.01125\ \text{kg}\cdot\text{m}^2$$

最大值为

$$J_m+n^2J_{Lmax}=(0.01+\frac{1}{40^2}\times 8)\text{kg}\cdot\text{m}^2=0.015\ \text{kg}\cdot\text{m}^2$$

很显然等效惯性矩减小了。

电气部分的模型由电机电枢绕组内的电压平衡方程来描述：

$$U_a(t) = R_a i_a(t) + L_a\frac{di_a(t)}{dt} + e_b(t) \tag{6.1}$$

机械部分与电气部分的耦合关系为

$$\tau_m(t) = k_a i_a(t),\quad e_b(t) = k_b\dot{\theta}_m(t)$$

式中：R_a 是电枢电阻，U_a 是电枢电压，i_a 是电枢电流，L_a 是电枢电感，e_b 是反电动势，τ_m 是电机力矩，k_a 为电机的电流-力矩比例常数，k_b 为感应电势常数，θ_m 是电机的角位移。

对以上各式进行拉普拉斯变换得

$$\begin{cases} I_a(s)=\dfrac{U_a(s)-u_b(s)}{R_a+sL_a} \\ T(s)=s^2 J_{eff}\,\theta_m(s)+s\,f_{eff}\,\theta_m(s) \\ T(s)=k_a\,I_a(s) \\ U_b(s)=s\,k_b\,\theta_m(s) \end{cases} \tag{6.2}$$

式中：$I_a(s)$ 为 i_a 的拉氏变换对应量，$U_b(s)$ 为 e_b 的拉氏变换对应量，$T(s)$是 τ_m 的拉氏变换对应量。重新组合上式，得到直流驱动系统的传递函数为

$$\frac{\theta_m(s)}{U_a(s)}=\frac{k_a}{s[s^2 J_{eff} L_a+(L_a f_{eff}+R_a J_{eff})s+R_a f_{eff}+k_a k_b]} \tag{6.3}$$

若忽略电枢的电感 L_a，可简化为

$$\frac{\theta_m(s)}{U_a(s)}=\frac{k_a}{s(sR_a J_{eff}+R_a f_{eff}+k_a k_b)}=\frac{k}{s(T_m s+1)} \tag{6.4}$$

式中：电机增益常数为 $k=\dfrac{k_a}{R_a f_{eff}+k_a k_b}$，电机时间常数为 $T_m=\dfrac{R_a J_{eff}}{R_a f_{eff}+k_a k_b}$。

根据式(6.4)中直流电机所加电压与电机角位移之间的传递函数，可得电压与关节角位移之间的传递函数为

$$\frac{\theta_L(s)}{U_a(s)}=\frac{nk_a}{s(sR_a J_{eff}+R_a f_{eff}+k_a k_b)} \tag{6.5}$$

系统单回路开环传递函数框图如图 6.5 所示。

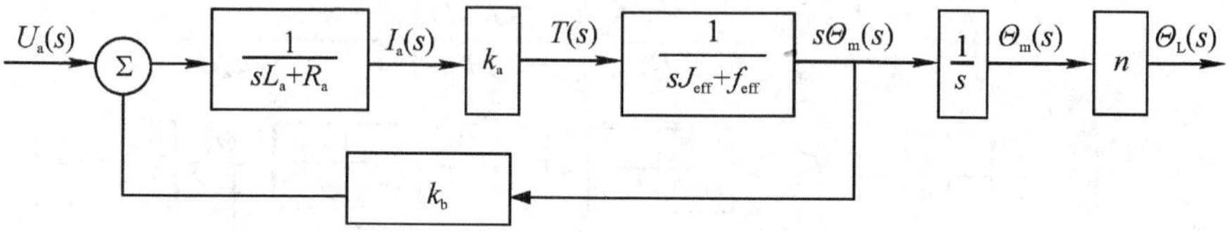

图 6.5　单回路开环传递函数

6.1.2　机器人单关节 PID 位置控制

直流电机构成的单关节驱动系统采用简单的比例控制，控制目标为关节的实际角位移跟踪预期的角位移。通过把伺服误差作为电机的输入信号，产生适当的电压，其控制框图如图 6.6 所示。

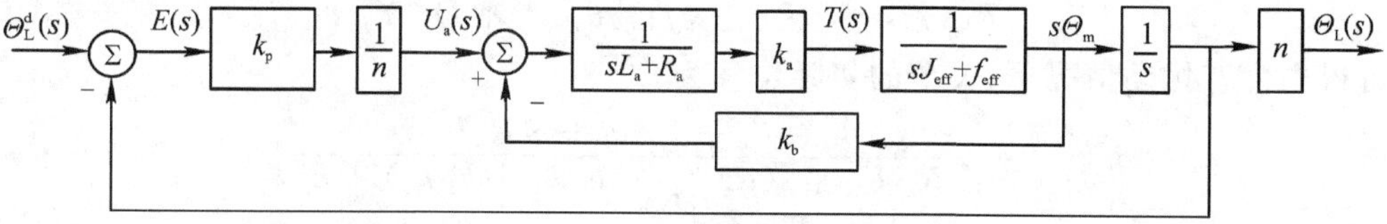

图 6.6　控制框图

设计电枢电压为控制输入，有

$$U_a(t)=\frac{k_p e(t)}{n}=\frac{k_p[\theta_L^d(t)-\theta_L(t)]}{n} \tag{6.6}$$

式中：k_p为位置反馈增益，$n=\theta_L/\theta_m$ 为传动比，$e(t)=\theta_L^d(t)-\theta_L(t)$ 为伺服误差。

进而可得

$$U_a(s) = \frac{k_p[\theta_L^d(s) - \theta_L(s)]}{n} = \frac{k_p E(s)}{n} \tag{6.7}$$

式中：$E(s)$ 为误差 $e(t)$ 的拉氏变换对应量。代入开环系统传递函数公式(6.5)可得，误差驱动信号 $E(s)$与实际位移 $\theta_L(s)$ 之间的开环传递函数为

$$G(s) = \frac{\theta_L(s)}{E(s)} = \frac{k_a k_p}{s(sR_a J_{eff} + R_a f_{eff} + k_a k_b)} \tag{6.8}$$

由此得系统的闭环传递函数为

$$\frac{\theta_L(s)}{\theta_L^d(t)} = \frac{G(s)}{1+G(s)} = \frac{k_a k_p}{s^2 R_a J_{eff} + (R_a f_{eff} + k_a k_b)s + k_a k_p}$$

$$= \frac{k_a k_p / R_a J_{eff}}{s^2 + (R_a f_{eff} + k_a k_b)s / R_a J_{eff} + k_a k_p / R_a J_{eff}} \tag{6.9}$$

上式表明，关节机器人的比例控制闭环系统是一个二阶系统。当系统参数均为正时，系统总是稳定的。

为了改善系统的动态性能，减少静态误差，常采用由速度环和位置环构成的双闭环系统。引入速度反馈后，控制输入变成

$$U_a(t) = \frac{k_p e(t) + k_v \dot{e}(t)}{n} = \frac{k_p(\theta_L^d(t) - \theta_L(t)) + k_v(\dot{\theta}_L^d(t) - \dot{\theta}_L(t))}{n} \tag{6.10}$$

式中：k_v 为新引入的速度反馈增益，$\dot{\theta}_L^d(t) - \dot{\theta}_L(t)$ 为速度误差。引入速度环后，闭环系统的控制结构如图 6.7 所示。闭环传递函数为

$$\frac{\theta_L(s)}{\theta_L^d(t)} = \frac{sk_a k_v + k_a k_p}{s^2 R_a J_{eff} + s(R_a f_{eff} + k_a k_b + k_a k_v) + k_a k_p} \tag{6.11}$$

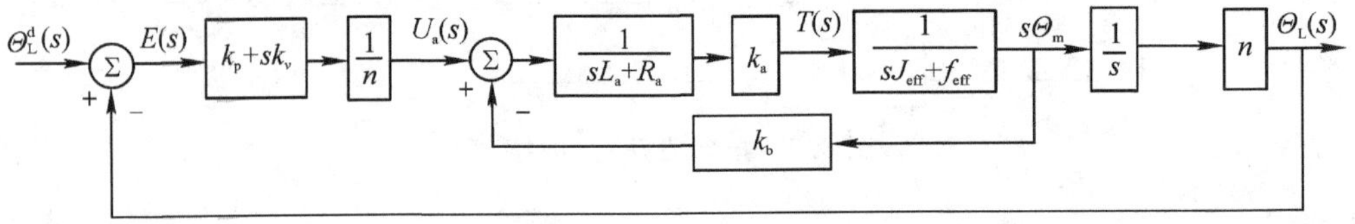

图 6.7　闭环系统框图

一般情况下，操作臂控制系统还要受到扰动 $D(s)$的影响，如图 6.8 所示。这些扰动是由重力负载和连杆的离心力引起的。这时电机轴的输出力矩的一部分必须用于克服各种扰动力矩。电机输出力矩表达式为

$$T(s) = (s^2 J_{eff} + sf_{eff})\theta_m(s) + D(s) \tag{6.12}$$

计算可得出含有扰动情况下，关节的实际位移为

$$\theta_L(s) = \frac{k_a(sk_v + k_p)\theta_L^d - nR_a D(s)}{s^2 R_a J_{eff} + s(R_a f_{eff} + k_a k_b + k_a k_v) + k_a k_p} \tag{6.13}$$

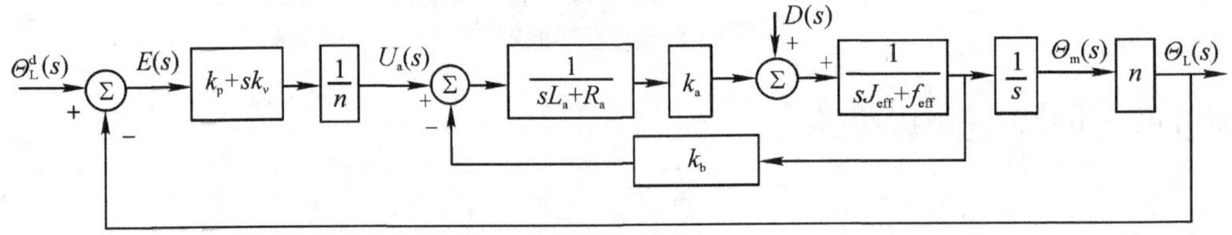

图 6.8　带干扰的反馈控制框图

为了使机器人系统具有良好的控制性能，还需进一步确定位置和速度反馈增益大小。若已知惯性矩 J_0 情况下结构共振频率为 ω_0，结合二阶系统的特性分析可得，位置增益 k_p 和速度增益 k_v 在满足下列条件时，闭环系统才会渐近稳定且无超调：

$$0 < k_p \leqslant \frac{\omega_r^2 J_{eff} R_a}{4 k_a} \tag{6.14a}$$

$$k_v \geqslant \frac{R_a \omega_0 \sqrt{J_0 J_{eff}} - R_a f_{eff} - k_a k_b}{k_a} \tag{6.14b}$$

式中：$\omega_r = \sqrt{\frac{k_{eff}}{J_{eff}}}$ 为结构共振频率。

6.1.3 机器人动力学前馈控制

机器人由多个关节组成，各个关节之间是相互影响的，各个关节运动产生的力或力矩会相互作用。机器人在实际的运动控制过程中，其关节位置在不断变化，相应地其惯性矩阵也在实时地变化。前馈控制策略能加快伺服驱动器内部的误差收敛速度，进而改善动态响应特性，解决机器人在运动过程中的抖动问题，提升机器人系统的精度和效率。采用前馈控制的核心思想是通过建立动态的惯量模型来补偿各关节之间的相互作用力矩，改善机器人运行时的动态特性，减小位置误差，其原理如图 6.9 所示。

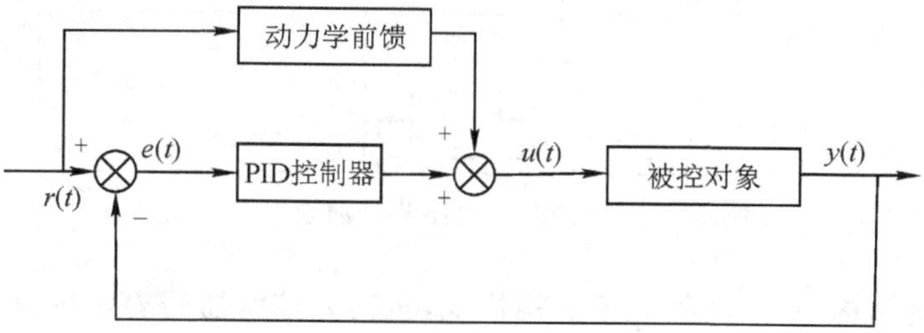

图 6.9　机器人前馈控制框图

机器人力矩前馈控制器的控制律为

$$\boldsymbol{u} = \{\boldsymbol{M}(\boldsymbol{q}_d)\ddot{\boldsymbol{q}}_d + \boldsymbol{C}(\boldsymbol{q}_d, \dot{\boldsymbol{q}}_d)\dot{\boldsymbol{q}}_d + \boldsymbol{D}(\boldsymbol{q}_d) + \boldsymbol{F}_{cv}\} + \{\boldsymbol{K}_D(\dot{\boldsymbol{q}}_d - \dot{\boldsymbol{q}}) + \boldsymbol{K}_P(\boldsymbol{q}_d - \boldsymbol{q})\} \tag{6.15}$$

式中：$\boldsymbol{K}_D$ 和 $\boldsymbol{K}_P$ 分别代表位置和速度增益矩阵，均为对角矩阵；$\boldsymbol{q}_d$、$\dot{\boldsymbol{q}}_d$、$\ddot{\boldsymbol{q}}_d$ 分别为提供的期望关节位置、速度、加速度；$\boldsymbol{q}$ 和 $\dot{\boldsymbol{q}}$ 分别为反馈的实际关节位置和速度；$\boldsymbol{M}$、$\boldsymbol{C}$、$\boldsymbol{D}$、$\boldsymbol{F}_{cv}$ 分别为关节空间惯性矩阵、科氏力和向心力耦合矩阵、重力矩、摩擦力矩。式中第一部分为前馈项，由机器人逆动力学实现，提供了机器人运行到期望状态所需的关节力矩；第二部分为反馈项，由 PID 控制实现，用于计算校正力矩，以补偿轨迹偏差。

机器人动力学模型为

$$\boldsymbol{M}(\boldsymbol{q})\ddot{\boldsymbol{q}} + \boldsymbol{C}(\boldsymbol{q}, \dot{\boldsymbol{q}})\dot{\boldsymbol{q}} + \boldsymbol{D}(\dot{\boldsymbol{q}}) + \boldsymbol{F}_{cv} = \boldsymbol{u}$$

假设在稳态情况下，机器人实际运行位置与期望位置的惯性矩阵、科氏力和向心力、重力矩相等，即 $\boldsymbol{M}(\boldsymbol{q}_d) = \boldsymbol{M}(\boldsymbol{q})$、$\boldsymbol{C}(\boldsymbol{q}_d, \dot{\boldsymbol{q}}_d)\dot{\boldsymbol{q}}_d = \boldsymbol{C}(\boldsymbol{q}, \dot{\boldsymbol{q}})\dot{\boldsymbol{q}}$、$\boldsymbol{D}(\boldsymbol{q}_d) = \boldsymbol{D}(\boldsymbol{q})$，则把控制律代入模型后可得误差 $\boldsymbol{e} = \boldsymbol{q}_d - \boldsymbol{q}$ 的动力学方程为

$$\boldsymbol{M}(\boldsymbol{q}_d)\ddot{\boldsymbol{e}} + \boldsymbol{K}_D\dot{\boldsymbol{e}} + \boldsymbol{K}_P\boldsymbol{e} = \boldsymbol{0} \tag{6.16}$$

通过选择适当的 $\boldsymbol{K}_D$ 和 $\boldsymbol{K}_P$，使误差方程的特征根具有负实部，则位置误差趋于零。

此外,传统的反馈控制部分往往采用双闭环 PID 控制器,此情况下前馈控制律包含以下部分。

内环控制项:

$$\boldsymbol{\tau}_{\mathrm{d}}(k)=\boldsymbol{K}_{\mathrm{P}'}\boldsymbol{e}'(k)+\boldsymbol{K}_{\mathrm{I}'}T\sum_{j=0}^{k}\boldsymbol{e}'(j)+\boldsymbol{K}_{\mathrm{D}'}\frac{\boldsymbol{e}'(k)-\boldsymbol{e}'(k-1)}{T},\boldsymbol{e}(k)=\dot{\boldsymbol{q}}_{\mathrm{d}'}(k)-\dot{\boldsymbol{q}}(k)$$

外环控制项:

$$\dot{\boldsymbol{q}}_{\mathrm{d}'}(k)=\boldsymbol{K}_{\mathrm{P}}\boldsymbol{e}(k)+\boldsymbol{K}_{\mathrm{I}}T\sum_{j=0}^{k}\boldsymbol{e}(j)+\boldsymbol{K}_{\mathrm{D}}\frac{\boldsymbol{e}(k)-\boldsymbol{e}(k-1)}{T},\boldsymbol{e}(k)=\boldsymbol{q}_{\mathrm{d}}(k)-\boldsymbol{q}(k)$$

前馈控制项:

$$\boldsymbol{\tau}_{\mathrm{d}}(k)=\boldsymbol{M}[\boldsymbol{q}_{\mathrm{d}}(k)]\ddot{\boldsymbol{q}}_{\mathrm{d}}(k)+\boldsymbol{C}[\boldsymbol{q}_{\mathrm{d}}(k),\dot{\boldsymbol{q}}_{\mathrm{d}}(k)]\dot{\boldsymbol{q}}_{\mathrm{d}}(k)+\boldsymbol{D}[\boldsymbol{q}_{\mathrm{d}}(k)]+\boldsymbol{F}_{\mathrm{cv}}$$

整体上动力学前馈控制律为

$$\boldsymbol{\tau}(k)=\boldsymbol{\tau}_{\mathrm{PID}}(k)+\boldsymbol{\tau}_{\mathrm{d}}(k)$$

对应的动力学前馈控制结构框图如图 6.10 所示。

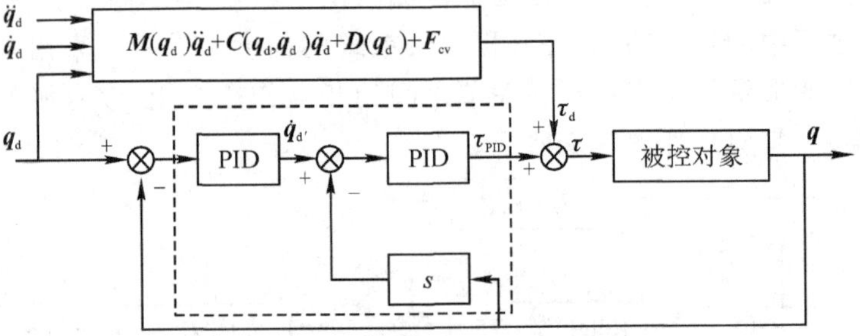

图 6.10 机器人双闭环 PID 前馈控制框图

上述前馈控制结构中,驱动器处于力矩模式,机器人控制器需要实现位置、速度双环控制。

6.2 机器人动力学辨识

机器人正在向高速高精度发展,因此对机器人控制性能提出了更高的要求。基于模型的控制方案离不开精确的动力学模型,然而实际机器人存在诸多影响动力学模型的因素。对机器人进行动力学参数辨识,既不增加动力学模型的复杂性,又可体现各种动力学影响因素的作用,获取最接近机器人实际动态特性的动力学模型。动力学参数辨识受到了国内外许多学者的关注,他们相继提出了一系列具有应用价值的方法。

6.2.1 机器人整体参数辨识算法

整体辨识是对实际的机器人进行辨识实验,即给定机器人各关节一个优化好的轨迹,在机器人运动过程中,对各关节的力矩及关节转角参数进行测量,将测量的数据代入辨识模型,通过构造的辨识算法便可计算出动力学参数的值。整体辨识有明显的优点,由于辨识实验与机器人实际工作时完全相同,因此,该辨识方法能够计算机器人实际工作过程中各种影响因素的作用;尽管需要对力矩及转角进行测量,但机器人一般都安装有相应的测量传感器,如关节转角可通过安装在电机上的编码器测得,力矩可通过电流与力矩的关系由电流的测量值得到。

由于整体辨识能够考虑到各种动力学影响因素的作用，因而目前动力学参数辨识大都采用整体辨识方案。

整体辨识时让所有关节一起运动，然后采集所有关节的电流或力矩及转角，代入整体的辨识模型，一次性计算出所有的待辨识参数。这种方法操作简便，但参数易受负载影响，不适用于负载变化少的场合。采用连接组合体的辨识方法是通过将关节锁定，每次都相当于辨识最末关节的参数，虽然操作繁琐，但受负载影响较小，适用于负载频繁变化的场合。

机器人动力学方程并不是线性的，各分项之间存在复杂的耦合关系，不便于直观地表达出机器人的惯性参数与关节力矩之间的关系，这给参数辨识带来了困难，因此需进一步将机器人动力学方程转换成线性表达形式，下面给出动力学方程线性化之后的表达式：

$$\boldsymbol{\tau} = \boldsymbol{Y}(\boldsymbol{q},\dot{\boldsymbol{q}},\ddot{\boldsymbol{q}})\boldsymbol{P} \tag{6.17}$$

动力学参数 $\boldsymbol{P}$ 可写为向量 $\boldsymbol{P}=(\boldsymbol{p}_1,\boldsymbol{p}_2,\cdots,\boldsymbol{p}_n)^{\mathrm{T}}$，$\boldsymbol{p}_i=(I_{xxi},I_{yyi},I_{zzi},I_{xyi},I_{xzi},I_{yzi},H_{xi},H_{yi},H_{zi},m_i,I_{ai},f_{\mathrm{C}},f_{\mathrm{v}})^{\mathrm{T}}$，$H_{xi}=m_i x_{ci}$，$H_{yi}=m_i y_{ci}$，$H_{zi}=m_i z_{ci}$，$n$ 为连杆的数量。

串联机器人的关节结构如图 6.11 所示。惯性参数是相对连杆坐标系的，而不是重心坐标系。如果建立的动力学模型的惯性矩阵是相对重心坐标系描述的，需要应用平行轴定理将惯性矩阵由原来的相对质心描述转换为相对关节坐标原点描述；否则，$\boldsymbol{p}_i$ 中会含有与 H_{xi}、H_{yi}、H_{zi}、m_i 相关的项。

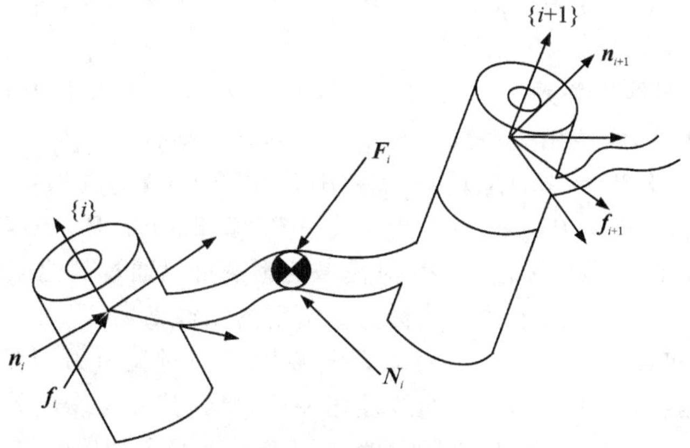

图 6.11　串联机器人关节结构图

表 6.1　辨识参数

参数类型	参数
惯性张量	$\begin{bmatrix} \boldsymbol{I}_{xx} & \boldsymbol{I}_{xy} & \boldsymbol{I}_{xz} \\ \boldsymbol{I}_{xy} & \boldsymbol{I}_{yy} & \boldsymbol{I}_{yz} \\ \boldsymbol{I}_{xz} & \boldsymbol{I}_{yz} & \boldsymbol{I}_{zz} \end{bmatrix}$
关节转动惯量	$\boldsymbol{I}_{\mathrm{a}}$
质量	m
质心坐标	$(x_{\mathrm{c}},y_{\mathrm{c}},z_{\mathrm{c}})$
摩擦系数	黏滞摩擦：f_{v}；库仑摩擦：f_{C}

1. 参数的独立性处理

上面得到的这些参数并不是相互独立的，而参数相互独立是取得较高辨识精度的前提，因此需要对待辨识参数的独立性进行分析，目的是找到一组相互独立的参数集合，即最小参数集。最小参数集是参数的组合值，目前动力学参数辨识大多只能辨识出这一组合值，但组合值并不影响动力学的计算，完全可以取代实际参数。而且还可以简化动力学模型。获取最小参数(实际参数的组合值)的常用方法有利用机器人几何参数直接推导最小惯性参数和利用 QR 分解获取最小参数等。

由式(6.17)可得，$\boldsymbol{Y}$ 矩阵为 $n\times 13n$ 矩阵，存在全零列和线性相关列。$\boldsymbol{Y}$ 矩阵不满秩给辨识带来困难，因此需要调整动力学参数 $\boldsymbol{P}$ 和矩阵 $\boldsymbol{Y}$。

对式(6.17)，令 $\boldsymbol{Y}=[\boldsymbol{Y}_1\quad \boldsymbol{Y}_2\quad \cdots\quad \boldsymbol{Y}_{13}]$，记 $\boldsymbol{Y}_j$ 为矩阵 $\boldsymbol{Y}$ 的第 j 列元素，$\boldsymbol{P}_j$ 为动力学参数 $\boldsymbol{P}$ 的第 j 个元素，则机器人动力学方程可写为

$$\boldsymbol{\tau}=[\boldsymbol{Y}_1\quad \boldsymbol{Y}_2\quad \cdots\quad \boldsymbol{Y}_{13}]\begin{bmatrix}\boldsymbol{P}_1\\ \boldsymbol{P}_2\\ \vdots\\ \boldsymbol{P}_{13}\end{bmatrix}=\sum_{j=1}^{13}\boldsymbol{Y}_j\boldsymbol{P}_j \tag{6.18}$$

(1)若 $\boldsymbol{Y}_j$ 满足 $\boldsymbol{Y}_j\equiv 0$，则表明惯性参数 $\boldsymbol{P}_j$ 对动力学模型无影响，可令 $\boldsymbol{P}_j=0$，在模型中消去该项。

(2)若某个 $\boldsymbol{Y}_j$ 满足线性关系 $\boldsymbol{Y}_j\equiv\beta_{j1}\boldsymbol{Y}_{j1}+\beta_{j2}\boldsymbol{Y}_{j2}+\cdots+\beta_{js}\boldsymbol{Y}_{js}$，其中 $\boldsymbol{Y}_{j1},\boldsymbol{Y}_{j2},\cdots\boldsymbol{Y}_{js}$ 是与 $\boldsymbol{Y}_j$ 线性相关的动力学参数，线性相关系数为 $\beta_{j1},\beta_{j2},\cdots,\beta_{js}$，则有

$$\boldsymbol{Y}_j\boldsymbol{P}_j=\boldsymbol{Y}_{j1}(\beta_{j1}\boldsymbol{P}_j)+\boldsymbol{Y}_{j2}(\beta_{j2}\boldsymbol{P}_j)+\cdots+\boldsymbol{Y}_{js}(\beta_{js}\boldsymbol{P}_j) \tag{6.19}$$

将 $\boldsymbol{P}_{j1},\boldsymbol{P}_{j2},\cdots,\boldsymbol{P}_{js}$ 改为 $\boldsymbol{P}_{j1}^{e},\boldsymbol{P}_{j2}^{e},\cdots,\boldsymbol{P}_{js}^{e}$，其中 $\boldsymbol{P}_{j1}^{e}\triangleq\boldsymbol{P}_{j1}+\beta_{j1}\boldsymbol{P}_j,\cdots,\boldsymbol{P}_{js}^{e}\triangleq\boldsymbol{P}_{js}+\beta_{js}\boldsymbol{P}_j$，就可以消除惯性参数 $\boldsymbol{P}_j$，对模型无影响，即 $\boldsymbol{P}_j$ 对模型的影响可以通过其他惯性参数组合实现。使用该方法消去一些惯性参数，余下的参数称为重组后的惯性参数。

按照上述方法，可以将式(6.17)中的动力学参数 $\boldsymbol{P}$ 中对关节力矩没有贡献的参数去掉，并将 $\boldsymbol{Y}$ 中对应的元素去掉；去掉矩阵中的线性相关项，得到其最大线性无关组。将动力学参数 $\boldsymbol{P}$ 中对应的参数组合在一起，给出对于任意关节的工业机器人的惯性参数重组方法。按照该方法调整处理结果为

$$\boldsymbol{\tau}=\boldsymbol{W}_{\mathrm{B}}(\boldsymbol{q},\dot{\boldsymbol{q}},\ddot{\boldsymbol{q}})\,\boldsymbol{P}_{\mathrm{B}} \tag{6.20}$$

式中：$\boldsymbol{W}_{\mathrm{B}}$ 为 $\boldsymbol{W}$ 矩阵中独立的列组成的矩阵，$\boldsymbol{P}_{\mathrm{B}}$ 为最小参数组成的列向量。

2. 轨迹优化

参数的可辨识性与所选择的关节运动密切相关，关节运动轨迹选取不当会造成某些参数不可辨识，同时，参数的辨识精度与关节运动轨迹也有很大关系。目前，工业机器人动力学参数辨识大都采用傅里叶级数型的轨迹：

$$q_i(t)=q_{i0}+l=\sum_{l=1}^{N}\frac{a_l}{\omega_f l}\sin(\omega_f lt)-\frac{b_l}{\omega_f l}\cos(\omega_f lt)$$

式中：q_i表示关节转角，q_{i0}表示关节转角常量，a_l、b_l表示轨迹的常系数，ω_f 为轨迹的基频，$\omega_f l$ 表示第 l 阶的轨迹。采用该轨迹的优点是：

(1)可以通过设置 ω_f 的大小，使轨迹的频带远离机械臂的自然角频率，从而避免由于机械

臂共振引起的振动及柔性现象。

(2)可通过解析的方法求角速度、角加速度，即先对转角信号进行离散傅里叶变换，取变换后的主要频谱，再对其进行离散傅里叶变换的反变换，即可得到转角的时域表达式，进而求出角速度、角加速度的表达式。通过选择主要频带，就可以剔除由干扰引起的噪声，与传统通过微分求角速度、角加速度的方法相比，噪声大大降低。

轨迹优化是对其中的常系数 a_l、b_l 及 q_{i0} 进行优化，即在关节转角、角速度、角加速度的限制条件下，找到一组 a_l、b_l、q_{i0}，使得由这组参数得到的系数矩阵的条件数或一些变形指标最小。这是一个带有限制条件的非线性最优问题，可采用有约束非线性最优化法、遗传算法等进行优化。

3. 基于最小二乘的参数辨识算法

假设超定方程组为

$$\sum_{j=1}^{n} X_{ij}\beta_j = y_j, i = 1,2,3,\cdots,m \tag{6.21}$$

式中：m 代表有 m 个等式，n 代表有 n 个未知数，$m > n$，将其继续向量化后为

$$\boldsymbol{X\beta} = \boldsymbol{y}$$

式中：

$$\boldsymbol{X} = \begin{bmatrix} X_{11} & X_{12} & \cdots & X_{1n} \\ X_{21} & X_{22} & \cdots & X_{2n} \\ \vdots & \vdots & & \vdots \\ X_{m1} & X_{m2} & \cdots & X_{mn} \end{bmatrix}, \boldsymbol{\beta} = \begin{bmatrix} \beta_1 \\ \beta_2 \\ \vdots \\ \beta_n \end{bmatrix}, \boldsymbol{y} = \begin{bmatrix} y_1 \\ y_2 \\ \vdots \\ y_m \end{bmatrix}.$$

显然，该方程组一般没有解。为了选取最合适的 $\boldsymbol{\beta}$ 让等式尽量成立，引入残差平方和函数

$$S(\boldsymbol{\beta}) = \| \boldsymbol{X\beta} - \boldsymbol{y} \|^2$$

当 $\boldsymbol{\beta} = \hat{\boldsymbol{\beta}}$ 时，$S(\boldsymbol{\beta})$ 取最小值，则称 $\boldsymbol{\beta} = \hat{\boldsymbol{\beta}}$ 是方程组(6.21)的最小二乘解，最小二乘解的计算方法为

$$\hat{\boldsymbol{\beta}} = (\boldsymbol{X}^{\mathrm{T}}\boldsymbol{X})^{-1}\boldsymbol{X}^{\mathrm{T}}\boldsymbol{y}$$

故采用最小二乘方法求解最小惯性参数集，解的一般形式为

$$\boldsymbol{p}_{\mathrm{B}} = (\boldsymbol{W}_{\mathrm{B}}^{\mathrm{T}}\boldsymbol{W}_{\mathrm{B}})^{-1}\boldsymbol{W}_{\mathrm{B}}^{\mathrm{T}}\boldsymbol{\tau}$$

4. 将参数化动力学模型变为状态空间形式

在具体应用时往往采用的是状态空间形式模型。状态空间形式动力学模型显式地给出了惯性项、科里奥利项(科氏加速度系数、向心加速度系数)及重力项，该模型可以应用于多种控制方法中。该动力学模型与原动力学模型的差别在于采用的参数不同，前者是实际参数的组合值，后者是实际参数，但二者本质上是一样的。由于该动力学方程采用的是实际参数的组合，减少了参数个数，简化了动力学模型，所以提高了运算速度。

6.2.2 机器人关节摩擦力矩模型及数据采集滤波处理

由于在实际工作过程中，摩擦力对机器人的动态特性的影响不可忽视，所以在考虑经典库仑黏滞摩擦的基础上建立机器人关节的摩擦力矩模型：

$$\begin{aligned}\tau_i &= f_{Ci}\cdot \operatorname{sgn}(\dot{q}_i)+f_{vi}\cdot \dot{q}_i \\ &= \begin{bmatrix}\operatorname{sgn}(\dot{q}_i) & \dot{q}_i\end{bmatrix}\cdot\begin{bmatrix}f_{Ci} & f_{vi}\end{bmatrix}^{\mathrm{T}}\end{aligned} \tag{6.22}$$

式中：τ_i 是第 i 关节的摩擦力矩；f_{Ci} 是第 i 关节的库仑摩擦系数；f_{vi} 是第 i 关节的黏滞摩擦系数。

考虑库仑摩擦和黏滞摩擦项的影响，其中第 i 个杆件的经典动力学参数为

$$\boldsymbol{p}_i=[m_i\ \ m_ix_{ci}\ \ m_iy_{ci}\ \ m_iz_{ci}\ \ I_{xxi}\ I_{yyi}\ I_{zzi}\ I_{xyi}\ I_{xzi}\ I_{yzi}\ I_{mi}\ f_{Ci}\ f_{vi}] \tag{6.23}$$

式中：m_i 为连杆 i 的质量，(x_{ci}, y_{ci}, z_{ci}) 为连杆 i 的质心 i 中的坐标；I_{xxi}、I_{yyi}、I_{zzi} 为连杆 i 在第 i 个坐标系中的惯性矩，I_{xyi} 为连杆 i 在第 i 个坐标系下对 x、y 轴的惯量积，I_{xzi}、I_{yzi} 同理，I_{mi} 为电机 i 的等效转动惯量。

待辨识的摩擦参数为 $\boldsymbol{p}_f=\begin{bmatrix}f_{C1} & f_{C2} & \cdots & f_{Cn} & f_{v1} & f_{v2} & \cdots & f_{vn}\end{bmatrix}^{\mathrm{T}}$，摩擦力对应的回归矩阵为

$$\boldsymbol{Y}_f=\begin{bmatrix}\operatorname{sgn}(\dot{q}_1) & 0 & \cdots & 0 & \dot{q}_1 & 0 & \cdots & 0 \\ 0 & \operatorname{sgn}(\dot{q}_2) & \cdots & 0 & 0 & \dot{q}_2 & \cdots & 0 \\ \vdots & \vdots & & \vdots & \vdots & \vdots & & \vdots \\ 0 & 0 & \cdots & \operatorname{sgn}(\dot{q}_n) & 0 & 0 & \cdots & \dot{q}_n\end{bmatrix}$$

将 $\boldsymbol{p}_f$ 并入 $\boldsymbol{P}$ 中如式(6.18)所示。将 $\boldsymbol{Y}_f$ 并入 $\boldsymbol{Y}$ 中，在有摩擦力的情况下，动力学方程也同时满足式(6.20)的线性表达式。后续轨迹优化方法以及辨识算法可参考 6.2.1 节。

由于采样所得的数据（如关节角度值、力矩值）会受到各种机械偏差、噪声的干扰，为了改善参数辨识的效果，必须对采集得到的数据进行适当的滤波。考虑到所需采样数据（关节角度、关节力矩）的特点，通常采用如下的滤波方案：

(1) $\boldsymbol{q}\rightarrow\hat{\boldsymbol{q}}$：用巴特沃斯低通滤波器加零相位的数字滤波方法。

巴特沃斯低通滤波器设计步骤如下。

①对于基础数据，求出原信号的频谱函数，得到 $0\sim f_k$ 内的频谱，因此需将频谱中心搬移到 0，得到 $-f_{k/2}\sim f_{k/2}$ 内的频谱。

②构造巴特沃斯低通滤波器，由通带截止频率、阻带截止频率、通带最大衰减、阻带最大衰减求出滤波器阶数以及 ω_n，再求出差分方程的系数。

(2) $\dot{\boldsymbol{q}}\rightarrow\hat{\dot{\boldsymbol{q}}}\rightarrow\hat{\ddot{\boldsymbol{q}}}$：采用中心差分法，视情况对 $\dot{\boldsymbol{q}}$、$\ddot{\boldsymbol{q}}$ 进行平滑滤波。

一阶中心差分公式：$\dot{f}(x_0+h)=\dfrac{f(x_0+2h)-f(x_0)}{2h}$

二阶中心差分公式：$\ddot{f}(x_0+h)=\dfrac{f(x_0)-2f(x_0+h)+f(x_0+2h)}{h^2}$

(3) $\boldsymbol{\tau}\rightarrow\hat{\boldsymbol{\tau}}$：对 $\boldsymbol{\tau}$ 进行平滑滤波。

6.3　机器人柔顺控制

柔顺控制的主要方法是阻抗控制、力和位置混合控制。阻抗控制不是直接控制期望的力和位置，而是通过控制力和位置之间的动态关系来实现柔顺功能。力和位置混合控制的基本思想是将任务分解为某些自由度的位置控制和另一些自由度的力控制，并在任务空间分别进

行位置控制和力控制的计算，然后将计算结果转换到关节空间，合并为统一的关节控制力矩，驱动机械手以实现所需要的柔顺功能。

6.3.1　机器人阻抗控制与导纳控制

现在的机器人绝大多数是采用位置控制方式，如仓库里的搬运机器人，从规定的位置出发到达指定位置装货，按设计的路线移动并卸货。基于位置控制的机器人，能控制位置、速度、加速度（角度、角速度、角加速度），所以在工业现场常见的应用是完成搬运、焊接、喷漆等工作。但是只要求位置控制是远远不够的，越来越多的场合要求机器人还要有效地控制力的输出，完成如打磨、抛光、装配等工作。波士顿动力公司的力控技术使机器人能跑能跳，甚至能在雪地里行走，将机器人控制水平提高到新的高度。这预示着在未来控制领域，必须引入力控方法。

阻抗控制中，控制器表现为阻抗。通过测量实际位置与目标位置的差，调整末端的力达到控制效果，控制框图如图 6.12(a)所示。其中驱动器为力矩模式，控制系统输出为力，如图 6.12(b)所示。

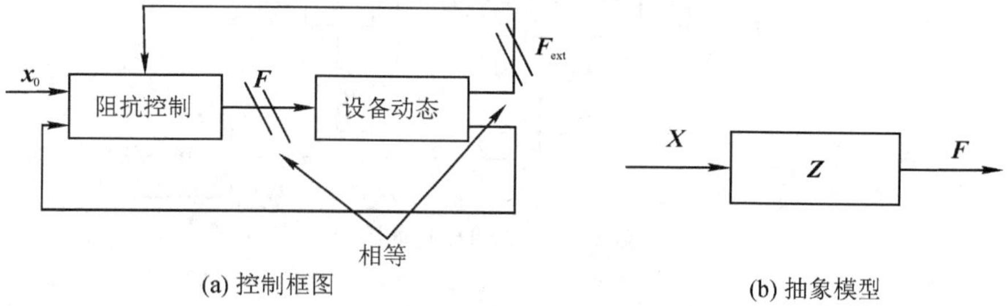

图 6.12　阻抗控制

导纳控制中，控制器表现为机械导纳，测量末端为接触力，调整末端的位置或速度达到控制效果，控制框图如图 6.13(a)所示。该图驱动器为位置或速度模式，控制系统输出为阻抗，如图 6.13(b)所示。

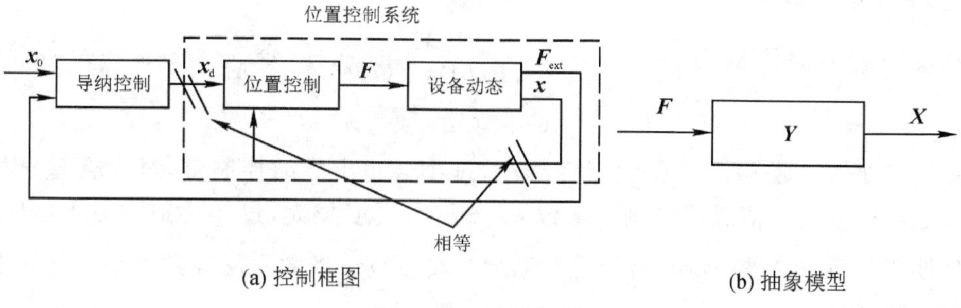

图 6.13　导纳控制

阻抗模型为

$$M\ddot{x}_e + B\dot{x}_e + Kx_e = F_e \tag{6.24}$$

式中：F_e 为传感器采集的工具坐标系下的环境力，它是由传感器测量值转换到工具坐标系下的环境接触力，而传感器采集的扭矩相当于等效转轴描述。定义 $x_e = x - x_d = [\Delta v, \Delta \omega]$ 为工件或基坐标系下描述的实际位姿 x 与期望位姿 x_d 之差；Δv 为位置偏差，可以由位置直接相减得到；$\Delta \omega$ 为姿态偏差，不可以由姿态直接相减得到。

姿态偏差 $\Delta\boldsymbol{\omega}$ 可由如下方法求得：

$$\boldsymbol{R}_e = \boldsymbol{R}\boldsymbol{R}_d^T$$

相当于姿态减法，$\boldsymbol{R}$、$\boldsymbol{R}_d$ 分别为实际和期望位姿的转移矩阵，通过计算转换为等效转轴描述的姿态偏差 $\Delta\boldsymbol{\omega}$。记 $\dot{\boldsymbol{x}}_e = \dot{\boldsymbol{x}} - \dot{\boldsymbol{x}}_d$ 和 $\ddot{\boldsymbol{x}}_e = \ddot{\boldsymbol{x}} - \ddot{\boldsymbol{x}}_d$ 为 $\boldsymbol{x}_e$ 的一阶导数和二阶导数，$\boldsymbol{K}$ 为刚度系数对角矩阵，$\boldsymbol{B}$ 为阻尼系数对角矩阵，$\boldsymbol{M}$ 为惯性系数对角矩阵。设计的导纳控制框图如图 6.14 所示。

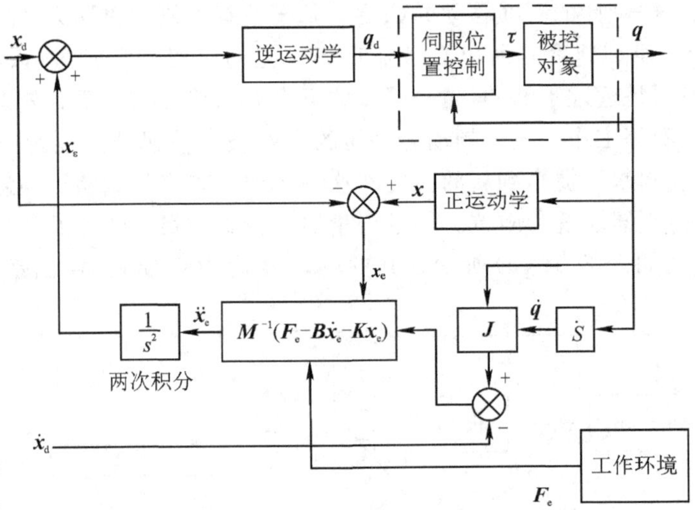

图 6.14 导纳控制框图

导纳控制的实现步骤：

(1)将采集的末端接触力转换为环境力 $\boldsymbol{F}_e$。

(2)求解位置加速度 $\ddot{\boldsymbol{x}} = \boldsymbol{M}^{-1}(\boldsymbol{F}_e - \boldsymbol{B}\dot{\boldsymbol{x}}_e) - \boldsymbol{K}\boldsymbol{x}_e$。

(3)求解修正位姿 $\boldsymbol{x}_m$。

(4)求解逆运动学方程。

阻抗模型的传递函数为 $\dfrac{\boldsymbol{x}_e(s)}{\boldsymbol{F}_e(s)} = \dfrac{1/M}{s^2 + (B/M)s + (K/M)}$，令 $\dfrac{B}{M} = 2\xi\omega_n$，$\dfrac{k}{M} = \omega_n{}^2$，则 $B = 2\xi\sqrt{MK}$。

首先确定惯性参数 M。M 越大惯性越小，过小会超出导纳控制量，过大会超出机器人允许范围。之后根据实际情况确定刚度参数 k。k 越大刚度越大，过小会造成较大的跟踪误差。最后根据期望与阻尼 ξ 进一步确定阻尼参数 $B = 2\xi\sqrt{Mk}$，增大阻尼参数 B 有利于削弱与硬物接触时的反弹现象。

6.3.2 机器人力和位置混合控制

机器人在某些场合下，需要进行力和位置混合控制(简称“力位混合控制”)。通过力位混合控制，如果在某个方向上遇到实际约束，那么这个方向的刚性将降低，以保证可控的结构应力方向上为力控制；反之，在某些没有实际约束的方向上，则应加大刚性，这样可使机械手紧紧跟随期望轨迹，该方向上为位置控制。

力位混合控制的目的是同时独立地控制末端执行器的运动状态和接触力，将控制问题分成两个独立的解耦子问题:位置控制问题和力控制问题。分别用一个位置控制器和一个力控制器,控制操作臂在笛卡儿空间内运动。

引入矩阵 $\boldsymbol{S}$ 和 $\boldsymbol{S}'$ 来确定应采用哪种控制模式(位置或力)去控制操作臂。$\boldsymbol{S}$ 矩阵为对角阵,对角线上的元素为 1 和 0。对于位置控制,$\boldsymbol{S}$ 中元素为 1 的位置在 $\boldsymbol{S}'$ 中对应的元素为 0;对于力控制,$\boldsymbol{S}$ 中元素为 0 的位置在 $\boldsymbol{S}'$ 中对应的元素为 1。因此,矩阵 $\boldsymbol{S}$ 和 $\boldsymbol{S}'$ 相当于一个互锁开关。用于设定笛卡儿空间每个自由度的控制模式。按照 $\boldsymbol{S}$ 的规定,位置和姿态总是受到位置控制或力控制,而位置控制和力控制之间的组合是任意的。在力控制的分量上忽略了位置跟踪误差,而跟踪期望的控制力。

力位混合控制的机器人可处于力矩模式或位置模式。当机器人采用力矩模式时,一般需要根据机器人的动力学模型设计控制器,其控制原理图如图 6.15 所示。而机器人采用位置模式时,无需机器人的动力学模型。对于工业机器人一般仅提供位置控制接口,因此基于位置模式的力位混合控制在工业环境中应用广泛,其控制原理图如图 6.16 所示。

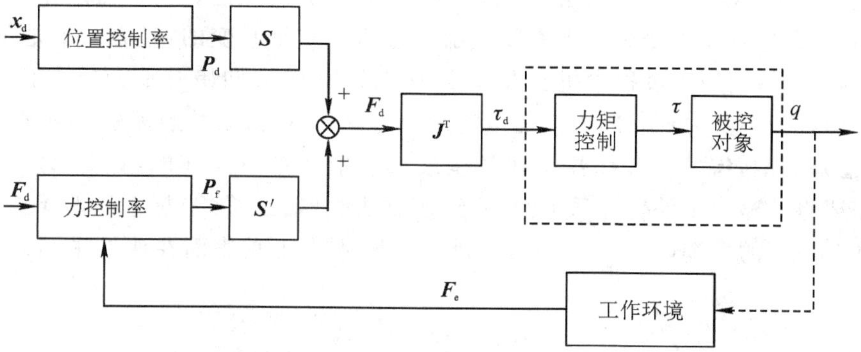

图 6.15　基于力矩模式的力位混合控制

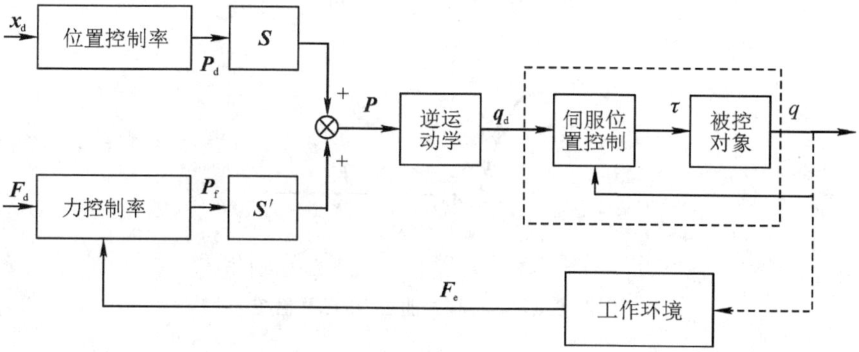

图 6.16　基于位置模式的力位混合控制框图

将笛卡儿空间的位置和力转换到关节空间驱动机器人运动。操作臂能够同时独立地控制机械臂的位置和力。使用对角矩阵 $\boldsymbol{S}$ 和 $\boldsymbol{S}'$ 区分相应方向上为位置控制还是力控制。位置控制上跟踪期望的位置 $\boldsymbol{x}_d$,力控制上跟踪期望的力 $\boldsymbol{F}_d$。如:在 z 轴上控制力,其他方向控制位置,则 $\boldsymbol{S}=\mathrm{diag}(1,1,0,1,1,1)$,$\boldsymbol{S}'=\mathrm{diag}(0,0,1,0,0,0)$。

由于伺服驱动器的位置跟踪精度较高,位置控制器可以为开环控制器,即直接将期望位置 $\boldsymbol{x}_d$ 转换为逆解坐标系下描述的笛卡儿位置 $\boldsymbol{P}_d$。如果给定 $\boldsymbol{x}_d$ 为逆解坐标系下描述的笛卡儿位置,位置控制率实际上为单位矩阵。此外,对于力控制器可以采用 PI 控制,计算得到逆解坐标系下描述的笛卡儿位置 $\boldsymbol{P}_{\mathrm{f}}$。两控制器的综合控制位置 $\boldsymbol{P}$ 为

$$\boldsymbol{P}=\boldsymbol{S}\boldsymbol{P}_{\mathrm{d}}+\boldsymbol{S}'\boldsymbol{P}_{\mathrm{f}} \tag{6.25}$$

力控制率为

$$\boldsymbol{P}_{\mathrm{f}}=\left[\boldsymbol{K}_{\mathrm{P}}\boldsymbol{e}(t)+\boldsymbol{K}_{\mathrm{I}}\int_{0}^{t}\boldsymbol{e}(t)\mathrm{d}t\right]\boldsymbol{K}_{\mathrm{E}}^{-1} \tag{6.26}$$

式中：$\boldsymbol{e}(t)=\boldsymbol{F}_{\mathrm{d}}-\boldsymbol{F}_{\mathrm{e}}$，$\boldsymbol{F}_{\mathrm{d}}$ 为机械臂期望接触力，$\boldsymbol{F}_{\mathrm{e}}$ 为由传感器采集的接触作用力，$\boldsymbol{K}_{\mathrm{E}}$ 为基础物体刚度，$\boldsymbol{K}_{\mathrm{P}}$ 和 $\boldsymbol{K}_{\mathrm{I}}$ 为比例和积分系数矩阵。

上述控制率可以通过环境模型理解，环境模型为

$$\Delta\boldsymbol{X}_{\mathrm{E}}=\boldsymbol{F}_{\mathrm{E}}/\boldsymbol{K}_{\mathrm{E}} \tag{6.27}$$

式中：$\Delta\boldsymbol{X}_{\mathrm{E}}$ 形变位移，对应于 $\boldsymbol{P}_{\mathrm{f}}$，$\boldsymbol{F}_{\mathrm{E}}$ 为作用力。可以看出，力控制器是将期望力转换成位置偏移来驱动机器人实现恒力控制的。当运动的正方向与受力方向不一致时，如位移 $\Delta\boldsymbol{X}_{\mathrm{E}}$ 为正，产生的力 $\boldsymbol{F}_{\mathrm{E}}$ 为负值时，$\boldsymbol{K}_{\mathrm{E}}<0$。

需要注意的是，$\boldsymbol{x}_{\mathrm{d}}$ 与 $\boldsymbol{F}_{\mathrm{d}}$ 均为法兰（或工具）坐标系下的描述。而机器人作业的加工表面往往为曲面，在基座或工件坐标系下需要控制的力的方向是时变的，且方向不是单一的，造成 $\boldsymbol{S}$ 和 $\boldsymbol{S}'$ 无法设置，然而加工过程中机器人法兰（或工具）z 轴方向始终垂直于加工表面，因此在法兰（或工具）坐标系下力控制的方向是恒定的，$\boldsymbol{x}_{\mathrm{d}}$ 与 $\boldsymbol{F}_{\mathrm{d}}$ 均在法兰坐标系下描述。

然而，已知的期望轨迹 $\boldsymbol{x}_{\mathrm{d}}^{\mathrm{B}}$ 往往是在基座或工件坐标系下描述的，记为 $\boldsymbol{A}_{\boldsymbol{X}}^{\mathrm{B}}$（位姿变化矩阵），因此需要将基座或工件坐标系下的 $\boldsymbol{x}_{\mathrm{d}}^{\mathrm{B}}$ 转换成法兰（或工具）坐标系下的 $\boldsymbol{x}_{\mathrm{d}}$。机器人法兰（或工具）在基座下的位姿（正运动学计算结果）记为 $\boldsymbol{A}_{\mathrm{T}}^{\mathrm{B}}$，工具表面在法兰坐标系下的变换矩阵为

$$\boldsymbol{A}_{\boldsymbol{X}}^{\mathrm{T}}=(\boldsymbol{A}_{\mathrm{T}}^{\mathrm{B}})^{-1}\boldsymbol{A}_{\boldsymbol{X}}^{\mathrm{B}}$$

式中：$\boldsymbol{A}_{\boldsymbol{X}}^{\mathrm{T}}$ 为 $\boldsymbol{x}_{\mathrm{d}}$ 的齐次矩阵描述。机器人曲面加工示意图如图 6.17 所示。

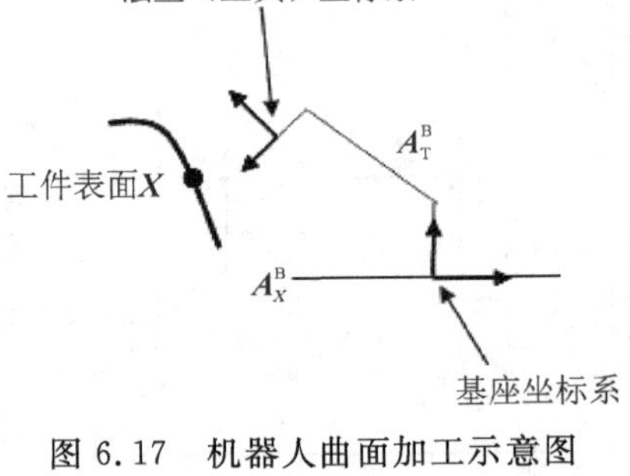

图 6.17　机器人曲面加工示意图

除此之外，可以在导纳控制的基础上引入期望控制力，其控制率为

$$\ddot{\boldsymbol{x}}_{\mathrm{e}}^{t}=\boldsymbol{M}^{-1}[(\boldsymbol{F}_{\mathrm{e}}-\boldsymbol{F}_{\mathrm{d}})-\boldsymbol{B}\dot{\boldsymbol{x}}_{\mathrm{e}}^{t}-\boldsymbol{K}\boldsymbol{x}_{\mathrm{e}}^{t}] \tag{6.28}$$

式中：$\boldsymbol{F}_{\mathrm{d}}$ 为期望力，要能够实现期望力跟踪，需要 $\boldsymbol{K}\equiv\boldsymbol{0}$。基于阻抗模型的力位混合控制图如图 6.18 所示。

相对于阻抗表达式，这里引入了期望控制力或力矩，当对应维度上的刚度系数为零时，该维度将对期望力或力矩进行跟踪。因此可用通过设置期望力或力矩及刚度系数，确定是力跟踪控制还是带有阻抗的位置跟踪控制。

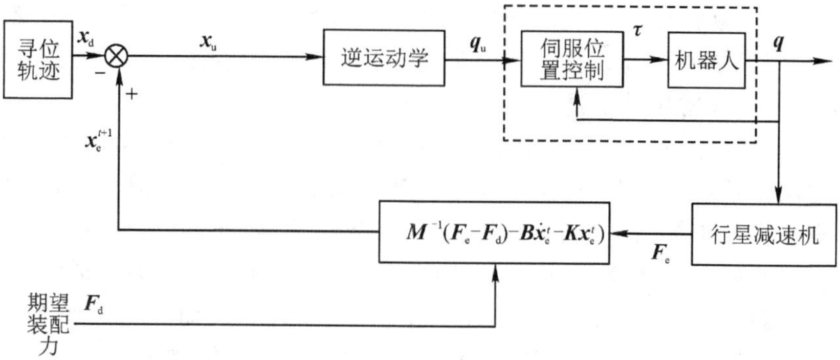

图 6.18　基于阻抗模型的力位混合控制框图

6.4　机器人自适应控制

6.4.1　机器人自适应控制常用结构

机器人操作臂或手指是高度非线性、强耦合、位置时变的多变量系统。如何实现操作臂或手指的高速运动，使其具有较高的跟踪精度和灵巧操作的能力，一直是机器人研究和开发的一个重要课题。简单应用一般的 PID 反馈控制难以取得好的控制效果。对于基于模型的控制方法，由于不能精确得到操作臂或手指的有关参数，模型参数与实际参数不匹配，因此会产生误差，并且操作臂或手指的动力学建模往往忽略了作业循环中的负载变化，在运行中被控系统负载的不确定性足以使上述反馈控制策略失效，其结果是降低系统的响应速度、控制精度及操作能力。自适应控制方案原则上可以用来消除伺服误差，使机器人在很大的运动范围内和很大的负载变动情况下，能精确地跟踪期望的轨迹，改善操作臂的动态性能。

理想的操作臂自适应控制方案如图 6.19 所示。在基于模型控制的基础上，增添自适应控制规律，不断观测操作臂的状态和伺服误差，驱动某种自适应算法，重新调整和更新非线性模型参数，直至伺服误差消失为止。这样的系统对自身的动态性能有“自学习”功能，并且这种系统结构可以达到全局稳定。

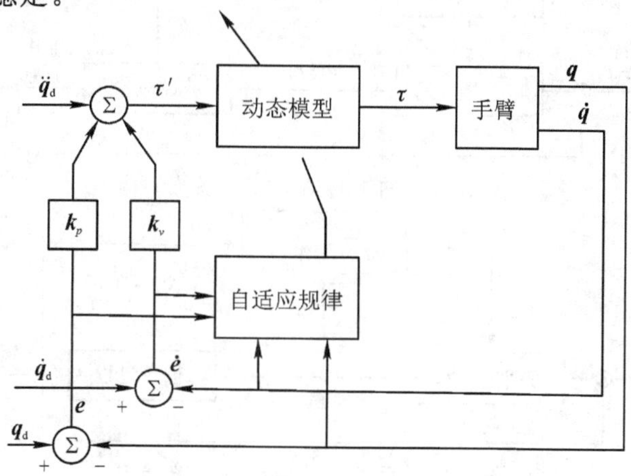

图 6.19　操作臂自适应控制方案

有关自适应控制规律以及算法的分析和设计被认为是机器人控制的一个难题，引起了广泛的重视。自适应控制通常分为自校正控制、模型参考自适应控制和其他自适应控制。下面按照这种分类介绍几种常用的自适应控制。

自校正控制有两种形式：间接自校正控制和直接自校正控制。间接自校正控制系统是由被控过程、过程模型参数估计器、控制器参数计算器和可调控制器组成，如图 6.20 所示。相比间接自校正，直接自校正控制系统省略了控制器参数计算器，并将过程模型参数估计器替换为控制器参数估计器，减少了计算量，提高了速度，如图 6.21 所示。前馈自适应控制系统借助于过程扰动信号的测量，通过自适应机构来改变控制器的状态，从而达到改变系统特性的目的，如图 6.22 所示。反馈自适应控制系统根据系统内部可测信息的变化，来改变控制器的结构或参数，以达到提高控制质量的目的，如图 6.23 所示。

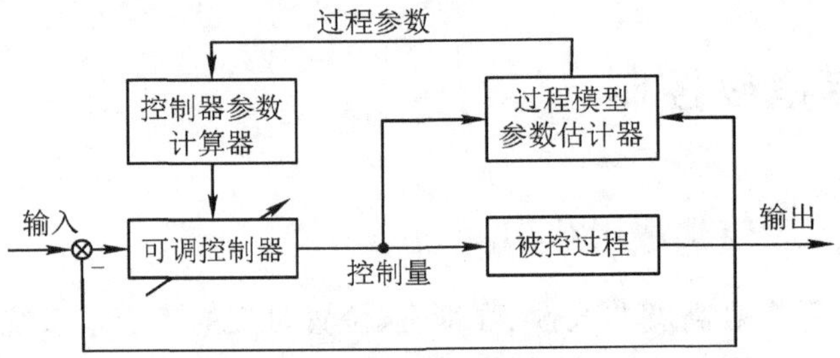

图 6.20　间接自校正控制系统

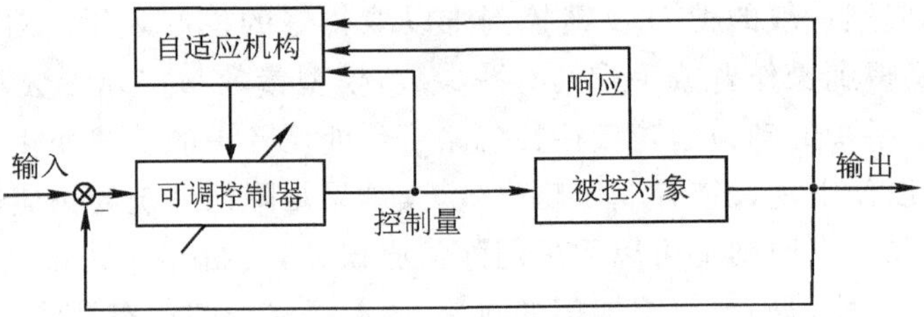

图 6.21　直接自校正控制系统

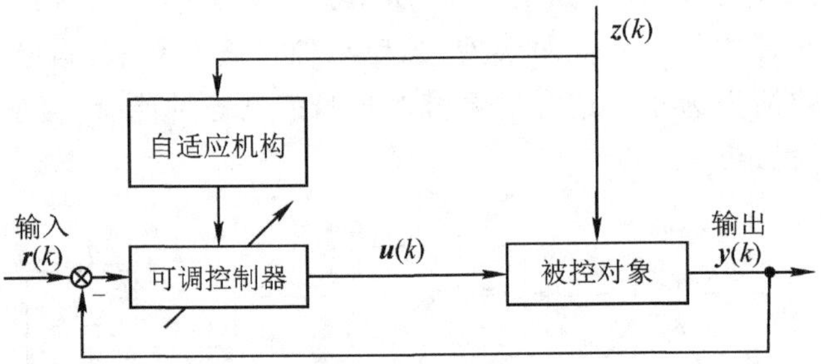

图 6.22　前馈自适应控制系统结构

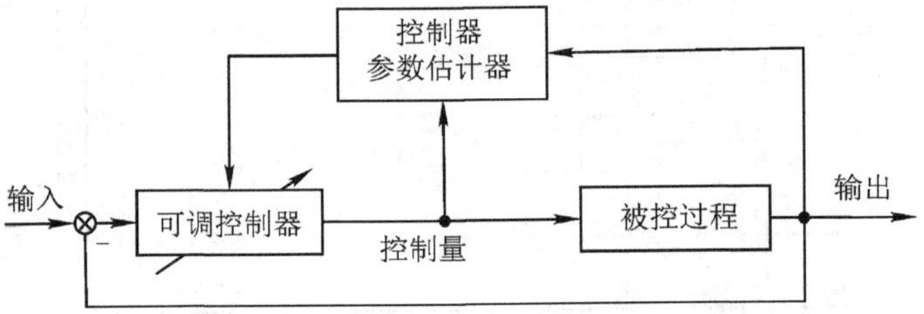

图 6.23　反馈自适应控制系统结构

6.4.2　机器人模型参考自适应控制

在各类自适应控制方案中，模型参考自适应控制（model reference adaptive control，MRAC）应用最广泛，最容易实现。其基本概念是找到适宜的参考模型和自适应算法用以校正反馈增益，达到自适应的目的。图 6.24 是一般的模型参考自适应控制原理图。图 6.25 是机器人模型参考自适应控制框图，自适应算法由参考模型输出和实际系统输出之间的差驱动，以调整反馈增益。下面讨论在关节空间和直角坐标空间中实现模型参考自适应控制的方法。

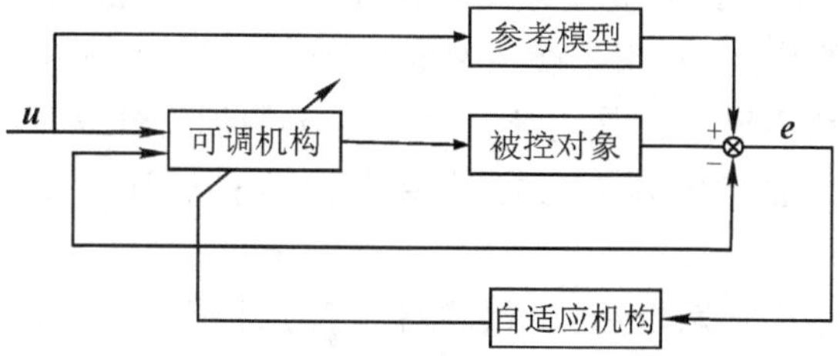

图 6.24　一般的模型参考自适应控制原理图

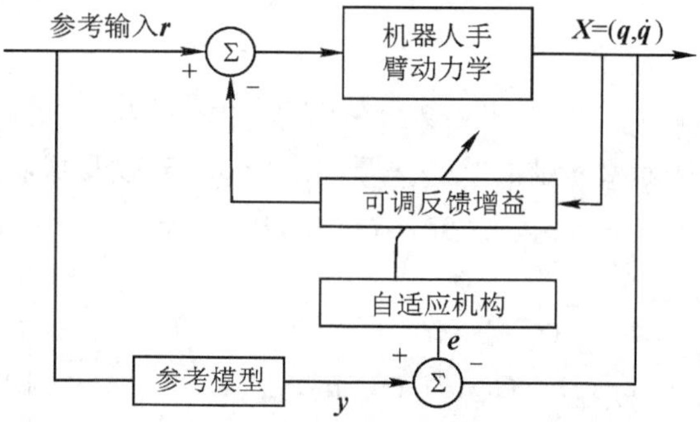

图 6.25　机器人模型参考自适应控制框图

以矢量 $\boldsymbol{r}(t)$ 表示参考模型的输入，矢量 $\boldsymbol{y}(t)$ 表示参考模型输出，矢量 $\boldsymbol{X}(t)$ 表示操作臂的响应，参考模型的单关节用线性二阶定常微分方程表示，即

$$\begin{cases} a_i\ddot{y}_i(t)+b_i\dot{y}_i(t)+y_i(t)=r_i(t)\ ,\ i=1,2,\ldots,n \\ \ddot{y}_i(t)+2\xi_i\omega_i\dot{y}_i(t)+\omega_i{}^2y_i(t)=\omega_i{}^2r_i(t)\ ,\ i=1,2,\ldots,n \end{cases} \tag{6.29}$$

式中：ω_i 是模型的自振频率，ξ_i 是阻尼比，$a_i=1/\omega_i{}^2$，$b_i=2\xi_i/\omega_i$。

若操作臂的控制由位置反馈和速度反馈组成，忽略耦合项，它的关节 i 的动力学方程可表示为

$$\alpha_i(t)\ddot{x}_i(t)+\beta_i(t)\dot{x}_i(t)+x_i(t)=r_i(t) \tag{6.30}$$

式中：系统参数 $\alpha_i(t)$ 和 $\beta_i(t)$ 假定随时间 t 缓慢变化。

被控系统反馈增益的调整有很多种方法。其中最速下降法最简单，可使系统误差的二次函数最小，即取性能指标为

$$J_i(e_i)=\frac{1}{2}(k_{i2}\ddot{e}_i+k_{i1}\dot{e}_i+k_{i0}e_i)^2,\quad i=1,2,\cdots,n \tag{6.31}$$

式中：系统误差 $e_i=y_i-x_i$，加权因子 k_{ij} 根据稳定性要求选定。

利用最速下降法，使系统误差最小的参数调整方案由下式确定：

$$
\begin{cases}
\dot{\alpha}_i(t) = [k_{i2}\ddot{e}_i(t) + k_{i1}\dot{e}_i(t) + k_{i0}\dot{e}_i(t)]/[k_{i2}\ddot{u}_i(t) + k_{i1}\dot{u}_i(t) + k_{i0}u_i(t)] \\
\dot{\beta}_i(t) = [k_{i2}\ddot{e}_i(t) + k_{i1}\dot{e}_i(t) + k_{i0}\dot{e}_i(t)]/[k_{i2}\ddot{\omega}_i(t) + k_{i1}\dot{\omega}_i(t) + k_{i0}\omega_i(t)]
\end{cases}
\tag{6.32}
$$

式中，$u_i(t)$ 和 $\omega_i(t)$ 及其导数由下列微分方程的解得到：

$$
\begin{aligned}
a_i\ddot{u}_i(t) + b_i\dot{u}_i(t) + u_i(t) &= -\ddot{y}_i(t) \\
a_i\ddot{\omega}_i(t) + b_i\dot{\omega}_i(t) + \omega_i(t) &= -\dot{y}_i(t)
\end{aligned}
\tag{6.33}
$$

闭环自适应系统的响应是在期望输入的作用下，解参考模型方程式(6.29)，由微分方程式(6.32)得 $\alpha_i(t)$ 和 $\beta_i(t)$，最后解微分方程式(6.33)得 $u_i(t)$ 和 $\omega_i(t)$。

这种控制方法的主要优点是，不依赖于复杂的数学模型，也不需要有关环境(负载等)的先验知识，计算量不大，容易实现。但是闭环自适应系统的稳定性是该方法的关键。稳定性分析难度较大，按模型参考自适应的渐近稳定性要求设计自适应算法，最常用的是李雅普诺夫(Lyapunov)稳定判据。

为设计操作臂自适应控制系统和分析稳定性，首先将操作臂的动力学方程改写成状态变量的形式。具有 n 个关节的操作臂的动力学方程为

$$
\boldsymbol{\tau} = \boldsymbol{D}(\boldsymbol{q})\ddot{\boldsymbol{q}} + \boldsymbol{h}(\boldsymbol{q},\dot{\boldsymbol{q}}) + \boldsymbol{G}(\boldsymbol{q}) \tag{6.34}
$$

可写成拟线性系统的形式：

$$
\boldsymbol{\tau} = \boldsymbol{D}(\boldsymbol{q})\ddot{\boldsymbol{q}} + \boldsymbol{h}_1(\boldsymbol{q},\dot{\boldsymbol{q}}) + \boldsymbol{G}_1(\boldsymbol{q}) \tag{6.35}
$$

令 $\boldsymbol{x} = [\boldsymbol{q}^{\mathrm{T}} \quad \dot{\boldsymbol{q}}^{\mathrm{T}}]^{\mathrm{T}}$ 表示 $2n$ 维的状态矢量，则式(6.35)改写成状态方程为

$$
\dot{\boldsymbol{x}} = \boldsymbol{A}(\boldsymbol{x},t)\boldsymbol{x} + \boldsymbol{B}(\boldsymbol{x},t)\boldsymbol{\tau} \tag{6.36}
$$

式中：

$$
\boldsymbol{A}(\boldsymbol{x},t) = \begin{bmatrix} \boldsymbol{O} & \boldsymbol{I} \\ -\boldsymbol{D}^{-1}\boldsymbol{G}_1 & -\boldsymbol{D}^{-1}\boldsymbol{h}_1 \end{bmatrix}_{2n\times 2n},\ \boldsymbol{B}(\boldsymbol{x},t) = \begin{bmatrix} \boldsymbol{O} \\ \boldsymbol{D}^{-1} \end{bmatrix}_{2n\times n}
$$

可认为式(6.36)是调节对象操作臂的动力学模型。实际上被控系统还应包括传动装置动力学和摩擦力矩等。模型参考自适应控制系统的基本设计思想归结为：根据状态方程(6.36)和控制信号使系统达到预期特征。控制输入 $\boldsymbol{\tau}$ 是由参考模型所规定的将参考模型(6.29)也写成状态方程的形式，即

$$
\dot{\boldsymbol{Y}} = \boldsymbol{A}_m\boldsymbol{Y} + \boldsymbol{B}_m\boldsymbol{r} \tag{6.37}
$$

式中：$\boldsymbol{Y} = [\boldsymbol{y}^{\mathrm{T}} \quad \dot{\boldsymbol{y}}^{\mathrm{T}}]^{\mathrm{T}}$ 为 $2n$ 维参考模型状态矢量，$\boldsymbol{r}$ 为参考模型输入矢量，且

$$
\boldsymbol{A}_m = \begin{bmatrix} \boldsymbol{O} & \boldsymbol{I} \\ -\boldsymbol{\Lambda}_1 & -\boldsymbol{\Lambda}_2 \end{bmatrix},\ \boldsymbol{B}_m = \begin{bmatrix} \boldsymbol{O} \\ \boldsymbol{\Lambda}_1 \end{bmatrix}
$$

式中：$\boldsymbol{\Lambda}_1$ 为含有 ω_i 的 $n\times n$ 对角矩阵，$\boldsymbol{\Lambda}_2$ 为含有 $2\xi_i\omega_i$ 的 $n\times n$ 对角矩阵。令控制输入 $\boldsymbol{\tau}$ 为

$$
\boldsymbol{\tau} = -\boldsymbol{K}_x\boldsymbol{x} + \boldsymbol{K}_r\boldsymbol{r} \tag{6.38}
$$

式中：$\boldsymbol{K}_x$ 为 $n\times 2n$ 时变可调反馈矩阵；$\boldsymbol{K}_r$ 为 $n\times n$ 前馈矩阵。

将式(6.38)代入式(6.36)，得出闭环系统状态模型为

$$
\dot{\boldsymbol{x}} = \boldsymbol{A}_s(\boldsymbol{x},t)\boldsymbol{x} + \boldsymbol{B}_s(\boldsymbol{x},t)\boldsymbol{r} \tag{6.39}
$$

式中：$\boldsymbol{A}_s = \begin{bmatrix} \boldsymbol{O} & \boldsymbol{I} \\ -\boldsymbol{D}^{-1}(\boldsymbol{G}_1 + \boldsymbol{K}_{x1}) & -\boldsymbol{D}^{-1}(\boldsymbol{h}_1 + \boldsymbol{K}_{x2}) \end{bmatrix}$，$\boldsymbol{B}_s = \begin{bmatrix} \boldsymbol{O} \\ \boldsymbol{D}^{-1}\boldsymbol{K}_r \end{bmatrix}$。

选取适当的 $\boldsymbol{K}_{x1}$、$\boldsymbol{K}_{x2}$ 和 $\boldsymbol{K}_r$，使模型式(6.39)与参考模型式(6.37)能够完全匹配。由式

(6.37)和式(6.39)可以看出,状态误差矢量 $\boldsymbol{e}=\boldsymbol{y}-\boldsymbol{x}$ 满足如下方程:

$$\dot{\boldsymbol{e}}=\boldsymbol{A}_{\mathrm{m}}\boldsymbol{e}+(\boldsymbol{A}_{\mathrm{m}}-\boldsymbol{A}_{\mathrm{s}})\boldsymbol{x}+(\boldsymbol{B}_{\mathrm{m}}-\boldsymbol{B}_{\mathrm{s}})\boldsymbol{r} \tag{6.40}$$

自适应控制的目的实质上是寻求 $\boldsymbol{K}_{x1}$、$\boldsymbol{K}_{x2}$ 和 $\boldsymbol{K}_r$ 的调整算法,使得状态误差 $\boldsymbol{e}(t)$ 满足如下条件:

$$\lim_{t\to 0}\boldsymbol{e}(t)=\boldsymbol{0} \tag{6.41}$$

根据李雅普诺夫稳定性理论,为了判别系统的稳定性,构造正定的李雅普诺夫函数,即

$$V=\boldsymbol{e}^{\mathrm{T}}\boldsymbol{P}\boldsymbol{e}+\mathrm{tr}[(\boldsymbol{A}_{\mathrm{m}}-\boldsymbol{A}_{\mathrm{s}})^{\mathrm{T}}\boldsymbol{F}_{\mathrm{A}}{}^{-1}(\boldsymbol{A}_{\mathrm{m}}-\boldsymbol{A}_{\mathrm{s}})]+\mathrm{tr}[(\boldsymbol{B}_{\mathrm{m}}-\boldsymbol{B}_{\mathrm{s}})^{\mathrm{T}}\boldsymbol{F}_{B}{}^{-1}(\boldsymbol{B}_{\mathrm{m}}-\boldsymbol{B}_{\mathrm{s}})] \tag{6.42}$$

由式(6.40)和式(6.41)得

$$\dot{V}=\boldsymbol{e}^{\mathrm{T}}(\boldsymbol{A}_{\mathrm{m}}^{\mathrm{T}}\boldsymbol{P}+\boldsymbol{P}\boldsymbol{A}_{\mathrm{m}})\boldsymbol{e}+\mathrm{tr}[(\boldsymbol{A}_{\mathrm{m}}-\boldsymbol{A}_{\mathrm{s}})^{\mathrm{T}}(\boldsymbol{P}\boldsymbol{e}\boldsymbol{x}^{\mathrm{T}}-\boldsymbol{F}_{\mathrm{B}}^{-1}\dot{\boldsymbol{A}}_{s})]+\mathrm{tr}[(\boldsymbol{B}_{\mathrm{m}}-\boldsymbol{B}_{\mathrm{s}})^{\mathrm{T}}(\boldsymbol{P}\boldsymbol{e}\boldsymbol{r}^{\mathrm{T}}-\boldsymbol{F}_{\mathrm{B}}{}^{-1}\dot{\boldsymbol{B}}_{s})] \tag{6.43}$$

要使 $\dot{V}$ 为负定的,应该选取与参考模型式(6.37)的参数相匹配的 $\boldsymbol{K}_x$ 和 $\boldsymbol{K}_r$,使它们满足如下条件:

$$\boldsymbol{A}_{\mathrm{m}}^{\mathrm{T}}\boldsymbol{P}+\boldsymbol{P}\boldsymbol{A}_{\mathrm{m}}=-\boldsymbol{Q} \tag{6.44}$$

$$\dot{\boldsymbol{A}}_{s}=\boldsymbol{F}_{\mathrm{A}}\boldsymbol{P}\boldsymbol{e}\boldsymbol{x}^{\mathrm{T}}\approx\boldsymbol{B}\dot{\boldsymbol{K}}_{x},\ \dot{\boldsymbol{B}}_{\mathrm{s}}=\boldsymbol{F}_{\boldsymbol{B}}\boldsymbol{P}\boldsymbol{e}\boldsymbol{r}^{\mathrm{T}}\approx\boldsymbol{B}\dot{\boldsymbol{K}}_{r} \tag{6.45}$$

$$\dot{\boldsymbol{K}}_{r}=\boldsymbol{K}_{r}\boldsymbol{B}_{\mathrm{m}}^{+}\boldsymbol{F}_{\mathrm{B}}\boldsymbol{P}\boldsymbol{e}\boldsymbol{r}^{\mathrm{T}},\ \dot{\boldsymbol{K}}_{x}=\boldsymbol{K}_{x}\boldsymbol{B}_{\mathrm{m}}^{+}\boldsymbol{F}_{\mathrm{A}}\boldsymbol{P}\boldsymbol{e}\boldsymbol{x}^{\mathrm{T}} \tag{6.46}$$

式中:$\boldsymbol{P}$、$\boldsymbol{Q}$ 是正定矩阵;$\boldsymbol{B}_{\mathrm{m}}^{+}$ 是 $\boldsymbol{B}_{\mathrm{m}}$ 的莫尔-彭罗斯(Moore-Penrose)伪逆矩阵,是正定的自适应增益矩阵。李雅普诺夫方法可以保证系统的渐近稳定性,但是过渡过程可能出现较大的状态误差和振荡。引入适量的附加控制输入,可以改善系统的收敛性。

6.5 基于非线性模型的机器人解耦控制

n 关节机械手的封闭形式动力学方程的一般结构为

$$\boldsymbol{\tau}=\boldsymbol{M}(\boldsymbol{\theta})\ddot{\boldsymbol{\theta}}+\boldsymbol{V}(\boldsymbol{\theta},\dot{\boldsymbol{\theta}})+\boldsymbol{G}(\boldsymbol{\theta}) \tag{6.47}$$

当考虑关节的摩擦效应时,还应加入摩擦项,动力学方程应写为

$$\boldsymbol{\tau}=\boldsymbol{M}(\boldsymbol{\theta})\ddot{\boldsymbol{\theta}}+\boldsymbol{V}(\boldsymbol{\theta},\dot{\boldsymbol{\theta}})+\boldsymbol{G}(\boldsymbol{\theta})+\boldsymbol{F}(\boldsymbol{\theta},\dot{\boldsymbol{\theta}}) \tag{6.48}$$

式中:$\boldsymbol{M}(\boldsymbol{\theta})$ 为 $n\times n$ 的惯性矩阵,$\boldsymbol{V}(\boldsymbol{\theta},\dot{\boldsymbol{\theta}})$ 为 $n\times 1$ 的科氏力或向心力向量,$\boldsymbol{G}(\boldsymbol{\theta})$ 为 $n\times 1$ 的重力向量,$\boldsymbol{F}(\boldsymbol{\theta},\dot{\boldsymbol{\theta}})$ 为 $n\times 1$ 的摩擦力向量,$\boldsymbol{\theta}$ 为表示旋转关节或平移关节位移的 $n\times 1$ 向量,$\boldsymbol{\tau}$ 为表示旋转关节力矩或平移关节力的 $n\times 1$ 向量。

6.5.1 机器人线性化控制策略

设计一个基于模型的非线性控制策略,用它来抵消被控制系统的非线性;通过把系统简化为线性系统,它可以用单位质量系统中导出的简单的线性伺服法则来进行控制。从某种意义上来说,线性化控制法则是提供了一个受控系统的“逆模型”。系统中的非线性与逆模型中的非线性相抵消,这一点与伺服法则一起构成了一个线性闭环系统。

机械手系统方程为

$$\boldsymbol{\tau}=\boldsymbol{M}(\boldsymbol{\theta})\ddot{\boldsymbol{\theta}}+\boldsymbol{V}(\boldsymbol{\theta},\dot{\boldsymbol{\theta}})+\boldsymbol{G}(\boldsymbol{\theta})+\boldsymbol{F}(\boldsymbol{\theta},\dot{\boldsymbol{\theta}})$$

基于模型的控制法则为

$$\boldsymbol{\tau} = \boldsymbol{\alpha}\boldsymbol{\tau}' + \boldsymbol{\beta}$$

并且

$$\boldsymbol{\alpha} = \boldsymbol{M}(\boldsymbol{\theta})$$

$$\boldsymbol{\beta} = \boldsymbol{V}(\boldsymbol{\theta},\dot{\boldsymbol{\theta}}) + \boldsymbol{G}(\boldsymbol{\theta}) + \boldsymbol{F}(\boldsymbol{\theta},\dot{\boldsymbol{\theta}})$$

于是得到完全解耦系统——单位质量系统：

$$\boldsymbol{\tau}' = \ddot{\boldsymbol{\theta}} = \boldsymbol{I}_{n\times n}\ddot{\boldsymbol{\theta}} \tag{6.49}$$

对解耦系统实行比例-微分控制，即伺服法则为

$$\boldsymbol{u} = \ddot{\boldsymbol{\theta}}_{\mathrm{d}} + \boldsymbol{K}_{\mathrm{v}}\dot{\boldsymbol{E}} + \boldsymbol{K}_{\mathrm{p}}\boldsymbol{E} = \boldsymbol{\tau}' \tag{6.50}$$

式中：$\boldsymbol{E} = \boldsymbol{\theta}_{\mathrm{d}} - \boldsymbol{\theta}$，$\boldsymbol{\theta}_{\mathrm{d}}$ 为设定值。闭环系统结构如图 6.26 所示。

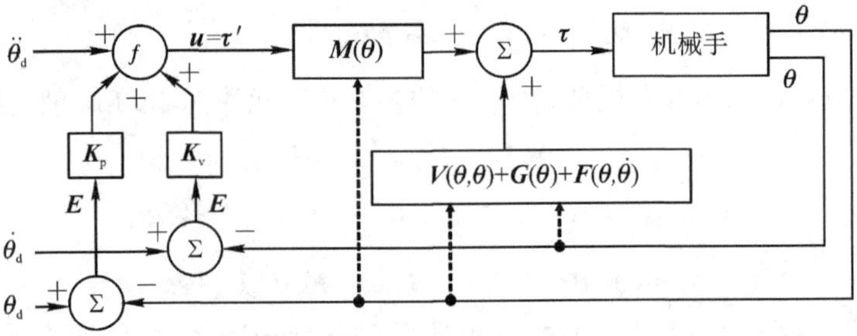

图 6.26　线性闭环系统

6.5.2　机器人伺服控制系统设计与分析

综合 6.5.1 节分析，可以设计机器人控制系统如下：

$$\boldsymbol{\tau} = \boldsymbol{\alpha}\boldsymbol{\tau}' + \boldsymbol{\beta} \text{ 和 } \boldsymbol{\tau}' = \ddot{\boldsymbol{\theta}}_{\mathrm{d}} + \boldsymbol{K}_{\mathrm{v}}\dot{\boldsymbol{E}} + \boldsymbol{K}_{\mathrm{p}}\boldsymbol{E}$$

式中：$\boldsymbol{\alpha} = \boldsymbol{M}(\boldsymbol{\theta})$，$\boldsymbol{\beta} = \boldsymbol{V}(\boldsymbol{\theta},\dot{\boldsymbol{\theta}}) + \boldsymbol{G}(\boldsymbol{\theta}) + \boldsymbol{F}(\boldsymbol{\theta},\dot{\boldsymbol{\theta}})$ 和 $\boldsymbol{E} = \boldsymbol{\theta}_{\mathrm{d}} - \boldsymbol{\theta}$。

在完全补偿、充分解耦和没有时滞的理想情况下，非线性系统解耦补偿后可实现 $\boldsymbol{\theta}(t) = \boldsymbol{\theta}_{\mathrm{d}}(t)$，如图 6.27 所示。这种情况显然无法实际做到，因为首先无法精确建模，必然存在未建模动态和随机干扰；其次，补偿器中无法实现纯微分环节，无法完全补偿控制对象中的时间滞后；最后，控制对象是连续时间过程，补偿器只能是离散时间过程，无法完全匹配。

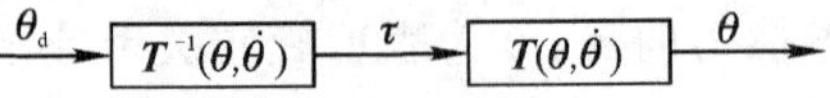

图 6.27　非线性补偿解耦系统

6.6　机器人控制器

在机器人系统中，机器人控制器是最为关键的部分，被誉为工业机器人的“大脑”。机器人控制器的主要任务是控制机器人在工作空间中的运动位置、姿态和轨迹，操作顺序及动作的时间等，并根据指令以及传感信息控制机器人完成一定的动作或作业任务。它是影响机器人性能的关键部分之一，决定了机器人系统性能的优劣。

6.6.1 机器人控制器的硬件结构

从硬件结构上看，传统机器人控制器主要分为两大类：基于 PC(personal computer，个人计算机)总线与基于 VME(versa module eurocard)总线的系统。由于 PC 具有成本低，具备开放性、完备的软件开发环境与良好的通信功能等优势，主流机器人厂商的控制器都是基于 PC 总线的。早期出现过“PC＋运动控制卡”、“IPC(industrial personal computer，工程机)＋运动控制卡”、基于 PLC(programmable logic controller，可编程逻辑控制器)等形式的控制系统。随着机器人技术以及计算机硬件和通信技术的的发展，“通用 PC＋工业实时以太网”的控制系统模式逐渐被各大机器人厂商，特别是初创机器人厂商所采用，目前已成为机器人控制器新的发展方向。因工业以太网技术具有通信速度快、网络集成度高、价位低等优势，目前机器人控制系统也趋于网络化发展。

EtherCAT 是一个开放架构，以以太网为基础的现场总线，由一个主站设备和多个从站设备构成。主站可以使用标准网卡实现，从站选用特定的 EtherCAT 从站控制器 ESC(EtherCAT slave controller)或者 FPGA 实现。因其实时性高、支持多种设备连接拓扑结构、标准开放等特点，目前被机器人控制系统广泛使用。对于机器人而言，EtherCAT 主站运行在控制器中，从站运行在机器人各个关节电机驱动器中。在网络控制中，一帧的数据就可以实现对节点内的所有伺服电机进行控制、参数在线修改与信息采集等工作，因此具有控制效率高、可拓展性强的优点。机器人控制器硬件拓扑框架如图 6.28 所示。

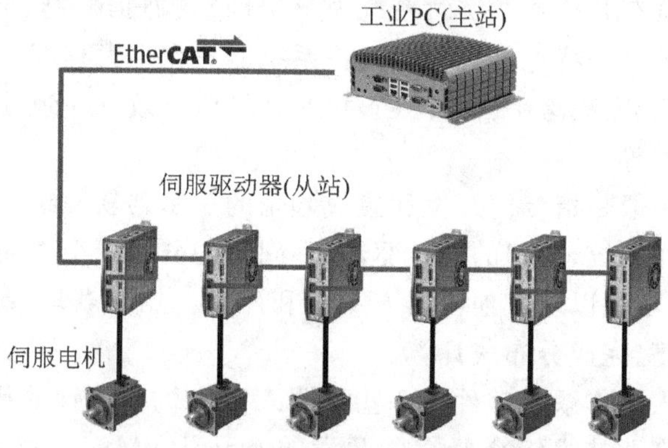

图 6.28 机器人控制器硬件拓扑框架

6.6.2 机器人控制器的软件结构

从机器人控制算法的处理方式来看，机器人控制器的软件可分为串行、并行两种结构类型。在串行处理结构方面，早期的机器人中一般采用单 CPU 结构、集中控制方式实现全部功能。后来发展为二级 CPU 结构或主从式结构，一级 CPU 负责运动规划及控制，并定时把运算结果存储到公用内存中，供二级 CPU 作为关节控制的输入使用。这类系统的两个 CPU 总线之间基本没有联系，仅通过公用内存交换数据，是一对松耦合的关系。采用更多的 CPU 进一步分散计算功能是很困难的。

机器人控制器软件进一步发展为多 CPU 结构或分布式结构，一般分为上、下两级结构，上层 CPU 负责运动规划与控制，下层由多个 CPU 组成，每个 CPU 控制一个机器人关节，这些 CPU 之间通过工业实时现场总线通信，可针对不同的要求选择合适的通信拓扑结构，其软件架构如图 6.29 所示。这种结构的控制器工作速度和控制性能明显提高，也是目前大多数国内外机器人厂商所采用的控制架构。

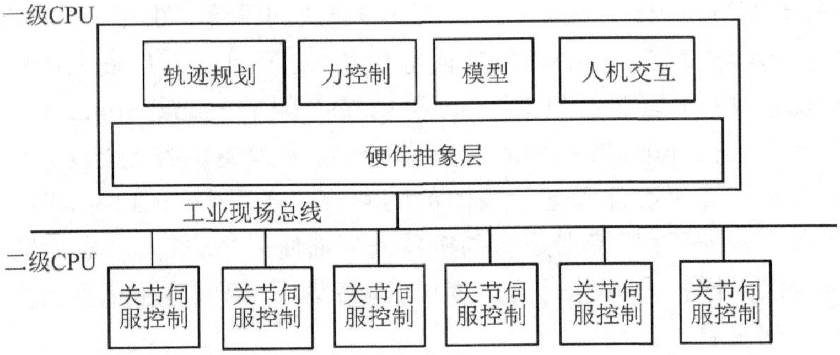

图 6.29　机器人控制器软件架构

目前，机器人控制器基本上都是机器人厂商基于自己的独立结构进行开发的，采用专用计算机。因此，开发具有开放式、网络化的控制器是当前机器人控制器的一个发展方向。

6.7　机器人操作系统

机器人操作系统具有开放式及实时系统内核、分布式通信机制、标准化机器人功能组件、智能一体化集成开发环境等特点。机器人操作系统能够在很大程度上解决目前机器人研发难度大、代码可重用性差和无法跨平台等问题，提升开发质量效率一致性，降低开发门槛，缩短开发周期和降低开发成本等。

机器人操作系统一般是指专门开发和集成起来的一系列软件组件，按功能层级具体包括：底层的实时计算机操作系统、专门的硬件驱动，中间层的分布式组件间的通信框架、调度器、功能库，顶层的集成开发环境以及其他机器人工具和库等。用于获取、编译、编辑代码以及在多个计算机之间运行程序，完成分布式计算。

较早出现的机器人操作系统软件是一些机器人研究机构设计的机器人中间件，比较著名的包括日本国立先进产业技术综合研究所开发的 OpenRTM-aist、欧洲机器人网络组织推出的 Orocos，以及 RoBoDK、YARP、MIRO 等。目前最著名的机器人中间件软件就是 RobotOperating System (ROS)。ROS 提供一系列程序库和工具，以帮助软件开发者创建机器人应用软件，它提供了硬件抽象、设备驱动、库函数、可视化、消息传递和软件包管理等诸多功能。

ROS 遵守 BSD(Berkeley software distribution，伯克利软件发行版)开源许可协议，ROS 2007年诞生于美国斯坦福大学，是一个适用于机器人的开源的元操作系统。它提供了操作系统应有的服务，包括硬件抽象、底层设备控制、常用函数的实现、进程间消息传递，以及包管理。它也提供用于获取、编译、编写和跨计算机运行代码所需的工具和库函数。在某些方面，ROS 相当于一种“机器人框架”(robot frameworks)。类似的“机器人框架”有 Player、YARP、Orocos、CARMEN、Orca、MOOS 和 Microsoft Robotics Studio。ROS 运行时的“蓝图”是一种基于通信基础结构的松耦合点对点进程网络，实现了几种不同的通信方式，包括基于同步 RPC 样式通信的服务(services)机制、基于异步流媒体数据的话题机制以及用于数据存储的参数服务器。

为了能够真正设计一款适用于所有机器人的操作系统，ROS2 在 2017 年底正式发布。ROS2 对 ROS 的整体架构进行了颠覆性更新：解决了 ROS 存在的诸多问题，增加了多机器人的支持，为多机系统的应用提供了标准化的方法和通信机制，满足了多机器人之间的通信和协作需求；提升了多机器人之间通信的网络性能，尽量保证大量数据的完整性和安全性；提高控制的时效性和整体机器人的性能。ROS2 中通信模型加入了 DDS 的通信机制，为实时控制需求提供基本保障，实现了在 Windows、Mac OS、Linux、RTOS 等系统上运行。图 6.30 为 ROS 与 ROS2 的系统框架对比图。

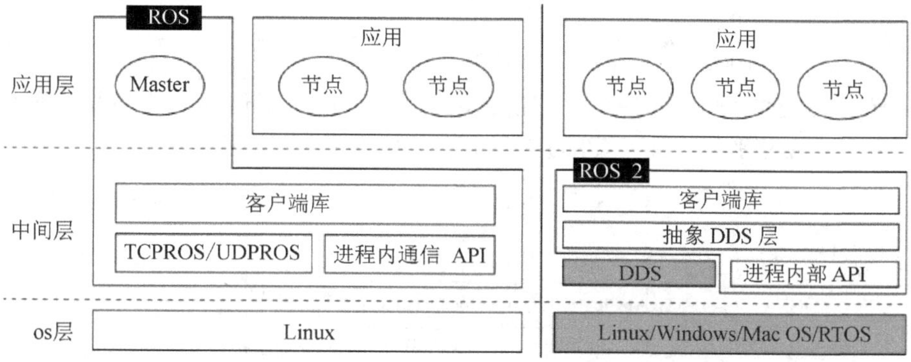

图 6.30　ROS 与 ROS2 的系统框架对比

国外的机器人公司对机器人操作系统的研发都十分重视。德国 KUKA(库卡)、瑞士 ABB、日本 FANUC(发那科)和 YASKAWA(安川)都研发了专用机器人操作系统：KUKA 和 ABB 采用“VxWorks＋自研运动控制算法”，而发那科和安川则采用“自研嵌入式操作系统＋自研运动控制算法”。德国 3S 公司研发的 CODESYS 是最具影响力的商用机器人开发平台，集成了机器人运行时的组件库和可视化开发环境，实时性高，在工业机器人领域应用比较广泛，但其存在封闭不开放的问题。目前国内机器人操作系统研究以服务类机器人为主，包括图灵机器人操作系统 Turing OS、小 I 机器人云操作系统 iBot OS、智能机器人操作系统 Roobo 等。

6.8　机器人控制算法 MATLAB 仿真实验

使用 Robotic Toolbox 进行机器人控制仿真，主要使用如下函数：

gravload：计算重力矩阵 $\boldsymbol{G}(\boldsymbol{q})$，G = robot. gravload(q)

inertia：计算惯性矩阵 $\boldsymbol{M}(\boldsymbol{q})$，M = robot. inertia(q)

coriolis：计算科氏力矩阵 $\boldsymbol{C}(\boldsymbol{q},\boldsymbol{q}_{\mathrm{d}})$，C = robot. coriolis(q,qd)

其中，robot 为建立的机器人模型，$\boldsymbol{q}$ 表示关节坐标，$\boldsymbol{q}_{\mathrm{d}}$ 表示关节速度。

6.8.1　机器人单关节位置控制算法 MATLAB 仿真实验

实验 6.1

实验要求：针对二关节机械臂 $\boldsymbol{D}(\boldsymbol{q})\ddot{\boldsymbol{q}}+\boldsymbol{C}(\boldsymbol{q},\dot{\boldsymbol{q}})\boldsymbol{q}=\boldsymbol{\tau}$，其中

$$\boldsymbol{D}(\boldsymbol{q})=\begin{bmatrix} p_1+p_2+2p_3\cos q_2 & p_2+p_3\cos q_2 \\ p_2+p_3\cos q_2 & p_2 \end{bmatrix}$$

$$\boldsymbol{C}(\boldsymbol{q},\dot{\boldsymbol{q}})=\begin{bmatrix}-p_3\dot{q}_2\sin q_2 & -p_3(\dot{q}_1+\dot{q}_2)\sin q_2\\ p_3\dot{q}_1\sin q_2 & 0\end{bmatrix}$$

取 $\boldsymbol{p}=[2.90\quad 0.76\quad 0.87\quad 3.04\quad 0.87]^{\mathrm{T}}$，$\boldsymbol{q}_0=[0.0\quad 0.0]^{\mathrm{T}}$，$\dot{\boldsymbol{q}}_0=[0.0\quad 0.0]^{\mathrm{T}}$。利用 MATLAB 完成机器人 PD 位置控制。

仿真实验：取位置指令 $\boldsymbol{q}_{\mathrm{d}}(0)=[1.0\quad 1.0]^{\mathrm{T}}$，给定独立的 PD 控制律为

$$\boldsymbol{\tau}=\boldsymbol{K}_{\mathrm{d}}\dot{\boldsymbol{e}}+\boldsymbol{K}_{\mathrm{p}}\boldsymbol{e}$$

式中：取 $\boldsymbol{K}_{\mathrm{d}}=\begin{bmatrix}100 & 0\\ 0 & 100\end{bmatrix}$，$\boldsymbol{K}_{\mathrm{p}}=\begin{bmatrix}100 & 0\\ 0 & 100\end{bmatrix}$

建立的仿真程序如图 6.31 所示。在阶跃输入下，经过控制仿真计算和绘制程序，将双力臂的输入、输出响应分别展现在 x_1 和 x_2 中，如图 6.32 和图 6.33 所示。

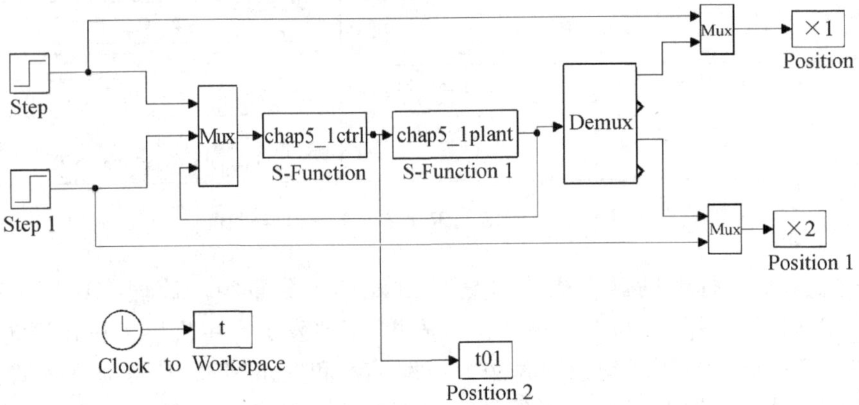

图 6.31　机器人 PID 仿真程序

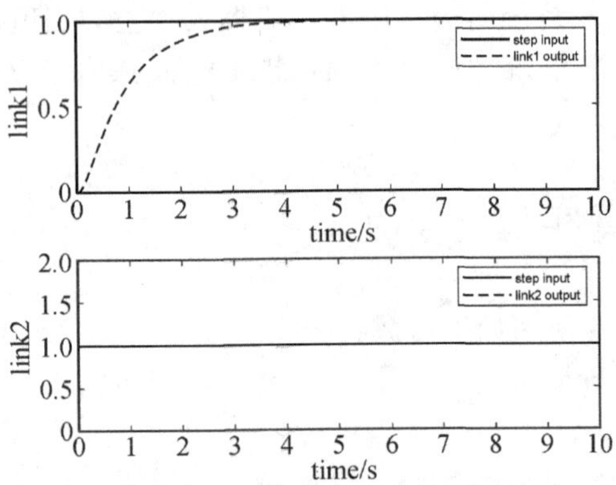

图 6.32　双臂的阶跃响应图

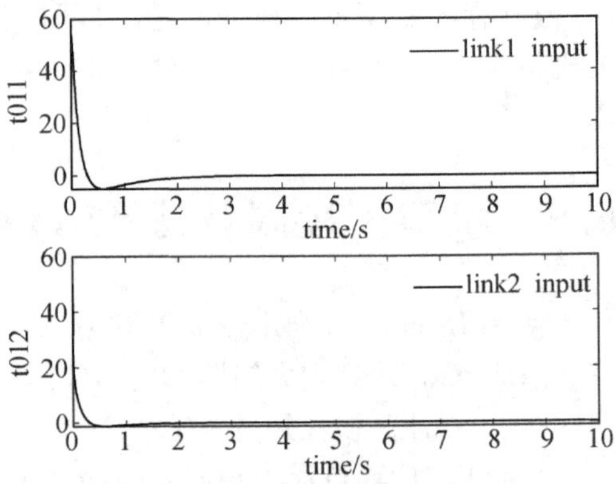

图 6.33　独立的 PD 控制输入信号

当改变参数 K_{d}、K_{p} 时，其实只要满足 $K_{\mathrm{d}}>0$、$K_{\mathrm{p}}>0$，都能获得比较好的仿真结果。

6.8.2　机器人动力学控制算法 MATLAB 仿真实验

实验 6.2

实验要求：XB4 机器人的连杆及关节见表 6.2，机器人采用动力前馈控制律，对阶跃信号控制下的动力学前馈控制进行仿真实验。

表 6.2　关节变量

连杆	变量	α	d/m	a/m
1	θ_1	90°	0.342	0.040
2	θ_2	0°	0	0.275
3	θ_3	0°	0	0.025
4	θ_4	0°	0.280	0
5	θ_5	0°	0	0.073
6	θ_6	90°	0	0

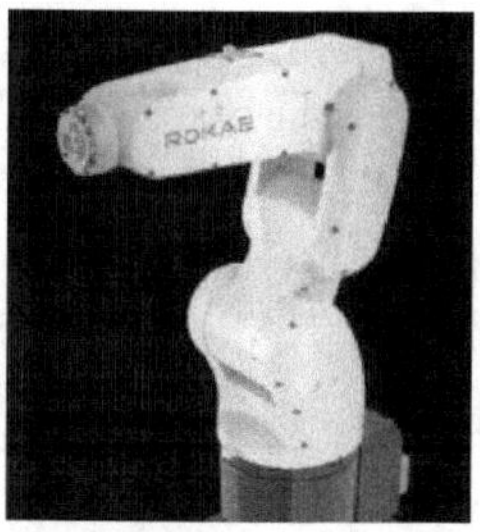

仿真实验:机器人前馈控制程序包括本体模块 Robot、PID 控制模块 PID Control、前馈控制模块 Idynamics 以及对期望输入信号求差分的计算模块和仿真示波器等,见图 6.34。

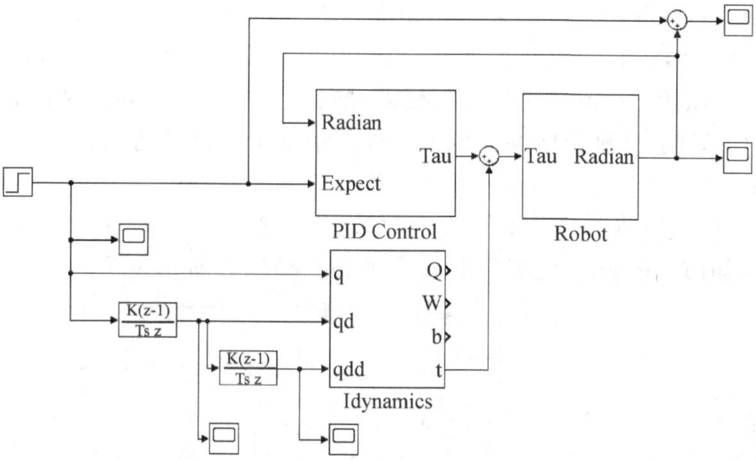

图 6.34　机器人前馈控制仿真系统图

仿真控制周期设为 0.001 s,首先使用阶跃信号作为系统输入,调节 PID 参数,如表 6.3 所列,得到对应仿真曲线。

表 6.3　内外环 PID 参数情况

序号	关节	速度环(内环)			位置环(外环)			阶跃信号(1 s 处)
		K'_P	K'_I	K'_D	K_P	K_I	K_D	
1	1	1	0.1	0.01	600	20	0.5	[1 0 0 0 0 0]
2		100	0.01	0.01	600	20	0.5	
3	2	50	0.01	0.01	600	20	0.5	
4	3	20	0.1	0.01	600	20	0.5	
5	4	20	0.1	0.01	100	5	0.5	
6	5	25	0.1	0.01	100	5	0.5	
7	6	10	0.1	0.01	100	3	0.2	

对于第 1 组实验(表 6.3 中关节 1 采用序号 1 参数),得到仿真结果如图 6.35 所示。

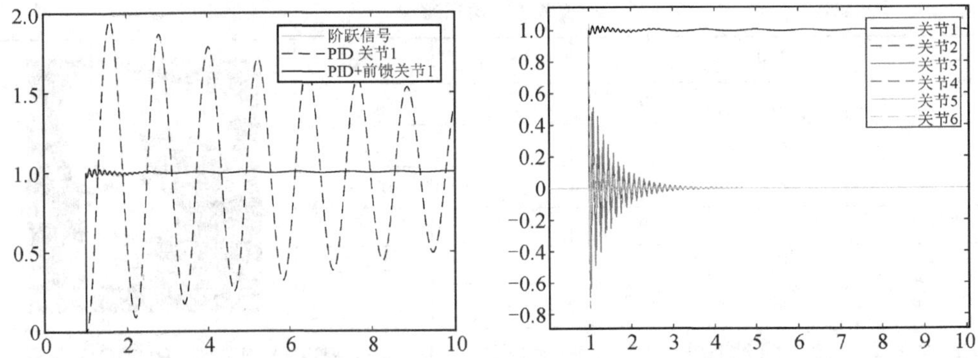

(a) PID+前馈仿真各关节响应曲线　　(b) 关节1在PID和PID+控制下的响应

图 6.35　PID＋动力学前馈仿真，各关节在阶跃信号下响应曲线

从图 6.35 中的曲线可以看出，单独 PID 控制时，关节 1 在本关节单独阶跃激励下的震动较大，增加逆动力学前馈后，关节 1 的控制效果得到很大改善。但要注意的是，逆动力学前馈对其他关节施加了影响，这种影响在计算误差较大情况下可能使得其他关节的控制效果不如单独 PID 控制好。

调整内环 PID 参数，改善单独 PID 控制效果(表 6.3 中关节 1，取序号 2 参数)，同样通过单独 PID 控制和加前馈控制两种方式进行，得到仿真结果如图 6.36 所示。

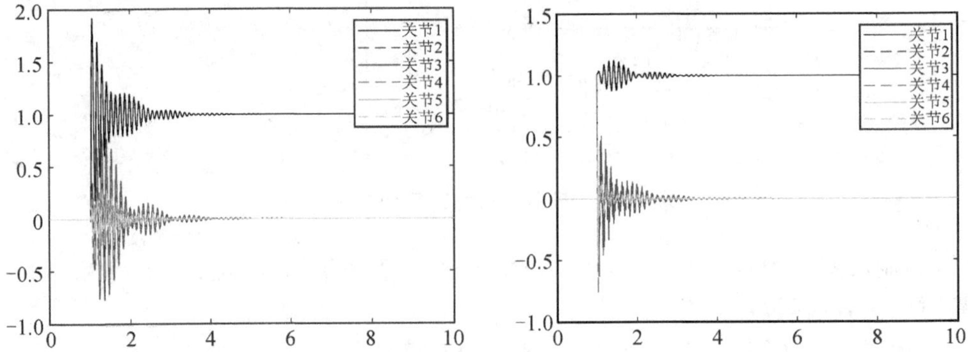

(a) 反PID控制，PID控制　　(b) PID+前馈控制

图 6.36　采用第 2 组参数仿真所有关节的阶跃响应曲线

通过图 6.36 可见，在添加逆动力学前馈后，在不同参数下依然比 PID 控制有一定的优化效果。

6.8.3　机器人阻抗控制算法 MATLAB 仿真实验

实验 6.3

实验要求：二关节机械臂采用阻抗控制

$$\boldsymbol{F}_e = \boldsymbol{M}_m(d^2\boldsymbol{x}_c - d^2\boldsymbol{x}_p) + \boldsymbol{B}_m(d\boldsymbol{x}_c - d\boldsymbol{x}_p) + \boldsymbol{K}_m(\boldsymbol{x}_c - \boldsymbol{x}_p)$$

在 MATLAB 中进行控制仿真实验。

仿真实验：设阻抗矩阵为 $\boldsymbol{M}_m = [1\quad 0\quad 0\quad 1]$，$\boldsymbol{B}_m = [10\quad 0\quad 0\quad 10]$，$\boldsymbol{K}_m = [50\quad 0\quad 0\quad 50]$；PD 控制器参数为 $\boldsymbol{K}_p = 500\text{eye}(2)$，$\boldsymbol{K}_d = 10\text{eye}(2)$，通过 MATLAB 仿真的结果见图 6.37 和图 6.38。

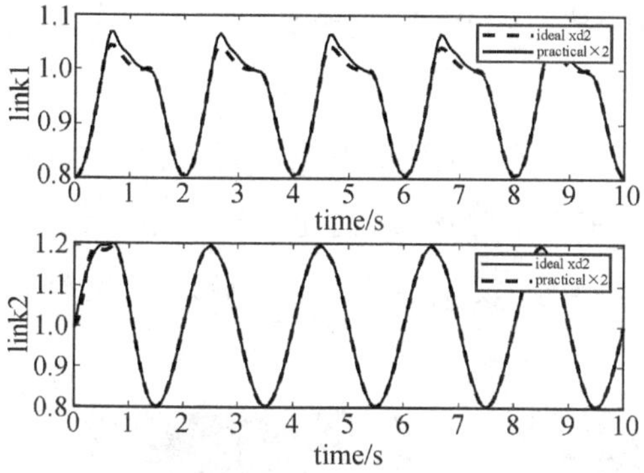

图 6.37　双关节臂运动轨迹

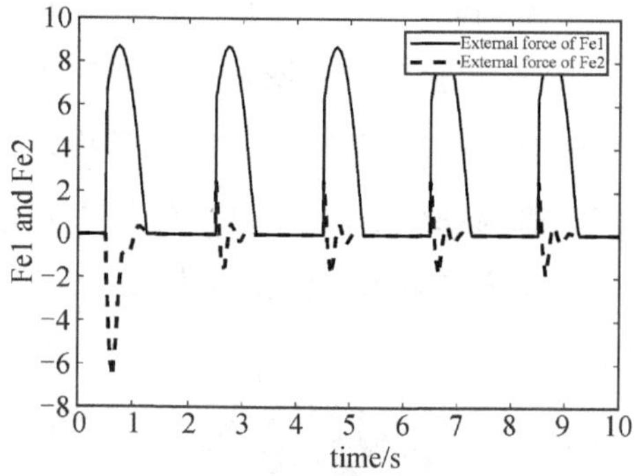

图 6.38　控制器输入

实验 6.4

实验要求：图 6.39 为一机器人受力过程图，对其进行阻抗控制，调节机器人的末端位置(笛卡儿坐标空间)和末端作用力之间的动态关系，以保证机器人在适当的柔顺运动过程中进行轨迹跟踪。

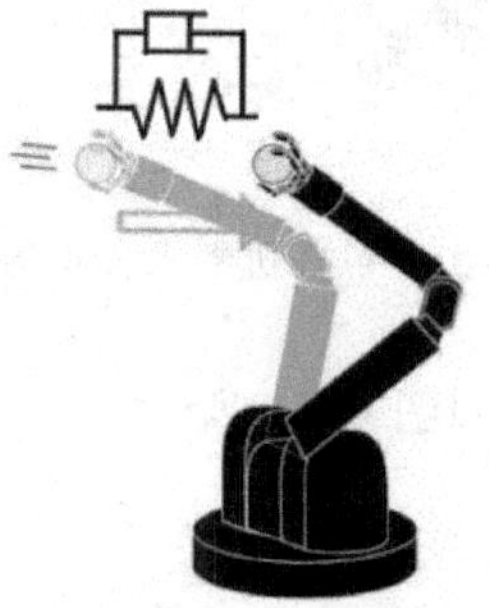

图 6.39　机器人受力过程

仿真实验：参考图 6.40 阻抗控制仿真框图，绘制机械臂运动轨迹及关节运动曲线。要求

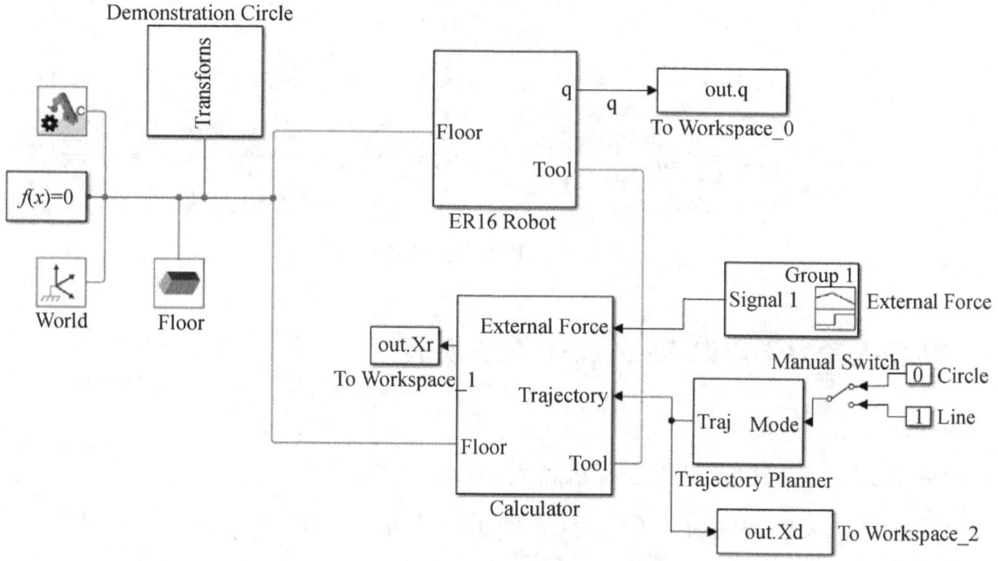

图 6.40　阻抗控制仿真框图

机械臂末端做圆周运动，运动过程受到两次干扰，在干扰力出现时，机械臂末端表现出阻抗特性，并以柔顺控制方式恢复至期望轨迹。

仿真结果如图 6.41 所示。机器人按照计划进行圆周运动，但在中途遇到干扰力，机器人末端被推离期望轨迹，但这时机器人并非迅速加大力矩以消除误差，而是呈现出阻尼特性，向外力的反方向输出弹性恢复力，以实现对外界干扰的“柔顺”反映。外力撤销后，弹性力恢复至期望轨迹。

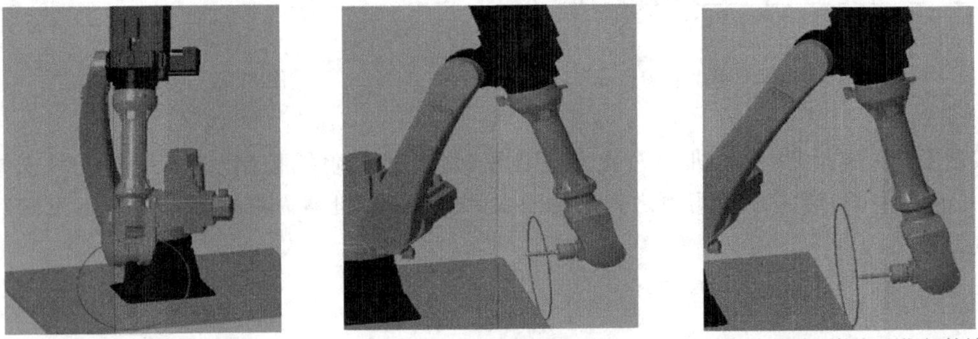

(a) 预计做圆周运动　(b) 外力作用下出现偏移　(c) 外力取消后恢复到期望轨迹

图 6.41　机器人运动仿真

仿真运动轨迹及关节运动曲线如图 6.42 所示。

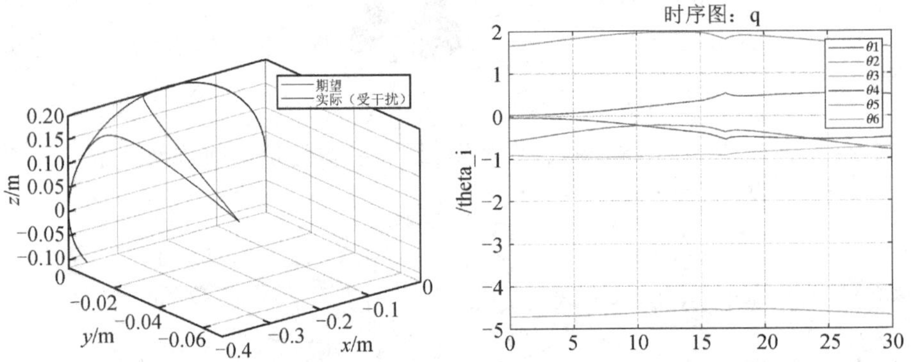

(a) 运动轨迹　(b) 关节运动曲线

图 6.42　机器人运动轨迹

6.8.4　机器人动力学辨识 MATLAB 仿真实验

实验 6.5

实验要求：给定二自由度刚性连杆机器人，其动力学模型为

$$\boldsymbol{M}(\boldsymbol{q})\ddot{\boldsymbol{q}} + \boldsymbol{C}(\boldsymbol{q},\dot{\boldsymbol{q}}) + \boldsymbol{G}(\boldsymbol{q}) + \boldsymbol{F}_{\mathrm{v}}\dot{\boldsymbol{q}} + \boldsymbol{f}_{\mathrm{c}}(\dot{\boldsymbol{q}}) = \boldsymbol{\tau}$$

只考虑围绕关节的连杆惯性矩，对该模型进行了简化，其中

$$\boldsymbol{M}(\boldsymbol{q}) = \begin{bmatrix} \theta_1 + \theta_2 \sin^2 q_2 & \theta_3 \cos q_2 \\ \theta_3 \cos q_2 & \theta_4 \end{bmatrix}, \boldsymbol{G}(\boldsymbol{q}) = \begin{bmatrix} 0 \\ -\theta_5 \sin q_2 \end{bmatrix}, \boldsymbol{f}_{\mathrm{c}}(\boldsymbol{q}) = \begin{bmatrix} \theta_8 \tanh(r\dot{q}_1) \\ \theta_9 \tanh(r\dot{q}_2) \end{bmatrix}$$

$$\boldsymbol{C}(\boldsymbol{q},\dot{\boldsymbol{q}}) = \begin{bmatrix} C_{11} & C_{12} \\ C_{21} & C_{22} \end{bmatrix}, C_{11} = \frac{1}{2}\theta_2 \dot{q}_2 \sin 2q_2, C_{21} = -\frac{1}{2}\theta_2 \dot{q}_1 \sin 2q_2, \boldsymbol{F}_{\mathrm{v}} = \begin{bmatrix} \theta_6 & 0 \\ 0 & \theta_7 \end{bmatrix}$$

$$C_{12} = -\theta_3 \dot{q}_2 \sin q_2 + \frac{1}{2}\theta_2 \dot{q}_1 \sin 2q_2, C_{22} = 0$$

$$\theta_1 = m_1 I_1^2 + I_1 + m_2 L_1^2,\quad \theta_2 = m_2 I_2^2,\quad \theta_3 = L_1 I_2 m_2,\quad \theta_4 = m_2 I_2^2 + I_2,$$

$$\theta_5 = I_2 m_2 g,\quad \theta_6 = f_{\mathrm{v1}},\quad \theta_7 = f_{\mathrm{v2}},\quad \theta_8 = f_{\mathrm{C1}},\quad \theta_9 = f_{\mathrm{C2}}$$

利用 MATLAB 设计辨识实验，采用 PD 闭环进行力矩控制机械臂，输入激励轨迹为

$$\boldsymbol{q}_{\mathrm{d}}(t) = \begin{bmatrix} \sin\omega_1 t \\ 1.5\sin(\omega_2 t + \pi) \end{bmatrix} (\mathrm{rad})$$

式中：$\omega_1 = \pi(\mathrm{rad/s})$，$\omega_2 = 0.4\pi(\mathrm{rad/s})$。

仿真实验：

采集的关节值须先进行滤波，图 6.43 是 q 的滤波前后比较图。按照前文介绍的步骤利用最小二乘法辨识动力学参数，得出参数估计值，见表 6.4。仿真结果如图 6.44 所示。

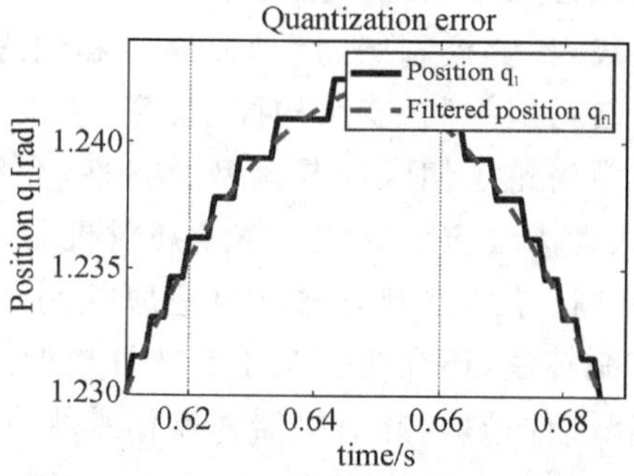

图 6.43　从编码器测量的位置信号 q_1 与滤波后的位置信号 q_{f1} 比较

表 6.4　二自由度机械臂估计参数

参数	数值	参数	数值
θ_1	0.02587	θ_6	0.00090
θ_2	0.00107	θ_7	0.00033
θ_3	0.00151	θ_8	0.00773
θ_4	0.00111	θ_9	0.00543
θ_5	0.09007		

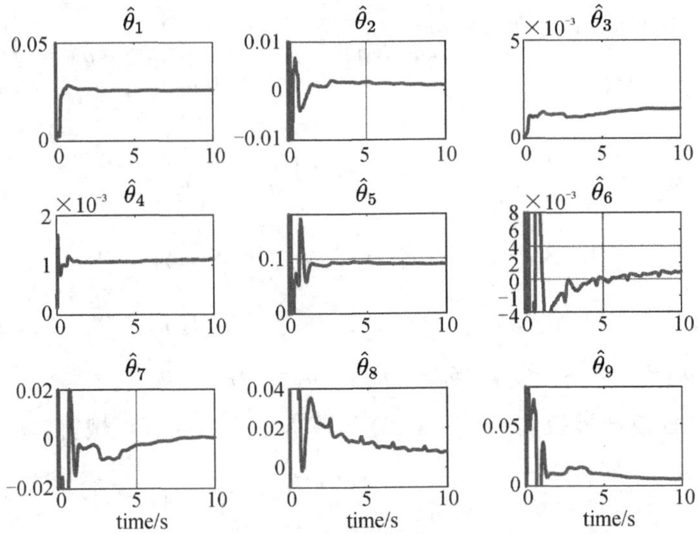

图 6.44　二自由度机械臂参数估计结果仿真图

6.9　本章小结

机器人是一种多变量、非线性动态系统。控制系统从物理上分为二级：运动控制器、伺服控制器；在逻辑上一般分为三级：作业控制级、运动控制级和伺服控制级。PID 控制是机器人最常用的控制方法，此外还有自适应控制、变结构控制、鲁棒控制、非线性控制等控制方法。

对机器人的位置控制，本章讨论了伺服环节模型及特性，介绍了单关节位置控制方法、多关节动力学前馈控制及机器人动力学辨识算法。本章还对机器人的力和位置混合控制方法进行了介绍，特别描述了阻抗控制、导纳控制方法。自适应控制是机器人控制中流行的一种方法，本章重点介绍了自适应控制算法，还介绍了基于非线性模型的机器人解耦控制方法。本章最后介绍了机器人控制器的软硬件结构，并对机器人操作系统进行了讨论。

习题

6.1　如果操作臂负载惯性矩 J_L 在 $2 \sim 8\ \text{kg}\cdot\text{m}^2$ 之间的变化，电机轴惯性矩 $J_m = 0.01\ \text{kg}\cdot\text{m}^2$，减速比 $n = \frac{1}{40}$，求等效惯性矩的最大值和最小值。

6.2　如图 6.45 所示的质量-弹簧阻尼系统，系统参数 $m = 1, b = 1, k = 1$，驱动力为 f。

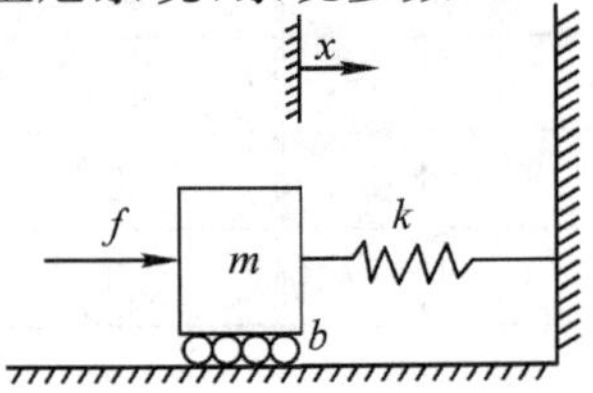

图 6.45　带驱动控制的质量-弹簧阻尼系统

(1)写出系统的动态方程表达式。

(2)按 PD 控制器的形式设置驱动力 f，并选择合适的控制增益和 k_p 和 k_v，使系统变成临界阻尼系统，且满足闭环系统刚度为 16。

6.3　如图 6.46 所示的质量-弹簧阻尼系统，系统参数 $m=1, b=1, k=1$，驱动力为 f。

(1)写出系统的动态方程表达式。

(2)按控制规律分解的形式设计驱动力 $f=\alpha f'+\beta$，使闭环系统简化为单位质量系统，其中 ∝、β 为模型控制部分，f 为伺服控制部分。写出具体 ∝、β、f 的表达式。

(3)设计 f' 中比例控制增益 k_p 和微分控制增益 k_v，使闭环系统满足临界阻尼的性质，且刚度为 16。

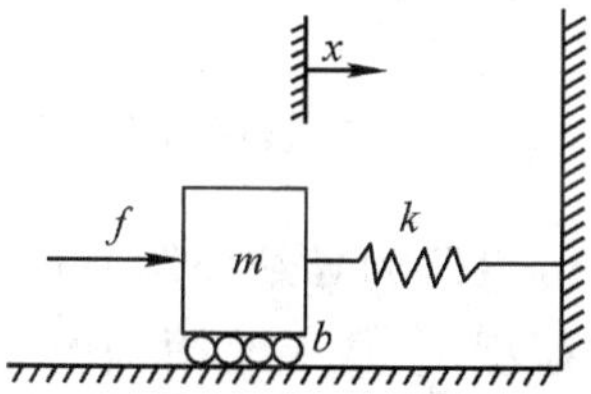

图 6.46　带驱动控制的质量-弹簧阻尼系统

6.4　直接力控制方法和间接力控制方法的区别？常见的间接力控制方法有哪些？

6.5　画出阻抗控制的原理图，并说明设计步骤。

6.6　阻抗参数选取原则？

6.7　图 6.47 场景使用力位混合控制方法，回答哪些方向是力控制，哪些方向是位置控制，对应的位控模式矩阵 $\boldsymbol{S}$ 和力控模式矩阵如何选择？

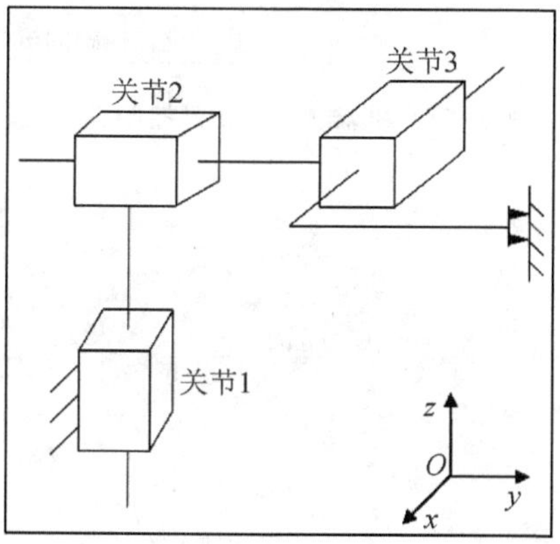

图 6.47　带驱动控制的质量-弹簧阻尼系统

6.8　论述机器人自适应控制与鲁棒控制的区别？

6.9　画出阻抗控制的原理图，并说明各部分之间的关系。

6.10　根据机械臂系统的动力学模型 $\boldsymbol{M}(\boldsymbol{q})\ddot{\boldsymbol{q}}+\boldsymbol{C}(\boldsymbol{q},\dot{\boldsymbol{q}})\dot{\boldsymbol{q}}+\boldsymbol{D}(\boldsymbol{q})=\boldsymbol{\tau}$，设计基于回归矩阵的自适应控制器 $\boldsymbol{\tau}$，使得关节角度 $\boldsymbol{q}$ 跟踪期望角度 $\boldsymbol{q}_{\mathrm{d}}$。其中模型参数矩阵 $\boldsymbol{M}(\boldsymbol{q})$、$\boldsymbol{C}(\boldsymbol{q})$、$\boldsymbol{D}(\boldsymbol{q})$ 未知。

6.11　考虑非线性系统 $\dot{x}(t)=f(x)+u(t)$，已知不确定项满足 $f(x)=\alpha\varphi(x)$，其中参数 α

未知，请设计自适应控制器 $u(t)$，使得 $x(t)\to x_d(t)$，并画出自适应控制的框图。

MATLAB 仿真实验作业

实验作业 6.1　按如图 6.48 所示原理图，利用动力学前馈控制算法实现 6 关节机器人位置控制，并进行仿真实验。被控对象为 PUMA560。

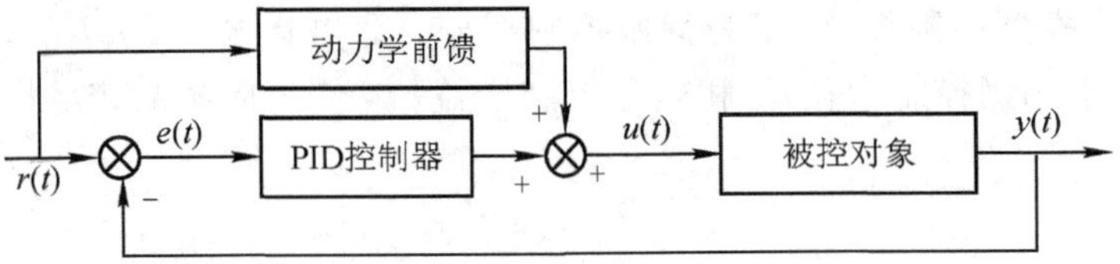

图 6.48　前馈控制原理图

实验作业 6.2　基于末端力矩传感器的导纳控制原理如图 6.49 所示，力矩传感器与外界的接触力为 F_e，通过一个二阶导纳模型，生成一个附加的位置，用此附加位置去修正预先设定的位置轨迹，最终送入位置控制内环，完成最终的位置控制。请设计导纳控制算法，并进行算法仿真实验。机器人为 PUMA560。

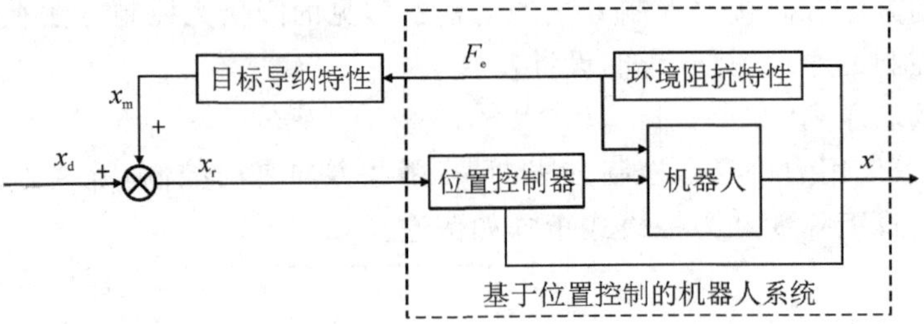

图 6.49　机器人力/位置控制原理图

智能篇

第 7 章　机器人视觉控制

机器人是自动化时代的代表性产物，但没有感知系统的机器人其自动化和智能化程度都十分有限。机器人视觉需要将视觉信息与机器人运动过程相结合，以保证机器人能够感知环境及目标，从而引导并辅助机器人工作。

目前机器人视觉已广泛应用于各类机器人，以完成引导定位、物品检测、分类测量和识别数字标签(二维码)等任务。在服务机器人中，机器人视觉主要用于即时定位与地图构建、智能导航、避障和场景目标识别等。与单纯的计算机视觉研究不同，机器人视觉必须将运动学、轨迹规划等机器人技术融入其算法中，以保证机器人运动精度并使其适应实际物理环境。机器人利用视觉传感器检测机器人位置，并对该信息进行反馈控制，以精确控制机器人运动。

本章从机器人视觉系统简述出发，重点讨论机器人视觉标定、视觉伺服运动控制、视觉识别与定位和三维点云数据处理等内容。

7.1　机器人视觉系统简述

7.1.1　机器人视觉系统组成

机器人视觉系统的组成如图 7.1 所示，主要由相机、镜头、光源、图像采集卡、图像处理系统和机器人系统等组成。按照相机的数目不同，机器人视觉系统可分为单目机器人视觉系统、双目机器人视觉系统和多目机器人视觉系统。按照相机放置位置的不同，机器人视觉系统可分为手眼系统和固定相机系统。

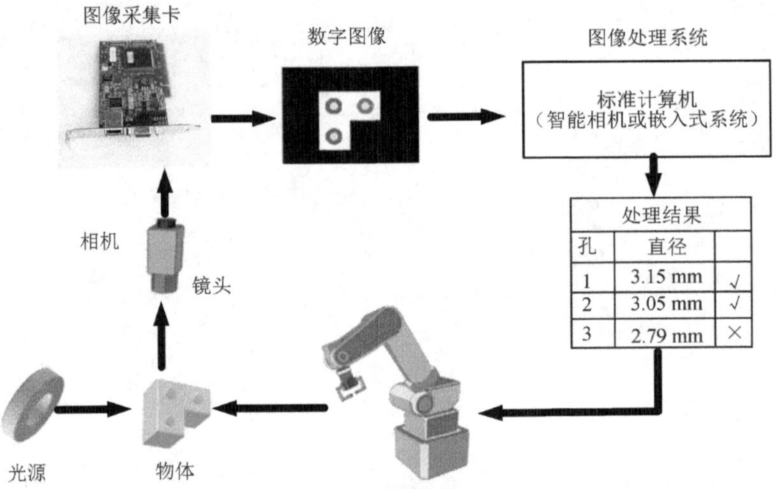

图 7.1　机器人视觉系统组成

1. 工业相机

工业相机按照芯片类型可以分为电荷耦合器件(charge coupled device,CCD)相机、互补金属氧化物半导体(complementary metal oxide semiconductor,CMOS)相机;按照传感器的结构特性可以分为线阵相机和面阵相机;按照扫描方式可以分为隔行扫描相机和逐行扫描相机;按照分辨率大小可以分为普通分辨率相机和高分辨率相机;按照输出信号方式可以分为模拟相机和数字相机;按照输出色彩可以分为单色(黑白)相机和彩色相机。

线阵相机也称为线扫描相机,传感器通常由一行或者多行感光芯片构成。成像时需要通过机械运动,形成拍摄物与相机的相对运动,从而得到实际场景的图像。线阵相机具有结构简单、成本低、灵敏度高和动态范围广等优点。面阵相机每次采集若干行图像并以帧方式输出,以获取二维图像信息,其测量图像直观。面阵相机的像元总数多,而每行的像元数一般较线阵相机少,面阵相机在面积、形状、尺寸和位置等参数测量中应用十分广泛。

工业相机的主要参数包括分辨率、像素深度、像元尺寸、帧速率、曝光方式、快门速度和传感器尺寸等。

2. 工业镜头

在机器人视觉系统中,镜头的主要功能是将目标物体成像至 CCD 等图像传感器的光敏面上,以实现光束变换,即光束调制。镜头的质量好坏直接关系到机器人视觉系统的整体性能。因此,在机器人视觉系统中应对镜头进行合理选择和安装。

工业镜头的主要参数包括视场、工作距离、景深和焦距等。视场也称视野范围,是指观测物体的可视范围,即充满相机采集芯片的物体部分;工作距离是指从镜头前部到受检验物体的距离,即清晰成像的表面距离分辨率;景深是指物体离最佳焦点较近至较远时,镜头保持所需分辨率的能力;焦距是指从透镜的光心到光聚集之焦点的距离。

工业镜头选型需要考虑的因素主要包括视场、工作距离、景深、焦距、与相机的接口类型,以及安装空间等。

3. 相机光源

在机器人视觉系统中,获得一张高质量可处理的图像至关重要。要保证良好的图像质量,通常需要选择合适的光源。常用的相机光源主要包括环形光源、背光源、条形光源、线形光源和点光源等。

光源选型主要考虑对比度、亮度和鲁棒性。好的光源需要能够提高图像对比度和亮度,从而增强待检测目标的特征。

4. 图像采集卡

在采用模拟工业相机的图像采集系统中,图像采集卡就是连接图像采集与图像处理这两大板块的重要组件,其功能是实现模拟信号向数字信号的转换,对于整个机器人视觉系统图像采集工作起着重要的作用。

图像采集卡选型主要考虑传输通道数、采样频率、帧和场。传输通道数是指利用同一块图像采集卡同时进行转换的图像数目;采样频率是指图像采集卡进行图像采集的频率,采样频率越高,则表示图像采集卡处理图像的速度越快;对一个视频信号,可以通过一系列帧进行渐进采样,也可以通过一个序列的隔行扫描的场进行隔行扫描采样。

7.1.2 视觉图像处理

1. 图像滤波

图像滤波的目的包括:①提取对象的特征作为图像识别的特征模式;②适应图像处理要求,以消除图像数字化时所混入的噪声。图像滤波过程应不能损坏图像的轮廓和边缘等重要信息,并且使图像清晰,视觉效果好。图像滤波处理效果直接影响后续图像处理和分析的有效性和可靠性。常见的图像滤波方法包括均值滤波、中值滤波、高斯滤波和双边滤波等。

1)均值滤波

均值滤波是一种线性滤波方法,其利用边长为 S 的正方形均值滤波器模板对原始图像进行二维卷积,从而用原始图像中待滤波的像素点邻域内的各像素点灰度平均值代替该待滤波像素点的灰度值。假设 $f(x,y)$ 是原始图像的灰度函数,均值滤波器模板尺寸为 $S\times S$,均值滤波后的图像灰度函数为 $g(x,y)$,则 $g(x,y)$ 与 $f(x,y)$ 满足

$$g(x,y)=\frac{1}{M}\sum_{i,j\in s}f(i,j) \tag{7.1}$$

式中:$M=S^2$,s 为以点 (x,y) 为中心的均值滤波窗口,(i,j) 为均值滤波窗口 s 内各像素点的坐标。

均值滤波能够有效滤除原始图像中的线性噪声,其滤波速度快;但均值滤波会造成原始图像局部细节的丢失,从而使滤波后的图像变模糊,即滤波窗口越大,则滤波后的图像越模糊。

2)中值滤波

中值滤波是一种非线性滤波方法,对于原始图像中待滤波的像素点,用其邻域中各像素点灰度中值代替该待滤波像素点的灰度值。中值滤波后的图像灰度函数 $g(x,y)$ 和原始图像的灰度函数 $f(x,y)$ 的关系为

$$g(x,y)=\mathrm{Med}[f(i,j)] \tag{7.2}$$

中值滤波具有原理简单、滤波速度快等优点,并且在滤除噪声的同时,能够有效保留图像的边缘信息,使其不被模糊。

2. 图像分割

图像分割是将图像分成若干个具有相同属性且互不重叠的区域的过程,其中图像在相同区域内其灰度、颜色或纹理具有相似性,而不同区域之间具有明显的差异性。由于图像存在阴影、光照、重叠等因素的影响,其分割结果具有一定的不确定性。

1)基于阈值的图像分割

基于阈值的图像分割方法,其基本思想是选取合适的灰度阈值,通过图像中各像素的灰度值和该灰度阈值的比较,将各像素划分到不同的类别中。阈值分割方法可以看成原始图像 f 到分割图像 g 的变换,即

$$g(i,j)=\begin{cases}1 & f(i,j)\geqslant T\\ 0 & f(i,j)< T\end{cases} \tag{7.3}$$

式中:T 为灰度阈值。

基于阈值的图像分割方法具有原理简单、分割速度快等优点，但其对噪声敏感，难以分割灰度差异不明显或结构较为复杂的图像。

2)基于区域的图像分割

基于区域的图像分割方法的基本思想是将图像根据相邻各像素点特性的相似性进行分割，主要可以分为三类：区域生长法、分水岭法和区域分裂合并法。基于区域的图像分割方法能够有效克服图像分割空间小的缺点，具有良好的区域特征，但其易受噪声的干扰，从而造成图像的过分割。

区域生长法的原理为：首先定义种子生长规则，选择若干生长种子作为区域生长的起始点，再按照生长规则对种子四周各点求其相似度，若满足生长规则，则将邻域中的种子归并到种子所在的区域，反之则继续寻找；当区域中有新的像素时，则将新的像素作为种子，重复上述过程，直到找不到满足条件的像素为止。

具体算法示意图如图 7.2 所示。种子用灰色加粗字体表示，形成的区域用灰色底纹表示，图(a)中选择数字 2 作为种子，而生长规则定为像素差值的绝对值为 1 则合到区域中，如图(b)所示。在图(a)中，再选择数字 3 作为区域内新的种子，而灰色数字部分则为生长的区域。如上述步骤重复，3 作为新的种子继续生长，则最后的区域如图(c)所示。在图(c)中，像素点 7 和 8 不能按照生长规则继续生长，从而新的生长区域就是图(c)中的灰色部分。

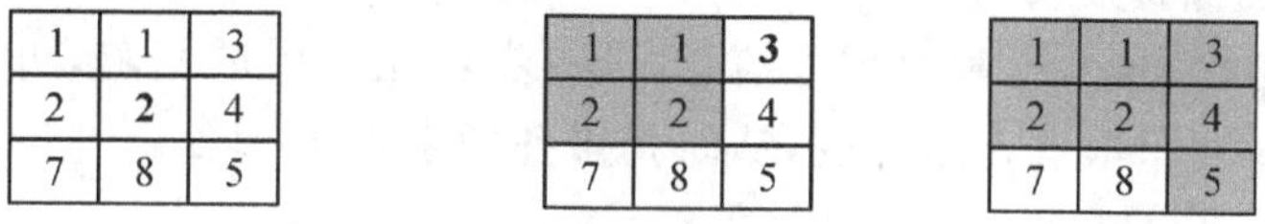

(a) 选择数字2作为种子 (b) 选择数字3作为新的种子 (c) 生长区域

图 7.2 区域生长法示意图

3)基于边缘的图像分割

基于边缘的图像分割方法的基本思想是利用边缘检测方法找到图像边缘，再根据边缘信息进行图像分割。通常不同区域之间的边缘，其像素灰度值的变化较为剧烈，可利用灰度的一阶或二阶微分算子进行边缘检测。常用的边缘角点和兴趣点检测器有 Canny(坎尼)边缘检测器、Harris(哈里斯)角点检测器、SIFT(scale invariant feature transform，尺度不变特征变换)检测器和 SURF(speeded up robust feature，加速鲁棒特征)检测器等。

基于边缘的图像分割方法具有搜索检测速度快、边缘检测精度高等优点，但其难以获得良好的区域结构，并且边缘检测过程中检测精度越高，其抗噪性越差，通常适用于低噪声、区域间边缘明显的图像分割。

4)基于小波变换的图像分割

利用小波变换的图像分割方法的基本思想是采用由粗到细的图像分割过程，起始分割由粗略的 L_2 子空间上投影的直方图来实现，再利用直方图在精细的子空间上对小波系数逐步进行细化分割。基于小波变换的图像分割方法通过空域和频域的局域变换以有效提取图像信息，通过伸缩和平移等运算对图像进行多尺度分析，从而解决傅里叶变换难以解决的诸多问题。该类方法通常适用于能够提取多尺度边缘，通过图像奇异度计算和估计能够对边缘类型进行区分的情况。

3. 图像特征提取

图像特征提取是对图像中的关键信息进行提取的过程，它是图像分割、分类和识别的重要基础。图像特征通常可分为四大类，即颜色特征、纹理特征、形状特征和空间关系特征。每一类特征均具有其自身特点和适用范围。传统的图像特征提取方法主要包括方向梯度直方(histogram of oriented gradient，HOG)图法、局部二值模式(local binary pattern，LBP)法和类哈尔(Haar-like)特征法等。

1)方向梯度直方图法

方向梯度直方图特征是一种用于目标检测的特征描述子，其特征由图像局部区域内的梯度方向直方图的统计向量组成。方向梯度直方图算法步骤如下。

步骤 1：标准化 Gamma(伽马)空间和颜色空间。

首先对图像进行归一化处理，以减少光照因素的影响。由于局部的表层曝光对图像纹理强度影响较大，为此，一般采用如下的 Gamma 压缩处理以有效降低图像局部的阴影和光照变化：

$$H(x,y)=H(x,y)^{\text{Gamma}} \tag{7.4}$$

式中：$H(x,y)$为像素点(x,y)的灰度值。

步骤 2：计算图像梯度。

为了有效获得轮廓、人影和纹理等信息，进一步弱化光照的影响，可通过计算图像中各像素点的水平方向梯度和垂直方向梯度，从而获得各像素点的梯度。各像素点的水平方向梯度和垂直方向梯度计算公式为

$$\begin{aligned}G_x(x,y)&=H(x+1,y)-H(x-1,y)\\G_y(x,y)&=H(x,y+1)-H(x,y-1)\end{aligned} \tag{7.5}$$

式中：$G_x(x,y)$和$G_y(x,y)$分别为输入图像中像素点(x,y)处的水平方向梯度和垂直方向梯度。

像素点(x,y)处的梯度大小和梯度方向分别为

$$\begin{cases}G(x,y)=\sqrt{G_x{}^2(x,y)+G_y{}^2(x,y)}\\\theta(x,y)=\arctan\dfrac{G_y(x,y)}{G_x(x,y)}\end{cases} \tag{7.6}$$

步骤 3：为每个单元格构建梯度方向直方图。

该步骤的目的是为局部图像区域提供一个特征编码。将图像分成若干个单元格，假设每个单元格为 6×6 个像素，采用 9 个 bin 的直方图来统计这单元格中 36 个像素的梯度信息。将单元格的 360°梯度方向分为 9 个方向块，如图 7.3 所示。若某个像素的梯度方向是 20°～40°，则直方图第 2 个 bin 的计数就加 1，将单元格内每个像素均进行直方图加权投影，从而获得该单元格的梯度方向直方图，即九维特征向量。

步骤 4：将单元格组合成大的 block(块)，归一化 block 内的梯度直方图。

为了进一步压缩光照、阴影和边缘对特征描述子的影响，对梯度强度进行如下的归一化处理：把各个单元格组合成空间连通、大的区间(blocks)，从而将一个 block 内所有单元格的特征向量进行串联，以获得该 block 的 HOG 特征，将归一化的 block 描述向量称为 HOG 描述符。

步骤 5：收集 HOG 特征。

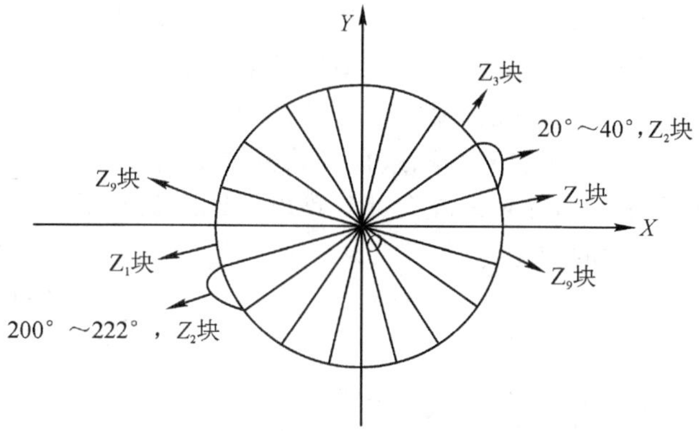

图 7.3　梯度方向分块示意图

收集检测窗口中所有重叠的 block 的 HOG 特征，从而获得最终的 HOG 特征向量。

HOG 特征具有如下优点：①HOG 特征对旋转变化和无照变化均具有良好的不变性；②HOG特征能够有效描述物体的形状和纹理信息。

2）局部二值模式法

局部二值模式法作为一种描述图像局部纹理特征的算子，具有旋转不变性和灰度不变性等优点。局部二值模式法步骤如下：以 3×3 窗口的中心像素点的灰度值为阈值，中心像素点 3×3 邻域内 8 个像素点的灰度值与该阈值进行比较，若周围像素点的灰度值大于该阈值，则该周围像素点的位置记为 1，否则为 0。由此，3×3 邻域内的 8 个周围像素点经比较能够产生 8 位二进制数（共 256 种），将其转换为十进制数，即可获得该中心像素点的 LBP 值。由于 LBP 表示中心像素点与邻域像素点之间的差值，当光照变化时 3×3 窗口内所有像素点的灰度值将同时增加或同时减小，其 LBP 值变化较小，因此，LBP 能够检测对图像的纹理信息，其对光照变化不敏感。

3）类哈尔特征法

类哈尔特征法通过检测窗口中指定位置的相邻矩形，计算每一个矩形的像素和并取其差值，从而根据这些差值对图像子区域进行分类，其计算速度非常快。哈尔（Haar）特征分为边缘特征、线性特征、中心特征和对角线特征等，通过组合形成特征模板。特征模板内具有白色矩形和黑色矩形，将白色矩形像素和与黑色矩形像素和的差值作为该特征模板的特征值，其反映了图像的灰度变化情况。由于矩形特征只对一些简单的边缘、线段等图形结构较为敏感，因此它只能描述水平、垂直和对角等特定走向的结构。

7.1.3　机器人三维视觉系统

三维视觉技术能够有效提高智能机器人对环境的感知和适应能力，它在智能制造的产品质量检测、视觉驱动控制等领域具有广泛的应用前景，按结构分主要有立体视觉法、结构光法和激光扫描法等。

1. 立体视觉法

立体视觉法模仿人类视觉系统的距离估计和三维重建过程，利用两个（或多个）存在一定距离或夹角的相机对同一物体或场景采集图像数据，并根据空间点在各图像上对应的投影点与相机的基本矩阵的线性关系来计算该空间点的三维坐标，以获取物体或场景的三维信息，其原理图如图 7.4 所示。立体视觉法主要包括图像获取、相机标定、图像匹配和三维重建等过程，其中图像匹配是立体视觉中至关紧要的核心问题，它也是立体视觉中最困难的问题。由于立体视觉中图像获取过程易受阴影和光照条件等因素的影响，无法稳定、可靠地提取图像中的特征信息，通常图像匹配过程的计算量较大并且难以获得准确的图像匹配结果，因而限制了立体视觉法在复杂场景感知中的应用。

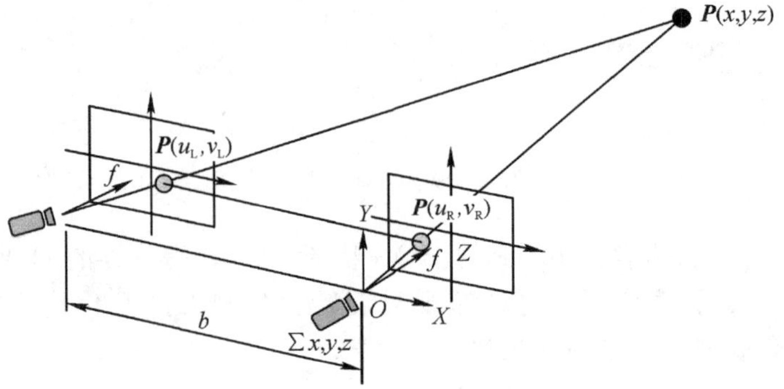

图 7.4　立体视觉法测量原理图

2. 结构光法

结构光法是一种由可控光源和相机构成的三维信息测量技术，其基本思想是将具有特定结构模式的光源投射到被测物体表面产生光条纹，根据相机捕获的物体表面光条纹的模式变形来获取物体表面的三维信息。结构光法根据光源产生的光条纹的不同，可以分为点结构光法、线结构光法、多光条结构光法和面结构光法等，其中线结构光法将激光扫描线投射到物体表面，并根据相机捕获的物体表面激光轮廓线的变形，直接计算轮廓线上各点的三维坐标，其测量原理图如图 7.5 所示。

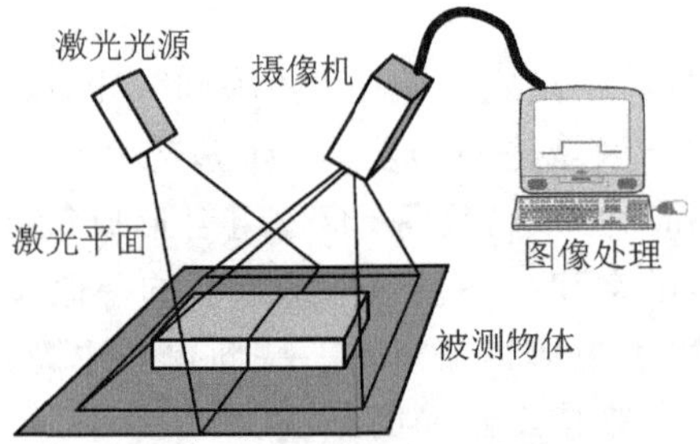

图 7.5　线结构光法测量原理图

由于线结构光法的光学和机械结构较简单，并且其测量的鲁棒性较高，因此线结构光法为常用的结构光测量方法。陈云赛等针对因海底场景噪声及声学散射影响导致声呐方法无法实现高精度的海底探测问题，提出了一种基于线结构光的扫测系统。该系统结合多阈值算法和基于极值法的高斯拟合法实现条纹中心线提取，并利用共线点的快速标定法实现系统参数的标定和高精度的海底快速测扫，从而实现水下目标的扫描定位。

由于结构光法需要对光照进行严格控制，对于反射特性较敏感的场景目标表面，如表面对结构光存在完全吸收、镜面反射以及透射等情况时，结构光法将难以获取物体表面精确的三维信息，严重时会导致结构光法测量系统无法正常工作，从而难以应用于复杂场景的感知。

3. 激光扫描法

激光扫描法根据其激光测距原理的不同，可以分为激光三角法、飞行时间法和相位调制法。

激光三角法以传统的三角测量方法为基础，其基本原理如下：由激光光源发出的激光点（或激光线）投射到待测物体表面，经物体表面散射回来的激光按照一定的三角关系成像于光电检测器件的不同位置，通过检测成像光点的位移，并根据光源到物体表面的距离与该位移的函数关系，计算获得激光光源到物体表面的距离。激光三角法的测距原理如图 7.6 所示，图中 α 为激光束光轴与接收透镜光轴的夹角，β 为接收透镜光轴与光电传感器受光面的夹角，φ 为接收透镜光轴变化的角度，l 为激光束光轴和接收透镜光轴的交点 O 到接收透镜前主面的距离，l' 为成像面中心点 O' 到接收透镜后主面的距离，d 表示光电传感器上成像光点的位移量，D 表示被测物体表面的位移量。

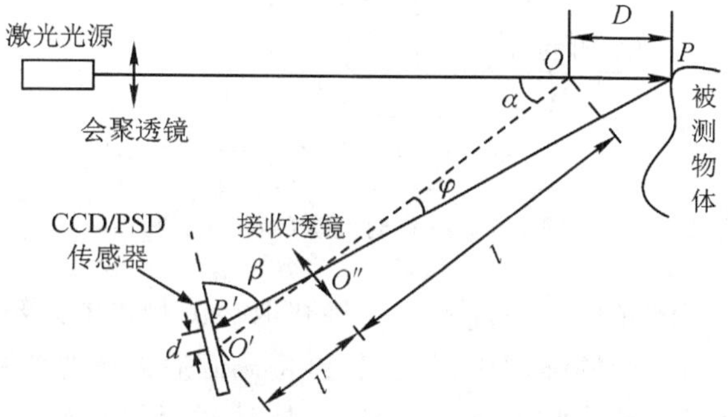

图 7.6 激光三角法的测距原理

根据图 7.6 所示的激光三角测距系统的几何关系，物体表面位移量 D 满足的约束条件为

$$\begin{cases} \dfrac{D}{\sin\varphi} = \dfrac{l}{\sin(\alpha - \varphi)} \\ \dfrac{d}{\sin\varphi} = \dfrac{l'}{\sin(\beta + \varphi)} \end{cases} \tag{7.7}$$

根据公式(7.7)，可得物体表面位移量 D 的计算公式为

$$D = \frac{dl\sin\beta}{l'\sin\alpha - d\sin(\alpha + \beta)} \tag{7.8}$$

式中：α、β、l 和 l' 均为激光三角测距系统的固定参数，其取值可由系统标定过程给定。

基于激光三角法的三维点云获取方法，其数据采集速度快，精度较高，但是易受物体表面反射特性的影响，其测距范围较小。美国奥智品(OGP)公司研制的 ShapeGrabber Ai810 三维激光系统，日本柯尼卡美能达(Konica Minolta)公司研制的 VIVID910 三维激光扫描仪等均采用激光三角法测量原理。

飞行时间法又称为脉冲测距法，它利用激光光束的传播延时来直接计算被测点的距离。其测距原理如图 7.7 所示。由激光发射器产生的激光脉冲信号投射到物体表面，经物体表面反射后的脉冲信号传回到接收端，利用鉴时器(timing discriminator)检测激光脉冲信号从发射端投射到被测物体表面，并被物体表面反射后到达接收传感器的总时间 t_A，则激光传感器

与被测物体之间的距离 d_O 为

$$d_O = \frac{1}{2} c_{light} t_A \tag{7.9}$$

式中：c_{light} 表示光速。

基于飞行时间法的三维点云获取方法，其测距范围大，能够测量几百米或上千米的距离范围，例如加拿大欧普泰克(Optech)公司生产的 ILRIS－3D 激光测距和成像系统。但是该方法的测量精度受脉冲检测和时间测量精度的影响较大，特别对于短距离范围内的物体表面三维测量，激光光束传播延时的精确测量尤为困难。基于飞行时间法的激光扫描仪是一种常用的三维数字化设备，如美国 3rdTech 公司生产的 DeltaSpere－3000 三维数字化仪、德国西克(SICK)公司生产的 LMS200 系列的激光扫描仪等。

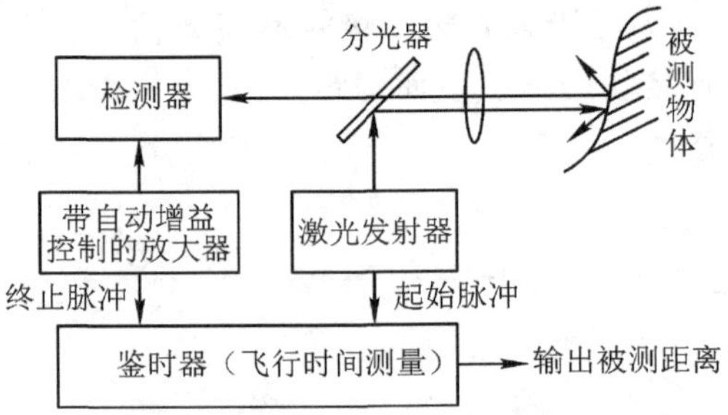

图 7.7　飞行时间法的测距原理

相位调制法通过检测激光信号相位差来间接获取被测物体的距离。该方法先利用正弦调制信号对激光光源发出的激光的强度进行调制，再将调制后的激光光束投射到被测物体表面，激光光束经物体表面反射后被接收器接收，利用相位计对反射信号强度和参考信号强度的相位差 $\Delta\varphi$ 进行检测，以间接获得激光光束的传播延时，从而得到激光传感器与被测物体之间的距离 d_O 为

$$d_O = \frac{1}{2} \times \frac{\Delta\varphi}{2\pi f_{RF}} \times c_{light} = \frac{c_{light}\Delta\varphi}{4\pi f_{RF}} \tag{7.10}$$

式中：f_{RF} 表示正弦调制信号的频率。

基于相位调制法的三维点云获取方法，其测量精度高，对于非合作目标其测量精度也可以达到毫米级，适用于中短距离的三维测量。德国 SICK 公司生产的 LMS400 激光扫描仪、瑞士徕卡(Leica)公司生产的 HDS6000 三维激光扫描仪、美国法如(FARO)公司生产的 LS880 激光扫描仪等均采用相位调制法测量原理。

根据上述激光测距原理，通过增加相应的二维或三维扫描装置，使得激光光束能够扫描到整个被测物体表面，则可以获得物体表面的三维点云数据。蔡云飞等针对非结构化场景的负障碍感知问题，提出了一种基于双多线激光雷达的感知方法，将雷达点云映射到多尺度栅格，通过统计栅格的点云密度与相对高度等特征，以提取负障碍几何特征，并将栅格统计特征与负障碍几何特征进行多特征关联获得关键特征点对，利用特征点聚类识别负障碍。

由于激光扫描法对形状相似或距离较近的目标所获取的点云数据相似度高，对此情况下的扫描目标难以进行有效识别，难以实现该类目标的高精度感知，从而在一定程度上限制了基于激光扫描法的场景感知方法的应用范围。

7.2　机器人视觉标定

7.2.1　相机成像模型

为了使机器人视觉系统能够获得空间物体表面某点的三维坐标与其在图像中对应点之间的相互关系，需要建立相机参数，即相机成像的几何模型参数。如图 7.8 所示，相机的成像模型满足小孔成像原理，其中物体通过透镜系统投影到相机感光单元，进而转化为机器人能够处理的数字信号而被人们所获取。

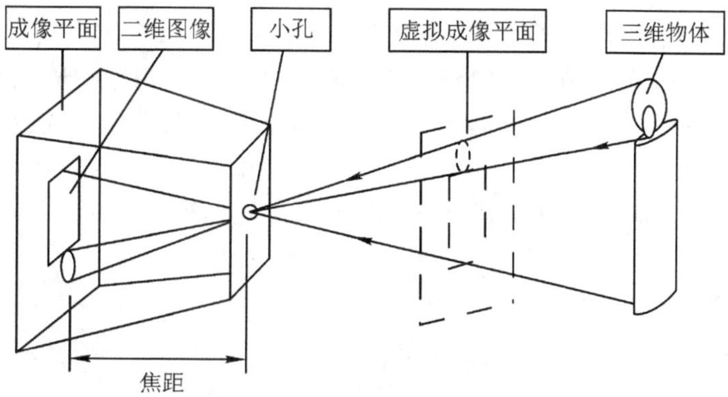

图 7.8　小孔成像模型

在相机成像系统中，为了描述三维空间中物体成像后各点的位置关系，定义以下 4 种坐标系：像素平面坐标系 UO_0V、图像物理坐标系 XOY、相机坐标系 $O_cX_cY_cZ_c$ 和世界坐标系 $O_wX_wY_wZ_w$，如图 7.9 所示。

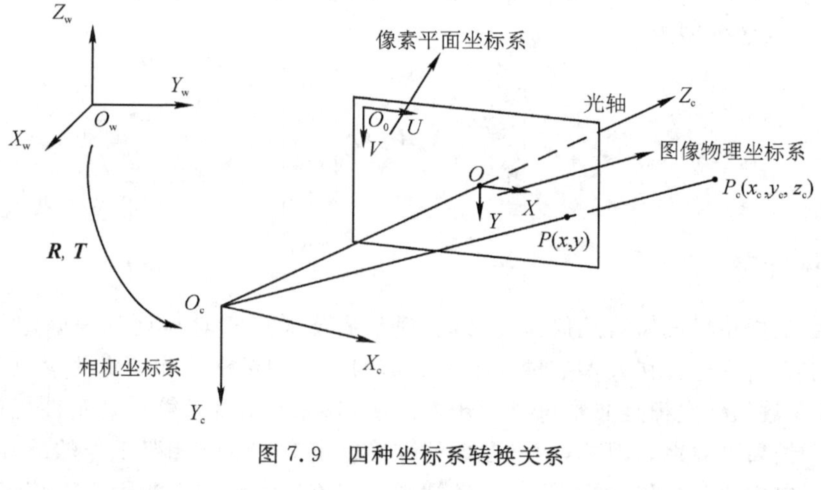

图 7.9　四种坐标系转换关系

1. 像素平面坐标系

通常，相机所拍摄的图像可以看成一个二维数组，该数组记录了感光单元中各像素点的感光亮度。如图 7.9 所示的以像素为单位的像素平面坐标系 UO_0V 中，各像素点(u,v)表示该点在二维数组中的位置,这些像素的列数和行数分别由 u 和 v 表示。

2. 图像物理坐标系

在像素平面坐标系中,坐标点不直接反映该点在图像中的实际物理位置,因此其所含信息有限。为了描述坐标点在图像中的物理位置,引入图像物理坐标系 XOY,通过实际的物理单位描述坐标轴上的位置。在该坐标系中,坐标系原点 O 位于相机透镜光轴与成像平面的交点。然而,由于制作工艺等原因,该交点一般与图像中心重合。因此,在图像物理坐标系中,用 (u_0, v_0) 表示原点 O 的坐标。

3. 相机坐标系

如图 7.9 所示,相机坐标系 $O_cX_cY_cZ_c$ 定义如下:将相机光心作为其原点 O_c,将平行于图像物理坐标系中的 X 轴及 Y 轴的方向作为坐标轴 X_c 与 Y_c,将相机的透镜光轴作为 Z_c 轴。相机坐标系下某点 $\boldsymbol{P}_c=(x_c, y_c, z_c)^{\mathrm{T}}$ 与像素平面坐标系下的齐次坐标 $\boldsymbol{P}_h$ 满足如下的映射关系:

$$\lambda \boldsymbol{P}_h = \boldsymbol{A}\boldsymbol{P}_c, \text{其中 } \boldsymbol{A} = \begin{bmatrix} \alpha & \gamma & u_0 \\ 0 & \beta & v_0 \\ 0 & 0 & 1 \end{bmatrix}, \boldsymbol{P}_h = \begin{bmatrix} u \\ v \\ 1 \end{bmatrix} \tag{7.11}$$

式中:$\boldsymbol{A}$ 表示相机的内参数矩阵。

4. 世界坐标系

为了准确描述空间中物体的位置,需要定义一个世界坐标系 $O_wX_wY_wZ_w$ 作为参考坐标系。对于三维空间中的某空间点,其在世界坐标系下坐标 $P_w=(X_w, Y_w, Z_w)^{\mathrm{T}}$ 与相机坐标系下的坐标 $\boldsymbol{P}_c=(x_c, y_c, z_c)^{\mathrm{T}}$ 满足如下刚体变换关系:

$$\boldsymbol{P}_c = \boldsymbol{R}\boldsymbol{P}_W + \boldsymbol{t} \tag{7.12}$$

式中:$\boldsymbol{R}$ 和 $\boldsymbol{t}$ 表示相机外参数,分别为刚体变换的旋转矩阵和平移向量。

因此,相机成像模型为

$$\lambda \begin{bmatrix} u \\ v \\ 1 \end{bmatrix} = \boldsymbol{A}[\boldsymbol{R} \quad \boldsymbol{t}] \begin{bmatrix} X_w \\ Y_w \\ Z_w \\ 1 \end{bmatrix} \tag{7.13}$$

7.2.2　相机标定

相机参数是指相机成像的几何模型参数,通常需要通过实验与计算来确定。这个过程被称为相机标定。这一过程在大多数情况下是必需的。在相机标定和图像测量以及机器人视觉应用中,相机参数的标定都是非常重要的步骤之一,其标定精度及算法稳定性直接影响相机的工作准确性和结果可靠性。因此,相机参数的准确标定对于确保相机工作的准确性至关重要。常用的视觉标定方法包括传统标定法、主动视觉标定方法和自标定法等。对传统标定法而言,要求借助预先设定好位置与坐标的标定对象,再根据它们在图像中的相对位置构建起两者间的关联,然后运用特定的数学公式就能得到所需的内外参数。至于主动视觉标定方法,它的关键在于利用了相机的移动特性去完成标定过程,无需依赖任何标定物,然而这需要操控相机执行一些特殊动作。由于这类操作具有独特性,因此,可借此推算出相机的内部参数。最后是自标定法，它是基于环境限制条件（如消失点）来实现标定的过程，具有较强的灵活性。

以下将对传统标定法中的张正友平面标定法进行具体介绍。张正友平面标定法是一种依赖于二维平面靶标的相机标定方法，它使用相机捕捉到来自特定标记板的多角度、多帧图片。这种方式允许研究并确定标记板上的每一个特征点及其在图像中的对应位置，从而推导出单应性矩阵 $\boldsymbol{H}$，再利用已获得的多个 $\boldsymbol{H}$ 来更深入地探索内参数矩阵 $\boldsymbol{A}$ 和外参数，最后应用最小二乘法思想对畸变进行评估，进而求出更加精确的标定值。张正友平面标定法的具体求解方法如下。

1）单应性矩阵求解

根据相机针孔成像模型，可知

$$\lambda\begin{bmatrix}u\\v\\1\end{bmatrix}=\boldsymbol{A}[\boldsymbol{R}\quad \boldsymbol{t}]\begin{bmatrix}X_{\mathrm{w}}\\Y_{\mathrm{w}}\\Z_{\mathrm{w}}\\1\end{bmatrix}=\boldsymbol{A}[\boldsymbol{r}_1\quad \boldsymbol{r}_2\quad \boldsymbol{r}_3\quad \boldsymbol{t}]\begin{bmatrix}X_{\mathrm{w}}\\Y_{\mathrm{w}}\\Z_{\mathrm{w}}\\1\end{bmatrix}\tag{7.14}$$

式中：$\boldsymbol{r}_i$ 表示旋转矩阵 $\boldsymbol{R}$ 的第 i 列向量。

令世界坐标系平面置于标定模板所在的平面，即 $Z_{\mathrm{w}}=0$，则公式(7.14)可改写为

$$\lambda\begin{bmatrix}u\\v\\1\end{bmatrix}=\boldsymbol{A}[\boldsymbol{R}\quad \boldsymbol{t}]\begin{bmatrix}X_{\mathrm{w}}\\Y_{\mathrm{w}}\\0\\1\end{bmatrix}=\boldsymbol{A}[\boldsymbol{r}_1\quad \boldsymbol{r}_2\quad \boldsymbol{t}]\begin{bmatrix}X_{\mathrm{w}}\\Y_{\mathrm{w}}\\1\end{bmatrix}\tag{7.15}$$

令 $\widetilde{\boldsymbol{M}}=[X\quad Y\quad 1]^{\mathrm{T}}$，$\widetilde{\boldsymbol{m}}=[u\quad v\quad 1]^{\mathrm{T}}$，则上式可简写为

$$\lambda\widetilde{\boldsymbol{m}}=\boldsymbol{H}\widetilde{\boldsymbol{M}}\tag{7.16}$$

式中：单应性矩阵

$$\boldsymbol{H}=\boldsymbol{A}[\boldsymbol{r}_1\quad \boldsymbol{r}_2\quad \boldsymbol{t}]=[\boldsymbol{h}_1\quad \boldsymbol{h}_2\quad \boldsymbol{h}_3]=\begin{bmatrix}h_{11}&h_{12}&h_{13}\\h_{21}&h_{22}&h_{23}\\h_{31}&h_{32}&1\end{bmatrix}$$

故

$$\begin{cases}\lambda u=h_{11}X+h_{12}Y+h_{13}\\\lambda v=h_{21}X+h_{22}Y+h_{23}\\\lambda=h_{31}X+h_{32}+1\end{cases}$$

因此可得

$$\begin{cases}uXh_{31}+uYh_{32}+u=h_{11}X+h_{12}Y+h_{13}\\vXh_{31}+vYh_{32}+v=h_{21}X+h_{22}Y+h_{23}\end{cases}\tag{7.17}$$

令 $\boldsymbol{h}'=[h_{11}\quad h_{12}\quad h_{13}\quad h_{21}\quad h_{22}\quad h_{23}\quad h_{31}\quad h_{32}\quad 1]^{\mathrm{T}}$，则

$$\begin{bmatrix}X&Y&1&0&0&0&-uX&-uY&-u\\0&0&0&X&Y&1&-vX&-vY&-v\end{bmatrix}h'=0\tag{7.18}$$

在张正友平面标定法中，所讨论的单应性矩阵 $\boldsymbol{H}$ 是一个具有 8 自由度的齐次矩阵。每个标定板的角点都能为这个方程组给出 2 个约束条件，因此，当图片上存在 4 个标定板角点时，

就能通过这些信息推导出对应的单应性矩阵 $\boldsymbol{H}$。当图片上存在多于 4 个的标定板角点时，则可以利用最小二乘法来确定剩余的未知变量，进而获得准确的单应性矩阵 $\boldsymbol{H}$。

2)相机内外参数求解

已知单应性矩阵 $\boldsymbol{H}=\boldsymbol{A}[\boldsymbol{r}_1 \quad \boldsymbol{r}_2 \quad \boldsymbol{t}]$，利用 $\boldsymbol{r}_1$ 和 $\boldsymbol{r}_2$ 为旋转矩阵 $\boldsymbol{R}$ 的两列，存在单位正交的关系，即 $\boldsymbol{r}_1{}^{\mathrm{T}}\boldsymbol{r}_1=\boldsymbol{r}_2{}^{\mathrm{T}}\boldsymbol{r}_2=\mathbf{1}$，且 $\boldsymbol{r}_1{}^{\mathrm{T}}\boldsymbol{r}_2=\mathbf{0}$，因此得到相机内部参数求解的两个约束条件：

$$\begin{cases}\boldsymbol{h}_1{}^{\mathrm{T}}\boldsymbol{A}^{-\mathrm{T}}\boldsymbol{A}^{-1}\boldsymbol{h}_2=\mathbf{0}\\ \boldsymbol{h}_1{}^{\mathrm{T}}\boldsymbol{A}^{-\mathrm{T}}\boldsymbol{A}^{-1}\boldsymbol{h}_1=\boldsymbol{h}_2{}^{\mathrm{T}}\boldsymbol{A}^{-\mathrm{T}}\boldsymbol{A}^{-1}\boldsymbol{h}_2\end{cases} \tag{7.19}$$

记相机内参矩阵

$$\boldsymbol{A}=\begin{bmatrix}\alpha & \gamma & u_0\\ 0 & \beta & v_0\\ 0 & 0 & 1\end{bmatrix}$$

则

$$\boldsymbol{A}^{-1}=\begin{bmatrix}\dfrac{1}{\alpha} & -\dfrac{\gamma}{\alpha\beta} & \dfrac{\gamma v_0-\beta u_0}{\alpha\beta}\\ 0 & \dfrac{1}{\beta} & -\dfrac{v_0}{\beta}\\ 0 & 0 & 1\end{bmatrix}$$

则

$$\boldsymbol{B}=\boldsymbol{A}^{-\mathrm{T}}\boldsymbol{A}^{-1}=\begin{bmatrix}B_{11} & B_{12} & B_{13}\\ B_{21} & B_{22} & B_{21}\\ B_{31} & B_{32} & B_{33}\end{bmatrix}$$

$$=\begin{bmatrix}\dfrac{1}{\alpha^2} & -\dfrac{\gamma}{\alpha^2\beta} & \dfrac{v_0\gamma-u_0\beta}{\alpha^2\beta}\\ -\dfrac{\gamma}{\alpha^2\beta} & \dfrac{\gamma}{\alpha^2\beta^2}+\dfrac{1}{\beta^2} & -\dfrac{\gamma(v_0\gamma-u_0\beta)}{\alpha^2\beta^2}-\dfrac{v_0}{\beta^2}\\ \dfrac{v_0\gamma-u_0\beta}{\alpha^2\beta} & -\dfrac{\gamma(v_0\gamma-u_0\beta)}{\alpha^2\beta^2}-\dfrac{v_0}{\beta^2} & \dfrac{(v_0\gamma-u_0\beta)^2}{\alpha^2\beta^2}+\dfrac{v_0}{\beta^2}+1\end{bmatrix} \tag{7.20}$$

由于 $\boldsymbol{B}$ 是对称矩阵，可以用六维向量定义 $\boldsymbol{b}=[B_{11} \quad B_{12} \quad B_{22} \quad B_{13} \quad B_{23} \quad B_{33}]^{\mathrm{T}}$，则

$$\boldsymbol{h}_i{}^{\mathrm{T}}\boldsymbol{B}\boldsymbol{h}_i=\mathbf{V}_{ij}{}^{\mathrm{T}}\boldsymbol{b} \tag{7.21}$$

式中：$\mathbf{V}_{ij}=[h_{i1}h_{j1} \quad h_{i1}h_{j2}+h_{i2}h_{j1} \quad h_{i2}h_{j2} \quad h_{i3}h_{j1}+h_{i1}h_{j3} \quad h_{i3}h_{j2}+h_{i2}h_{j3} \quad h_{i3}h_{j3}]^{\mathrm{T}}$。

内参数的两个约束可以写成关于 b 的两个方程：

$$\begin{bmatrix}\mathbf{V}_{12}{}^{\mathrm{T}}\\ \mathbf{V}_{11}{}^{\mathrm{T}}-\mathbf{V}_{22}{}^{\mathrm{T}}\end{bmatrix}\boldsymbol{b}=\mathbf{0} \tag{7.22}$$

如有 N 幅模板的图像，就可以得到

$$\mathbf{V}\boldsymbol{b}=\mathbf{0} \tag{7.23}$$

式中：$\mathbf{V}$ 是一个 $2N\times 6$ 的矩阵。如果 $N\geqslant 3$，$\boldsymbol{b}$ 就可以被解出(带有一个比例因子)，从而可以得到 5 个内参数：

$$
\begin{cases}
v_0 = (B_{12}B_{13} - B_{11}B_{23})/(B_{11}B_{22} - B_{12}^2) \\
\lambda = B_{22} - [B_{13}^2 + v_0(B_{12}B_{13} - B_{11}B_{23})]/B_{11} \\
\alpha = \sqrt{\lambda/B_{11}} \\
\beta = \sqrt{\lambda/B_{11}(B_{11}B_{22} - B_{12}^2)} \\
\gamma = -B_{12}\alpha^2\beta/\lambda \\
u_0 = \gamma v_0/\alpha - B_{13}\alpha^2/\lambda
\end{cases}
\tag{7.24}
$$

当内参数矩阵 $\boldsymbol{A}$ 求得后，根据式(7.16)，每幅图像的外参数很容易求出：

$$
\begin{cases}
\boldsymbol{r}_1 = \xi\boldsymbol{A}^{-1}\boldsymbol{h}_1 \\
\boldsymbol{r}_2 = \xi\boldsymbol{A}^{-1}\boldsymbol{h}_2 \\
\boldsymbol{r}_3 = \boldsymbol{r}_1 \times \boldsymbol{r}_2 \\
\boldsymbol{t} = \xi\boldsymbol{A}^{-1}\boldsymbol{h}_3
\end{cases}
\tag{7.25}
$$

式中：尺度因子 $\xi = 1/\|\boldsymbol{A}^{-1}\boldsymbol{h}_1\| = 1/\|\boldsymbol{A}^{-1}\boldsymbol{h}_2\|$。

3)最大似然估计

以上所得到的相机的内参数矩阵和每幅图像对应的外参数矩阵都只是一个粗解，没有具体的物理意义，可以通过最大似然估计对所有参数进行非线性优化，进一步求精。在这里可以假定有 n 幅关于模板平面的图像，模板平面上有 m 个标定点，那么可建立评价函数：

$$
C = \sum_{i=1}^{n}\sum_{j=1}^{m} \| \boldsymbol{m}_{ij} - \hat{\boldsymbol{m}}(\boldsymbol{A}, \boldsymbol{R}_i, \boldsymbol{t}_i, \boldsymbol{M}_j) \|^2 \tag{7.26}
$$

式中：$\boldsymbol{m}_{ij}$ 代表第 i 幅图像中的第 j 个像点，$\boldsymbol{R}_i$ 代表第 i 幅图坐标系的旋转矩阵，$\boldsymbol{t}_i$ 代表第 i 幅图坐标系的平移向量，$\boldsymbol{M}_j$ 代表第 j 个点的空间坐标，$\hat{\boldsymbol{m}}(\boldsymbol{A}, \boldsymbol{R}_i, \boldsymbol{t}_i, \boldsymbol{M}_j)$ 代表通过已知初始值得到的像点估计坐标。

$\hat{\boldsymbol{m}}(\boldsymbol{A}, \boldsymbol{R}_i, \boldsymbol{t}_i, \boldsymbol{M}_j)$ 的求解问题是一个经典的非线性优化的问题，寻找的是能使评价函数的评估指标达到最低的值。可将式(7.24)和式(7.25)求解得到的估计值作为列文伯格-马夸尔特(Levenberg-Marquardt)算法的初始值，然后采用列文伯格-马夸尔特算法对评价函数(7.26)进行求解。

4)对径向畸变的处理

由于透镜形状和光线折射等原因，大部分相机在图像成像时会导致图像中心和边缘部分的物体形状失真，即出现一定程度的畸变，其中最明显的是径向畸变。下面将重点介绍径向畸变校正技术。

在这个标定过程中，仅考虑了相机镜头的径向畸变问题，且假设相机镜头在 x 轴方向和 y 轴方向的畸变系数是相同的。畸变模型通过一阶和二阶径向畸变系数来描述畸变效应，可以通过调整畸变系数来对图像进行校正。设径向畸变的畸变模型为

$$
\begin{cases}
\hat{x} = x + x[k_1(x^2 + y^2) + k_2(x^2 + y^2)^2] \\
\hat{y} = y + y[k_1(x^2 + y^2) + k_2(x^2 + y^2)^2]
\end{cases}
\tag{7.27}
$$

式中：(x, y)代表校正前的图像坐标，$(\hat{x}, \hat{y})$ 代表校正后的图像坐标，k_1、k_2 分别代表一阶径向畸变和二阶径向畸变系数。

由于透镜的中心对称性，所以式(7.27)中考虑 x 方向上与 y 方向上的径向畸变率是相同

的。将式(7.27)转换到像素坐标有

$$\begin{aligned}\hat{u} &= u + (u - u_0)[k_1(x^2 + y^2) + k_2(x^2 + y^2)^2] \\ \hat{v} &= v + (v - v_0)[k_1(x^2 + y^2) + k_2(x^2 + y^2)^2]\end{aligned} \tag{7.28}$$

式中：(u,v) 代表校正前的图像像素坐标，$(\hat{u},\hat{v})$ 代表校正后的图像像素坐标。

当有 n 幅图像时，可得到 n 组形式类似于式(7.28)的方程组，将它们叠加可得

$$\begin{bmatrix}(u^1 - u_0^1)[(x^1)^2 + (y^1)^2] & (u^1 - u_0^1)\{[(x^1)^2 + (y^1)^2]\}^2 \\ (v^1 - v_0^1)[(x^1)^2 + (y^1)^2] & (v^1 - v_0^1)\{[(x^1)^2 + (y^1)^2]\}^2 \\ \vdots & \vdots \\ (u^n - u_0^n)[(x^n)^2 + (y^n)^2] & (u^n - u_0^n)\{[(x^n)^2 + (y^n)^2]\}^2 \\ (v^n - v_0^n)[(x^n)^2 + (y^n)^2] & (v^n - v_0^n)\{[(x^n)^2 + (y^n)^2]\}^2\end{bmatrix}\begin{bmatrix}k_1 \\ k_2\end{bmatrix} = \begin{bmatrix}\hat{u}^1 - u^1 \\ \hat{v}^1 - v^1 \\ \vdots \\ \hat{u}^n - u^n \\ \hat{v}^n - v^n\end{bmatrix} \tag{7.29}$$

写成矩阵形式为

$$\boldsymbol{Dk} = \boldsymbol{d} \tag{7.30}$$

通过线性最小二乘的方法求出径向畸变系数

$$\boldsymbol{k} = (\boldsymbol{D}^{\mathrm{T}}\boldsymbol{D})^{-1}\,\boldsymbol{D}^{\mathrm{T}}\boldsymbol{d} \tag{7.31}$$

当相机的一阶径向畸变系数 k_1 和二阶径向畸变系数 k_2 求出以后，就可以用这一组系数来校正。

张正友平面标定法的算法流程如下：

步骤 1：打印一张黑白棋盘格模板并贴在一个平面上。

步骤 2：从不同角度拍摄若干张模板图像。

步骤 3：检测出各个图像中的特征点。

步骤 4：利用式(7.24)和式(7.25)分别求出相机的内参数和外参数。

步骤 5：利用式(7.31)求出畸变系数。

步骤 6：根据最大似然估计进行优化求精。

7.2.3　手眼标定

机器人手眼系统中，利用安装于机器人手臂末端执行器上的相机，测定末端执行器与工件之间的相对位置以实现对末端执行器的反馈控制，需进行手眼关系标定。手眼标定用来确定摄相机与机器人末端执行器之间的相对位置关系。

1. 单目手眼标定

单目手眼标定分为两种情形：eye-in-hand(手眼系统)情形，将相机(眼)固定在机器臂(手)的末端，相机相对于机器臂末端是固定的，相机会随着机器臂的移动而移动，相机的位置和姿态相对于机器臂是动态变化的。将这种情形下相机相对于机器臂末端的变换关系标定，即为手持眼标定。eye-to-hand(固定相机系统)情形，则是相机(眼)和机器臂(手)分离，相机相对于机器人的基座是固定的，机器臂的运动对相机没有影响，将相机相对于机器人基座的变换关系进行标定，即为眼对手标定。

1) eye-in-hand 标定

eye-in-hand 标定方式具体来说，需要求解机器人的末端坐标系与相机坐标系之间的坐标转换关系。手眼系统标定的原理示意图如图 7.10 所示。图中 base 表示机器臂的基坐标系，

end 表示机器臂的末端坐标系，将固定在机器臂上面的相机自身坐标系用 cam 表示，标定物坐标系在图中是标定板所在的坐标系，用 cal 表示。在标定过程中，首先在标定板上放置多个已知位置的标记点，并通过相机拍摄得到它们在相机坐标系下的像素坐标和在标定物坐标系下的实际三维坐标。然后，通过机器臂控制末端执行器移动，使相机相对于标定板以不同姿态进行变换。对于每个不同的姿态，可以计算出末端坐标系下的末端位姿和相机坐标系下的相机位姿。

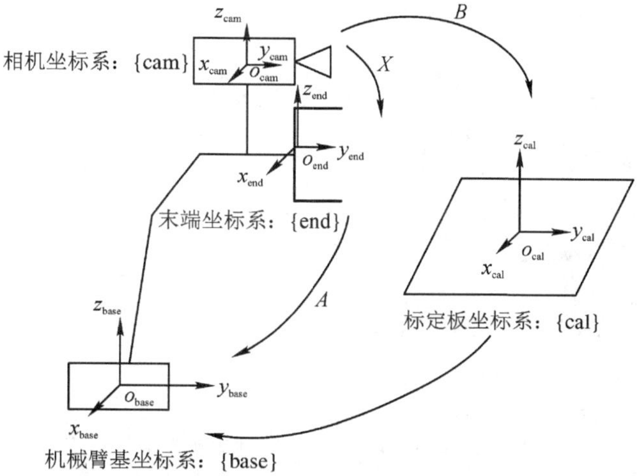

图 7.10　Eye-in-hand 标定示意图

对于手眼系统标定矩阵的求解，可以将关系式重新表达为一个优化求解问题，即求解末端坐标系的末端位姿和相机坐标系的相机位姿之间的转换矩阵。

具体为，假设标定板坐标系下有某个点 P_0（坐标向量为 $\boldsymbol{P}_0$）相机外参转换矩阵 T_1 是已知的，能够转换到相机坐标系下点P_1（坐标向量为$\boldsymbol{P}_1$，）再根据待求的手眼标定转换矩阵 $\boldsymbol{X}$ 能够转换到末端坐标系下点P_2（坐标向量为$\boldsymbol{P}_2$），最后由已知的机器人自身参数转换矩阵 $\boldsymbol{T}_3$，将末端坐标系下的点转换到基坐标系下点 P_3（坐标向量为 $\boldsymbol{P}_3$）。其关系式表示如下：

$$\boldsymbol{T}_3\boldsymbol{X}\boldsymbol{T}_1\boldsymbol{P}_0 = \boldsymbol{P}_3 \tag{7.32}$$

移动机器臂，对于同一点，其在相机坐标系下的坐标值 $\boldsymbol{P}_0$ 不变，只是在机器人基坐标系下的坐标值 $\boldsymbol{P}_3$ 发生改变。因此，上述关系式可以改写为下式：

$$\boldsymbol{T}_3^{\mathrm{T}}\boldsymbol{X}\boldsymbol{T}_1^{\mathrm{T}}\boldsymbol{P}_0 = \boldsymbol{P}_3 \tag{7.33}$$

将式中 $\boldsymbol{T}_3^{\mathrm{T}}$ 和 $\boldsymbol{T}_1^{\mathrm{T}}$ 看作是已知的是第二次测量的参数。因此，将式(7.32)和式(7.33)结合得到新的如下关系式：

$$\boldsymbol{T}_3\boldsymbol{X}\boldsymbol{T}_1 = \boldsymbol{T}_3^{\mathrm{T}}\boldsymbol{X}\boldsymbol{T}_1^{\mathrm{T}} \tag{7.34}$$

对式(7.34)进行化简，可得

$$(\boldsymbol{T}_3^{\mathrm{T}})^{-1}\boldsymbol{T}_3\boldsymbol{X} = \boldsymbol{X}\boldsymbol{T}_1^{\mathrm{T}}\boldsymbol{T}_1^{-1} \tag{7.35}$$

式(7.35)可以被理解成 $\boldsymbol{AX} = \boldsymbol{XB}$ 的形式，令上式中矩阵 $\boldsymbol{A} = (\boldsymbol{T}_3^{\mathrm{T}})^{-1}\boldsymbol{T}_3$ 和 $\boldsymbol{B} = \boldsymbol{T}_1^{\mathrm{T}}\boldsymbol{T}_1^{-1}$ 且已知。将已知的 $\boldsymbol{A}$ 和 $\boldsymbol{B}$ 代入手眼标定方程 $\boldsymbol{AX} = \boldsymbol{XB}$ 求解，即可获得手眼转换矩阵 $\boldsymbol{X}$ 的值。

2)eye-to-hand 标定

eye-to-hand 标定的示意图如图 7.11 所示。相机固定在机器臂之外，相机和机器臂底座相对静止。其中,相机坐标系为 $O_c x_c y_c z_c$,标定板坐标系为 $O_w x_w y_w z_w$,机器臂末端坐标系为 $O_e x_e y_e z_e$,机器臂基坐标系为 $O_b x_b y_b z_b$。涉及几个坐标系的转换,即标定板坐标系到相机坐标系的转换矩阵 $\boldsymbol{T}_w^c$,相机坐标系到机器臂基坐标系的转换矩阵 $\boldsymbol{X}$,机器臂基坐标系到机器臂末端坐标系的转换矩阵 $\boldsymbol{T}_b^e$。其中相机坐标系到机器臂基坐标系的转换矩阵 $\boldsymbol{X}$,即为需要求解的固定相机系统标定矩阵。

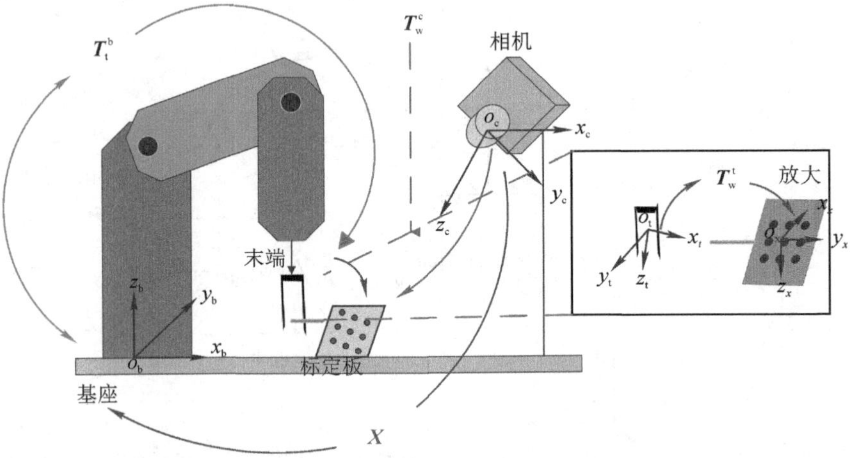

图 7.11 Eye-to-hand 标定示意图

对于上述转换关系,标定板固定在机器臂末端,在某一位姿下,标定板上的点在标定板坐标系下的坐标值是 $\boldsymbol{P}_1$,经过 $\boldsymbol{T}_w^c$、$\boldsymbol{X}$、$\boldsymbol{T}_b^e$ 的坐标系转换关系转换之后,标定板上的点能够转到机器臂末端坐标系下的坐标值 $\boldsymbol{P}_3$,转换关系如下:

$$\boldsymbol{T}_b^e \boldsymbol{X} \boldsymbol{T}_w^c \boldsymbol{P}_1 = \boldsymbol{P}_3 \tag{7.36}$$

机器臂变换一下位姿,能够得到另一组与上述形式相同的公式,即

$$(\boldsymbol{T}_b^e)^{\mathrm{T}} \boldsymbol{X} (\boldsymbol{T}_w^c)^{\mathrm{T}} \boldsymbol{P}_1 = \boldsymbol{P}_3 \tag{7.37}$$

式(7.36)和式(7.37)中的 $\boldsymbol{T}_b^e$、$(\boldsymbol{T}_b^e)^{\mathrm{T}}$ 能够通过机器人的位姿输出得到,$\boldsymbol{T}_w^c$、$(\boldsymbol{T}_w^c)^{\mathrm{T}}$ 能够通过单目相机标定的外参得到,故式(7.36)和式(7.37)可转化为以下形式:

$$\boldsymbol{T}_b^e \boldsymbol{X} \boldsymbol{T}_w^c = (\boldsymbol{T}_b^e)^{\mathrm{T}} \boldsymbol{X} (\boldsymbol{T}_w^c)^{\mathrm{T}} \tag{7.38}$$

进一步化简为

$$[(\boldsymbol{T}_b^e)^{\mathrm{T}}]^{-1} \boldsymbol{T}_b^e \boldsymbol{X} = \boldsymbol{X} (\boldsymbol{T}_w^c)^{\mathrm{T}} (\boldsymbol{T}_w^c)^{-1} \tag{7.39}$$

式(7.39)可以被理解成 $\boldsymbol{AX} = \boldsymbol{XB}$ 的形式,令式中 $\boldsymbol{A} = [(\boldsymbol{T}_b^e)^{\mathrm{T}}]^{-1} \boldsymbol{T}_b^e$、$\boldsymbol{B} = (\boldsymbol{T}_w^c)^{\mathrm{T}} (\boldsymbol{T}_w^c)^{-1}$,其中 $\boldsymbol{A}$、$\boldsymbol{B}$ 都是已知矩阵。通过变换多次机器臂末端位姿,手眼标定问题变成了线性方程 $\boldsymbol{AX} = \boldsymbol{XB}$ 求解问题,手眼转换矩阵 $\boldsymbol{X}$ 的值可通过求解获得。

3) 求解 $\boldsymbol{AX} = \boldsymbol{XB}$

将变换矩阵变为旋转矩阵和平移向量,此时获得下式:

$$\begin{cases} \boldsymbol{R}_A \boldsymbol{R}_X = \boldsymbol{R}_X \boldsymbol{R}_B \\ \boldsymbol{R}_A \boldsymbol{t}_X + \boldsymbol{t}_A = \boldsymbol{R}_X \boldsymbol{t}_B + \boldsymbol{t}_X \end{cases} \tag{7.40}$$

式中:$\boldsymbol{R}$ 表示旋转矩阵,$\boldsymbol{t}$ 表示平移向量。

旋转矩阵分布在 $\boldsymbol{R}_X$ 的左右两侧,因此使用向量化算子 vec($\boldsymbol{X}$) 进行求解,因此 $\boldsymbol{AX} = \boldsymbol{XB}$ 左右等式同时取向量化算子,即式(7.41):

$$\begin{cases} \mathrm{vec}(\boldsymbol{AX}) = \mathrm{vec}(\boldsymbol{XB}) \\ (\boldsymbol{I}^{\mathrm{T}} \otimes \boldsymbol{R}_A)\mathrm{vec}(\boldsymbol{R}_X) = (\boldsymbol{R}_B^{\mathrm{T}} \otimes \boldsymbol{I})\mathrm{vec}(\boldsymbol{R}_X) \\ (\boldsymbol{I} \otimes \boldsymbol{R}_A - \boldsymbol{R}_B^{\mathrm{T}} \otimes \boldsymbol{I})\mathrm{vec}(\boldsymbol{R}_X) = \boldsymbol{0} \end{cases} \tag{7.41}$$

式中：$\otimes$ 表示矩阵直积(kronecker products)。

因此只需 $\mathrm{vec}(\boldsymbol{R}_X)$ 前面系数项的奇异值特征向量，即可获得 $\boldsymbol{R}_X$ 值，即 n 组 $\boldsymbol{R}_A$ 和 $\boldsymbol{R}_B$ 直接按照 $(\boldsymbol{I} \otimes \boldsymbol{R}_A - \boldsymbol{R}_B^{\mathrm{T}} \otimes \boldsymbol{I})$ 计算后堆叠起来即可，设堆叠后的矩阵为 $\boldsymbol{K} \in \mathbf{R}^{9n\times 9}$，$\mathrm{vec}(\boldsymbol{R}_X) \in \mathbf{R}^{9\times 1}$，则上式变为简单的齐次线性方程 $\boldsymbol{K} \cdot \mathrm{vec}(\boldsymbol{R}_X) = \boldsymbol{0}$。

$\boldsymbol{R}_X$ 的求解过程如下：对 $\boldsymbol{K}$ 做奇异值分解有 $\boldsymbol{K} = \boldsymbol{U}_K\boldsymbol{\Sigma}_K\boldsymbol{V}_K^{\mathrm{T}}$，则线性方程的解为 $\boldsymbol{V}_K$ 的最后一列(非零最小二乘解)。将解出的 $\mathrm{vec}(\boldsymbol{R}_X)$ 还原回 3×3 矩阵(设为 $\boldsymbol{R}'_X$)后，并不一定是正交旋转阵，需要再次对其进行奇异值分解，得 $\boldsymbol{R}'_X = \boldsymbol{U\Sigma V}\boldsymbol{V}^{\mathrm{T}}$，最终取 $\boldsymbol{R}_X = \boldsymbol{U}\,\boldsymbol{V}^{\mathrm{T}}$ 作为原方程的解。

平移向量 $\boldsymbol{t}_X$ 求解过程如下：根据式(7.40)可得 $\boldsymbol{t}_X$ 满足

$$(\boldsymbol{R}_A - \boldsymbol{I})\boldsymbol{t}_X = \boldsymbol{R}_X\,\boldsymbol{t}_B - \boldsymbol{t}_A \tag{7.42}$$

对式(7.42)进行堆叠，获得其堆叠后的线性方程，利用最小二乘法可得 $\boldsymbol{t}_X$。

因此，固定相机系统转换矩阵 $\boldsymbol{X}$ 为

$$\boldsymbol{X} = \begin{bmatrix} \boldsymbol{R}_X & \boldsymbol{t}_X \\ \boldsymbol{0} & 1 \end{bmatrix} \tag{7.43}$$

2. 双目手眼标定

1)建立手眼标定方程

手-双目系统标定的示意图如图 7.12 所示。$\boldsymbol{X}^{\mathrm{l}}$ 和 $\boldsymbol{X}^{\mathrm{r}}$ 为手眼关系矩阵，分别表示左、右相机坐标系与机器人手臂末端坐标系的 4×4 变换矩阵。$\boldsymbol{C}_i^{\mathrm{l}}$ 和 $\boldsymbol{C}_i^{\mathrm{r}}$ 分别表示位置 i 处世界坐标系与左、右相机坐标系的 4×4 变换矩阵。$\boldsymbol{G}_i$ 表示位置 k 处机器人末端手臂坐标系与机器人基坐标系的 4×4 变换矩阵。$\boldsymbol{A}_i$ 表示机器人手臂末端坐标系从位置 k 处到位置 $k+1$ 处的 4×4 变换矩阵。$\boldsymbol{B}_i^{\mathrm{l}}$ 和 $\boldsymbol{B}_i^{\mathrm{r}}$ 分别表示左、右相机坐标系从位置 k 处到位置 $i+1$ 处的 4×4 变换矩阵。

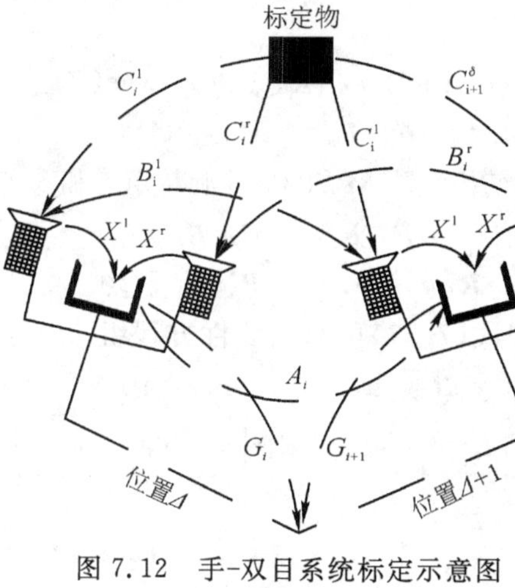

图 7.12　手-双目系统标定示意图

设 $\boldsymbol{N} = (x_{\mathrm{w}}\quad y_{\mathrm{w}}\quad z_{\mathrm{w}}\quad 1)^{\mathrm{T}}$ 为世界坐标系中的任意点 P 的齐次坐标，则点 P 在机器人基坐标系中的坐标 $\boldsymbol{N}' = (x_{\mathrm{r}}\quad y_{\mathrm{r}}\quad z_{\mathrm{r}}\quad 1)^{\mathrm{T}}$ 可表示为

$$\boldsymbol{N}' = \boldsymbol{G}_i \boldsymbol{X}^{\mathrm{l}} \boldsymbol{C}_i^{\mathrm{l}} \boldsymbol{N} = \boldsymbol{G}_i \boldsymbol{X}^{\mathrm{r}} \boldsymbol{C}_i^{\mathrm{r}} \boldsymbol{N} = \boldsymbol{G}_{i+1} \boldsymbol{X}^{\mathrm{l}} \boldsymbol{C}_{i+1}^{\mathrm{l}} \boldsymbol{N} = \boldsymbol{G}_{i+1} \boldsymbol{X}^{\mathrm{r}} \boldsymbol{C}_{i+1}^{\mathrm{r}} \boldsymbol{N} \tag{7.44}$$

由于 P 点具有任意性，上式可改写为

$$\boldsymbol{G}_i \boldsymbol{X}^{\mathrm{l}} \boldsymbol{C}_i^{\mathrm{l}} = \boldsymbol{G}_i \boldsymbol{X}^{\mathrm{r}} \boldsymbol{C}_i^{\mathrm{r}} = \boldsymbol{G}_{i+1} \boldsymbol{X}^{\mathrm{l}} \boldsymbol{C}_{i+1}^{\mathrm{l}} = \boldsymbol{G}_{i+1} \boldsymbol{X}^{\mathrm{r}} \boldsymbol{C}_{i+1}^{\mathrm{r}} \tag{7.45}$$

于是有

$$\boldsymbol{A}_i \boldsymbol{X}^{\mathrm{l}} = \boldsymbol{X}^{\mathrm{l}} \boldsymbol{B}_i^{\mathrm{l}} \tag{7.46}$$

$$\boldsymbol{A}_i \boldsymbol{X}^{\mathrm{r}} = \boldsymbol{X}^{\mathrm{r}} \boldsymbol{B}_i^{\mathrm{r}} \tag{7.47}$$

$$\boldsymbol{X}^{\mathrm{l}} = \boldsymbol{X}^{\mathrm{r}} \boldsymbol{Q} \tag{7.48}$$

式中：$\boldsymbol{A}_i = (\boldsymbol{G}_{i+1})^{-1} \boldsymbol{G}_i$，$\boldsymbol{B}_i^{\mathrm{l}} = \boldsymbol{C}_{i+1}^{\mathrm{l}} (\boldsymbol{C}_i^{\mathrm{l}})^{-1}$，$\boldsymbol{B}_i^{\mathrm{r}} = \boldsymbol{C}_{i+1}^{\mathrm{r}} (\boldsymbol{C}_i^{\mathrm{r}})^{-1}$，$\boldsymbol{Q} = \boldsymbol{C}_i^{\mathrm{r}} (\boldsymbol{C}_i^{\mathrm{l}})^{-1} = \boldsymbol{C}_{i+1}^{\mathrm{r}} (\boldsymbol{C}_{i+1}^{\mathrm{l}})^{-1}$。

式(7.46)～式(7.48)为手-双目系统中手眼关系满足的方程。由张正友的平面标定方法可求得左、右相机在位置 i 处的外参数 $\boldsymbol{C}_i^{\mathrm{l}}$ 和 $\boldsymbol{C}_i^{\mathrm{r}}$。机器人可提供精确的手臂运动信息，从而获得变换矩阵 $\boldsymbol{A}_i$。$\boldsymbol{Q}$ 表示左、右相机坐标系之间的 4×4 关系矩阵，为常矩阵。通过机器人手臂末端的多组运动，式(7.46)、式(7.47)可以得到多组约束关系式，式(7.48)在不同位置得到的约束关系相同。

2)手眼标定算法

标定方程线性化描述：根据式(7.46)和式(7.48)，得

$$\boldsymbol{A}_i \boldsymbol{X}^{\mathrm{r}} = \boldsymbol{X}^{\mathrm{r}} \boldsymbol{Q} \boldsymbol{B}_i^{\mathrm{l}} \boldsymbol{Q}^{-1} = \boldsymbol{X}^{\mathrm{r}} \boldsymbol{B}_i^{\mathrm{r}}$$

即式(7.46)、式(7.48)成立时，式(7.47)必然成立，因此，方程组(7.46)、(7.47)、(7.48)与方程组(7.46)、(7.48)同解，以下仅分析方程组(7.46)、(7.48)的解。利用矩阵直积方法对标定方程进行线性化描述。

设 $\boldsymbol{A}$ 和 $\boldsymbol{B}$ 分别是 $m\times n$ 和 $p\times q$ 矩阵，定义 $\boldsymbol{A}$ 和 $\boldsymbol{B}$ 的矩阵直积 $\boldsymbol{A}\otimes\boldsymbol{B}$ 为如下的 $mp\times nq$ 矩阵：

$$\boldsymbol{A}\otimes\boldsymbol{B} = \begin{bmatrix} a_{11}\boldsymbol{B} & a_{12}\boldsymbol{B} & \cdots & a_{1n}\boldsymbol{B} \\ a_{21}\boldsymbol{B} & a_{22}\boldsymbol{B} & \cdots & a_{2n}\boldsymbol{B} \\ \vdots & \vdots & \vdots & \vdots \\ a_{m1}\boldsymbol{B} & a_{m2}\boldsymbol{B} & \cdots & a_{mn}\boldsymbol{B} \end{bmatrix}$$

于是有

$$\mathrm{vec}(\boldsymbol{ABC}) = (\boldsymbol{A}\otimes\boldsymbol{C}^{\mathrm{T}}) \cdot \mathrm{vec}(\boldsymbol{B}) \tag{7.49}$$

式中：$\mathrm{vec}(\boldsymbol{M}) = (\boldsymbol{M}_{11},\cdots,\boldsymbol{M}_{1n},\boldsymbol{M}_{21},\cdots,\boldsymbol{M}_{mn})^{\mathrm{T}}$，$\boldsymbol{M}\in\mathbf{R}^{m\times n}$。

设 $\boldsymbol{R}_{\boldsymbol{M}}$ 和 $\boldsymbol{t}_{\boldsymbol{M}}$ 分别表示 4×4 变换矩阵 $\boldsymbol{M}$ 的 3×3 旋转矩阵和 3×1 平移向量，则式(7.46)为

$$\boldsymbol{R}_{\boldsymbol{A}_i} \boldsymbol{R}_{\boldsymbol{X}^{\mathrm{l}}} = \boldsymbol{R}_{\boldsymbol{X}^{\mathrm{l}}} \boldsymbol{R}_{\boldsymbol{B}_i^{\mathrm{l}}} \tag{7.50}$$

$$\boldsymbol{R}_{\boldsymbol{A}_i} \boldsymbol{t}_{\boldsymbol{X}^{\mathrm{l}}} + \boldsymbol{t}_{\boldsymbol{A}_i} = \boldsymbol{R}_{\boldsymbol{X}^{\mathrm{l}}} \boldsymbol{t}_{\boldsymbol{B}_i^{\mathrm{l}}} + \boldsymbol{t}_{\boldsymbol{X}^{\mathrm{l}}} \tag{7.51}$$

利用式(7.48)、式(7.50)和式(7.51)可写出线性方程组

$$\begin{bmatrix} \boldsymbol{I}_9 - \boldsymbol{R}_{\boldsymbol{A}_i} \otimes \boldsymbol{R}_{\boldsymbol{B}_i^{\mathrm{l}}} & \boldsymbol{0}_{9\times3} \\ \boldsymbol{I}_3 \otimes \boldsymbol{t}_{\boldsymbol{B}_i^{\mathrm{l}}}^{\mathrm{T}} & \boldsymbol{I}_3 - \boldsymbol{R}_{\boldsymbol{A}_i} \end{bmatrix} \begin{bmatrix} \mathrm{vec}(\boldsymbol{R}_{\boldsymbol{X}^{\mathrm{l}}}) \\ \boldsymbol{t}_{\boldsymbol{X}^{\mathrm{l}}} \end{bmatrix} = \begin{bmatrix} \boldsymbol{0}_{9\times1} \\ \boldsymbol{t}_{\boldsymbol{A}_i} \end{bmatrix} \tag{7.52}$$

同理，式(7.48)可写为

$$\begin{bmatrix} \boldsymbol{I}_3 \otimes \boldsymbol{R}_{\boldsymbol{Q}} & \boldsymbol{0}_{9\times3} & -\boldsymbol{I}_9 & \boldsymbol{0}_{9\times3} \\ \boldsymbol{0}_{3\times9} & -\boldsymbol{I}_3 & \boldsymbol{I}_3 \otimes \boldsymbol{t}_{\boldsymbol{Q}}^{\mathrm{T}} & \boldsymbol{I}_3 \end{bmatrix} \begin{bmatrix} \mathrm{vec}(\boldsymbol{R}_{\boldsymbol{X}^{\mathrm{l}}}) \\ \boldsymbol{t}_{\boldsymbol{X}^{\mathrm{l}}} \\ \mathrm{vec}(\boldsymbol{R}_{\boldsymbol{X}^{\mathrm{r}}}) \\ \boldsymbol{t}_{\boldsymbol{X}^{\mathrm{r}}} \end{bmatrix} = \begin{bmatrix} \boldsymbol{0}_{9\times1} \\ \boldsymbol{0}_{3\times1} \end{bmatrix} \tag{7.53}$$

由于式(7.52)和式(7.53)组成的线性方程组相互独立,式(7.52)仅与 $\mathrm{vec}(\boldsymbol{R}_{X^{\mathrm{l}}})$、$\boldsymbol{t}_{X^{\mathrm{l}}}$ 有关,$\mathrm{vec}(\boldsymbol{R}_{X^{\mathrm{r}}})$、$\boldsymbol{t}_{X^{\mathrm{r}}}$ 可由 $\mathrm{vec}(\boldsymbol{R}_{X^{\mathrm{l}}})$、$\boldsymbol{t}_{X^{\mathrm{l}}}$ 线性唯一表示,因此方程组(7.52)、(7.53)的求解过程为:由式(7.28)求得 $\mathrm{vec}(\boldsymbol{R}_{X^{\mathrm{l}}})$、$\boldsymbol{t}_{X^{\mathrm{l}}}$,再由式(7.53)求得 $\mathrm{vec}(\boldsymbol{R}_{X^{\mathrm{r}}})$、$\boldsymbol{t}_{X^{\mathrm{r}}}$。

机器人手臂做两次相互独立的纯旋转运动,即 $\boldsymbol{t}_{A_i}=\boldsymbol{0}\ (i=1,2)$,式(7.35)可写为

$$\begin{bmatrix}\boldsymbol{I}_9-\boldsymbol{R}_{A_1}\otimes\boldsymbol{R}_{B_1^{\mathrm{l}}} & \boldsymbol{0}_{9\times3}\\ \boldsymbol{I}_3\otimes\boldsymbol{t}_{B_1^{\mathrm{l}}}^{\mathrm{T}} & \boldsymbol{I}_3-\boldsymbol{R}_{A_1}\\ \boldsymbol{I}_9-\boldsymbol{R}_{A_2}\otimes\boldsymbol{R}_{B_2^{\mathrm{l}}} & \boldsymbol{0}_{9\times3}\\ \boldsymbol{I}_3\otimes\boldsymbol{t}_{B_2^{\mathrm{l}}}^{\mathrm{T}} & \boldsymbol{I}_3-\boldsymbol{R}_{A_2}\end{bmatrix}\begin{bmatrix}\mathrm{vec}(\boldsymbol{R}_{X^{\mathrm{l}}})\\ \boldsymbol{t}_{X^{\mathrm{l}}}\end{bmatrix}=\begin{bmatrix}\boldsymbol{0}_{9\times1}\\ \boldsymbol{0}_{3\times1}\\ \boldsymbol{0}_{9\times1}\\ \boldsymbol{0}_{3\times1}\end{bmatrix} \tag{7.54}$$

即

$$\begin{bmatrix}\boldsymbol{I}_9-\boldsymbol{R}_{A_1}\otimes\boldsymbol{R}_{B_1^{\mathrm{l}}}\\ \boldsymbol{I}_9-\boldsymbol{R}_{A_2}\otimes\boldsymbol{R}_{B_2^{\mathrm{l}}}\end{bmatrix}\mathrm{vec}(\boldsymbol{R}_{X^{\mathrm{l}}})=\begin{bmatrix}\boldsymbol{0}_{9\times1}\\ \boldsymbol{0}_{9\times1}\end{bmatrix} \tag{7.55}$$

$$\begin{bmatrix}\boldsymbol{I}_3\otimes\boldsymbol{t}_{B_1^{\mathrm{l}}}^{\mathrm{T}} & \boldsymbol{I}_3-\boldsymbol{R}_{A_1}\\ \boldsymbol{I}_3\otimes\boldsymbol{t}_{B_2^{\mathrm{l}}}^{\mathrm{T}} & \boldsymbol{I}_3-\boldsymbol{R}_{A_2}\end{bmatrix}\begin{bmatrix}\mathrm{vec}(\boldsymbol{R}_{X^{\mathrm{l}}})\\ \boldsymbol{t}_{X^{\mathrm{l}}}\end{bmatrix}=\begin{bmatrix}\boldsymbol{0}_{3\times1}\\ \boldsymbol{0}_{3\times1}\end{bmatrix} \tag{7.56}$$

式(7.56)也可写为

$$\begin{bmatrix}\boldsymbol{I}_3-\boldsymbol{R}_{A_1}\\ \boldsymbol{I}_3-\boldsymbol{R}_{A_2}\end{bmatrix}\cdot\boldsymbol{t}_{X^{\mathrm{l}}}=\begin{bmatrix}-\boldsymbol{R}_{X^{\mathrm{l}}}\ \boldsymbol{t}_{B_1^{\mathrm{l}}}\\ -\boldsymbol{R}_{X^{\mathrm{l}}}\ \boldsymbol{t}_{B_2^{\mathrm{l}}}\end{bmatrix} \tag{7.57}$$

方程组(7.55)的系数矩阵秩为 8,方程组(7.33)的系数矩阵为满秩矩阵。

式(7.55)有 9 个未知数,其解为 $\mathrm{vec}(\boldsymbol{R}_{X^{\mathrm{l}}})=\lambda\boldsymbol{v}_0$,其中 $\boldsymbol{v}_0$ 为一非零特解,λ 为任意实数。假设 $\boldsymbol{v}$ 为其中任一非零解,将 $\boldsymbol{v}$ 向量变为矩阵 $\boldsymbol{V}=\mathrm{vec}^{-1}(\boldsymbol{v})$,矩阵 $\boldsymbol{V}$ 的各列相互正交,通过单位化可得 $\boldsymbol{R}_{X^{\mathrm{l}}}$:

$$\boldsymbol{R}_{X^{\mathrm{l}}}=\frac{\mathrm{sgn}[\det(\boldsymbol{V})]}{|\det(\boldsymbol{V})|^{\frac{1}{3}}}\boldsymbol{V} \tag{7.58}$$

利用线性最小二乘法可解得线性方程组(7.58)的解为

$$\boldsymbol{t}_{X^{\mathrm{l}}}=(\boldsymbol{A}^{\mathrm{T}}\boldsymbol{A})^{-1}\cdot\boldsymbol{A}^{\mathrm{T}}\boldsymbol{b} \tag{7.59}$$

式中:$\boldsymbol{A}=\begin{bmatrix}\boldsymbol{I}_3-\boldsymbol{R}_{A_1}\\ \boldsymbol{I}_3-\boldsymbol{R}_{A_2}\end{bmatrix}$,$\boldsymbol{b}=\begin{bmatrix}-\boldsymbol{R}_{X^{\mathrm{l}}}\ \boldsymbol{t}_{B_1^{\mathrm{l}}}\\ -\boldsymbol{R}_{X^{\mathrm{l}}}\ \boldsymbol{t}_{B_2^{\mathrm{l}}}\end{bmatrix}$。

根据式(7.48),求得

$$\boldsymbol{X}^{\mathrm{r}}=\boldsymbol{X}^{\mathrm{l}}\boldsymbol{Q}^{-1}=\boldsymbol{X}^{\mathrm{l}}\boldsymbol{C}_i^{\mathrm{l}}(\boldsymbol{C}_i^{\mathrm{r}})^{-1},\ i=1,2,3 \tag{7.60}$$

根据式(7.46)~式(7.48),通过机器人手臂的 N 次运动,建立非线性优化目标函数为

$$\min\boldsymbol{f}(\boldsymbol{X}^{\mathrm{l}},\boldsymbol{X}^{\mathrm{r}})=\sum_{i=1}^{N}(\|\boldsymbol{f}_{1i}\|_2^2+\|\boldsymbol{f}_{2i}\|_2^2+\|\boldsymbol{f}_{3i}\|_2^2)=\sum_{i=1}^{N}(\boldsymbol{f}_{1i}^{\mathrm{T}}\cdot\boldsymbol{f}_{1i}+\boldsymbol{f}_{2i}^{\mathrm{T}}\cdot\boldsymbol{f}_{2i}+\boldsymbol{f}_{3i}^{\mathrm{T}}\cdot\boldsymbol{f}_{3i}) \tag{7.61}$$

式中:$\boldsymbol{f}_{1i}=\mathrm{vec}(\boldsymbol{A}_i\boldsymbol{X}^{\mathrm{l}}-\boldsymbol{X}^{\mathrm{l}}\boldsymbol{B}_i^{\mathrm{l}})$,$\boldsymbol{f}_{2i}=\mathrm{vec}(\boldsymbol{A}_i\boldsymbol{X}^{\mathrm{r}}-\boldsymbol{X}^{\mathrm{r}}\boldsymbol{B}_i^{\mathrm{r}})$,$\boldsymbol{f}_{3i}=\mathrm{vec}(\boldsymbol{X}^{\mathrm{r}}\boldsymbol{C}_i^{\mathrm{r}}-\boldsymbol{X}^{\mathrm{l}}\boldsymbol{C}_i^{\mathrm{l}})$。

利用列文伯格-马尔夸特优化方法对目标函数进行优化,即可获得 $\boldsymbol{X}^{\mathrm{l}}$ 和 $\boldsymbol{X}^{\mathrm{r}}$ 的优化解,从而实现双目手眼标定。

7.3　机器人视觉伺服运动控制

机器人视觉伺服的概念，是由希尔(J. Hill)和帕克(W. T. Park)于1979年提出的。通常，视觉伺服是指利用光学装置和非接触传感器自动接收并处理真实物体的图像，然后通过图像反馈信息，让控制系统对机器人进行进一步控制或相应的自适应调整。

目前，可以根据多个方面对机器人视觉伺服控制系统进行区分和分类：

(1)常见的单目、双目以及多目视觉伺服系统是根据相机数量的不同进行划分的。

(2)手眼系统和固定相机系统是根据相机的放置位置进行划分的。

(3)考虑到机器人的空间位置或图像特征，基于位置的视觉伺服系统和基于图像的视觉伺服系统被单独划分出来。

7.3.1　基于图像的机器人视觉伺服

基于图像的视觉伺服直接利用图像误差来生成相应的控制信号，而无需进行三维重建，但需要计算图像雅可比矩阵。图7.13为基于图像的视觉伺服的结构示意图。基于图像特征的视觉伺服方法通常利用图像雅克比矩阵(或称为交互矩阵，interaction matrix)设计机器人的控制律，针对不同的应用场景需要选择合适的图像特征及对应的控制律。对于视觉伺服中的噪声、动态性能两个关键难点，在硬件条件受限的情况下，最有效的改善方式是引入卡尔曼滤波、粒子滤波等观测器进行优化，另外可以通过基于统计信息加权的方式提升特征提取的鲁棒性，从而改善系统整体的性能。图像视觉伺服可以容忍一定程度上的标定误差和空间模型误差存在，是其显著优点。然而，它的缺点包括设计控制器困难，容易进入图像雅可比矩阵的奇异点，以及只能在目标位置附近的邻域范围内收敛。解决图像视觉伺服的关键在于求解图像雅可比矩阵。

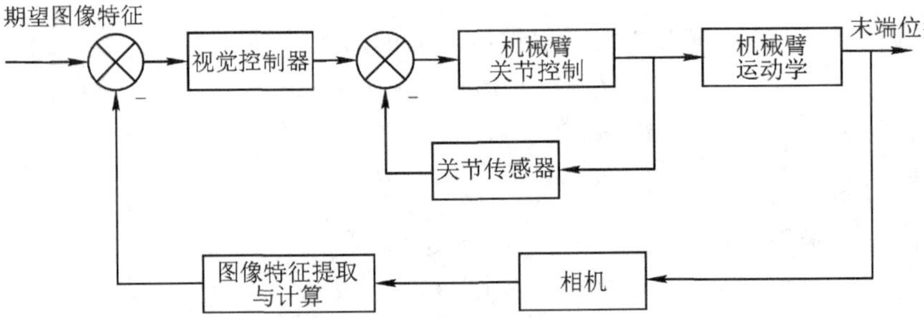

图7.13　基于图像的视觉伺服结构

基于图像的机器人视觉伺服系统的实现，第一步要考虑的是图像如何获取。CCD图像传感器已被广泛应用于机器人视觉伺服系统，根据选用图像传感器的数量和安装位置的不同，视觉配置方案也有所差异：有单目视觉，也有双目视觉；有的图像传感器固定安装在现场，而另一些则固定在机器人的末端执行器上。相对而言，单目视觉图像处理相对简单，但难以获取深度等立体信息；双目视觉类似于人类的双眼，可有效获得空间立体信息，但图像处理的复杂度也随之增加；在固定视觉系统中，相机能够同时观察到目标对象和机器人的末端执行器，因此控制误差可以直接被观察到。然而，这种系统需要引入相机与机器人坐标系之间的转换，并且要求相机进行精确标定，同时可能会遇到末端执行器遮挡目标的问题。相比之下，手眼视觉系统不会出现遮挡现象，因为相机与末端执行器的位置相对固定。通过机器人运动学和简单的刚体变换，可以推知相机的空间位姿。正因为如此，手眼视觉系统在机器人视觉跟踪中得到了广泛的应用。

7.3.2　基于位置的机器人视觉伺服

将依据图像信息来估计机器人相对于目标物体的位姿的方式称为基于位置的控制方式。在这种控制方式中，机器人的直角坐标空间的运动指令是根据目标物体的相对位姿来确定的，并将运动指令传给机器人关节控制器，控制机器人运动。这种控制方式将视觉处理过程与机械手的控制分开，能够直观地在直角坐标空间定义目标的运动。从图像到位姿的估计精度很大程度上决定了其控制精度，该精度受相机的系统模型、标定精度和图像表面模式等因素影响。此外，这种控制方式由于需要求解逆运动学方程，计算量增大。目前多数系统采用基于位置的控制方式，基于位置的视觉伺服系统框图如图 7.14 所示。

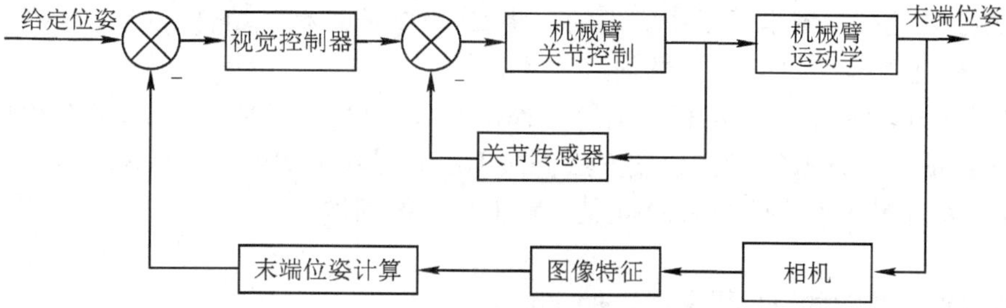

图 7.14　基于位置的视觉伺服结构

7.3.3　机器人混合视觉伺服

基于图像特征的视觉伺服具有较好的局部稳定性以及较高的精度，但其在全局范围上的性能容易受求解其参数时出现的多解问题以及图像雅可比矩阵奇异问题的影响，可能会导致全局性能表现不好，丢失目标，因此需要引入基于位置的视觉伺服方法进行协作。基于位置的视觉伺服方法通过直接获取的三维信息进行控制，具有较好的全局稳定性，但是由于其精度受到相机标定误差、机器人模型误差的影响，无法实现高精度的控制。因此在视觉伺服任务中，通常会首先利用基于位置的方法进行粗略对准，然后再借助基于图像的方法进行精细调整，这种策略被称为混合视觉伺服。

混合视觉伺服的核心思想是将图像伺服控制应用于部分自由度，而余下的自由度则采用其他技术进行控制，这样可以避免计算图像雅可比矩阵等复杂问题。其中，马里斯(E. Malis)提出的 2.5 维视觉伺服方法最为典型，被广泛应用于工业机器人的轨迹跟踪和目标检测任务中。这种方法可对基于位置和基于图像两种结构进行取长补短，系统的稳定性有所增强，收敛域有所扩大。

2.5 维视觉伺服的基本结构如图 7.15 所示。这种方法能成功地将图像信号与根据图像所提取的位置、姿态信号进行有机结合，并利用它们产生一种综合的误差信号进行反馈：

$$\boldsymbol{e} = [\boldsymbol{e}_t^{\mathrm{T}} \quad \boldsymbol{e}_w^{\mathrm{T}}]^{\mathrm{T}} \tag{7.62}$$

式中：$\boldsymbol{e}_t$ 表示平移误差，通过图像信号与单位矩阵 $\boldsymbol{H}$ 分解互相结合得到的深度比来定义：

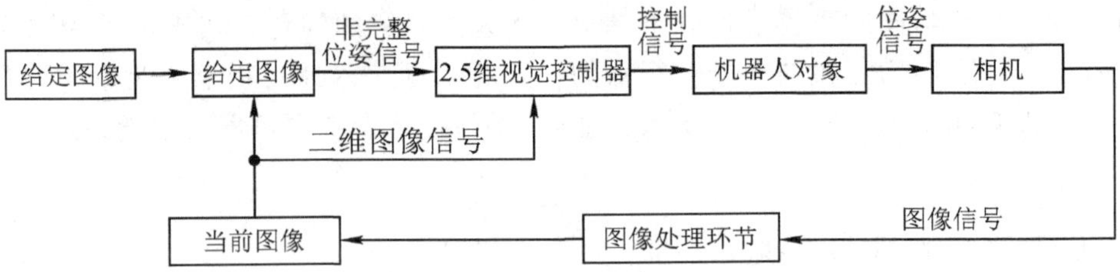

图 7.15　2.5 维视觉伺服结构

$$e_t = [\mu - \mu^* \quad v - v^* \quad \log r]^T \tag{7.63}$$

式中：(u,v) 和 (u^*,v^*) 分别表示当前图像和目标图像坐标，而 r 则是当前深度和目标深度之间的比值。转动误差定义为

$$e_w = p\theta \tag{7.64}$$

式中：通过 $\boldsymbol{H}$ 分解后得到的旋转矩阵计算得到单位转轴 $\boldsymbol{p}$ 和与之相对应的转角 θ。上述误差计算中既有二维信息，又包含了三维信息，其中平移控制是发生在二维图像坐标系下完成，然而对于姿态的控制是在三维坐标系中实现的。将二、三维信息相互结合，定义成一种有机结合的混合伺服方法，也被称为 2.5 维视觉伺服。

2.5 维视觉伺服能够在一定程度上解决鲁棒性、奇异性和局部极小等问题，因此它是一种非常富有前景的视觉伺服策略。但该方法仍然无法确保在伺服过程中参考物体始终位于相机的视野之内，并且单应性矩阵分解时也存在解不唯一的问题。

7.4　机器人视觉识别与定位

目标识别与定位技术为机器人执行高级任务提供了有力的支撑。目标识别是利用提取输入图像的特征作为关键信息，并与系统中存储的关键信息进行匹配或分类，从而得到识别结果。而目标定位则是通过计算机视觉技术确定指定目标的位置和范围，其输出通常包括物体的中心点、矩形包围框或物体的闭合边界等。目标识别与定位技术面临的主要挑战是在确保可靠性和实时性的同时，降低对计算资源的消耗。

7.4.1　机器人位姿估计

机器人在执行抓取、搬运等任务时需要获取与目标的相对位姿。通常，对目标物体进行位姿估计会采用基于视觉的方法来测量物体相对位置和姿态。传统的基于视觉的位姿估计方法主要包括基于单目、双目以及多目的位姿测量技术。其中，单目视觉位姿估计仅需要一台相机，通过对图像中的特征点进行跟踪和匹配，推导出目标物体的位姿信息。双目视觉位姿估计利用两台相机的图像，通过对相机之间的视差进行计算，得到物体的三维位置。而多目视觉位姿估计则利用多台相机同时拍摄目标物体，通过多视角的信息融合来提高位姿估计的准确性和鲁棒性。

基于视觉的目标位姿估计首先利用图像匹配算法获取在相机坐标系下的目标物体表面点的三维坐标，并使用不共面的 4 个特征点进行 P4P 算法估计相机在世界坐标系中的位姿。接下来，通过稳定特征值法拟合出目标物体的正上方平面，并利用平面的法向量与世界坐标系的 Z 轴的关系，求得目标物体的姿态信息。最后通过均值法，获得目标物体中心在世界坐标系中的三维坐标。

1. 基于 4 个不共面特征点的 P4P 算法

设有 4 个已知其三维坐标的不共面特征点 $\boldsymbol{P}_1$、$\boldsymbol{P}_2$、$\boldsymbol{P}_3$ 和 $\boldsymbol{P}_4$，记作 $\boldsymbol{P}_i = (x_{wi}, y_{wi}, z_{wi})^{\mathrm{T}}$ $(i = 1,2,3,4)$，这些点相应在像素平面坐标系下的坐标 $(u_i, v_i)^{\mathrm{T}}$ $(i = 1,2,3,4)$ 以及相机内参数 $\boldsymbol{A}$。由式(7.13)相机成像模型可知

$$\lambda \begin{bmatrix} u_i \\ v_i \\ 1 \end{bmatrix} = \boldsymbol{A}[\boldsymbol{R} \quad \boldsymbol{t}] \begin{bmatrix} x_{wi} \\ y_{wi} \\ z_{wi} \\ 1 \end{bmatrix} \tag{7.65}$$

式中：$\boldsymbol{R}$ 和 $\boldsymbol{t}$ 为相机的外参数，分别表示相机在世界坐标系中的姿态和位置。

对于 $\boldsymbol{P}_i$ 在相机坐标系对应的坐标 $\boldsymbol{P}_{ci} = (x_{ci}, y_{ci}, z_{ci})^{\mathrm{T}}$，由相机坐标系和世界坐标系的位姿转换关系，可得

$$\begin{bmatrix} x_{ci} \\ y_{ci} \\ z_{ci} \end{bmatrix} = \boldsymbol{R} \begin{bmatrix} x_{wi} \\ y_{wi} \\ z_{wi} \end{bmatrix} + \boldsymbol{t} \tag{7.66}$$

利用式(7.65)，建立特征点在相机坐标系下坐标的线性方程组，求解出 4 个特征点在相机坐标系下的坐标。根据式(7.66)和 4 个特征点在世界坐标系和相机坐标系下的坐标，利用迭代最近点(iterative closest point，ICP)算法即可求解相机的外参数 $\boldsymbol{R}$ 和 $\boldsymbol{t}$。

相机位姿 $\boldsymbol{T}$ 可表示为

$$T = \begin{bmatrix} \boldsymbol{R} & \boldsymbol{t} \\ \boldsymbol{0}_{1\times 3} & 1 \end{bmatrix} = \begin{bmatrix} r_{11} & r_{12} & r_{13} & t_1 \\ r_{21} & r_{22} & r_{23} & t_2 \\ r_{31} & r_{32} & r_{33} & t_3 \\ 0 & 0 & 0 & 1 \end{bmatrix} \tag{7.67}$$

2. 目标物体在世界坐标系的位姿

由式(7.67)可知相机位姿为 $\boldsymbol{T}$，那么世界坐标系下的三维坐标 $(x_w, y_w, z_w)^{\mathrm{T}}$ 和相机坐标系下的坐标 $(x_c, y_c, z_c)^{\mathrm{T}}$ 的转换公式为

$$\begin{bmatrix} x_c \\ y_c \\ z_c \\ 1 \end{bmatrix} = \boldsymbol{T} \begin{bmatrix} x_w \\ y_w \\ z_w \\ 1 \end{bmatrix} \tag{7.68}$$

即，目标物体的位姿可通过物体正上方平面的位姿来确定。

7.4.2　机器人视觉识别

机器人视觉识别就是根据图像数据对目标进行识别。常用的视觉识别方法有基于图像匹配的视觉识别方法和基于深度学习的视觉识别方法。基于图像匹配的视觉识别方法主要包括：①直接对图像像素灰度值进行一一比较的基于灰度的图像匹配算法；②将图像经过某种变换由空域映射到频域中，在频域中进行匹配的基于变换域的图像匹配算法；③通过相应算法提

取出该图像内的特征信息，仅对特征信息进行比较和匹配的基于特征的图像匹配算法。

基于特征的图像匹配算法通常使用局部特征，避免了对整张图像信息进行处理，因此计算效率较高，同时该算法受光照、旋转和噪声等因素影响较小，具有良好的鲁棒性，因此被广泛应用于各个领域。面特征、线特征和点特征是图像处理领域中常用的几种特征。面特征通过区域分割来获取图像中不同区域的特征信息。线特征则主要关注图像的边缘和纹理信息，使用一些算子如 LoG(Laplacian of Gaussian，高斯拉普拉斯)算子或 Canny 算子来实现。点特征是一种被研究较多的特征提取方式，它会在图像中选取具有一定不变性的关键点，并用某种描述方法来描述这些关键点周围的局部信息。常见的点特征提取方法包括 SIFT 描述子和 SURF 描述子等。SIFT 算法因其对平移旋转、尺度变换、亮度变化等具有良好的不变性而被广泛运用于图像识别领域，其原理图如图 7.16 所示。

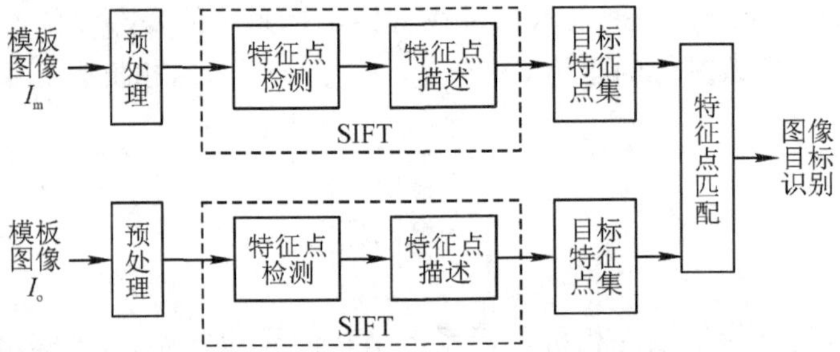

图 7.16　基于 SIFT 的图像识别原理图

1. 图像预处理

由于光照、视场和阴影等因素的影响，CCD 相机所获取的原始图像存在噪声、目标遮挡等情况，为此需要对原始图像进行预处理，以有利于提取所需要的信息。预处理过程主要有直方图均衡化和高斯平滑处理等。

直方图均衡化是一种简单有效的图像增强技术，通过改变图像的直方图来改变各个像素的灰度值，将原始图像的直方图变换为均匀分布的形式，增加了像素灰度值的动态范围，从而提高图像的对比度和清晰度。设原始图像某像素点处的灰度值为 f，均衡化后的灰度值为 g，则对图像增强的方法可表述为将在该像素点处的灰度值 f 映射为 g，二者之间的映射关系可定义为

$$g = \mathrm{EQ}(f) \tag{7.69}$$

式中，映射函数满足以下两个条件(L 为图像的灰度级数)：

(1) $\mathrm{EQ}(f)$ 在 $[0, L-1]$ 范围内是一个单值单增函数；

(2)对于 $0 \leqslant f \leqslant L-1$，有 $0 \leqslant g \leqslant L-1$。

选择累积分布函数作为该映射函数 $\mathrm{EQ}(f)$，并通过该函数可以完成将原图像 f 的分布转换成 g 的均匀分布，此时直方图均衡化映射函数为

$$g_k = \mathrm{EQ}(f_k) = \sum_{j=0}^{k} \frac{n_j}{n},\ k = 0,1,2,\cdots,L-1 \tag{7.70}$$

式中：n_j 为各灰度级的像素数目，n 为原始图像总的像素数目。

2. SIFT 特征向量的生成

尺度不变特征转换(scale invariant feature transform，SIFT)算法是由戴维 · 洛(David

G. Lowe)提出的一种局部特征描述算法，能够适应旋转、尺度、亮度的变化，并在一定程度上不受视角变换、噪声的干扰。SIFT 特征向量的生成过程主要包括：尺度空间极值检测、关键点方向分配、特征描述子生成等步骤。

1)尺度空间极值检测

对于二维图像 $I(x,y)$，其高斯金字塔尺度空间可由图像 $I(x,y)$ 与高斯核卷积得到：

$$L(x,y,\sigma) = G(x,y,\sigma) * I(x,y) \tag{7.71}$$

式中：$G(x,y,\sigma) = \frac{1}{2\pi\sigma^2}e^{-\frac{x^2+y^2}{2\sigma^2}}$，$L$ 表示尺度空间，σ 为尺度空间因子，决定了图像的平滑程度。

根据尺度函数来建立高斯金字塔，而高斯差分(difference-of-Gaussian，DoG)利用高斯金字塔同一阶上的两个相邻的两层的尺度空间函数之差得到，如图 7.17 所示。

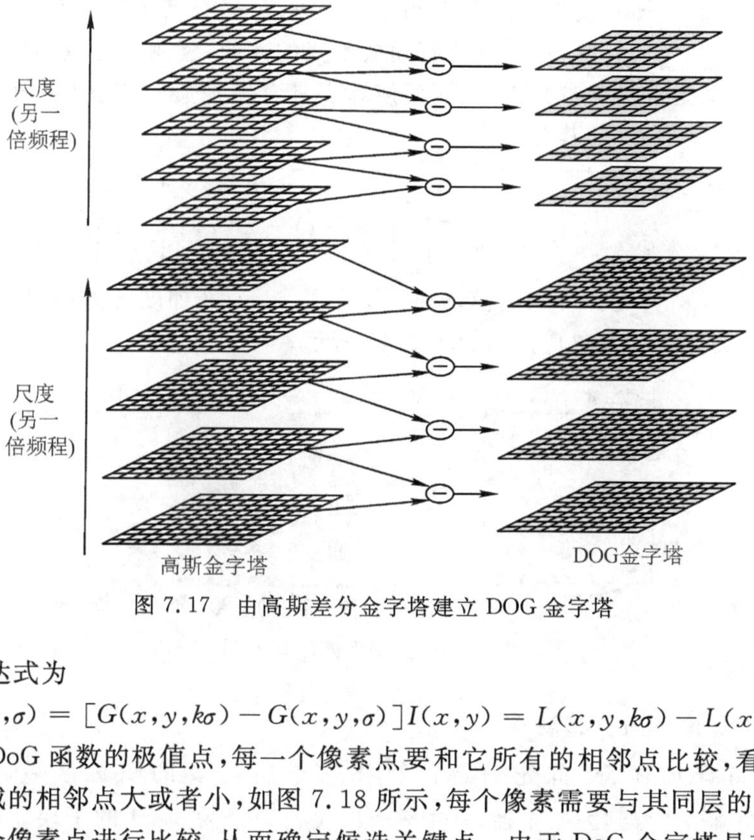

图 7.17　由高斯差分金字塔建立 DOG 金字塔

DoG 的表达式为

$$D(x,y,\sigma) = [G(x,y,k\sigma) - G(x,y,\sigma)]I(x,y) = L(x,y,k\sigma) - L(x,y,\sigma) \tag{7.72}$$

为了寻找 DoG 函数的极值点，每一个像素点要和它所有的相邻点比较，看其是否比它的图像域和尺度域的相邻点大或者小，如图 7.18 所示，每个像素需要与其同层的 8 个像素点、上层和下层各 9 个像素点进行比较，从而确定候选关键点。由于 DoG 金字塔是离散的，所以得到的极值点不一定是准确的，很大可能在真正极值点附近，因此需要通过一定的方式得到真正的极值点。同时去除低对比度的关键点和边缘点以增强匹配稳定性，提高抗噪声能力。

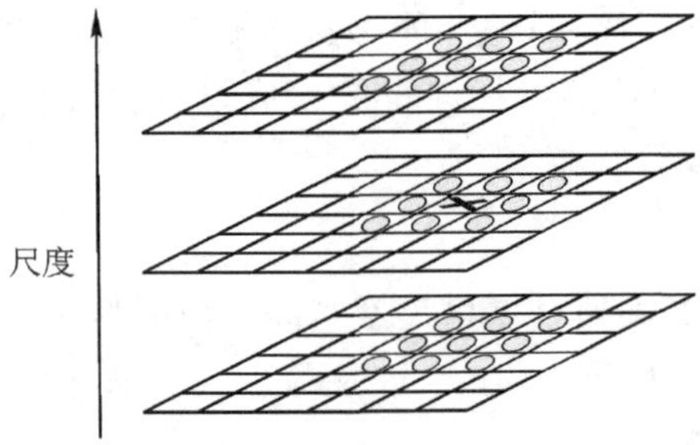

图 7.18　检测极值点

2)为关键点分配方向值

通过尺度不变性求极值点，需要利用图像的局部特征给每一个关键点分配一个基准方向，使描述子对图像具有旋转不变性。对于检测出的关键点，采集其所在高斯金字塔图像 3σ 领域窗口内像素的梯度和方向特征，使得其具有缩放不变的性质，利用关键点邻域像素的梯度方向分布特性，为每个关键点指定参数方向，从而使算子具有图像旋转不变性，通过求每个极值点的梯度来为极值点赋予方向，其公式为

$$m(x,y)=\sqrt{(L(x+1,y)-L(x-1,y))^2+(L(x,y+1)-L(x,y-1))^2} \quad (7.73)$$

$$\theta(x,y)=\arctan\left[\frac{L(x,y+1)-L(x,y-1)}{L(x+1,y)-L(x-1,y)}\right] \quad (7.74)$$

式中：$m(x,y)$表示(x,y)处梯度的模值，$\theta(x,y)$描述(x,y)处梯度的方向，L 是关键点所在的空间尺度函数。关键点的方向直方图如图 7.19 所示。

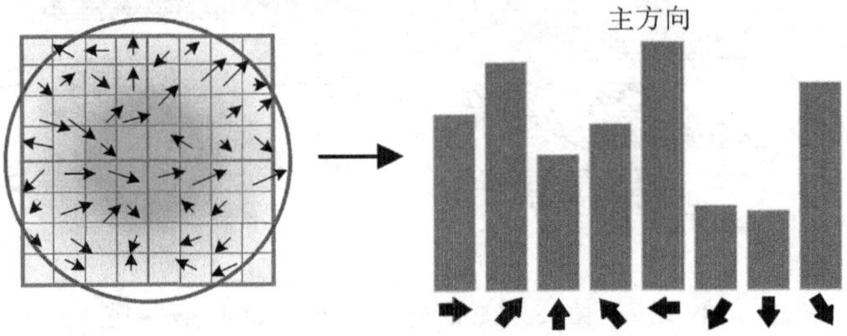

图 7.19　关键点方向直方图

3)生成 SIFT 特征向量描述子

为了生成特征描述符，首先确定计算描述子所需要的图像区域，可以通过 $r=\left[3\sigma\sqrt{2}(d+1)+1\right]/2$ 得到区域半径，其中 $d=4$，代表划分为 4×4 的子块。然后将坐标轴旋转到特征点方向，以保证旋转不变性。最后，对每一个子块中进行 8 个方向的直方图统计，这样，每个关键点的信息就可以采用一个 $4\times4\times8=128$ 维特征向量来描述，如图 7.20 所示。

3. SIFT 特征向量的匹配及矫正

分别对参考图和目标图建立关键点描述子集合，然后通过两点集中关键点描述子的对比来完成图像的匹配。匹配的过程是通过相似性度量来进行的，通常采用欧氏距离作为相似性度量。若采用穷举法进行匹配需要花费大量的时间，因此一般采用构建 k-d 树结构来进行优化搜索，查找与目标点最临近和次临近的两个图像特征点。

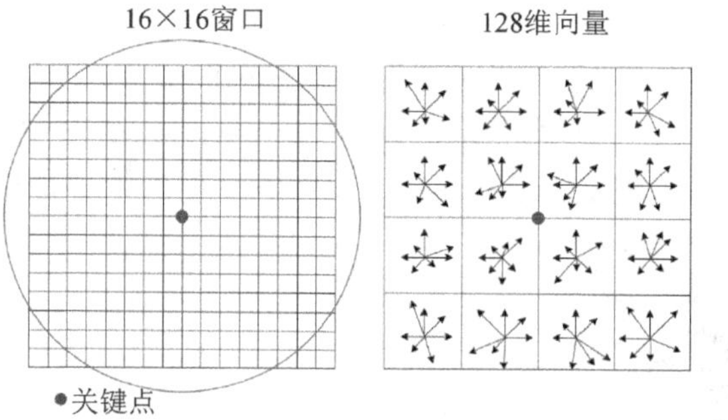

(a) 图像梯度　　(b) 关键点描述

图 7.20 特征向量描述子的生成

关键点粗匹配后需要消除错配点，采用随机采样一致（random sample consensus，RANSAC）方法来矫正错配点，RANSAC 方法的主要步骤如下。

步骤 1：考虑模板图像与目标图像的仿射模型的最小抽样集的势为 3，以及模板图像和目标图像的特征点集粗匹配后的匹配点对样本集 P，集合 P 的匹配点对数大于 3，从 P 中随机抽取包含 3 组匹配点对的 P 的子集 S，初始化仿射模型 $\boldsymbol{M}$，其中 $\boldsymbol{M}$ 为仿射变换矩阵。

步骤 2：定义匹配点对间的投影误差为

$$d_{\text{pro}}(\boldsymbol{p}_i,\boldsymbol{p}'_i) = \|\boldsymbol{p}'_i - \boldsymbol{M}\boldsymbol{p}_i\| \tag{7.75}$$

式中：$\boldsymbol{p}_i$ 为模板图像中 SIFT 特征点的齐次坐标，$\boldsymbol{p}'$ 为目标图像中与粗匹配的 SIFT 特征点的齐次坐标。

计算余集 $\complement_P S = P \backslash S$ 中匹配点对间投影误差 $d_{\text{pro}}(\boldsymbol{p}_i,\boldsymbol{p}'_i)$，给定阈值 t，将其中误差小于 t 的样本集与 S 构成 S^*，S^* 被认为是 S 的一致集（consensus set）；

步骤 3：一致集中元素的个数 $\#(S^*) \geqslant N$，认为得到正确的模型参数，并对内点集 S^* 采用最小二乘法重新估计仿射模型 $\boldsymbol{M}^*$；否则，重新随机抽取新的 S，重复步骤 1 和步骤 2。

步骤 4：在完成一定的迭代次数后，若未找到一致集，则认为目标图像中不包含模板图像中的物体；否则，认为目标图像中包含模板图像中的物体，从而实现了视觉识别。

7.4.3 机器人视觉定位

视觉定位算法是一种传统的监督学习方法，它基于人为给定的图像特征对目标进行定位。在图像识别和检测中，采用的主要特征包括梯度、颜色、形状和模式等。传统目标定位算法具有计算简单的优点，但需要相关人员具有丰富的知识和经验。在背景不复杂的情况下，传统目标定位算法可以快速完成目标定位，且算法相对简单、计算量较小。然而，这种算法无法提取更深层次、高语义的特征，因此在大数据处理方面存在很大的局限性。另外，在较复杂的环境中，其定位精度也难以得到保证。

近年来，深度学习在目标定位领域取得了突破性的进展。其中，卷积神经网络（convolutional neural networks，CNN）在目标检测方面成为研究的热点。特别是在 2012 年，克里热夫斯基（A. Krizhevsky）等人将 CNN 模型应用于 ImageNet 大规模视觉识别挑战赛（ImageNet Large Scale Visual Recognition Challenge，ILSVRC）的图像分类问题，由于他们的模型大幅降低了错误率，在比赛中遥遥领先于其他参赛者。这一突破引起了国际上对 CNN 模型的高度重视，推动了目标视觉检测研究的进展。

2014 年,谷歌研发的 GoogLeNet 和牛津大学研发的 VGG(visual geometry group,视觉几何小组)分别在 ILSVRC 竞赛中获得了冠军和亚军的成绩。GoogLeNet 相比于其他模型内存占用更低,因此更适合在工业界应用。VGG 比 AlexNet 的网络结构更深。研究表明,在适度情况下,网络的深度与性能成正比。VGG16 网络模型的框架如图 7.21 所示。

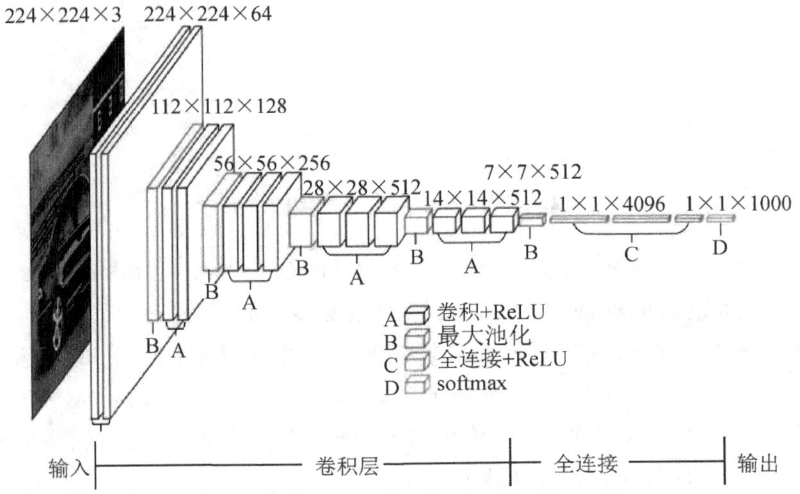

图 7.21　VGG16 网络模型框架

VGG16 网络通过增加深度能有效地提升性能,其中卷积可代替全连接,可适应各种尺寸的图片,并且从头到尾只有 3×3 卷积与 2×2 池化,简洁优美。使用该模型可以从图像中提取更多的信息,使识别和定位的精度获得相应的提升。

随着网络结构的加深,可能出现梯度消失问题,即网络的性能与网络的深度是息息相关的,深度一定时网络性能无法提高,训练阶段得到的准确率不再提高,会导致更大的误差。然而 ResNet 通过引入跳跃链接策略对这个棘手的问题进行解决。具体来说,为了增加信息的流动能力,通过直接映射来连接网络不同层,网络层数增多导致的梯度爆炸和模型过拟合现象能够被解决。另外,DenseNet 也借鉴了 ResNet 的思想,DenseNet 中的每个层都与其他层连接,使得每个层都能接收来自前面所有层的特征图作为输入。这种密集连接的结构使得 DenseNet 在特征重用方面更加有效,有助于提高模型的性能。DenseNet 网络模型框架如图 7.22 所示。

对于复杂网络结构来说,其效率往往不够高,且易受计算性能和存储空间等硬件条件的限制。为了解决这些问题,深度卷积网络模型结构逐渐发展出另一个方向,即在不显著降低模型精度的前提下,尽可能提高计算速度。轻量化卷积神经网络的代表性工作主要包括加州大学伯克利分校和斯坦福大学的研究人员合作提出的 SqueezeNet 模型、谷歌团队提出的 MobileNet和 Xception 模型以及 Face++团队提出的 ShuffleNet 模型等。这些模型通过将深度卷积和逐点卷积结合起来,提高了模型的表达能力和性能。这些轻量化模型使用较小的卷积核,减少全连接层的使用,并且网络的深度也不算浅,因此能够学习足够的特征表达,以保证识别和定位的精度,同时大大减少了网络参数的数量。SqueezeNet 的网络模型结构如图 7.23 所示。这些轻量化模型的发展,可以在一定程度上提高深度卷积网络的运算速度,满足计算资源受限环境中的计算需求。

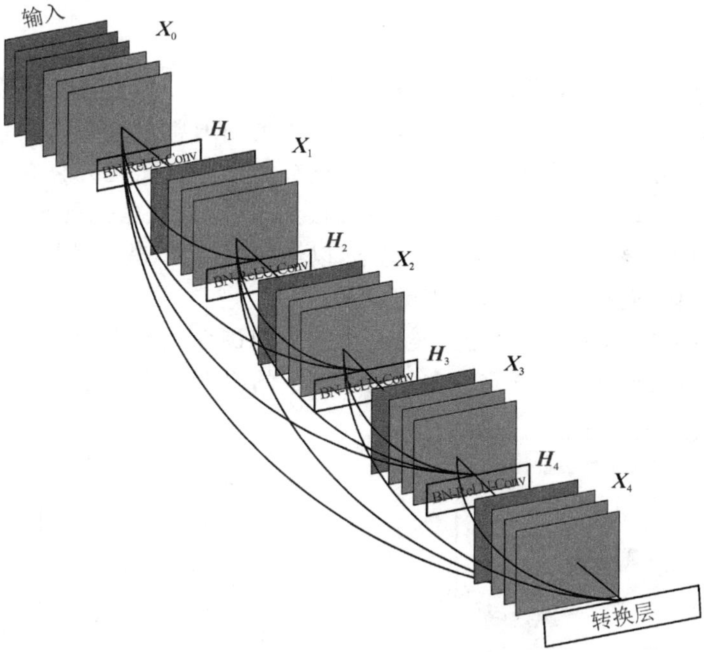

图 7.22　DenseNet 网络模型框架

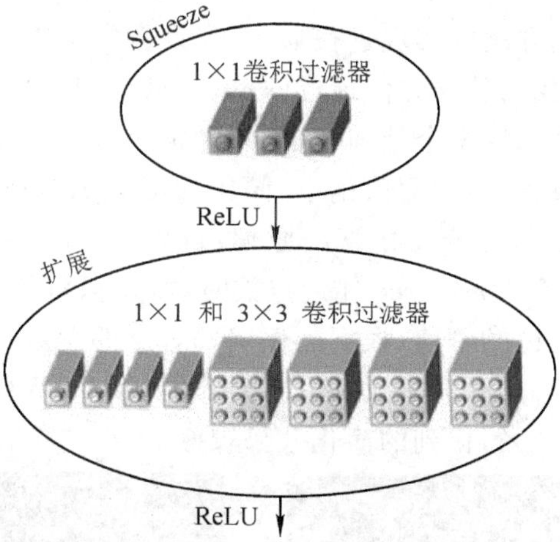

图 7.23　SqueezeNet 网络模型框架

7.5　三维点云数据处理

7.5.1　三维点云处理

随着三维点云采集技术的不断发展，三维点云数据正迅速地成为各类机器人研究和实际应用中常见的数据处理对象，与其相关的点云简化、点云语义分割、点云配准等三维点云处理技术也成为当前机器人研究领域的热点问题。

1. 点云简化

随着各种三维点云采集系统精确度的提升，利用三维点云采集系统对物体扫描可以收集到物体表面上全部的数据信息，但未经数据处理采集到的通常是大量密集且无序分散的数据点，其数量高达几百万甚至上亿个。过多的数据点会增加计算负担并且影响物体表面的平滑度，同时巨量信息会对计算机的存储和显示造成很大压力，导致信息处理的效率较低。因此，需要在保留点云的细节特征和精确度的前提下，以消除冗余点、减小数据规模为目的对密集的点云数据进一步简化，提高后续点云处理的效率。

通常可以将点云简化的方法分为两类：一类基于包围盒实现点云数据简化，如图 7.24 所示；另一类则利用点云数据的边界点和非均匀网格下的曲面变分实现点云数据简化。

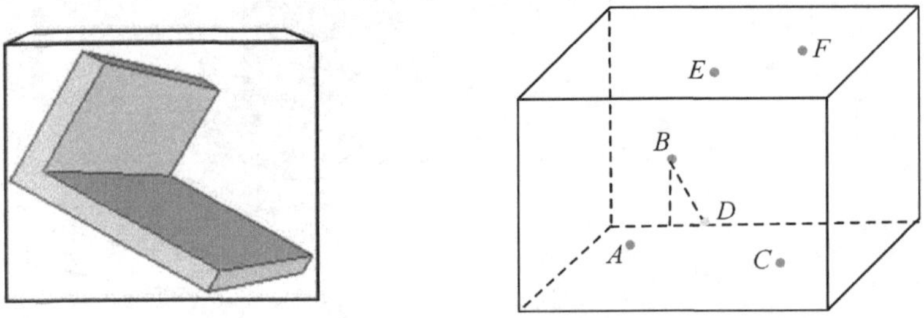

图 7.24　包围盒体素块点云数据简化法

基于包围盒的点云简化方法的实现过程如下：先设置子立方体边长为 L 并构建包络点云数据的最小长方体，通过查找离子立方体最近的点，对点云进行简化。适当的包围盒尺寸不仅可以减少点云数据总量从而加快整个处理过程，同时也能够保证点云数据的关键精度不丢失。立方体的值可以通过手动设置，包围盒值越小，简化后的点云数据量越少，反之则越多。基于边界点和非均匀网格下的曲面变分简化算法原理：首先对点云数据实行 k-d tree（k 维树）检索，当邻近点个数不超过要求的 k-d tree 邻近点数时，需要保留邻近点和边界点。然后设置通过检索后的每个边界点特征值的阈值，根据需保留邻近点的个数按一定比例简化。

对于某点云数据（包括 2073600 个点）的简化结果如图 7.25 所示，简化后的点云数据包括 16102 个点，其简化率为 99.2%，得到的简化效果较好。

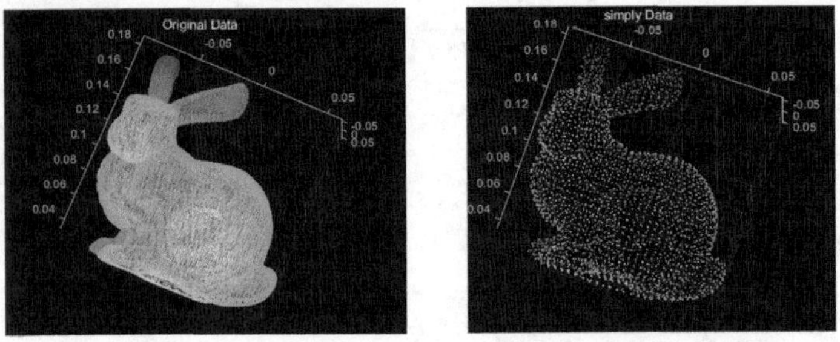

(a) 原始点云数据　　(b) 简化后的点云数据

图 7.25　点云简化结果

2. 点云滤波

采集到的点云数据受采集设备的精度和分辨率、实际扫描时的环境光线和背景条件、采集过程中的运动模糊或振动等因素的影响，不可避免地会存在很多杂乱无序的点，这些点就是噪声点。由于噪声点不规则和不完整，会对点云的分割、特征提取和曲面重建等处理过程造成严重干扰，产生较大误差，因此需要滤除噪声点。经典的点云滤波方法主要有双边滤波、半径滤波、高斯滤波、直通滤波、泊松重建滤波和体素滤波等。

双边滤波是一种非线性滤波技术，旨在平滑图像的同时保留边缘信息，其通过像素之间的空间距离和像素值之间的相似度（灰度或颜色）决定像素的权重，根据该权重修正当前采样中心点的位置，实现平滑滤波的效果。与传统的线性滤波法相比，双边滤波更利于保留图像中的细节和边缘信息，这是因为在计算权重时相似的像素被赋予了更高的权重，从而保持原特征。双边滤波对点云数据的过滤效果如图 7.26 所示。

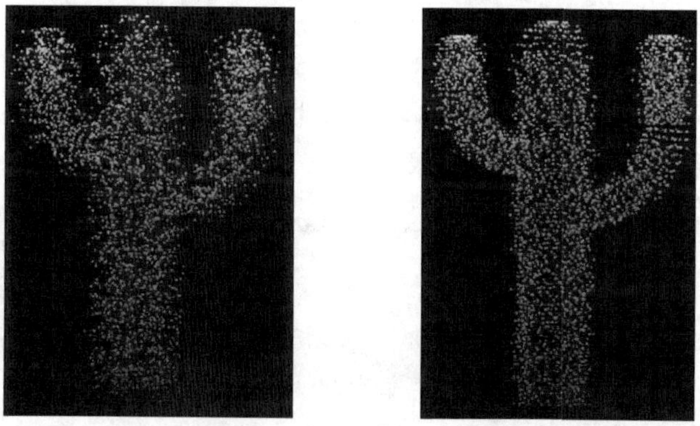

(a) 未经滤波的原始点云　　(b) 双边滤波后的点云

图 7.26　点云滤波效果

从图中可以看出，点云双边滤波能够明显有效地处理点云内部噪声，对于激光点云保持特性、光滑去噪有很好的效果，且图中的点云边缘轮廓更加清晰了。

3. 点云语义分割

点云语义分割是指将三维点云数据中每一个点根据其所表达的语义内容分配给特定语义类别的过程。传统的三维点云语义分割方法包括基于特征提取和聚类的方法、基于模型参数拟合的方法和基于区域生长的方法等。而随着深度学习技术的发展，基于深度学习的三维点云语义分割方法取得了很大的进展，成为点云语义分割领域的主流技术。

1）传统的三维点云语义分割

为了提高采用 RANSAC 法进行点云平面检测的效率，施纳贝尔（Ruwen Schnabel）等人采用局部范围内的随机点来简化得分函数（score function）的计算，但在处理大规模三维点云数据时该方法的效率仍然较低。王帅等提出了一种自适应点云分割方法，该方法利用混合流形谱聚类技术将点云的几何特征降维嵌入谱空间中，并结合 N-cut 方法生成描述点云分割特征的多维向量。在此基础上，他们利用类间类内划分算法实现了自适应的点云分割。传统的语义分割方法虽然在一定程度上可以实现点云的语义分割，但通常会面临效果不稳定、效率不高等问题。

2）基于深度学习的三维点云语义分割方法

2017 年，祁芮中台（Charles Qi）及其团队提出了 PointNet，其直接利用原始点云数据进行深度神经网络训练，为目标分类、部分分割和场景语义分析提供了一种统一的框架。然而，该方法忽略了点云的局部特征，从而限制了其对细粒度模式的识别能力和对复杂场景的泛化能力。为了解决这一问题，该团队随后提出了 PointNet＋＋，这是一种分层网络结构。PointNet＋＋通过对点云进行采样和区域划分，在每个小区域内利用 PointNet 网络进行迭代特征提取，以融合点云的局部和全局特征，最终通过全连接层预测点云中各个点的语义标签。

此外，还有基于 SqueezeSegV2 深度学习网络的三维点云语义分割方法。SqueezeSegV2 是一种改进的模型结构和无监督领域自适应激光雷达点云道路目标分割方法。该方法通过轻量级卷积神经网络实现三维点云中的实时语义分割。

SqueezeSegV2 使用的是 CNN＋条件随机场（conditional random field，CRF）的网络结构，其 CNN 部分几乎完全采用 SqueezeSeg 一样的网络结构，其网络结构如图 7.27 所示。为了便于二维卷积神经网络的处理，SqueezeSegV2 采用球面投影技术将三维点云转换到前视图，然后使用基于 SqueezeNet 的卷积网络特征提取并分割输入的三维点云前视图像，最后采用 CRF 作为 RNN 层进一步优化分割结果。

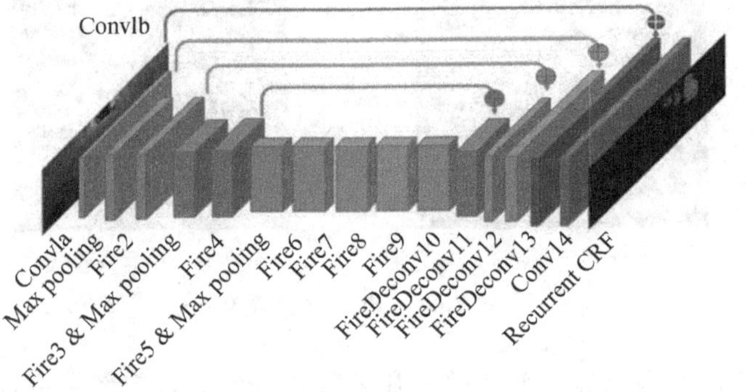

图 7.27　SqueezeSegV2 模型的网络结构

使用基于 SqueezeSegV2 深度学习网络的三维点云语义分割方法在 PandaSet 数据集上进行训练，得到的三维点云语义分割的效果如图 7.28 所示，可以清晰地分辨出该方法的分割效果，汽车、道路、树木、道路旁建筑一目了然。

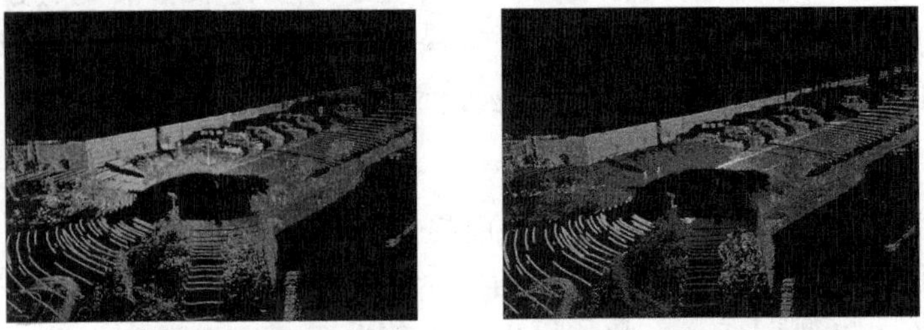

(a) 原始三维点云　　(b) 语义分割后的三维点云

图 7.28　基于深度学习网络的三维点云语义分割

4. 点云配准

点云配准是将不同时间、不同设备或采集环境下得到的两个三维点云数据，经过特定的几何变换，使得两个点云数据达到空间上的一致性，即寻找两个点云之间的最优变换，使得点云中任意一点与另外一个点云中的对应点达到空间上的匹配。其中，点云刚体配准是指两个点云之间最优的空间变换为刚体变换，即旋转变换和平移变换。

目前，传统的主流点云配准技术主要包括粗配准和精配准两个阶段。粗配准阶段的目的是，对于任意初始状态的两片点云，使得两片点云大致对齐，给旋转矩阵 $\boldsymbol{R}$ 和平移向量 $\boldsymbol{T}$ 提供初值。而精配准是在粗配准的基础上，进行更精确、更细化的配准。总而言之，点云配准的过程就是矩阵变换的过程。

1）基于全局搜索思想的粗配准方法：RANSAC 点云配准算法

RANSAC 算法的核心思想是通过随机选择样本并拟合数学模型来处理给定数据集。在模型拟合后，将其他样本点代入模型中进行验证，如果大多数样本点误差在既定的范围之内，则认为该数学模型是最佳的，否则继续迭代以上步骤。RANSAC 算法被引入三维点云配准领域。RANSAC 点云配准算法的基本步骤如下：

步骤 1：三维点云配准至少需要在两个待配准点云中选取三组对应点对才能够完成，因此从源点云 $\boldsymbol{P}$ 和目标点云 $\boldsymbol{Q}$ 中分别随机选取非共线的数据点 $\{\boldsymbol{p}_1, \boldsymbol{p}_2, \boldsymbol{p}_3\}$ 和 $\{\boldsymbol{q}_1, \boldsymbol{q}_2, \boldsymbol{q}_3\}$ 作为对应的样本点对。

步骤 2：利用最小二乘法计算源点云 $\boldsymbol{P}$ 中选取的点 $\{\boldsymbol{p}_1, \boldsymbol{p}_2, \boldsymbol{p}_3\}$ 和目标点云 $\boldsymbol{Q}$ 中选取的点 $\{\boldsymbol{q}_1, \boldsymbol{q}_2, \boldsymbol{q}_3\}$ 之间的初始旋转平移矩阵 $\boldsymbol{H} = [\boldsymbol{R} \mid \boldsymbol{t}]$。

步骤 3：利用步骤 2 求得的初始旋转平移矩阵对源点云 $\boldsymbol{P}$ 中剩余的点进行变换，得到一个新的三维点云数据集合 $\boldsymbol{P}'$。设定一个距离阈值，计算源点云 $\boldsymbol{P}$ 和目标点云 $\boldsymbol{Q}$ 之间的距离，将点云中所有距离小于设定阈值的点视作内点，统一构成一致性点云集合 $\boldsymbol{S}_1$，并将内点的数量 N_1 记录。

步骤 4：利用最大的一致性集合当中所有的内点，采用最小二乘法等方法对最终的模型参数进行估计，求解出对应的刚体变换矩阵。

2）基于几何特征描述的粗配准方法：FPFH 点云配准算法

点特征直方图（point feature histograms，PFH）算法和快速点特征直方图（fast point feature histograms，FPFH）算法都是基于统计分析特征表示的三维点云配准方法。为提高 PFH 算法的计算效率和特征描述性能，FPFH 算法引入了一种快速计算邻域特征的方法对其作出改进，使该类方法更适用于大规模点云数据的处理。FPFH 点云配准算法思想如图 7.29 所示，在计算源点 $\boldsymbol{p}_q$ 点三元组时，第一步只计算源点与邻点的三元组，即 5 组数据（$\boldsymbol{p}_q$ 与 $\boldsymbol{p}_{k1}$、$\boldsymbol{p}_q$ 与 $\boldsymbol{p}_{k2}$、$\boldsymbol{p}_q$ 与 $\boldsymbol{p}_{k3}$、$\boldsymbol{p}_q$ 与 $\boldsymbol{p}_{k4}$、$\boldsymbol{p}_q$ 与 $\boldsymbol{p}_{k5}$）之后，分别计算邻点在其邻域的三元组，赋以基于距离的权重，最后将三元组组合，赋值给 $\boldsymbol{p}_q$，计算直方图得到统计特征。

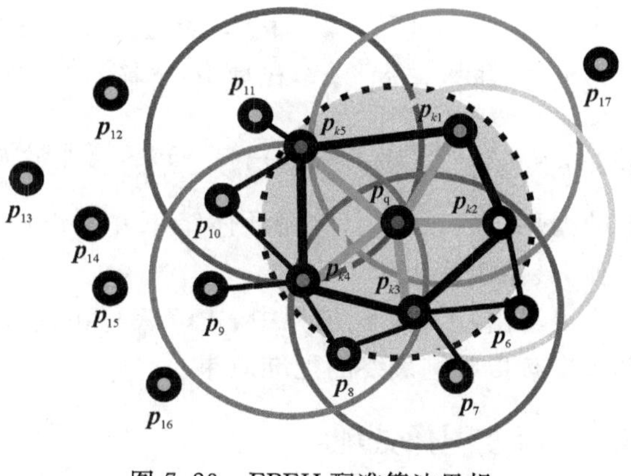

图 7.29　FPFH 配准算法思想

$$\mathrm{FPFH}(p) = \mathrm{SPF}(p) + \frac{1}{k}\sum_{i=1}^{k}\frac{1}{\omega_k}\cdot \mathrm{SPF}(p_k) \tag{7.76}$$

3)三维点云精配准算法:基于ICP的点云配准算法

ICP算法的目标是找一个刚体变换,即旋转矩阵 $\boldsymbol{R}$ 和平移向量 $\boldsymbol{t}$,使得给定的 $\boldsymbol{R}^n$ 空间的形状点集 $\boldsymbol{S}=\{\boldsymbol{s}_i\}_{i=1}^{N_S}(N_S\in N)$ 和模型点集 $\boldsymbol{M}=\{\boldsymbol{m}_i\}_{i=1}^{N_S}(N_m\in N)$ 中的点能在欧氏距离空间上对应起来。在ICP算法中,相似性度量 J 采用最小平方(least square,LS)距离进行度量,因此最小化度量函数表示为

$$\min_{\boldsymbol{T},c}\sum_{i=1}^{N_S}\|\boldsymbol{T}(\boldsymbol{s}_i)-\boldsymbol{m}_{c(i)}\|_2^2 \tag{7.77}$$

对于刚体变换,空间变换 $\boldsymbol{T}$ 包括旋转变换 $\boldsymbol{R}$ 和平移变换 $\boldsymbol{t}$,因此度量函数优化又可表示为

$$\begin{gathered}\min_{R,t,c}\sum_{i=1}^{N_S}\|\boldsymbol{R}\boldsymbol{s}_i-\boldsymbol{t}-\boldsymbol{m}_{c(i)}\|_2^2\\ s.t.\quad \boldsymbol{R}^{\mathrm{T}}\boldsymbol{R}=I,\det(\boldsymbol{R})=1\end{gathered} \tag{7.78}$$

配准问题需要同时求解两个未知变量,即点集的对应关系 $\boldsymbol{C}$ 空间变换 $\boldsymbol{T}$。ICP配准算法通过交叉更迭的过程,来分别求解这两个未知变量。

给定初始的空间变换 $\boldsymbol{R}_0$、$\boldsymbol{t}_0$,ICP算法通过迭代的方式求解最优的刚体变换,每一次循环包括以下两个基本步骤。

步骤1:根据第 $k-1$ 次迭代中的刚体变换 $(\boldsymbol{R}_{k-1},\boldsymbol{t}_{k-1})$ 构建两个点集之间的对应关系 $\{\boldsymbol{s}_i,\boldsymbol{m}_{c_k(i)}\}$:

$$c_k(i)=\operatorname{argmin}(\|(\boldsymbol{R}_{k-1}\boldsymbol{s}_i+\boldsymbol{t}_{k-1})-\boldsymbol{m}_j\|_2^2),i=1,2,\cdots,N_S \tag{7.79}$$

步骤2:计算两个点集 $\{(\boldsymbol{R}_{k-1}\boldsymbol{s}_i+\boldsymbol{t}_{k-1})\}_{i=1}^{N_S}$ 和 $\{\boldsymbol{m}_{c_k(i)}\}_{i=1}^{N_S}$ 之间的刚体变换

$$(\boldsymbol{R}^*,\boldsymbol{t}^*)=\mathop{\arg\min}_{\boldsymbol{R}^{\mathrm{T}}\boldsymbol{R}=I_s,\det(\boldsymbol{R})=1,\boldsymbol{t}}\left(\sum_{i=1}^{N_S}\|(\boldsymbol{R}_{k-1}\boldsymbol{s}_i+\boldsymbol{t}_{k-1})+\boldsymbol{t}-\boldsymbol{m}_{c_k(i)}\|_2^2\right) \tag{7.80}$$

步骤3:更新第 k 代的变换 $(\boldsymbol{R}_k,\boldsymbol{t}_k)$:

$$\boldsymbol{R}_k=\boldsymbol{R}^*\boldsymbol{R}_{k-1},\qquad \boldsymbol{t}_k=\boldsymbol{R}^*\boldsymbol{t}_{k-1}+\boldsymbol{t}^* \tag{7.81}$$

步骤4:计算经过第 k 代刚体变换后两个点集之间的均方误差(mean square error,MSE) $\varepsilon_k=\sum\limits_{i=1}^{N_S}\|(\boldsymbol{R}_k\boldsymbol{s}_i+\boldsymbol{t}_k)+\boldsymbol{t}-\boldsymbol{m}_{c_k(i)}\|_2^2$,如果达到某指定的最小值或者迭代步骤达到指定的循环次数,那么ICP循环体结束并且返回最终的刚体变换,即旋转矩阵 $\boldsymbol{R}$ 和平移向量 $\boldsymbol{t}$。否则,转至步骤1。

可以看出,ICP算法流程中,式(7.79)和式(7.80)的求解最为关键,解精度和求解方法的复杂程度直接影响最终的配准效果。

7.5.2 深度图像处理

深度图像作为除三维点云外的一种常用的三维数据格式,是一种表示场景中的点与特定点的距离的二维图像,图像中每个点的深度值大小用来表示该点与传感器的相对距离长短。深度图像作为物体的三维表示形式,一般通过立体照相机或者TOF(time of flight,飞行时间)照相机获取,根据深度相机内的参数,通过转换坐标将深度图像转换为点云;同时,有规则和必要信息的点云数据也可以反向转换为深度图像数据。原图像与深度图像的示意图如图7.30所示。

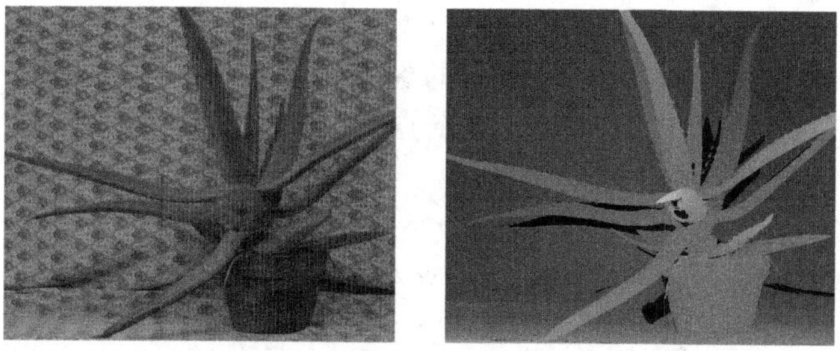

(a) 原图像　　　　(b) 深度图像

图 7.30　原图像与深度图像

深度图像处理主要包括深度图像的空洞修复处理、滤波处理、分割处理、分辨率重建处理和三维重建处理等。其中，深度图像的空洞修复与滤波处理是利用深度图像的局部深度信息，修复深度图像在获取过程中出现的空洞点、噪声点或异常点，从而提高深度图像的质量的处理技术；深度图像的分割处理是一种利用深度图像中深度值阈值从前景或背景中提取出待分割物体的处理技术；深度图像的分辨率重建处理是将原始获取的低分辨率深度图像，经过算法重建成为具有高空间分辨率的深度图像的处理技术；深度图像的三维重建处理是一种利用深度图像的距离信息进行三维场景重建的逆成像处理技术。以下将针对这些技术分别进行介绍。

1. 深度图像空洞修复

在获取深度图像时，若某一位置的深度值不明确或是超出测量设备的探测范围，该位置的深度值将会被自动设为零，这些位置的点即为空洞点。空洞点在深度图像中显示为纯黑，由反射、散射、吸收等因素产生。空洞点的产生会使深度图像的质量产生严重退化，对后续各种研究和应用产生影响。因此深度图像空洞修复是针对空洞点的特点进行识别和修复的处理技术。

1)基于样本块的深度图像空洞修复算法

基于样本块的深度图像空洞修复算法的原理是在整幅图像中寻找与空洞区域最相近的样本块来填补图像的缺失部分。该算法使用 Criminisi(克里米尼西)方法中的优先级机制来计算深度图像的块优先级，将深度图像中的空洞按照一定的顺序修复，图像的边缘纹理将会优先进行修复。

图 7.31 是块优先级计算的示意图。其中，I 代表整个深度图像，Ω 表示图像中的空洞区

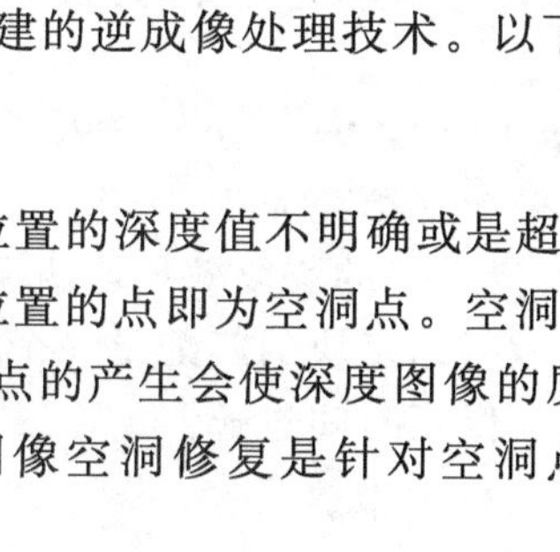

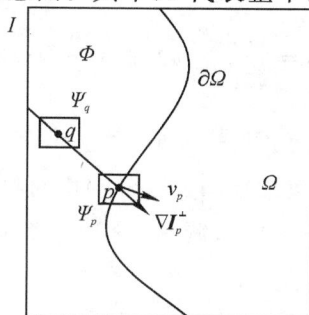

图 7.31　优先度计算算法的示意图

域，$\partial\Omega$ 表示空洞区域边界，Φ 是非空洞的区域（$\Phi=I-\Omega$），Ψ_p 表示空洞区域中以 p 点为中心、大小为 3×3 的待修复块，p 表示优先级最高的像素块，Ψ_q 表示以 q 点为中心、大小为 3×3 的样本块，$\boldsymbol{v}_p$ 表示点 p 处的单位法向量，$\nabla \boldsymbol{I}_p^{\perp}$ 表示点 p 的等照度线向量，其方向垂直于点 p 的梯度方向。点的优先级计算标准定义为

$$P_r(p)=C(p)\cdot D(p) \tag{7.82}$$

式中：$C(p)$ 为置信度项，$D(p)$ 为数据项，其定义分别为

$$C(p)=\frac{\sum_{q\in\Psi_p\cap\varphi}C(q)}{|\Psi_p|} \tag{7.83}$$

$$D(p)=\frac{|\nabla \boldsymbol{I}_p^{\perp}\cdot \boldsymbol{v}_p|}{\alpha} \tag{7.84}$$

式中：$|\Psi_p|$ 表示待修复块 Ψ_p 的大小（像素数之和），α 是归一化因子（在灰度图像中为 255）。在初始化过程中，当 $\forall p\in\Omega$ 时函数 $C(p)$ 赋值为 0，否则赋值为 1。

通过以上算法找到优先级最高的待修复块 Ψ_p，在整个区域进行全局搜索，依据平方差距离和作为匹配准则，在非空洞区域 Φ 中找到其最佳匹配块：

$$\Psi'_q=\arg\min_{\Psi_q\in\psi}[f_{\mathrm{SSD}}(\Psi_p,\Psi_q)] \tag{7.85}$$

用得到的最佳匹配块对待修复块进行填充。此时，待修复块 Ψ_p 出现了新的边界，需要更新置信度：

$$C(p')=C(p),\forall p'\in\Psi_p\cap\varphi \tag{7.86}$$

重复以上步骤，直到空洞区域被全部填充完毕。

基于样本块的深度图像空洞修复算法的修复效果取决于其匹配算法能否迅速找到最匹配的修复块，然而在高分辨率图像上进行修复块的匹配是一个极其耗时的处理过程，这决定了该修复算法具有较好的修复效果，然而修复时间过长。

2）基于逆深度的深度图像空洞修复算法

基于聚类算法的深度图像空洞修复算法的原理是在整幅图像中利用某种聚类算法寻找聚类中心，并以聚类中心的深度值来修复空洞部分的算法。该算法通过模糊 C 聚类算法将深度图像相应的彩色图像进行聚类，找到从彩色图像中非空洞的聚类中心，从而使用该聚类中心位置的深度值对深度图像中的空洞进行修复。

假定有数据集为 $\boldsymbol{X}$，将这些数据分为 c 类，则有 c 个类中心，表示为 $\boldsymbol{V}=[\boldsymbol{v}_1\quad \boldsymbol{v}_2\quad \cdots\quad \boldsymbol{v}_c]$，样本 $\boldsymbol{x}_j$ 属于第 i 类的隶属度为 u_{ij}，那么 FCM（fuzzy C-means，模糊 C 均值）目标函数式及其约束条件式如下：

$$J=\sum_{i=1}^{c}\sum_{j=1}^{n}u_{ij}^{m}\ \|\boldsymbol{x}_j-\boldsymbol{v}_i\|^2 \tag{7.87}$$

$$\sum_{i=1}^{c}u_{ij}=1\qquad j=1,2,\cdots,n \tag{7.88}$$

将式(7.88)作为约束条件，可以求得当式(7.87)中目标函数取极小值时相应的隶属度矩阵和聚类中心。具体方法是：对各变量求偏导，令其等于 0，联立求得模糊隶属度和聚类中心为

$$u_{ij}=\frac{1}{\sum_{k=1}^{c}\left(\frac{\|\boldsymbol{x}_j-\boldsymbol{v}_i\|}{\|\boldsymbol{x}_j-\boldsymbol{v}_k\|}\right)^{\frac{2}{m-1}}} \tag{7.89}$$

$$\boldsymbol{v}_i = \frac{\sum_{j=1}^{n}(\boldsymbol{x}_j u_{ij}^m)}{\sum_{j=1}^{n} u_{ij}^m} \qquad i = 1,2,\cdots,c; j = 1,2,\cdots,n \tag{7.90}$$

在求得彩色图像中相应的聚类引导图后，使用快速行进算法来修复深度图像中的空洞区域。Ω 表示深度图像中的空洞区域，其边界表示为 $\partial\Omega$，p 是边界上任意一点，在点 p 周围的已知区域内选择一个邻域，记为 $B_\varepsilon(p)$，则空洞点 p 的深度值的估计公式如下：

$$D_p = \frac{\sum_{q\in B_\varepsilon(p)} w(\boldsymbol{p},\boldsymbol{q})[D_q + \nabla D_q(\boldsymbol{p}-\boldsymbol{q})]}{\sum_{q\in B_\varepsilon(p)} w(\boldsymbol{p},\boldsymbol{q})} \tag{7.91}$$

式中：$\boldsymbol{p}$ 是 p 点的坐标向量；$\boldsymbol{q}$ 是 p 点的邻域点像素 q 的坐标向量；D_q是像素点 q 的深度；∇D_q 是像素点 q 的梯度，表示 p 点与邻域像素的相似程度；$w(\boldsymbol{p},\boldsymbol{q})$是权重函数，表示已知像素点 q 对估计未知像素点 p 的贡献大小，其计算式为

$$w(\boldsymbol{p},\boldsymbol{q}) = w_d(\boldsymbol{p},\boldsymbol{q}) \cdot w_u(\boldsymbol{p},\boldsymbol{q}) \tag{7.92}$$

$$w_d(\boldsymbol{p},\boldsymbol{q}) = \exp(-\frac{\| \boldsymbol{p}-\boldsymbol{q} \|^2}{2\delta_d^2}) \tag{7.93}$$

$$w_u(\boldsymbol{p},\boldsymbol{q}) = \exp(-\frac{\| \boldsymbol{u}_{sp}-\boldsymbol{u}_{sq} \|^2}{2\delta_u^2}),\ \boldsymbol{q} \in \boldsymbol{B}_\varepsilon \tag{7.94}$$

式中：$\| \cdot \|^2$表示欧氏距离；$\boldsymbol{p}$ 是待修复像素点坐标向量；$\boldsymbol{q}$ 是 p 点邻域像素点的坐标向量；空间邻近度因子 $w_d(\boldsymbol{p},\ \boldsymbol{q})$和隶属度因子 u 都服从高斯分布，方差分别为 δ_d、δ_u；u_{sp} 和 u_{sq} 表示像素点 p 和 q 对于类 s 的隶属度，其中，s 为像素点 p 的最大隶属度所对应的类。

在修复空洞区域时，需要通过不断迭代上述公式来逐步修复空洞区域的像素点。每次迭代都只处理空洞的边缘像素点，这样可以使得空洞区域逐渐收缩，直到完全修复为止。在修复过程中，根据待修复像素点与初始边界的距离来确定下一个需要修复的像素点，通常会选择距离初始边界最近的像素点作为下一个修复的目标。修复算法的示意图如图 7.32 所示。

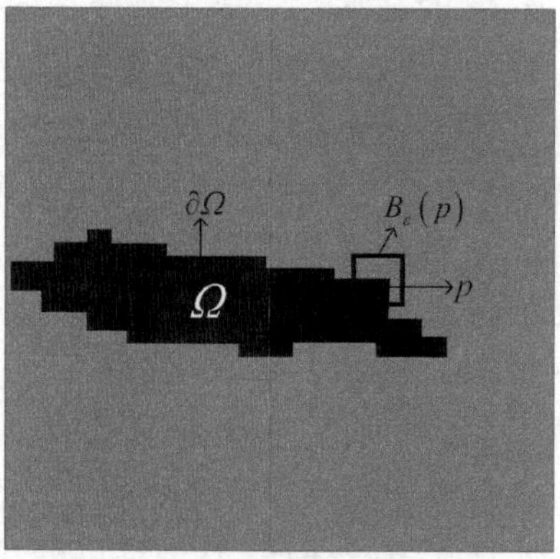

图 7.32　修复算法的示意图

2. 深度图像滤波

深度图像在获取过程中会产生噪声点或是异常点，这些点是指存在于图像数据中的不必要的或多余的干扰信息，因此在后续图像处理之前，必须予以纠正。深度图像的滤波处理通过

设计滤波算法滤除深度图像中的噪声点、异常点，从而获取高质量深度图像。

1）高斯滤波算法

高斯滤波是一种线性滤波，常用于图像降噪。具体操作：用一个模板（或称卷积、掩模）扫描图像中的每一个像素，模板在当前位置对应的各个值加权得到新的像素值。若 $\boldsymbol{p}$ 与 $\boldsymbol{q}$ 分别为图像中的两点 p 和 q 的坐标向量，高斯滤波的核函数可以表示为

$$G_\sigma(\boldsymbol{p},\boldsymbol{q}) = \frac{1}{2\pi\sigma^2}\exp\left[-\frac{(p_x - q_x)^2 + (p_y - q_y)^2}{2\sigma^2}\right] \tag{7.95}$$

式中：p_x、q_x 和 p_y、q_y 分别代表点 p 与点 q 在图像中的横纵坐标，σ 是高斯函数的平滑参数。二维高斯核的三维表示如图 7.33 所示。

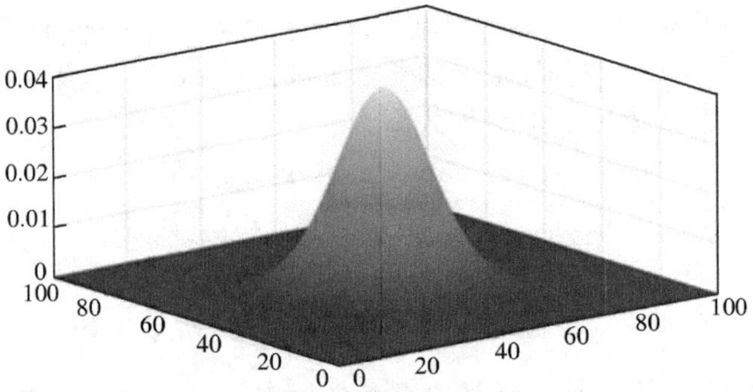

图 7.33　二维高斯核的三维图

在深度图像修复过程中，使用高斯滤波可以减少细微噪声，同时也可以处理空洞区域，但对较大面积的空洞处理效果较差。增大滤波窗口可以提升修复效果，但可能导致边缘模糊现象严重。

2）中值滤波算法

中值滤波是一种非线性滤波，它的基本方法是在要处理的像素点的指定邻域像素中找到中间值，来取代原始像素值，这样可以很好地消除图像中的孤立的噪声点。中值滤波可以很好地保护边缘信息，但其缺点在于需要对每个像素点做排序计算，大大增加了计算量。为了保证在不改变其他像素点的深度信息的前提下能将中值滤波算法应用于深度图像空洞点的修复，对中值滤波算法进行适当的改造，具体处理过程如下：

步骤 1：将噪声点的像素设置为滤波窗口的中点。

步骤 2：读取窗口内其他不为 0 的像素点的深度值。

步骤 3：将所有有效深度值从小到大依次排序。

步骤 4：使用有效深度值的中间值来填充窗口中间的像素点。

中值滤波的修复效果比高斯滤波稍好一些，但是难以处理较大空洞区域，而且计算时间更长。

3）双边滤波算法

双边滤波器是一种非线性滤波器，由托马西（C. Tomasi）和曼杜基（R. Mandeuchi）提出。它相比于高斯滤波，在对单个像素点进行处理时同时考虑了以下两个因素：

因素 1：该像素点与邻域内其他像素点空间上的差异。

因素 2:该像素点与邻域内其他像素点像素值上的差异。

与传统的滤波器不同的是,双边滤波器在确定权值系数时考虑了空间域和值域,即空间域核与值域核的乘积。这种综合考虑空间和数值特征的方法使得双边滤波器不仅能有效平滑图像,还能在此基础上充分保留边缘信息和纹理细节,使得处理后的图像更加清晰和自然。因此,双边滤波器在图像处理中被广泛应用,特别适用于需要保留细节信息的场景。

若 $\boldsymbol{I}$ 为待修复图像,$\boldsymbol{p}$ 与 $\boldsymbol{q}$ 分别为图像中两点的坐标向量,双边滤波的核函数可以表示为

$$B(\boldsymbol{p},\boldsymbol{q}) = B_{\delta_1}(\boldsymbol{p},\boldsymbol{q}) \cdot B_{\delta_2}(\boldsymbol{p},\boldsymbol{q}) \tag{7.96}$$

式中:$B_{\delta1}$ 和 $B_{\delta2}$ 分别为空间域与值域上的权重函数,其函数表达式为

$$B_{\delta_1}(\boldsymbol{p},\boldsymbol{q}) = \exp\left[-\frac{(p_x - q_x)^2 + (p_y - q_y)^2}{2\delta_1^2}\right] \tag{7.97}$$

$$B_{\delta_2}(\boldsymbol{p},\boldsymbol{q}) = \exp\left[-\frac{(I_p - I_q)^2}{2\delta_2^2}\right] \tag{7.98}$$

式中:p_x、q_x 和 p_y、q_y 分别代表点 p 与点 q 在图像中的横坐标和纵坐标;I_p 和 I_q 分别代表待修复图像 $\boldsymbol{I}$ 中在点 p 与点 q 的值;δ_1 和 δ_2 分别为控制两个权重函数的平滑参数。

在像素值变化相对平滑的地方,由于邻域中的像素值差异较小,此时双边滤波器接近于高斯滤波器,主要依赖于像素间的欧氏距离确定权重;而在像素值变化较快的区域中,比如边缘处,双边滤波器更加注重像素间的深度差异,从而有效保留边缘信息。在实际的深度图像修复过程中,与高斯滤波和中值滤波相比,双边滤波是一种较为有效的方法,在减小计算量的同时很好地保留了边缘信息。

3. 深度图像分割

图像分割是一种将图像划分成若干个特定的、具有独特性质的区域,并提取感兴趣目标的技术和过程。它是由图像处理到图像分析的关键步骤。而深度图像的分割技术是通过深度阈值、像素点聚类或者帧差法等分割方法在深度图像中分割出感兴趣的物体区域的技术。

1)阈值分割方法

阈值分割方法是一种通过计算深度阈值来分割前景和背景的技术。根据目标物的形状、深度等先验知识从前景中提取目标区域。总体来说,这种方法计算量小,由于依据深度信息分割感兴趣的目标,当目标物与其他物体过于接近时,这种方法将不再适用。实际应用场景情况复杂,为了准确地分割目标与其他场景,通常需要做一些人工规定,例如假定目标分割物是距离摄像头最近,这种限制条件使该方法的应用受到了限制。

2)基于聚类的分割方法

根据同一物体的各个部分都有较为接近的深度值这个特点,利用深度信息对图像中的每个像素点进行聚类,然后根据目标物形状等先验知识提取出包含目标物的聚类,实现目标物的分割。这种方法不用受到场景的一些限制,例如适用于目标物不是摄像头最前面物体的情形,但缺点是计算量大,聚类结果取决于初始分类点的选择。

7.5.3　基于点云的目标识别与定位

目标的精确识别与定位是机器人完成各项操作任务的前提和基础,它在场景理解、目标跟踪、路径规划等机器人领域的应用十分广泛。随着三维激光扫描仪在机器人领域的应用日益

增加,国内外众多学者对点云中三维目标识别与定位问题进行了研究。根据三维目标描述方式的不同,现有点云中三维目标识别与定位算法可以分为基于模型的(model-based)方法和基于外观的(appearance-based)方法两大类。

1. 基于模型的方法

基于模型的方法由离线建模和在线识别与定位两个阶段组成,其中离线建模阶段为根据三维目标的几何特征建立其描述模型的过程,在线识别与定位阶段利用模型匹配方法对扫描场景点云数据中由模型描述的三维目标进行识别与定位。

约翰森(A. E. Johnson)等提出了一种基于旋转图像的描述和辨识三维目标的方法。该方法采用调整支持区域尺寸的方法,以避免复杂场景和障碍物的干扰,但是该方法对三维点云的分辨率过于敏感。张凯霖等提出了一种基于法矢改进点云特征 C-SHOT 的三维物体识别方法。该方法首先建立了点云形状直方图,这一过程可以通过评估点云的法向量,并获取特征点处法向量与其邻域法向量夹角的余弦值实现,其次,通过统计点云的纹理直方图并与形状直方图相融合,生成 C-SHOT 描述符,最后,从场景和模板中分别提取 C-SHOT 特征,并利用特征匹配方法实现多目标识别。该方法中的特征提取过程涉及较高的计算复杂度,限制了其在实时多目标识别任务中的效率。

何玲珑等提出了一种基于三维激光雷达的油臂自动对接视觉识别方法。首先,该方法结合滤波法预处理体素格得到大量散落点云数据的噪声;其次,利用 RANSAC 算法对激光雷达扫描的散落三维点云数据进行平面分割,对于分区平面,采用欧氏聚类算法得到目标平面;最后,分别提取每个孔口的特征,得到法兰质心坐标,最终实现目标识别与定位。该方法的原理如下。

1)点云预处理

对收集到的点云数据进行预处理,即点云过滤。针对点云数据密集和异常值多的特点,该方法选择体素格滤波器结合统计滤波器进行去噪。在输入数据中对点进行近点距离分布计算,针对每个点,计算出它到所有近点之间的平均距离(假设结果是高斯分布,其形状由平均值和标准差决定),若平均距离超出标准范围,可以定义为异常值并从数据中下降。完成预处理的点云数据,保留原始特征,并移除了异常值。

2)点云分割聚类

(1)RANSAC 算法原理。

RANSAC 算法通过重复随机选择输入数据中的样本来模拟目标平面。假设估计模型需要提取 n 个点,令 p 表示从数据集中随机选择的样本是某些迭代过程中的局部点的概率,即算法得到有效数据的概率,ω 为选取的数据集中局部点的频率,则有

$$\omega = \frac{N_1 p}{N_{\rm dsp}} \tag{7.99}$$

式中:N_1 是选取的局部点数量,$N_{\rm dsp}$是局部点总数。ω^n 表示所有点均为内点的概率,$1-\omega^n$ 表示至少有异常点的概率,这意味着从数据集中得到了一个较差的模型估计。$(1-\omega^n)^k$ 表明算法不会选择 n 个点都是内部点的概率,与 $1-p$ 相同,因此有

$$1-p=(1-\omega^n)^k \tag{7.100}$$

式中:k 是迭代次数。

RANSAC 算法从匹配数据集中抽取 4 个不共线的样本，并计算得到一个 3×3 的单应性矩阵 $\boldsymbol{H}$。该算法旨在找到最佳参数矩阵，以使矩阵与数据点的拟合度最大化。通常情况下，使用 $\boldsymbol{H}_{33}=\mathbf{1}$ 来规范化矩阵。鉴于 $\boldsymbol{H}$ 包含 8 个未知参数，求解需要至少 8 个线性方程。对应于点位置信息，一组点对可以列出两个方程，并且至少包括 4 组匹配的点对：

$$s\begin{bmatrix}x'\\y'\\1\end{bmatrix}=\begin{bmatrix}h_{11}&h_{12}&h_{13}\\h_{21}&h_{22}&h_{23}\\h_{31}&h_{32}&h_{33}\end{bmatrix}\begin{bmatrix}x\\y\\1\end{bmatrix}\tag{7.101}$$

式中：$(x,\ y)$是目标图像的角位置，$(x',\ y')$是场景图像的角位置，s 是比例参数。

然后使用此模型测试所有数据，并计算满足该模型的数据点数和投影误差（即成本函数）。若此模型是最优模型，则相应的成本函数

$$C=\sum_{i=0}^{n}\left[\left(x'_i\frac{h_{11}x_i+h_{12}y_i+h_{13}}{h_{31}x_i+h_{32}y_i+h_{33}}\right)^2+\left(y'_i\frac{h_{21}x_i+h_{22}y_i+h_{23}}{h_{31}x_i+h_{32}y_i+h_{33}}\right)^2\right]\tag{7.102}$$

最小。

(2)RANSAC 算法实现。

RANSAC 算法的实现步骤如下。

步骤 1：从数据集中随机选取 4 个样本（4 个样本不能共线），计算变换矩阵 $\boldsymbol{H}$，记为模型 $\boldsymbol{M}$。

步骤 2：计算数据集中所有数据与模型 $\boldsymbol{M}$ 之间的投影误差。如果该点的误差小于阈值，则将其添加到内点集 $\boldsymbol{I}$。

步骤 3：如果当前集合 $\boldsymbol{I}$ 中的元素数大于 I-best，则更新 $I\text{-best}=|\boldsymbol{I}|$。

步骤 4：如果迭代次数大于最大迭代次数 $k_{\max}$，则迭代终止；否则，将迭代次数 k 增加 1 并重复步骤 1 至步骤 4。

消除冗余平面后，点云场景变得相对清晰和简单。为了识别目标法兰，需要进一步分割剩余的点云数据。

(3)欧氏聚类算法原理。

欧氏聚类算法是一种基于欧氏距离的聚类方法，采用 k-d tree（k 维树）搜索法提取欧氏空间中的点云。在点集 $\boldsymbol{P}$ 中，$\boldsymbol{p}_t$ 和 $\boldsymbol{q}_t$ 两点之间的距离定义为

$$d(\boldsymbol{p}_t,\boldsymbol{q}_t)=\sqrt{\sum_{k-1}^{10}(p_{ik}-q_{ik})^2}\tag{7.103}$$

然后设置一个合适的搜索半径：如果搜索半径太小，一个实际的对象会被分成多个对象；如果该值太大，多个对象将被拆分为一个对象。要对每个集群进行分段，要迭代访问点云索引并根据索引提取点云数据。

(4)欧氏聚类算法实现。

欧氏聚类算法的实现步骤如下。

步骤 1：创建一个 k-d tree 对象作为提取点云的搜索方法。

步骤 2：创建一个点云索引向量来存储实际的点云索引信息。每个检测到的点云集群都保存在此处。

步骤 3：创建点云类型为 PointXYZ 的欧氏聚类对象，并设置提取的参数和变量。

步骤 4：迭代访问点云索引，从点云中提取集群，写入点云数据集。

在 RANSAC 算法和欧氏聚类算法完成分割后，得到了一些包含不同点云对象的数据集。

3)查找法兰质心

3D 边界框算法是一种通过使用具有简单特征的稍大的几何图形(称为边界框)近似替换复杂几何对象，以解决离散点集最佳边界空间的问题。该方法设置阈值范围，将目标法兰点云包裹在适当大小的边界框中，边界框中满足设定阈值范围的点云为目标点云。点云质心是一个点坐标，用于计算点云中所有点的平均值。在点云库(point cloud library，PCL)等第三方库中，特征库封装了求质心坐标的功能：首先创建一个对象来存储点云的质心，然后调用函数"compute3DCentroid"来计算点云的质心坐标并输出，最终实现目标识别与定位。

2. 基于外观的方法

基于外观的方法又称为基于学习的方法，它由离线学习阶段和在线识别与定位两个阶段组成。其中离线学习阶段利用机器学习方法，对事先获取的不同位姿下的三维目标的点云训练样本进行学习，以获得三维点云和目标位姿之间的对应关系；在线识别与定位阶段通过搜索场景扫描点云和训练样本之间的最优匹配来实现三维目标的识别与定位。由于直接利用点云数据计算的代价高，通常需要先将点云数据转换为低维空间上的数据，以提高在线识别与定位的效率。

马格努松(M. Magnusson)等提出了一种基于外观的位置识别方法，该方法利用正态分布变换(normal distributions transform，NDT)将扫描表面描述为分段连续函数，进一步对位置进行描述时，可先获取分段连续函数的表面方向和平滑度，从而生成特征直方图，并进一步根据特征直方图的匹配进行位置识别。庄严等提出了一种方法，根据用二维轴承角度(bearing angle，BA)表示的图中物体的特征与位置，将三维点云调整为二维的 BA 图进行描述，并采用 Gentleboost 算法进行物体识别。这类方法旨在通过比较探测点云和目标数据在多个角度下的信息，完成对目标的识别与定位。要解决多个目标的精确识别与定位问题，通常需要大量的样本数据，从而增加了算法的计算量。

彭晓红等提出了一种基于神经网络的 3D 点云物体识别方法。该方法提出了一种新型端到端的可训练深度学习网络结构 PPMGNet，可以快速编码点云，获取点云的空间特征，预测多个类别，实时进行三维目标识别与定位。该方法的原理如下。

1)PPMGNet 网络结构

PPMGNet 的网络结构用于训练的损失函数以及如何实现网络算法，主要由以下模块组成：特征编码网络、特征提取网络、区域提议网络和多组头部预测网络。

特征编码网络：从俯视图的角度获得三维空间中点云数据的一系列网格，维度定义为($\boldsymbol{H}$,$\boldsymbol{W}$)，类似于 YOLO(you only look once：real-time object detection，你只能看一次：实时目标检测法)系列算法。对每个网格中每个点的特征进行编码，并将点特征信息定义为(x，y，z，r，x_c，y_c，z_c，x_p，y_p，z_p)10 个维度。前三个维度是每个点的实际位置坐标，r 是反射率，下标 c 是点与其网格中心的偏差，下标 p 是点与点云中心的偏差。通过使用类似于 Pointnet 的微小网络从上述编码特征中学习点云特征。

特征提取网络：通过多次卷积操作提取点云特征，从而进一步降低特征的维数。每个卷积操作由卷积层、归一化层和非线性层(ReLU)组成。卷积层数可以根据任务的要求，即根据精度和速度的要求进行设置。

区域提议网络：基于 VoxelNet 和 YOLOv3 的多尺度特征提取思想，主要由卷积操作和反卷积操作组成。通过卷积运算获得一系列不同尺度的特征图，每个卷积操作由一个完整的卷积层、一个归一化层和一个非线性层（由 ReLU）组成。然后，对不同尺度的特征图进行反卷积操作，保证维度的统一，从而融合不同尺度的特征信息。

多组头部预测网络：当使用头部进行预测时，如果各种类型的样本数量相差很大，则模型不容易学习稀有类别的特征信息。此外，当执行分类和回归时，如果将不同类别或大小的对象放入一个头脑中进行学习，对象将具有更大的类间方差。在学习不同形状的类时，模型会干扰特征的学习。

2）构建损失函数

用（$x^g,y^g,z^g,I^g,w^g,h^g,\theta^g$）来表示 3D 地面实况框，其中（$x^g,y^g,z^g$）表示地面实况框的中心点的位置，（$I^g,w^g,h^g$）表示地面实况框的长度、宽度和高度，$\theta^g$ 表示对应于 Z 轴的框的偏航角。另外，使用（$x^a,y^a,z^a,I^a,w^a,h^a,\theta^a$）表示锚点。对于回归目标，用以下公式来定义锚点和地面实况框之间的差异：

$$\begin{gathered}\Delta x=\frac{x^g-x^a}{d},\Delta y=\frac{y^g-y^a}{d},\Delta z=\frac{z^g-z^a}{d}\\ \Delta\omega=\log\frac{\omega^g}{\omega^a},\Delta l=\log\frac{l^g}{l^a},\Delta h=\log\frac{h^g}{h^a},\Delta\omega=\sin(\theta^g-\theta^a)\end{gathered}\tag{7.104}$$

SmoothL1 损失函数对异常值更稳健，在训练期间更稳定。因此，使用类似于 VoxelNet 的方法作为回归损失函数。

$$L_{reg}=\text{SmoothL1}(o^g,o^a)\tag{7.105}$$

使用局部损失函数（focal loss function）进行分类：

$$L_{cls}=\alpha_a\ (1-p^a)^\lambda\log(p^a)\tag{7.106}$$

整体损失函数为

$$L_{total}=\frac{1}{m_{pos}}(\lambda_{cls}L_{cls}+\lambda_{reg}L_{reg}+\lambda_{dir}L_{dir})\tag{7.107}$$

式中：λ_{cls}、λ_{reg} 和 λ_{dir} 分别为 1.0、2.0 和 0.2，表示每个损失函数的权重系数，方向分类损失函数采用 softmax 函数。

3）PPMGNet 训练与实现

首先，使用 GT-AUG 策略，创建一个列表，其中包含框中的所有 3D 地面实况框和点云。在训练过程中，从列表中随机选择汽车、行人和自行车的盒子，并将其放入当前输入的点云中，即随机选择不同类型和大小的 3D 地面实况框并将其粘贴到正在训练的点云中。

其次，围绕 Z 轴旋转所有 3D 实况框，即在［$-\pi/20,\pi/20$］的范围内旋转每个框。旋转后，它会检测是否发生了碰撞。如果发生碰撞，它将恢复到旋转之前。然后，随机平移每个点云中每个点的 x、y、z 坐标，服从均值为 0、标准差为 0.25 的正态分布。

最后，进行全局扩展和全局旋转。全局缩放通过将 x、y 和 z 坐标乘以从［0.95，1.05］的均匀分布中提取的随机变量来实现的。通过按比例缩放，其鲁棒性进一步提高。点云围绕 z 轴全局旋转，并通过均匀分布随机旋转［$-\pi/4,\pi/4$］。可以通过旋转整个点云来模拟转弯场景。

在 KITTI（Karlsruhe Institute of Technology and Toyota Technological Institute，卡尔斯鲁厄理工学院和丰田美国技术研究院）和 nuScenes 基准测试上进行测试，网络结构取得了良

好的效果，可以准确完成3D点云物体识别与定位任务。

7.6　机器人视觉系统MATLAB仿真实验

随着机器人技术的日益发展，工业机器人已广泛应用于装配、码垛、搬运等任务中，其中搬运机器人能够实现纸箱、工件、塑料桶等多种物品的搬运和码垛等操作。机器人自动搬运系统能够根据具体的任务配备吸盘、夹爪等不同类型的手爪，从而实现对各种工件的搬运、码垛和装配等操作。

本节以基于视觉的机器人绘画系统为例，通过视觉采集一帧实时图像，让机器人识别该图像中所要绘制的图像部分并提取它的轮廓特征，接着对其进行一定的处理后做出合适的路径规划，控制机器人画出该图像轮廓，具体实现步骤如下。

1. 采集图像

MATLAB中提供了调用摄像头的工具包"MATLAB Support Package for USB Webcams"（USB网络相机MATLAB支持包），安装该工具包即可使用计算机连接的摄像头拍摄一帧实时图像来模拟机器人采集到的实时图像，或者将提前拍好的图片直接读取进行模拟采集图像，如图7.34所示。

图7.34　摄像头采集的某工件图像

2. 图像检测

MATLAB的"Computer Vision System"（计算机视觉系统）工具箱中提供了图像裁剪函数imcrop()。调用该函数，设置合理的识别窗口，从而将采集到的实时图像中的待绘制部分检测出来，并单独裁剪出来以供后续使用。也可以自行构建代码来识别感兴趣的物体，并将其单独裁剪出来，如图7.35所示。

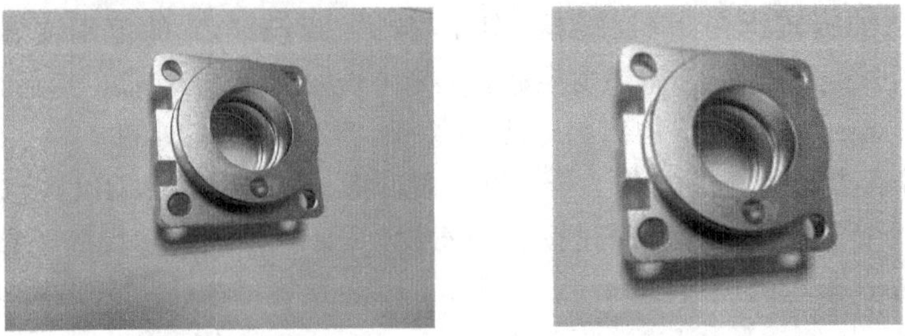

(a) 原始图像　　(b) 裁剪后的图像

图7.35　图像检测结果

3. 图像处理

对裁剪出来的物体图像首先使用 Canny 算子进行边缘检测，获得其清晰的轮廓部分。在此基础上，通过删除不清晰部分和增强主要轮廓等处理，获得一个完整和清晰的图像轮廓线条图，如图 7.36 所示。

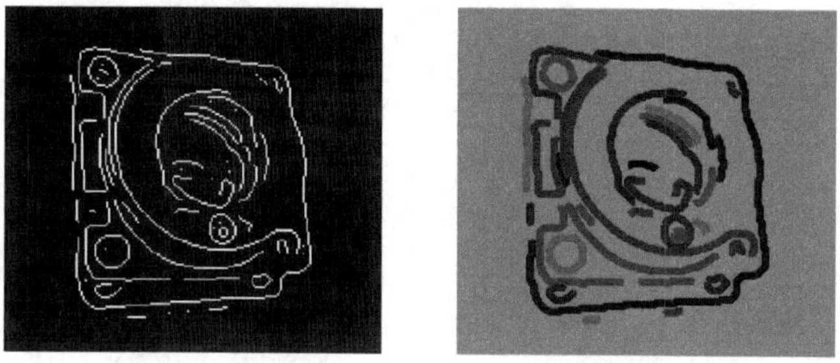

(a) 边缘检测结果　　(b) 图像轮廓线条

图 7.36　图像处理示意图

4. 将图像轮廓转换成点坐标，并为每条轮廓规划绘制路径

使用 MATLAB 检测每条轮廓的起始点和终点，将其转换成坐标的形式，每条轮廓的数据都单独存储。通过坐标变换，将数据中的二维坐标转换成三维坐标，然后对每条轮廓规划一条绘制路径。

5. 构建机器人模型

使用 MATLAB 的“Robot”(机器人)工具箱提供相应的参数即可仿真生成一个六关节工业机器人。假设将画笔置于该机器人末端，如图 7.37 所示。

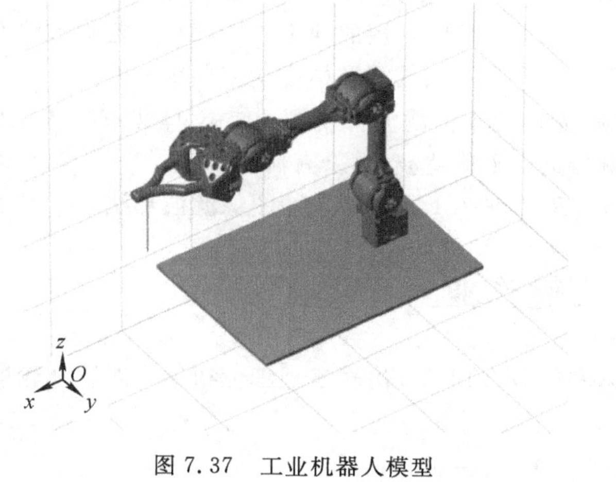

图 7.37　工业机器人模型

6. 绘制物体轮廓图像

根据步骤 3 中为每一条轮廓所规划的绘制路径，如图 7.36(b)所示，根据机器人逆运动学，求解获得机器人的实时位姿和行走路径，从而控制机器人移动。通过控制机器人遍历每个轮廓线条，最终能够绘制出图 7.38 所示的完整物体轮廓图像。

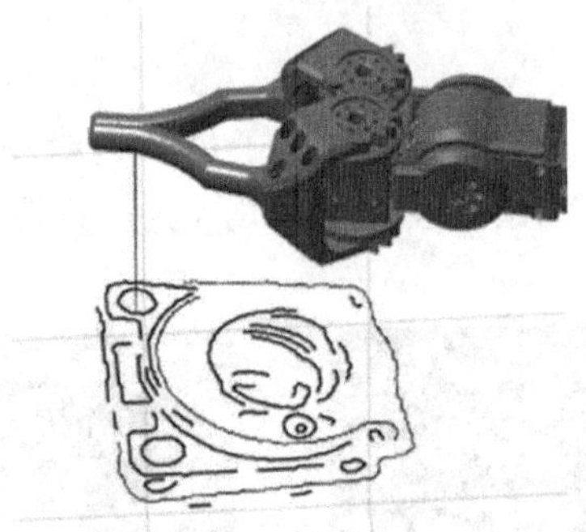

图 7.38 工业机器人绘制物体轮廓

7.7 本章小结

本章讨论了机器人视觉系统，它将机器视觉与机器人运动学、机器人控制相结合，以保证机器人运动精度和适应物理环境。本章主要对机器人视觉系统、机器人视觉标定、机器人视觉伺服运动控制、机器人视觉识别与定位、三维点云处理等内容进行了阐述和分析。

习题

7.1 机器人视觉系统由哪些重要部分组成?

7.2 常用的机器人三维视觉系统有哪些？请简述其优缺点及适用场景。

7.3 相机标定有哪些方法？请说明其优缺点。

7.4 视觉伺服系统主要有哪三类？请简述各自的优缺点。

7.5 什么是视觉识别和视觉定位？常用的视觉识别和视觉定位方法有哪些?

7.6 什么是三维点云配准？三维点云配准精度受哪些因素影响?

7.7 对于同一幅图像，先进行中值滤波再使用 Canny 算法进行边缘检测和先使用 Canny 算法进行边缘检测再进行中值滤波，效果有何不同?

7.8 试用 MATLAB 编程实现 7.1.2 节所述的图像滤波算法。

MATLAB 仿真实验作业

根据 7.6 节内容，利用 MATLAB 仿真实现工业机器人对物体轮廓的绘制。

第 8 章　机器人智能控制

8.1　机器人智能控制方法概述

20 世纪 60 年代，智能控制思想初现萌芽，具有自学习和自适应能力的控制方法被提出，用于解决控制系统的随机特性问题和模型未知问题。1965 年美国普渡大学傅京孙 (K. S. Fu) 教授首先把人工智能的启发式推理规则用于学习控制系统，并于 1971 年论述了人工智能与自动控制的交叉关系。自此，自动控制与人工智能开始碰撞出火花，一个新兴的交叉领域——智能控制得以建立和发展。1975 年，英国的马丹尼 (E. H. Mamdani) 成功地将模糊逻辑与模糊关系应用于工业控制系统，提出了能处理模糊不确定性、模拟人的操作经验规则的模糊控制方法。20 世纪 80 年代，基于人工智能的规则表示与推理技术，尤其是基于规则的专家控制系统得到迅速发展，如瑞典奥斯特隆姆(K. J. Astrom)的专家控制、美国萨里迪斯(G. M. Saridis)的机器人控制中的专家控制等。20 世纪 80 年代中期，人工神经网络研究的再度兴起，控制领域研究者们提出充分利用人工神经网络非线性逼近特性和自学习特性的神经网络控制方法。

智能控制的产生使系统的控制方式从普通的自动控制发展为更加高级的智能控制方式。智能控制使得控制对象模型从确定发展到不确定；使控制系统的输入、输出设备与外界环境有了更加便利的信息交换途径；使控制系统的控制任务从单一任务变为更加复杂的控制任务；使普通自动控制系统难以解决的非线性系统的控制问题有了更加理想的解决方式。智能控制使自动控制系统具有了自适应、自组织、自学习和自协调的能力。智能控制代表了控制理论的发展趋势，能有效地处理复杂的控制问题。

智能控制与传统控制的主要区别在于传统的控制方法必须依赖于被控制对象的模型，而智能控制可以解决非模型化系统的控制问题。与传统控制相比，智能控制具有以下基本特点：

(1) 智能控制的核心是高层控制，能对复杂系统(如非线性、快时变、复杂多变量、环境扰动等)进行有效的全局控制，实现广义问题求解，并具有较强的容错能力。

(2) 智能控制系统融合以知识表示的非数学广义模型和以数学表示的混合控制过程，采用开闭环控制、定性决策及定量控制相结合的多模态控制方式。

(3) 智能控制的基本目的是从系统的功能和整体优化的角度来分析和控制系统，以实现预定的目标。智能控制系统能总体自寻优，具有自适应、自组织、自学习和自协调能力。

(4) 智能控制系统包含控制策略、被控对象及环境的有关知识以及运用这些知识的能力。

(5) 智能控制系统有补偿及自修复能力和判断决策能力。

智能控制技术已经应用到机器人技术的许多方面，包括移动机器人导航与控制、机器人自主避障和路径规划、机器人非线性动力学控制、空间机器人的姿态控制等。近年来，智能服务机器人、智能医疗机器人、无人驾驶车辆、物流机器人和其他专用智能机器人已获得快速发展和广泛应用。其中，人机合作控制、非结构环境中导航与控制、分布式机器人系统控制、类脑机器人控制与决策以及基于云计算的网络机器人决策与控制等技术正在得到大力开发与应用。用智能技术控制机器人，将极大推动机器人行业的发展，提高机器人的智能化程度。

8.2 机器人神经网络控制

关节型机器人的动力学模型具有非线性和强耦合特性，常用的 PID 控制难以保证良好的动态和静态品质。传统的前馈补偿控制、计算力矩法、最优控制方法、非线性反馈控制方法等，需要基于机器人的精确数学模型，但在实际工程中很难得到。神经网络因具有高度的非线性逼近映射能力，受到国内外学者广泛关注。本节介绍机器人神经网络控制方法，采用神经网络方法可实现对机器人动力学方程中未知部分的在线精确逼近，实现高精度位置跟踪。

8.2.1 神经元网络控制原理和基本类型

随着被控系统越来越复杂，对控制系统的要求越来越高，特别是要求控制系统能适应具有不确定性、时变的对象与环境。传统的基于精确模型的控制方法难以适应要求，现在关于控制的概念已更加广泛，它要求包括一些决策、规划以及学习功能。神经网络控制是指在控制系统中应用神经网络技术，对难以精确建模的复杂非线性对象用神经网络模型表示，或作为控制器，或进行优化计算，或进行推理，或进行故障诊断，或同时兼有上述多种功能。将神经网络特性应用于控制领域，可使控制系统的智能化向前迈进一大步。

神经网络控制能够通过被控对象的输入输出数据，利用神经网络学习算法，不断获取控制对象的知识，以实现对系统模型的预测和估计，从而产生控制信号，使输出尽可能地接近期望轨迹。神经网络具有出色的学习能力，能够通过自动调整和修正连接权重，使网络的输出达到期望的要求。在工程中控制的目的是通过控制适当的输入量，使系统获得期望的输出特性，图 8.1 为传统反馈控制系统原理图。如果将传统的控制器替换为神经网络控制器，以满足特定的任务要求，则神经网络控制用图 8.2 表示。

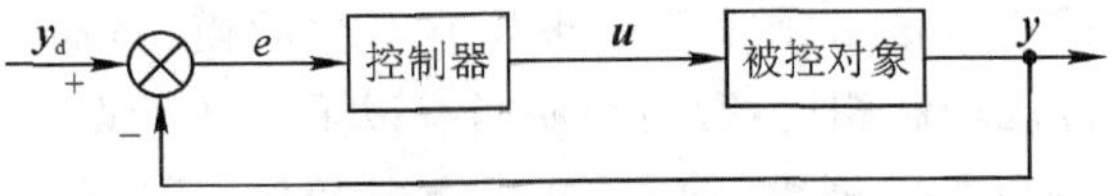

图 8.1　传统反馈控制系统原理图

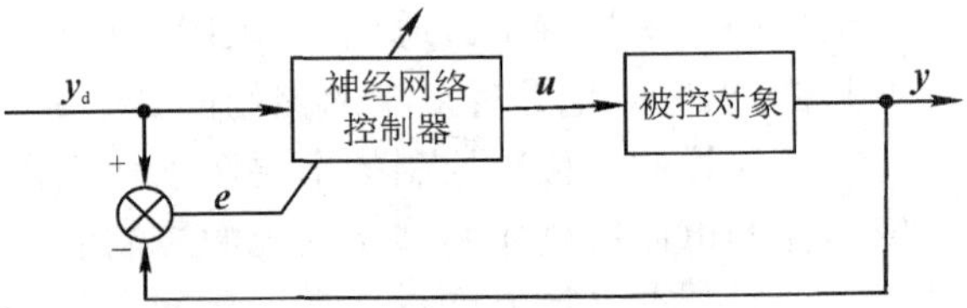

图 8.2　神经网络控制系统原理图

从控制的角度看，与传统的控制方法相比，神经网络用于控制的优越性主要有以下几点：

(1)神经网络具有很强的自学习能力，能够对模型不确定、不确知的过程或系统进行有效控制，使控制系统能够达到期望的动、静态特性。

(2)神经网络采用并行分布式信息处理，具有很强的容错性。

(3)神经网络本质上是非线性系统，可实现任意非线性映射。

(4)神经网络具有很强的信息综合能力，能同时处理大量不同类型的输入并能很好解决输入信息之间的互补性和冗余性问题，特别适用于多变量系统。

基于上述优异特性，神经网络在控制系统中既可以充当对象的模型(如在有精确模型的控制结构中)、控制器(如反馈控制系统)，也可以在传统控制系统中优化计算环节。另外，将神经网络与专家系统、模糊逻辑、遗传算法等智能控制方法或算法相结合可构成新型智能控制器。

根据神经网络在控制器中的作用不同，神经网络控制可分为以下两类：①直接神经网络控制，它是以神经网络为基础而形成的独立智能控制系统；②混合神经网络控制，它是指利用神经网络学习和优化能力来改善传统控制的智能控制方法，如自适应神经网络控制等。

根据神经网络在控制系统中结构的不同，可将神经网络控制方法分为神经网络监督控制、神经网络模型参考自适应控制、神经网络自校正控制、神经网络预测控制、神经网络内模控制等。

(1)神经网络监督控制：通过对传统控制器进行学习，然后用神经网络控制器逐渐取代传统控制器的方法，即为神经网络监督控制方法。它通过对传统控制器的输出进行学习，在线调整权值，使反馈控制输入趋近于零，从而使神经网络控制器起主要作用，其系统结构如图 8.3 所示。

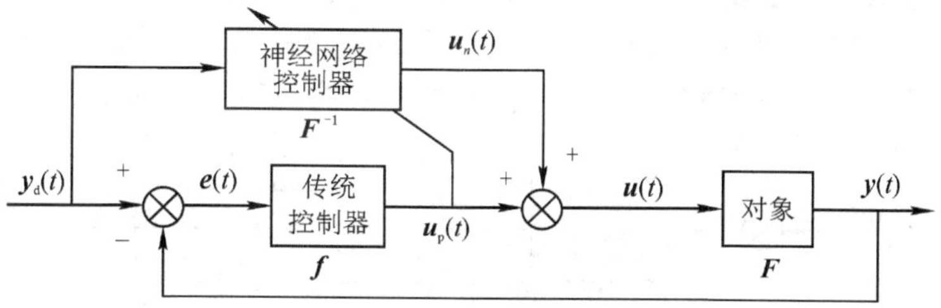

图 8.3　神经网络模型监督控制系统结构

(2)神经网络模型参考自适应控制：在神经网络模型参考自适应控制中，闭环控制系统的期望性能由一个稳定的参考模型来描述，可分为神经网络直接模型参考自适应控制和神经网络间接模型参考自适应控制两种。直接模型参考自适应控制是使被控对象与参考模型输出之差为最小，从而使被控对象的实际输出 $\boldsymbol{y}$ 跟踪期望输出 $\boldsymbol{y}_m$，其系统结构如图 8.4 所示。间接模型参考自适应控制中，神经网络辨识器首先辨识被控对象的正向模型，进而将辨识结果用于神经网络控制器的学习，其系统结构如图 8.5 所示。

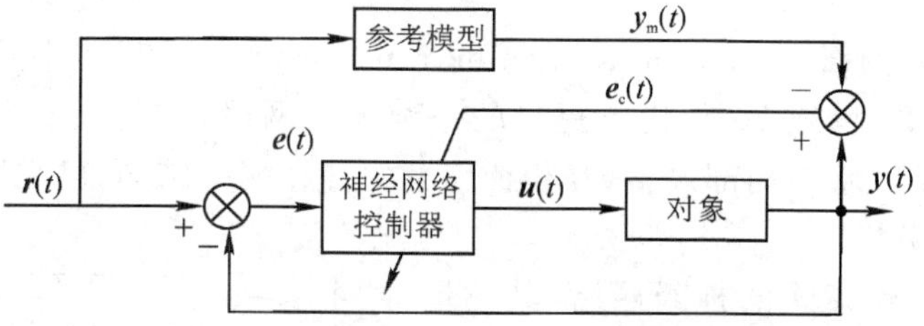

图 8.4　神经网络直接模型参考自适应控制系统结构

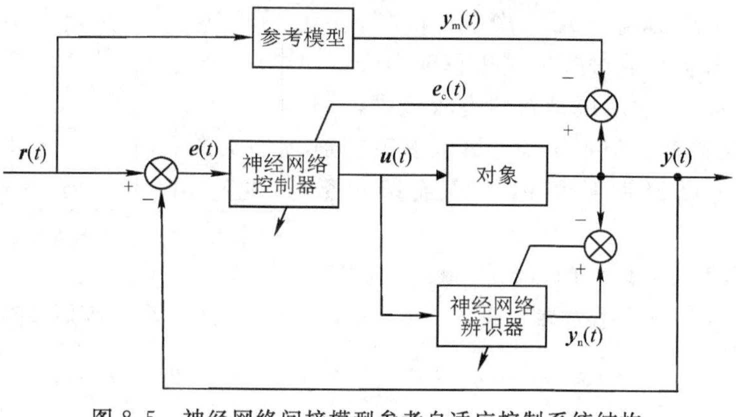

图 8.5　神经网络间接模型参考自适应控制系统结构

(3)神经网络自校正控制:根据系统正向或逆向模型的建模结果,直接结合神经网络调整传统控制器的内部参数,使系统满足给定的指标的方法,即为神经网络自校正控制,其系统结构如图 8.6 所示。

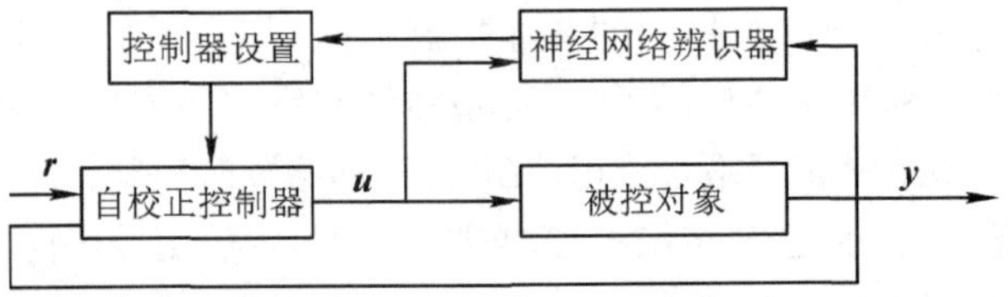

图 8.6　神经网络自校正控制系统结构

(4)神经网络预测控制:预测控制又称为基于模型的控制方法。神经网络预测控制方法的特征是预测模型、滚动优化和反馈校正。神经网络预测控制系统的结构如图 8.7 所示。神经网络预测器建立了非线性被控对象的预测模型,并可在线进行学习修正。

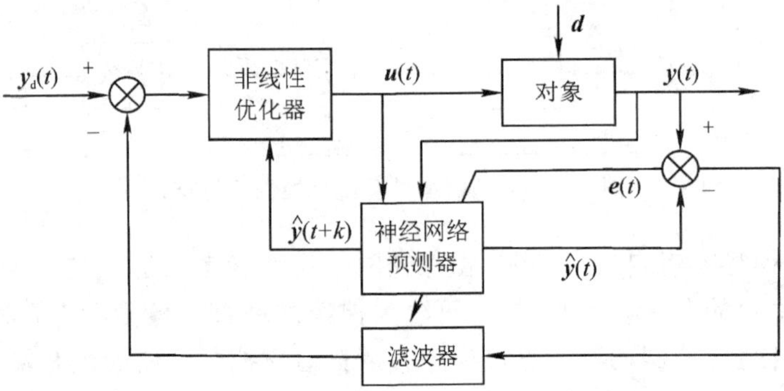

图 8.7　神经网络预测控制系统结构

8.2.2　径向基函数神经网络

径向基函数神经网络(radial basis function neural network,RBFNN)是由穆迪(J. Moody)和达肯(C. Darken)在 20 世纪 80 年代末提出的一种神经网络,它是具有单隐层的前馈神经网络。RBFNN 模拟了人脑中局部调整、互相覆盖域的神经网络结构,已证明 RBFNN 能以任意精度逼近任意连续函数。

RBFNN 是一种前馈式的神经网络,其三层神经元组成为输入层、隐含层和输出层,如图 8.8 所示。RBFNN 的特点:从输入层到隐含层的权值为 1;隐含层使用径向基函数对输入层进行变换升维,采用非线性优化策略;输出层是对线性权值进行调整,采用线性优化策略。根据 RBFNN 拥有万能逼近特性,RBFNN 可逼近紧集内任意连续函数 $f(\boldsymbol{X})$。

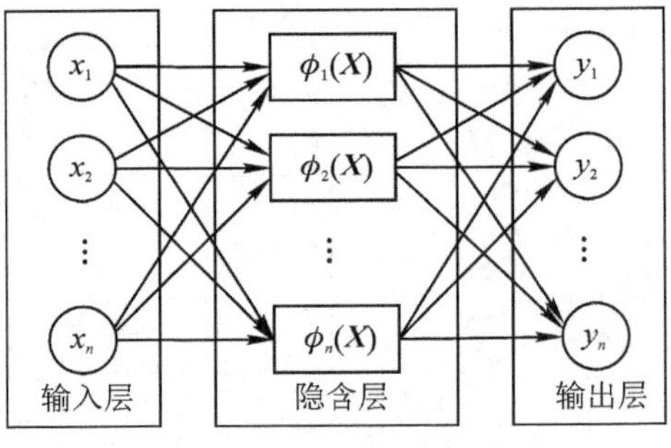

图 8.8　径向基函数神经网络结构

在 RBFNN 结构中,$\boldsymbol{X}=(x_1,x_2,\cdots,x_n)^{\mathrm{T}}$ 为网络的输入矢量。设 RBFNN 的径向基矢量 $\boldsymbol{\phi}=(\phi_1,\phi_2,\cdots,\phi_n)^{\mathrm{T}}$,其中 ϕ_j 为高斯基函数:

$$\phi_j(\boldsymbol{X})=\exp\left(\frac{\|\boldsymbol{X}-\boldsymbol{C}_j\|^2}{2b_j^2}\right),j=1,2,\cdots,n \tag{8.1}$$

式中：$\boldsymbol{C}_j=(c_{j1},c_{j2},\cdots,c_{jm})$ 为网络第 j 个节点的中心矢量，b_j 为网络第 j 个节点的基宽度参数。采用 RBFNN 逼近函数 $f(\boldsymbol{X})$，其算法为

$$f(\boldsymbol{X})=\boldsymbol{W}^{\mathrm{T}}\boldsymbol{\phi}(\boldsymbol{X})+\boldsymbol{\varepsilon} \tag{8.2}$$

式中：$\boldsymbol{W}$ 为网络权值，$\boldsymbol{\varepsilon}$ 为网络的逼近误差，$|\boldsymbol{\varepsilon}|\leqslant\varepsilon_N$。RBFNN 在逼近能力、分类能力和学习速度等方面都优于 BP 神经网络，其结构简单、训练简洁、学习收敛速度快，能够逼近任意非线性函数，克服局部极小值问题。径向基函数是一个取值仅仅依赖于与原点之间距离的实值函数。

8.2.3 关节型机器人神经网络控制器设计

考虑一个 n 关节型机器人，可由二阶非线性微分方程描述：

$$\boldsymbol{M}(\boldsymbol{q})\ddot{\boldsymbol{q}}+\boldsymbol{C}(\boldsymbol{q},\dot{\boldsymbol{q}})\dot{\boldsymbol{q}}+\boldsymbol{G}(\boldsymbol{q})+\boldsymbol{F}(\dot{\boldsymbol{q}})+\boldsymbol{\tau}_{\mathrm{d}}=\boldsymbol{\tau} \tag{8.3}$$

式中：$\boldsymbol{q}\in\mathbf{R}^n$ 为关节角位移量，$\boldsymbol{M}(\boldsymbol{q})\in\mathbf{R}^{n\times n}$ 为机器人的惯性矩阵，$\boldsymbol{C}(\boldsymbol{q},\dot{\boldsymbol{q}})\in\mathbf{R}^n$ 表示离心力和哥氏力，$\boldsymbol{G}(\boldsymbol{q})\in\mathbf{R}^n$ 为重力项，$\boldsymbol{F}(\dot{\boldsymbol{q}})\in\mathbf{R}^n$ 表示摩擦力矩，$\boldsymbol{\tau}\in\mathbf{R}^n$ 为控制力矩，$\boldsymbol{\tau}_{\mathrm{d}}\in\mathbf{R}^n$ 为外界扰动。

机器人系统的动力学特性如下：

特性 1：$\boldsymbol{M}(\boldsymbol{q})-2\boldsymbol{C}(\boldsymbol{q},\dot{\boldsymbol{q}})$ 是一个斜对称矩阵，所以对于任意向量 $\boldsymbol{x}\in\mathbf{R}^n$，$\boldsymbol{x}^{\mathrm{T}}[\boldsymbol{M}(\boldsymbol{q})-2\boldsymbol{C}(\boldsymbol{q},\dot{\boldsymbol{q}})]\boldsymbol{x}=\mathbf{0}$ 成立。

特性 2：惯性矩阵 $\boldsymbol{M}(\boldsymbol{q})$ 是对称正定矩阵，存在正数 m_1、m_2，满足如下不等式：

$$m_1\|\boldsymbol{x}\|^2\leqslant\boldsymbol{x}^{\mathrm{T}}\boldsymbol{M}(\boldsymbol{q})\boldsymbol{x}\leqslant m_2\|\boldsymbol{x}\|^2 \tag{8.4}$$

特性 3：存在一个依赖于机械手参数的参数向量，使得 $\boldsymbol{M}(\boldsymbol{q})$、$\boldsymbol{C}(\boldsymbol{q},\dot{\boldsymbol{q}})$、$\boldsymbol{G}(\boldsymbol{q})$、$\boldsymbol{F}(\dot{\boldsymbol{q}})$ 满足线性关系：

$$\boldsymbol{M}(\boldsymbol{q})\boldsymbol{\vartheta}+\boldsymbol{C}(\boldsymbol{q},\dot{\boldsymbol{q}})\boldsymbol{\rho}+\boldsymbol{G}(\boldsymbol{q})+\boldsymbol{F}(\dot{\boldsymbol{q}})=\boldsymbol{\Phi}(\boldsymbol{q},\dot{\boldsymbol{q}},\boldsymbol{\rho},\boldsymbol{\vartheta})\boldsymbol{P} \tag{8.5}$$

式中：$\boldsymbol{\Phi}(\boldsymbol{q},\dot{\boldsymbol{q}},\boldsymbol{\rho},\boldsymbol{\vartheta})\in\mathbf{R}^{n\times m}$ 为已知关节变量函数的回归矩阵，它是机器人广义坐标及其各阶倒数的已知函数矩阵；$\boldsymbol{P}\in\mathbf{R}^n$ 是描述机器人质量特性的未知定长参数向量。

本节控制目标为设计控制力矩 $\boldsymbol{\tau}$，使得机器人关节角位移 $\boldsymbol{q}$ 跟踪期望轨迹 $\boldsymbol{q}_{\mathrm{d}}$。定义跟踪误差 $\boldsymbol{e}=\boldsymbol{q}_{\mathrm{d}}-\boldsymbol{q}$ 和误差函数 $\boldsymbol{r}=\dot{\boldsymbol{e}}+\boldsymbol{\Lambda e}$，其中 $\boldsymbol{\Lambda}=\boldsymbol{\Lambda}^{\mathrm{T}}>\mathbf{0}$。经计算可得

$$\dot{\boldsymbol{q}}=-\boldsymbol{r}+\dot{\boldsymbol{q}}_{\mathrm{d}}+\boldsymbol{\Lambda e} \tag{8.6}$$

结合动力学方程(8.3)和特性 1 可得

$$\begin{aligned}\boldsymbol{M}\dot{\boldsymbol{r}}&=\boldsymbol{M}(\ddot{\boldsymbol{q}}_{\mathrm{d}}-\ddot{\boldsymbol{q}}+\boldsymbol{\Lambda}\dot{\boldsymbol{e}})=\boldsymbol{M}(\ddot{\boldsymbol{q}}_{\mathrm{d}}+\boldsymbol{\Lambda}\dot{\boldsymbol{e}})-\boldsymbol{M}\ddot{\boldsymbol{q}}\\&=\boldsymbol{M}(\ddot{\boldsymbol{q}}_{\mathrm{d}}+\boldsymbol{\Lambda}\dot{\boldsymbol{e}})+\boldsymbol{C}\dot{\boldsymbol{q}}+\boldsymbol{G}+\boldsymbol{F}+\boldsymbol{\tau}_{\mathrm{d}}-\boldsymbol{\tau}\\&=\boldsymbol{M}(\ddot{\boldsymbol{q}}_{\mathrm{d}}+\boldsymbol{\Lambda}\dot{\boldsymbol{e}})-\boldsymbol{C}\boldsymbol{r}+\boldsymbol{C}(\dot{\boldsymbol{q}}_{\mathrm{d}}+\boldsymbol{\Lambda e})+\boldsymbol{G}+\boldsymbol{F}+\boldsymbol{\tau}_{\mathrm{d}}-\boldsymbol{\tau}\\&=-\boldsymbol{C}\boldsymbol{r}-\boldsymbol{\tau}+\boldsymbol{f}+\boldsymbol{\tau}_{\mathrm{d}}\end{aligned} \tag{8.7}$$

式中：$\boldsymbol{f}=\boldsymbol{M}(\ddot{\boldsymbol{q}}_{\mathrm{d}}+\boldsymbol{\Lambda}\dot{\boldsymbol{e}})+\boldsymbol{C}(\boldsymbol{q}_d+\boldsymbol{\Lambda e})+\boldsymbol{G}+\boldsymbol{F}$。

下面使用 RBFNN 逼近模型不确定项 $\boldsymbol{f}$。根据 $\boldsymbol{f}$ 的表达式，取网络输入

$$\boldsymbol{x}=[\boldsymbol{e}^{\mathrm{T}}\quad\dot{\boldsymbol{e}}^{\mathrm{T}}\quad\boldsymbol{q}_{\mathrm{d}}^{\mathrm{T}}\quad\ddot{\boldsymbol{q}}_{\mathrm{d}}^{\mathrm{T}}]$$

则 RBFNN 的输出为

$$\hat{\boldsymbol{f}}=\hat{\boldsymbol{W}}^{\mathrm{T}}\boldsymbol{\phi}(\boldsymbol{x}) \tag{8.8}$$

式中：$\hat{W}$为估计的网络权值，$\boldsymbol{\phi}=(\phi_1,\phi_2,\cdots,\phi_n)^{\mathrm{T}}$为RBFNN的径向基矢量。进而可设计如下形式的控制律。

定理8.1　针对系统(8.3)所示的n关节机器人：①如果使用控制力矩(8.9)和网络自适应律(8.10)，可保证系统关节角位移跟踪误差有界；②如果使用控制力矩(8.11)和网络自适应律(8.12)，可保证系统关节角位移跟踪误差一致最终有界；③如果使用控制力矩(8.13)和网络自适应律(8.14)，可保证系统关节角位移跟踪误差渐近趋向于零。

方法一：设计控制力矩

$$\boldsymbol{\tau}=\hat{\boldsymbol{W}}^{\mathrm{T}}\boldsymbol{\phi}(\boldsymbol{x})+\boldsymbol{K}_v\boldsymbol{r} \tag{8.9}$$

和神经网络自适应律

$$\dot{\hat{\boldsymbol{W}}}=\boldsymbol{F}\boldsymbol{\phi}\boldsymbol{r}^{\mathrm{T}} \tag{8.10}$$

式中：$\boldsymbol{K}_v>\mathbf{0}$和$\boldsymbol{F}>\mathbf{0}$为正定矩阵。

方法二：设计控制力矩

$$\boldsymbol{\tau}=\hat{\boldsymbol{W}}^{\mathrm{T}}\boldsymbol{\phi}(\boldsymbol{x})+\boldsymbol{K}_v\boldsymbol{r} \tag{8.11}$$

和神经网络自适应律

$$\dot{\hat{\boldsymbol{W}}}=\boldsymbol{F}\boldsymbol{\phi}\boldsymbol{r}^{\mathrm{T}}-k\boldsymbol{F}\parallel\boldsymbol{r}\parallel\hat{\boldsymbol{W}} \tag{8.12}$$

式中：$\boldsymbol{K}_v>\mathbf{0}$和$\boldsymbol{F}>\mathbf{0}$为正定矩阵，$k>0$为常数。

方法三：已知外界扰动$\boldsymbol{\tau}_{\mathrm{d}}$有界，逼近误差$\boldsymbol{\varepsilon}$有界，即$\parallel\boldsymbol{\varepsilon}\parallel\leqslant\varepsilon_N$，$\parallel\boldsymbol{\tau}_{\mathrm{d}}\parallel\leqslant b_{\mathrm{d}}$，且上界$\varepsilon_N$、$b_{\mathrm{d}}$已知情况下，设计控制力矩

$$\boldsymbol{\tau}=\hat{\boldsymbol{W}}^{\mathrm{T}}\boldsymbol{\phi}(\boldsymbol{x})+\boldsymbol{K}_v\boldsymbol{r}-(\varepsilon_N+b_{\mathrm{d}})\mathrm{sgn}(\boldsymbol{r}) \tag{8.13}$$

和神经网络自适应律

$$\dot{\hat{\boldsymbol{W}}}=\boldsymbol{F}\boldsymbol{\phi}\boldsymbol{r}^{\mathrm{T}} \tag{8.14}$$

式中：$\boldsymbol{K}_v>\mathbf{0}$和$\boldsymbol{F}>\mathbf{0}$为正定矩阵。

8.2.4　关节型机器人神经网络控制器性能分析

根据控制律式中是否含有误差补偿项以及神经网络自适应律设计的不同，系统的收敛性不同。本节证明定理8.1，并分析不同控制器下系统的性能。

证明(方法一)：将控制律公式(8.9)代入式(8.7)可得

$$\begin{aligned}\boldsymbol{M}\dot{\boldsymbol{r}}&=-\boldsymbol{C}\boldsymbol{r}-\hat{\boldsymbol{W}}^{\mathrm{T}}\boldsymbol{\phi}(\boldsymbol{x})-\boldsymbol{K}_v\boldsymbol{r}+\boldsymbol{f}+\boldsymbol{\tau}_{\mathrm{d}}\\&=-(\boldsymbol{K}_v+\boldsymbol{C})\boldsymbol{r}+\widetilde{\boldsymbol{W}}^{\mathrm{T}}\boldsymbol{\phi}(\boldsymbol{x})+\boldsymbol{\varepsilon}+\boldsymbol{\tau}_{\mathrm{d}}\end{aligned} \tag{8.15}$$

式中：$\boldsymbol{f}=\hat{\boldsymbol{W}}^{\mathrm{T}}\boldsymbol{\phi}(\boldsymbol{x})+\boldsymbol{\varepsilon}$，$\widetilde{\boldsymbol{W}}=\boldsymbol{W}-\hat{\boldsymbol{W}}$为权值估计误差。

定义Lyapunov(李雅普诺夫)函数

$$L=\frac{1}{2}\boldsymbol{r}^{\mathrm{T}}\boldsymbol{M}\boldsymbol{r}+\frac{1}{2}\mathrm{tr}(\widetilde{\boldsymbol{W}}^{\mathrm{T}}\boldsymbol{F}^{-1}\widetilde{\boldsymbol{W}}) \tag{8.16}$$

则

$$\dot{L}=\boldsymbol{r}^{\mathrm{T}}\boldsymbol{M}\dot{\boldsymbol{r}}+\frac{1}{2}\boldsymbol{r}^{\mathrm{T}}\dot{\boldsymbol{M}}\boldsymbol{r}+\operatorname{tr}(\widetilde{\boldsymbol{W}}^{\mathrm{T}}\boldsymbol{F}^{-1}\dot{\widetilde{\boldsymbol{W}}})$$

将式(8.15)代入上式，得

$$\dot{L}=-\boldsymbol{r}^{\mathrm{T}}\boldsymbol{K}_v\boldsymbol{r}+\frac{1}{2}\boldsymbol{r}^{\mathrm{T}}(\dot{\boldsymbol{M}}-2\boldsymbol{C})\boldsymbol{r}+\operatorname{tr}\widetilde{\boldsymbol{W}}^{\mathrm{T}}(\boldsymbol{F}^{-1}\dot{\widetilde{\boldsymbol{W}}}+\boldsymbol{f}\boldsymbol{r}^{\mathrm{T}})+\boldsymbol{r}^{\mathrm{T}}(\boldsymbol{\varepsilon}+\boldsymbol{\tau}_{\mathrm{d}}) \tag{8.17}$$

结合机器人特性 1 和神经网络自适应律(8.10)可得

$$\dot{L}=-\boldsymbol{r}^{\mathrm{T}}\boldsymbol{K}_v\boldsymbol{r}+\boldsymbol{r}^{\mathrm{T}}(\boldsymbol{\varepsilon}+\boldsymbol{\tau}_{\mathrm{d}})\leqslant -K_{\min}\|\boldsymbol{r}\|^2+(\varepsilon_N+b_{\mathrm{d}})\|\boldsymbol{r}\|$$

式中：$\|\boldsymbol{\varepsilon}\|\leqslant\varepsilon_N$，$\|\boldsymbol{\tau}_{\mathrm{d}}\|\leqslant b_{\mathrm{d}}$。因此，当误差满足

$$\|\boldsymbol{r}\|\geqslant(\varepsilon_N+b_{\mathrm{d}})/K_{\min} \tag{8.18}$$

时，$\dot{L}\leqslant 0$ 成立。

综上所述，误差有界且误差的范数满足

$$\|\boldsymbol{r}\|<(\varepsilon_N+b_{\mathrm{d}})/K_{\min} \tag{8.19}$$

证毕。

证明(方法二)：方法二与方法一仅神经网络自适应律不同，控制力矩形式相同。可采用方法一中式(8.15)到式(8.17)的证明保持不变。将神经网络自适应律(8.12)代入式(8.17)可得

$$\begin{aligned}\dot{\boldsymbol{L}}&=-\boldsymbol{r}^{\mathrm{T}}\boldsymbol{K}_v\boldsymbol{r}+\operatorname{tr}[\widetilde{\boldsymbol{W}}^{\mathrm{T}}(-\boldsymbol{\phi}\boldsymbol{r}^{\mathrm{T}}+\boldsymbol{k}\|\boldsymbol{r}\|\hat{\boldsymbol{W}}+\boldsymbol{\phi}\boldsymbol{r}^{\mathrm{T}})]+\boldsymbol{r}^{\mathrm{T}}(\boldsymbol{\varepsilon}+\boldsymbol{\tau}_{\mathrm{d}})\\&=-\boldsymbol{r}^{\mathrm{T}}\boldsymbol{K}_v\boldsymbol{r}+\boldsymbol{k}\|\boldsymbol{r}\|\operatorname{tr}[\widetilde{\boldsymbol{W}}^{\mathrm{T}}(\widetilde{\boldsymbol{W}}-\boldsymbol{W})]+\boldsymbol{r}^{\mathrm{T}}(\boldsymbol{\varepsilon}+\boldsymbol{\tau}_{\mathrm{d}})\end{aligned}$$

由于

$$\operatorname{tr}[\widetilde{\boldsymbol{W}}^{\mathrm{T}}(\widetilde{\boldsymbol{W}}-\boldsymbol{W})]=(\widetilde{\boldsymbol{W}},\boldsymbol{W})_{\mathrm{F}}-\|\widetilde{\boldsymbol{W}}\|_{\mathrm{F}}^2\leqslant\|\widetilde{\boldsymbol{W}}\|_{\mathrm{F}}\|\boldsymbol{W}\|_{\mathrm{F}}-\|\widetilde{\boldsymbol{W}}\|_{\mathrm{F}}^2$$

则

$$\begin{aligned}\dot{L}&\leqslant -K_{\min}\|\boldsymbol{r}\|^2+k\|\boldsymbol{r}\|\,\|\widetilde{\boldsymbol{W}}\|_{\mathrm{F}}(W_{\max}-\|\widetilde{\boldsymbol{W}}\|_{\mathrm{F}})+(\varepsilon_N+b_{\mathrm{d}})\|\boldsymbol{r}\|\\&=-\|\boldsymbol{r}\|[K_{\min}\|\boldsymbol{r}\|+k\|\widetilde{\boldsymbol{W}}\|_{\mathrm{F}}(\|\widetilde{\boldsymbol{W}}\|_{\mathrm{F}}-W_{\max})-(\varepsilon_N+b_{\mathrm{d}})]\end{aligned}$$

由于

$$k\|\widetilde{\boldsymbol{W}}\|_{\mathrm{F}}(\|\widetilde{\boldsymbol{W}}\|_{\mathrm{F}}-W_{\max})=k(\|\widetilde{\boldsymbol{W}}\|_{\mathrm{F}}-W_{\max}/2)^2-\frac{1}{4}kW_{\max}{}^2$$

因此，当

$$\|\boldsymbol{r}\|\geqslant\frac{kW_{\max}^2/4+(\varepsilon_N+b_{\mathrm{d}})}{K_{\min}} \tag{8.20}$$

或

$$\|\widetilde{\boldsymbol{W}}\|_{\mathrm{F}}\geqslant W_{\max}/2+\sqrt{W_{\max}^2/4+(\varepsilon_N+b_{\mathrm{d}})/k} \tag{8.21}$$

时，可得 $\dot{L}\leqslant 0$。因此，跟踪误差有界。证毕。

证明(方法三)：定义 Lyapunov 函数为

$$L=\frac{1}{2}\boldsymbol{r}^{\mathrm{T}}\boldsymbol{M}\boldsymbol{r}+\frac{1}{2}\operatorname{tr}(\widetilde{\boldsymbol{W}}^{\mathrm{T}}\boldsymbol{F}^{-1}\widetilde{\boldsymbol{W}})$$

则

$$\dot{L}=\boldsymbol{r}^{\mathrm{T}}\boldsymbol{M}\dot{\boldsymbol{r}}+\frac{1}{2}\boldsymbol{r}^{\mathrm{T}}\dot{\boldsymbol{M}}\boldsymbol{r}+\operatorname{tr}(\widetilde{\boldsymbol{W}}^{\mathrm{T}}\boldsymbol{F}^{-1}\dot{\widetilde{\boldsymbol{W}}})$$

与方法一相比，控制器式(8.13)含有误差补偿项 $-(\varepsilon_N+b_{\mathrm{d}})\operatorname{sgn}(\boldsymbol{r})$。用类似方法一的证明可得

$$\begin{aligned}\dot{L} &= -\boldsymbol{r}^{\mathrm{T}}\boldsymbol{K}_{v}\boldsymbol{r}+\boldsymbol{r}^{\mathrm{T}}(\boldsymbol{\varepsilon}+\boldsymbol{\tau}_{\mathrm{d}})-(\varepsilon_{N}+b_{\mathrm{d}})\operatorname{sgn}(\boldsymbol{r}) \\ &\leqslant -K_{\min}\|\boldsymbol{r}\|^{2}+(\varepsilon_{N}+b_{\mathrm{d}})\|\boldsymbol{r}\|-(\varepsilon_{N}+b_{\mathrm{d}})\operatorname{sgn}(\boldsymbol{r}) \\ &\leqslant -K_{\min}\|\boldsymbol{r}\|^{2}\end{aligned}$$

因此可得 $\dot{L}\leqslant 0$。针对此种情况，由于当 $\dot{L}\equiv 0$ 时，$\boldsymbol{r}\equiv\boldsymbol{0}$，根据拉萨尔(LaSalle)不变性原理，闭环系统渐近稳定，即 $t\to\infty$时，$\boldsymbol{r}\to\boldsymbol{0}$。另外，由于 $L\geqslant 0$，$\dot{L}\leqslant 0$，则 L 有界，从而 $\widetilde{\boldsymbol{W}}$ 有界，但无法保证 $\widetilde{\boldsymbol{W}}$ 收敛于 0。证毕。

本节提供了三种不同的神经网络控制设计方法。方法三虽可实现误差 $\|\boldsymbol{r}\|$ 渐近稳定，但需已知逼近误差和外界扰动的上界。方法一和方法二可实现追踪误差有界，且控制参数 $K_{\min}$ 越大，k 越小，误差 $\|\boldsymbol{r}\|$ 的半径越小。因此，可通过调节控制参数，获得期望的性能指标。在实际应用中，可根据不同性能需求选择不同的神经网络控制设计方法。

8.3　机器人迭代学习控制

迭代学习控制是学习控制的一个重要分支，是一种新型学习控制策略。它通过反复应用先前试验得到的信息来获得能够产生期望输出轨迹的控制输入，以改善控制质量。与传统的控制方法不同的是，迭代学习控制能以非常简单的方式处理不确定度相当高的动态系统，且仅需较少的先验知识和计算量，同时适应性强，易于实现；更主要的是，它不依赖于动态系统的精确数学模型，是一种以迭代产生优化输入信号，使系统输出尽可能逼近理想值的算法。它的研究对那些有着非线性、复杂性、难以建模以及高精度轨迹控制问题有着非常重要的意义，因而一经推出，就在机器人控制领域得到广泛运用。

8.3.1　迭代学习控制的前提

迭代学习控制适用于具有重复运动性质的被控系统，它的目标是实现有限区间内的完全跟踪任务。它通过对被控系统进行控制尝试，根据输出信号与给定目标的偏差修正不理想的控制信号，使得系统的跟踪性能得以提高。迭代学习控制的研究对具有较强的非线性耦合、较高的位置重复精度、难以建模和高精度轨迹跟踪控制要求的动力学系统有着非常重要的意义。迭代学习控制的原理示意图如图 8.9 所示。

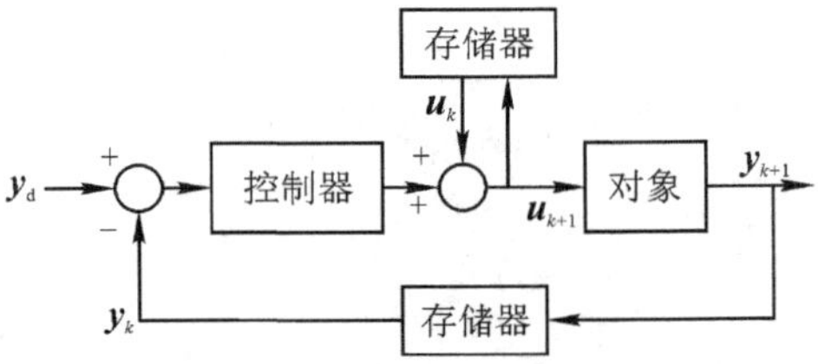

图 8.9　迭代学习控制原理

学习控制与传统的控制方法不同，简而言之，学习控制是根据重复练习而自动地获得所给定的理想运动形式的一种控制方法，它的前提条件可以总结成下面的公理体系：

(1) 一次运动在短时间内($t>0$)结束。

(2) 有限时间区间 $t\in[0,T]$ 内的理想运动轨迹 $\boldsymbol{y}_{\mathrm{d}}(t)$ 事先根据经验给定。

(3) 初始化常常是一定的，从初始化以后所试行的回数称为第 k 回，这时候的初始状态 $\boldsymbol{x}_k(0)$ 在运动开始时，常常按照下面的情况进行初始化

$$\boldsymbol{x}_k(0)=\boldsymbol{x}^0,k=1,2,\cdots \tag{8.22}$$

(4) 在重复练习中，对象系统的动力学特性保持不变。

(5) 输出轨迹 $\boldsymbol{y}_d(t)$ 是可测定的。所以，任意第 k 回试行的误差通常可采用下面的公式计算：

$$\boldsymbol{e}_k(t) = \boldsymbol{y}_d(t) - \boldsymbol{y}_k(t) \tag{8.23}$$

(6) 下个时间段内的伺服器输入 $\boldsymbol{u}_{k+1}(t)$ 在记忆中尽可能以简单的递归形式表达，即

$$\boldsymbol{u}_{k+1}(t) = F[\boldsymbol{u}_k(t), \boldsymbol{e}(t)] \tag{8.24}$$

除上述公理外，还必须了解每次迭代对轨迹改进的意义。这时，用

$$\| \boldsymbol{e}_{k+1} \| \leqslant \| \boldsymbol{e}_k \|, k = 1,2,\cdots \tag{8.25}$$

作为限制条件。或者，在更严格的意义上，要求存在某一常数 $0 \leqslant \rho \leqslant 1$，能保证不等式

$$\| \boldsymbol{e}_{k+1} \| \leqslant \rho \| \boldsymbol{e}_k \|, k = 1,2,\cdots \tag{8.26}$$

成立。

同时注意，公理条件(2)意味着设置输入信号的记忆为 1 个单元。第 k 回试行后，将记忆 $\boldsymbol{u}_k(t)$ 置换成 $\boldsymbol{u}_{k+1}(t)$。函数 $F(\boldsymbol{u},\boldsymbol{e})$ 的形式与试行次数无关，而且是一定的，这样从计算机的观点看更简单一些。像后面所述一样，对机器人这样的机械系统，将 $\boldsymbol{y}_d(t)$ 和 $\boldsymbol{y}_k(t)$ 作为速度信号，考虑下面两个学习法则，即

$$\boldsymbol{u}_{k+1}(t) = \boldsymbol{u}_k(t) + \boldsymbol{\Gamma}\left[\frac{\mathrm{d}}{\mathrm{d}t}\boldsymbol{e}_k(t)\right] \tag{8.27}$$

$$\boldsymbol{u}_{k+1}(t) = \boldsymbol{u}_k(t) + \boldsymbol{\Phi}\boldsymbol{e}_k(t) \tag{8.28}$$

式中：$\boldsymbol{\Gamma}$ 和 $\boldsymbol{\Phi}$ 为常数增益矩阵。

图 8.10 所示为 D 型学习控制法则示意图，图 8.11 所示为 P 型学习控制法则示意图。这里，D 表示微分的(differential)，P 表示比例的(proportional)。

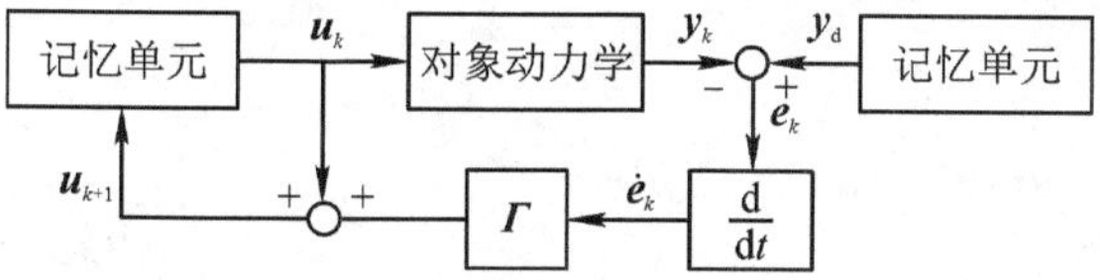

图 8.10　D 型学习控制法则示意图

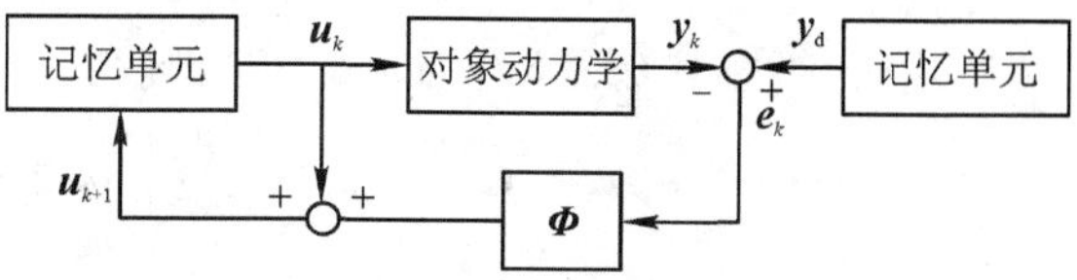

图 8.11　P 型学习控制法则示意图

众所周知，工业机器人的重复定位精度是相当好的，尽管如此，工业机器人并不能完全满足上面的公理(3)～公理(5)，工业机器人的运动过程或多或少地都会存在误差，于是代替公理(3)～ 公理(5)，考虑下面的情形是非常重要的：

初始化误差在容许的范围内，即存在 $\varepsilon_1 > 0$，满足下面的条件：

$$\| \boldsymbol{x}_k(0) - \boldsymbol{x}^0 \| \leqslant \varepsilon_1 \tag{8.29}$$

式中：对于矢量 $\boldsymbol{x}$，符号 $\|\boldsymbol{x}\|$ 表示 $\boldsymbol{x}$ 的欧拉范数。

允许对象系统的动力学稍稍有些波动，即对某一 $\boldsymbol{\eta}_k(t)$，存在 $\varepsilon_2 > 0$，使下式成立：

$$\sup_{t\in[0,T]} \| \boldsymbol{\eta}_k(t) \| = \| \boldsymbol{\eta}_k(t) \|_\infty = \varepsilon_2 \tag{8.30}$$

允许有测量误差 $\boldsymbol{\xi}_k$。这时，若存在 $\varepsilon_3 > 0$，对测量误差 $\boldsymbol{\xi}_k$，有

$$\| \boldsymbol{\xi}_k(t) \|_\infty \leqslant \varepsilon_3 \tag{8.31}$$

则轨迹跟踪误差为

$$\boldsymbol{e}_k = \boldsymbol{y}_d(t) - [\boldsymbol{y}_k(t) + \boldsymbol{\xi}_k(t)] \tag{8.32}$$

8.3.2　机器人迭代学习控制原理

考虑式(8.27)和式(8.28)所示的学习控制法则，在给定合适的矩阵 $\boldsymbol{\Gamma}$ 和 $\boldsymbol{\Phi}$ 时，使用起来是比较简单的，实际上，选取对角矩阵就足够了。若想使矩阵 $\boldsymbol{\Gamma}$ 和 $\boldsymbol{\Phi}$ 的取值范围比较大，就要讨论其选择的方法。可是，这里所关心的是理论上能否保证足够大的取值范围。因此，应用式(8.27)和式(8.28)的学习法则时，必须标明机器人的运动轨迹随着试行次数的增加而接近理想的轨迹。由于要证明机器人的学习按所期望的进行，有关的理论研究是必要的，为了弄清楚D型学习控制的本质，首先来看一个最简单的例子。

考虑一般形式的一维线性微分方程

$$\dot{y} + ay = bv \tag{8.33}$$

它的解为

$$y = \mathrm{e}^{-at}y(0) + \int_0^t b\mathrm{e}^{-a(t-\tau)}v(\tau)\mathrm{d}\tau \tag{8.34}$$

接着将图8.10所示的D型学习控制应用于式(8.34)所示的动力学系统。给定理想的角速度 $\boldsymbol{y}_{\mathrm{d}}(t)$，若给定第 k 次试行的控制输入 $\boldsymbol{u}_k(t)$，根据式(8.34)，输出的角速度 $\boldsymbol{y}_k(t)$ 应为

$$\boldsymbol{y}_k(t) = \mathrm{e}^{-at}\boldsymbol{y}_k(0) + \int_0^t b\mathrm{e}^{-a(t-\tau)}\boldsymbol{u}_k(\tau)\mathrm{d}\tau \tag{8.35}$$

第 $k+1$ 次试行的控制输入为

$$\begin{cases} \boldsymbol{e}_k(t) = \boldsymbol{y}_{\mathbf{d}}(t) - \boldsymbol{y}_k(t) \\ \boldsymbol{u}_{k+1}(t) = \boldsymbol{u}_k(t) - \gamma\dot{\boldsymbol{e}}_k(t) \end{cases} \tag{8.36}$$

进一步地，假定每一次试行的初始条件均为同样的形式，即

$$\boldsymbol{y}_k(0) = \boldsymbol{y}_{\mathbf{d}}(0), k = 0, 1, \cdots \tag{8.37}$$

这时，观察式(8.35)～式(8.37)，则得

$$\begin{aligned} \dot{\boldsymbol{y}}_k - \dot{\boldsymbol{y}}_{k-1} &= \frac{\mathrm{d}}{\mathrm{d}t}\int_0^t b\mathrm{e}^{-a(t-\tau)}\{\boldsymbol{u}_k(\tau) - \boldsymbol{u}_{k-1}(\tau)\}\mathrm{d}\tau \\ &= \gamma b\dot{\boldsymbol{e}}_{k-1}(t) - \gamma ab\int_0^t b\mathrm{e}^{-a(t-\tau)}\dot{\boldsymbol{e}}_{k-1}(\tau)\mathrm{d}\tau \end{aligned} \tag{8.38}$$

然后有

$$\dot{\boldsymbol{e}}_k = \dot{\boldsymbol{y}}_{\mathrm{d}} - \dot{\boldsymbol{y}}_k = (1-\gamma b)\dot{\boldsymbol{e}}_{k-1} + \gamma ab\int_0^t b\mathrm{e}^{-a(t-\tau)}\dot{\boldsymbol{e}}_{k-1}(\tau)\mathrm{d}\tau \tag{8.39}$$

在这里，引入下面的函数范数：

$$\|\boldsymbol{x}\|_\lambda = \max_{t\in[0,T]}(|\mathrm{e}^{-\lambda t}\boldsymbol{x}(t)|) \tag{8.40}$$

式中：λ 为经过选择的合适的正常数。式(8.39)的两边同乘以 $\mathrm{e}^{\lambda t}$，并取最大值，得

$$\|\dot{\boldsymbol{e}}_k\|_\lambda \leqslant \left(|1-\gamma b| + \left|\frac{ab\gamma}{\lambda + a}\right|\right)\|\dot{\boldsymbol{e}}_{k-1}\|_\lambda \tag{8.41}$$

需要说明的是，式(8.41)中 $\|\dot{\boldsymbol{e}}_k\|$ 只是为了保证形式上的严谨，并不意味着 $\dot{\boldsymbol{e}}_k$ 为矢量。

现在，如果仔细观察式(8.41)，当 $\gamma b = 1$，且 $\lambda > 0$ 时，由于 $a>0$，所以式(8.41)右边的括号中的项小于1。实际上，即使不知道 a、b 的值取合适的 γ，也有

$$|1-\gamma b| < 1 \tag{8.42}$$

成立。若取适当大的 γ，下式就成立：

$$\rho = |1-\gamma b| + \left|\frac{ab\gamma}{\lambda+1}\right| < 1 \tag{8.43}$$

此时

$$\|\dot{\boldsymbol{e}}_k\|_\lambda \leqslant \rho \|\dot{\boldsymbol{e}}_{k-1}\|_\lambda$$

这就意味着

$$\|\dot{\boldsymbol{e}}_k\|_\lambda \leqslant \rho^k \|\dot{\boldsymbol{e}}_0\|_\lambda \tag{8.44}$$

也就是说，在每次的试行中，误差微分的范数会按指数减小。

由式(8.37)的初始条件可得

$$\|\boldsymbol{e}_k\|_\lambda \leqslant \frac{1}{\lambda}\|\dot{\boldsymbol{e}}_k\|_\lambda \tag{8.45}$$

当 $k \to \infty$时，$\|\dot{\boldsymbol{e}}_k\|_\lambda \to 0$，所以 $\|\boldsymbol{e}_k\|_\lambda \to 0$。这表明，误差也按照指数函数规律递减。

8.3.3　关节型机器人迭代学习控制

考虑 n 关节机器人，其动态方程如下：

$$\boldsymbol{D}[\boldsymbol{q}^j(t)]\ddot{\boldsymbol{q}}^j(t) + \boldsymbol{C}[\boldsymbol{q}^j(t),\dot{\boldsymbol{q}}^j(t)]\dot{\boldsymbol{q}}^j(t) + \boldsymbol{G}[\boldsymbol{q}^j(t),\dot{\boldsymbol{q}}^j(t)] + \boldsymbol{T}_a(t) = \boldsymbol{T}^j(t) \tag{8.46}$$

式中：j 为迭代次数，$t \in [0,t_f]$，$\boldsymbol{q}^j \in \mathbf{R}^n$ 和 $\dot{\boldsymbol{q}}^j(t) \in \mathbf{R}^n$、$\ddot{\boldsymbol{q}}^j(t) \in \mathbf{R}^n$ 分别为关节角度、角速度和角加速度，$\boldsymbol{D}[\boldsymbol{q}^j(t)] \in \mathbf{R}^{n\times n}$ 为惯性项，$\boldsymbol{C}[\boldsymbol{q}^j(t),\dot{\boldsymbol{q}}^j(t)]\dot{\boldsymbol{q}}^j(t) \in \mathbf{R}^n$ 表示离心力和科氏力，$\boldsymbol{G}[\boldsymbol{q}^j(t),\dot{\boldsymbol{q}}^j(t)] \in \mathbf{R}^n$ 为重力加摩擦力项，$\boldsymbol{T}_a(t) \in \mathbf{R}^n$ 为可重复的未知干扰项，$\boldsymbol{T}^j(t) \in \mathbf{R}^n$ 为控制输入项。

机器人动态方程满足如下特性：

特性 P_1：$\boldsymbol{D}[\boldsymbol{q}^j(t)]$ 为对称正定的有界矩阵。

特性 P_2：$\dot{\boldsymbol{D}}[\boldsymbol{q}^j(t)] - 2\boldsymbol{C}[\boldsymbol{q}^j(t),\dot{\boldsymbol{q}}^j(t)]$ 为斜对称矩阵，即满足

$$\boldsymbol{x}^{\mathrm{T}}\left\{[\dot{\boldsymbol{D}}(\boldsymbol{q}^j(t)] - 2\boldsymbol{C}[\boldsymbol{q}^j(t),\dot{\boldsymbol{q}}^j(t)]\right\}\boldsymbol{x} = \boldsymbol{0}$$

机器人动态方程满足如下假设条件：

假设 A_1：期望轨迹 $\boldsymbol{q}_{\mathrm{d}}(t)$ 在 $t \in [0,t_f]$ 内三阶可导。

假设 A_2：迭代过程满足初始条件，即 $\boldsymbol{q}_{\mathrm{d}}(0) - \boldsymbol{q}^j(0) = \boldsymbol{0}$，$\dot{\boldsymbol{q}}_{\mathrm{d}}(0) - \dot{\boldsymbol{q}}^j(0) = \boldsymbol{0}$，$j \in \mathbf{N}$。

针对式(8.24)所示的机器人系统，如果满足机器人特性 P_1 和特性 P_2 以及假设 A_1 和假设 A_2，则可采用 D 型学习控制和 P 型学习控制，对轨迹 $\boldsymbol{q}^j(t)$ 进行重复学习，使其接近理想轨迹 $\boldsymbol{q}_{\mathrm{d}}(t)$。下面分别设计不同的学习控制方法。

D 型学习控制方法递归形式为

$$\begin{cases}\dot{\boldsymbol{e}}^j(t) = \dot{\boldsymbol{q}}_{\mathrm{d}}(t) - \dot{\boldsymbol{q}}^j(t)\\ \boldsymbol{T}^{j+1}(t) = \boldsymbol{T}^j(t) + \boldsymbol{\Gamma}\dot{\boldsymbol{e}}^j(t)\end{cases} \tag{8.47}$$

下面介绍 D 型学习控制的收敛定理。

定理 8.2　假设式(8.46)所示的机器人系统满足特性(P_1，P_2)和假设条件(A_1，A_2)，如果采用 D 型学习控制律式(8.47)，且控制增益矩阵满足

$$\|\boldsymbol{I} - \boldsymbol{\Gamma}\boldsymbol{D}^{-1}\| < 1 \tag{8.48}$$

则对所有 $\boldsymbol{q}^j(t)$ 一致有界，且当 $j \to \infty$，$t \in [0,t_f]$ 时，$\boldsymbol{q}^j(t)$ 总是收敛于 $\boldsymbol{q}_{\mathrm{d}}(t)$。

上述定理的控制增益矩阵条件式(8.48)与式(8.42)对应。在线性情形时，初始输入条件

不需要严格接近于理想值。假设 A_2 要求迭代初始值与理想的运动足够接近，即通常的局部性条件。因此，上述 D 型迭代学习控制不是全局的。

P 型学习控制方法递归形式为

$$\begin{cases} \boldsymbol{e}^j(t) = \boldsymbol{q}_d(t) - \boldsymbol{q}^j(t) \\ \boldsymbol{T}^{j+1}(t) = \boldsymbol{T}^j(t) + \boldsymbol{\Phi}\,\mathrm{e}^j(t) \end{cases} \tag{8.49}$$

下面介绍 P 型学习控制的收敛定理。

定理 8.3 假设式(8.46)所示的机器人系统满足特性(P_1，P_2)和假设条件(A_1，A_2)，如果采用 P 型学习控制律式(8.49)，且控制增益矩阵和初始输入分别满足

$$\begin{gathered} \| 2\boldsymbol{C} \| > \| \boldsymbol{\Phi} \| \\ \int_0^t \mathrm{e}^{-\lambda\tau} [\boldsymbol{T}^0(t) - \boldsymbol{T}^d(t)]^{\mathrm{T}} \boldsymbol{\Phi}^{-1} [\boldsymbol{T}^0(t) - \boldsymbol{T}^d(t)] \mathrm{d}\tau \leqslant \mathrm{e}^{-\lambda\tau}\gamma \end{gathered} \tag{8.50}$$

式中：$\lambda > 0$ 和 $\gamma > 0$ 是选取的合适正数，且

$$\boldsymbol{T}^d(t) = \boldsymbol{D}[\boldsymbol{q}_d(t)]\ddot{\boldsymbol{q}}_d(t) + \boldsymbol{C}[\boldsymbol{q}_d(t), \dot{\boldsymbol{q}}_d(t)]\dot{\boldsymbol{q}}_d(t) + \boldsymbol{G}[\boldsymbol{q}_d(t), \dot{\boldsymbol{q}}_d(t)]$$

则对所有 $\boldsymbol{q}^j(t)$ 和 $\dot{\boldsymbol{q}}^j(t)$ 关于 j 一致有界，对应任意固定的时间间隔 $t \in [0, t_f]$，存在

$$\lim_{j\to\infty} \boldsymbol{q}^j(t) = \boldsymbol{q}_d(t), \lim_{j\to\infty} \dot{\boldsymbol{q}}^j(t) = \dot{\boldsymbol{q}}_d(t)$$

上述 P 型学习控制方法和 D 型学习控制方法中控制增益保持不变，下面提出一种切换增益的 PD 学习控制方法，可加快迭代速度。

PD 型学习控制方法控制律设计为

$$\boldsymbol{T}^j(t) = \boldsymbol{K}_p^j \boldsymbol{e}(t) + \boldsymbol{K}_p^j \dot{\boldsymbol{e}}(t) + \boldsymbol{T}^{j-1}(t), \quad j = 0, 1, \cdots, N \tag{8.51}$$

控制律中增益切换规则为

$$\boldsymbol{K}_p^j = \beta(j)\,\boldsymbol{K}_p^0, \boldsymbol{K}_p^j = \beta(j)\,\boldsymbol{K}_d^0, \beta(j+1) > \beta(j) \tag{8.52}$$

式中：$j = 1, 2, \cdots, N$，$\boldsymbol{T}^{j-1}(t) = 0$，$\boldsymbol{e}^j(t) = \boldsymbol{q}_d(t) - \boldsymbol{q}_j(t)$，$\dot{\boldsymbol{e}}^j(t) = \dot{\boldsymbol{q}}_d(t) - \dot{\boldsymbol{q}}_j(t)$，$\boldsymbol{K}_p^0$ 和 $\boldsymbol{K}_d^0$ 为 PD 控制中初始的对角增益矩阵，且都为正定，$\beta(j)$ 为控制增益，且 $\beta(j) > 1$。为了简单起见，取 $\boldsymbol{K}_p^0 = \boldsymbol{\Lambda}\boldsymbol{K}_d^0$，并定义

$$\boldsymbol{D}(t) = \boldsymbol{D}[\boldsymbol{q}_d(t)], \boldsymbol{C}(t) = \boldsymbol{C}[\boldsymbol{q}_d(t), \dot{\boldsymbol{q}}_d(t)]$$

$$\boldsymbol{C}_1(t) = \left.\frac{\partial \boldsymbol{C}}{\partial \dot{\boldsymbol{q}}}\right|_{\boldsymbol{q}_d(t), \dot{\boldsymbol{q}}_d(t)} \dot{\boldsymbol{q}}_d(t) + \left.\frac{\partial \boldsymbol{G}}{\partial \dot{\boldsymbol{q}}}\right|_{\boldsymbol{q}_d(t), \dot{\boldsymbol{q}}_d(t)}$$

$$\boldsymbol{F}(t) = \left.\frac{\partial \boldsymbol{D}}{\partial \dot{\boldsymbol{q}}}\right|_{\boldsymbol{q}_d(t)} \ddot{\boldsymbol{q}}_d(t) + \left.\frac{\partial \boldsymbol{C}}{\partial \dot{\boldsymbol{q}}}\right|_{\boldsymbol{q}_d(t), \dot{\boldsymbol{q}}_d(t)} \dot{\boldsymbol{q}}_d(t) + \left.\frac{\partial \boldsymbol{G}}{\partial \dot{\boldsymbol{q}}}\right|_{\boldsymbol{q}_d(t)}$$

定理 8.4 假设系统式(8.46)满足机器人特性(P_1，P_2)和假设条件(A_1，A_2)。采用控制律式(8.51)及其增益切换规则式(8.52)，则对于 $t \in [0, t_f]$，有

$$\boldsymbol{q}^j(t) \xrightarrow{j\to\infty} \boldsymbol{q}_d(t), \dot{\boldsymbol{q}}^j(t) \xrightarrow{j\to\infty} \dot{\boldsymbol{q}}_d(t)$$

其中控制增益满足以下条件

$$\begin{cases} l_p = \lambda_{\min}(\boldsymbol{K}_d^0 + 2\boldsymbol{C}_1 - 2\boldsymbol{\Lambda}\boldsymbol{D}) > 0 \\ l_r = \lambda_{\min}(\boldsymbol{K}_d^0 + 2\boldsymbol{C} + 2\boldsymbol{F}/\boldsymbol{\Lambda} - 2\dot{\boldsymbol{C}}_1/\boldsymbol{\Lambda}) > 0 \\ l_p l_r \geqslant \| \boldsymbol{F}/\boldsymbol{\Lambda} - (\boldsymbol{C} + \boldsymbol{C}_1 - \boldsymbol{\Lambda}\boldsymbol{D}) \|_{\max}^2 \end{cases} \tag{8.53}$$

式中：$\lambda_{\min}(\boldsymbol{A})$ 为矩阵 $\boldsymbol{A}$ 的最小特征值，$\| \boldsymbol{M} \|_{\max} = \max \| \boldsymbol{M}(t) \|$，$t \in [0, t_f]$，$\| \boldsymbol{M} \|$ 为矩阵

$\boldsymbol{M}$ 的欧氏范数.

由于篇幅限制，上述定理的证明过程省略。定理 8.4 中描述的控制算法的不足之处是其所针对的是重复性干扰，忽略了线性化残差项 $n(\ddot{e}^j,\dot{e}^j,e^j,t)$，且定理 8.3 和定理 8.4 需要机器人系统处扰动项外的动力学方程已知。

8.4 机器人神经网络反演控制

柔性机械臂具有低能耗、高速度、接触冲击小等优点，被越来越多地应用在各个领域。随着航空航天技术、机器人技术、海洋工程及工业工程的发展，柔性机械臂的研究日益受到重视。柔性机械臂是一个非常复杂的动力学系统，其动力学方程具有高度非线性、强耦合及时变性等特点，存在建模和测量不精确、负载变化以及外部扰动不确定等问题，如何实现柔性机械臂的稳定控制成为关键。柔性机械臂不仅是一个刚-柔耦合的非线性系统，而且也是系统动力学的控制特性相互耦合即机电耦合的非线性系统。

反演设计方法，又称反步法、回推法或后推法，通常与李雅普诺夫型自适应律结合使用，综合考虑控制律和自适应律，使整个闭环系统满足期望的动静态性能指标。反演控制设计方法的基本思想是将复杂的非线性系统分解成不超过系统阶数的子系统，然后为每个子系统分别设计李雅普诺夫函数和中间虚拟控制量，一直"后退"到整个系统，直到完成整个控制率的设计。利用反演控制技术设计机器人控制器可以解决系统中的非匹配不确定性。

8.4.1 柔性关节机器人的反演控制

柔性机械力臂动态方程可表示为

$$\begin{cases} I\ddot{q}_1 + Mgl\sin q_1 + K(q_1 - q_2) = 0 \\ I\ddot{q}_2 + K(q_2 - q_1) = u - \mathrm{d}t \end{cases} \tag{8.54}$$

式中：q_1 和 q_2 分别为关节角度和电机转动角度，系数 K 为柔性力臂的弹性刚度。K 越大，说明柔性力臂的弹性刚度大，柔性小，此时 q_1 与 q_2 越接近；K 越小，说明柔性力臂的弹性刚度小，柔性大，力臂易弯曲，此时 q_1 与 q_2 相差越大。$\mathrm{d}t$ 为夹在控制上的干扰，$|\mathrm{d}t| \leqslant D$。

定义 $x_1 = q_1, x_2 = q_2$，将式(8.54)写成状态方程的形式：

$$\begin{cases} \dot{x}_1 = x_2 \\ \dot{x}_2 = -\dfrac{1}{I}[Mgl\sin x_1 + K(x_1 - x_3)] \\ \dot{x}_3 = x_4 \\ \dot{x}_4 = -\dfrac{1}{J}[u - K(x_3 - x_1) - \mathrm{d}t] \end{cases} \tag{8.55}$$

控制问题为关节节点角度 x_1 跟踪指令 $x_{1\mathrm{d}}$，角速度 x_2 跟踪指令 $\dot{x}_{1\mathrm{d}}$。由于被控对象为非匹配系统，采用传统控制方法无法实现稳定控制器的设计，而采用反演控制方法能较好地解决这一问题。

进行反演控制设计，需先定义位置误差信号：

$$z_1 = x_1 - x_{1\mathrm{d}} \tag{8.56}$$

则

$$\dot{z}_1 = \dot{x}_1 - \dot{x}_{1d} = x_2 - \dot{x}_{1d}$$

$$\ddot{z}_1 = -\frac{1}{I}[Mgl\sin x_1 + K(x_1 - x_3)] - \ddot{x}_{1d}$$

然后，采用反演控制原理设计控制律，步骤如下。

第一步：定义李雅普诺夫函数为

$$V_1 = \frac{1}{2}z_1^2 \tag{8.57}$$

则

$$\dot{V}_1 = z_1(x_2 - \dot{x}_{1d}) \tag{8.58a}$$

取

$$x_2 = -c_1 z_1^2 + z_1 z_2 \tag{8.58b}$$

显然，当 $z_2 = 0$ 时，$\dot{V}_1 \leqslant 0$。需要引入虚拟控制量，使 z_2 为零。

第二步：定义李雅普诺夫函数为

$$V_2 = V_1 + \frac{1}{2}z_2^2 \tag{8.59}$$

对 z_2 求导，得

$$\begin{aligned}\dot{z}_2 &= \dot{x}_2 + c_1\dot{z}_1 - \dot{x}_{1d} \\ &= -\frac{1}{I}[Mgl\sin x_1 + K(x_1 - x_3)] + c_1(x_2 - \dot{x}_{1d}) - \ddot{x}_{1d}\end{aligned} \tag{8.60}$$

和 $\ddot{z}_2 = -\frac{1}{I}[Mglx_2\cos x_1 + K(x_2 - x_4)] + c_1\left\{-\frac{1}{I}[Mgl\sin x_1 + K(x_1 - x_3)]\right\} - \ddot{x}_{1d} - \dddot{x}_{1d}$

将式(8.60)代入，得

$$\begin{aligned}\dot{V}_2 &= -c_1 {z_1}^2 + z_1 z_2 + z_2\dot{z}_2 \\ &= -c_1 {z_1}^2 + z_1 z_2 + z_2\left\{-\frac{1}{I}[Mgl\sin x_1 + K(x_1 - x_3)] + c_1(x_2 - \dot{x}_{1d}) - \ddot{x}_{1d}\right\} \\ &= -c_1 {z_1}^2 + z_1 z_2 + z_2\left[-\frac{1}{I}(Mgl\sin x_1 + Kx_1) + c_1(x_2 - \dot{x}_{1d}) - \ddot{x}_{1d}\right] + z_2\frac{K}{I}x_3\end{aligned}$$

取

$$x_3 = -\frac{1}{K}\left[-\frac{1}{I}(Mgl\sin x_1 + Kx_1) + c_1(x_2 - \dot{x}_{1d}) - \ddot{x}_{1d} + z_1 + c_2 z_2\right] + z_3 \tag{8.61}$$

式中：$c_2 > 0$，z_3 为虚拟控制项，于是

$$z_3 = x_3 + \frac{1}{K}\left[-\frac{1}{I}(Mgl\sin x_1 + Kx_1) + c_1(x_2 - \dot{x}_{1d}) - \ddot{x}_{1d} + z_1 + c_2 z_2\right]$$

且

$$\dot{V}_2 = -c_1 {z_1}^2 - c_2 {z_2}^2 + \frac{K}{I}z_2 z_3$$

显然，当 $z_3 = 0$ 时，$\dot{V}_2 \leqslant 0$。需要进一步引入虚拟控制量，使 z_3 为零。

第三步：定义李雅普诺夫函数为

$$V_3 = V_2 + \frac{1}{2}z_3^2 \tag{8.62}$$

对 z_3 求导，得

$$\dot{z}_3 = x_4 + \frac{1}{K}\left[-\frac{1}{I}(Mgl\cos x_1 \cdot x_2 + Kx_2) + c_1(\dot{x}_2 - \ddot{x}_{1d}) - \ddot{x}_{1d} + \dot{z}_1 + c_2\dot{z}_2\right] \tag{8.63}$$

将上式方括号内部取为 S，即

$$S = -\frac{1}{I}(Mgl\cos x_1 \cdot x_2 + Kx_2) + c_1(\dot{x}_2 - \ddot{x}_{1d}) - \ddot{x}_{1d} + \dot{z}_1 + c_2\dot{z}_2$$

则可将式(8.63)写为

$$\dot{z}_3 = x_4 + \frac{1}{K}S \tag{8.64}$$

将式(8.64)代入，得

$$\dot{V}_3 = -c_1 z_1{}^2 - c_2 z_2{}^2 + \frac{K}{I}z_2 z_3 + z_3\left(x_4 + \frac{I}{K}S\right)$$

取

$$x_4 = -\frac{I}{K}S - c_3 z_3 - \frac{K}{I}z_2 + z_4 \tag{8.65}$$

式中：$c_3 > 0$，z_4 为虚拟控制项

$$z_4 = x_4 + \frac{I}{K}S + c_3 z_3 + \frac{K}{I}z_2$$

于是有

$$\dot{V}_3 = -c_1 z_1{}^2 - c_2 z_2{}^2 - c_3 z_3{}^2 + z_3 z_4$$

当 $z_4 = 0$ 时，$\dot{V}_3 \leqslant 0$。需要进一步引入虚拟控制量，使 z_4 为零。

第四步：考虑反演设计的最后一步，令最后一个李雅普诺夫函数为

$$V = V_3 + \frac{1}{2}z_4^2 \tag{8.66}$$

则

$$\dot{V} = \dot{V}_3 + z_4\dot{z}_4 \tag{8.67}$$

对 S 求导数，得

$$\dot{S} = -\frac{1}{I}(-Mgl\sin x_1 \cdot x_2^2 + K\dot{x}_2) + c_1(\ddot{x}_2 - \ddot{x}_{1d}) - \dddot{x}_{1d} + \ddot{z}_1 + c_2\ddot{z}_2$$

对 z_4 求导，得

$$\dot{z}_4 = \frac{1}{J}(u - \mathrm{d}t) - \frac{K}{J}(x_3 - x_1) + \frac{I}{K}\dot{S} + c_3\dot{z}_3 + \frac{K}{I}\dot{z}_2 \tag{8.68}$$

将式(8.68)代入式(8.67)，得

$$\dot{V} = \dot{V}_3 + z_4\left[\frac{1}{J}(u - \mathrm{d}t) - \frac{K}{J}(x_3 - x_1) + \frac{I}{K}\dot{S} + c_3\dot{z}_3 + \frac{K}{I}\dot{z}_2\right] \tag{8.69}$$

采用切换项抑制控制扰动，为使 $\dot{V} \leqslant 0$，设计控制律为

$$u = -\eta\,\mathrm{sgn}(z_4) - J\left[-\frac{K}{J}(x_3 - x_1) + \frac{I}{K}\dot{S} + c_3\dot{z}_3 + \frac{K}{I}\dot{z}_2 + z_3 + c_4 z_4\right] \tag{8.70}$$

式中：$c_4 > 0, \eta \geqslant D$。

将式(8.70)代入式(8.69)中，可得

$$\begin{aligned}\dot{V} &= \frac{1}{J}(-\eta|z_4| - \mathrm{d}t \cdot z_4) - c_1 z_1{}^2 - c_2 z_2{}^2 - c_3 z_3{}^2 + z_3 z_4 + z_4(-z_3 - c_4 z_4) \\ &\leqslant -c_1 z_1{}^2 - c_2 z_2{}^2 - c_3 z_3{}^2 - c_4 z_4{}^2 \leqslant -\alpha V\end{aligned}$$

式中：$\alpha = \min\{c_1, c_2, c_3, c_4\} > 0$。

解微分方程 $\dot{V} \leqslant -\alpha V$ 可得

$$V(t) \leqslant V(0)\mathrm{e}^{-\alpha t}$$

则 $t \to +\infty$时，$z_1 \to 0, z_2 \to 0, z_3 \to 0, z_4 \to 0$ 且都指数收敛，从而 $x_1 \to x_{1d}, x_2 \to \dot{x}_{1d}$ 且都指数收敛。

定理 8.5　对于式(8.54)的柔性关节机器人，如果采用式(8.58)、式(8.61)、式(8.65)的虚拟控制器和式(8.70)的反演控制器，则关节角度 q_i 和关节角速度 $\dot{q}_i$ 指数收敛于期望的轨迹。

在控制律式(8.70)中，将已知信息代入，就会出现反演控制控制器的“组合爆炸”的情况。可见，反演控制方法在虚拟求导过程中导致了系统方程微分项的膨胀，控制器表达式变得复杂。为了解决这一问题，可将反演控制与动态面控制结合，即采用低通一阶滤波器实现虚拟项的求导。

8.4.2　柔性关节机器人的神经网络反演控制

为了实现无需精确建模的柔性机器人反演控制，将神经网络用于柔性机器人反演控制中。本节设计了柔性机器人的神经网络反演控制，柔性机器人的动力学方程与式(8.54)～式(8.55)相同。为了实现无需建模的柔性机器人反演控制，将式(8.55)变换为

$$\begin{cases}\dot{x}_1 = x_2 \\ \dot{x}_2 = x_3 + g(x) \\ \dot{x}_3 = x_4 \\ \dot{x}_4 = f(x) + mu\end{cases} \tag{8.71}$$

令 $\boldsymbol{x} = [x_1 \quad x_2 \quad x_3 \quad x_4]^{\mathrm{T}}$ 为系统状态向量，且

$$g(x) = -x_3 - mgL\sin x_1/I - K(x_1 - x_3)/I, f(x) = K(x_1 - x_3)/J, m = 1/J$$

假设 $g(x)$、$f(x)$、m 未知，但 m 下界 $\underline{m}$ 已知，$m \geqslant \underline{m}$ 且 $\underline{m} > 0$。基于神经网络的反演控制证明复杂，这里仅给出结论。

定义 $e_i = x_i - x_{id}(i = 1,2,3,4)$，取虚拟控制量

$$\begin{cases}x_{2\mathrm{d}} = \dot{x}_{1\mathrm{d}} - K_1 e_1 \\ x_{3\mathrm{d}} = -\hat{g} + \dot{x}_{2\mathrm{d}} - K_2 e_2 - e_1 \\ x_{4\mathrm{d}} = \dot{x}'_{3\mathrm{d}} - \hat{d} - K_3 e_3 - e_2\end{cases} \tag{8.72}$$

式中：$K_2 > 0, K_3 > 0$，$\hat{g}$ 为 g 的估计值，$\hat{d}$ 为 d 的估计值。$\dot{x}_{3\mathrm{d}}$ 分解为已知部分和未知部分，已知部分为

$$\dot{x}'_{3\mathrm{d}} = \dddot{x}_{1\mathrm{d}} - K_1(x_3 - \ddot{x}_{1\mathrm{d}}) - K_2(x_3 - \dot{x}_{2\mathrm{d}}) + \dot{x}_{1\mathrm{d}} - x_2 \tag{8.73}$$

$\dot{x}_{4d}$ 分解为已知部分和未知部分，已知部分为

$$\dot{x}'_{4d}=\dddot{x}_{1d}-K_1(x_4-\dddot{x}_{1d})-K_2[x_4-\dddot{x}_{1d}+K_1(x_3-\ddot{x}_{1d})]+\ddot{x}_{1d}-x_3-K_3(x_4-\dot{x}'_{3d})-(x_3-\dot{x}_{2d}) \tag{8.74}$$

最终控制律设计为

$$u=\frac{1}{\hat{m}}(-\hat{\bar{f}}+\dot{x}'_{4d}-K_4e_4-e_3) \tag{8.75}$$

式中：$K_4>0$。估计值

$$\begin{cases}\hat{g}=\hat{\boldsymbol{W}}_1^{\mathrm{T}}\boldsymbol{\phi}_1\\ \hat{d}=\hat{\boldsymbol{W}}_2^{\mathrm{T}}\boldsymbol{\phi}_2\\ \hat{\bar{f}}=\hat{\boldsymbol{W}}_3^{\mathrm{T}}\boldsymbol{\phi}_3\end{cases} \tag{8.76}$$

$\hat{\boldsymbol{W}}_i^{\mathrm{T}}$ 为用于未知量估计的神经网络权值矩阵。

定义

$$\hat{\boldsymbol{Z}}=\begin{bmatrix}0 & & & 0\\ & \hat{\boldsymbol{W}}_1 & & \\ & & \hat{\boldsymbol{W}}_2 & \\ 0 & & & \hat{\boldsymbol{W}}_3\end{bmatrix},\tilde{\boldsymbol{Z}}=\boldsymbol{Z}-\hat{\boldsymbol{Z}} \tag{8.77}$$

取神经网络权值的自适应律

$$\dot{\hat{\boldsymbol{Z}}}=Q\boldsymbol{\Phi}\boldsymbol{\xi}^{\mathrm{T}}-nQ\|\boldsymbol{\xi}\|\hat{\boldsymbol{Z}} \tag{8.78}$$

式中：$\boldsymbol{\Phi}=[0\quad \phi_1\quad \phi_2\quad \phi_3]^{\mathrm{T}}$，$n$ 为正实数。

定理 8.6　对于模型含不确定项的柔性关节机器人(8.54)，如果采用式(8.72)的虚拟控制器，采用式(8.75)的反演控制器，自适应律式(8.75)，则关节角度 q_i 和关节角速度 $\dot{q}_i$ 收敛于期望的轨迹，跟踪误差一致最终有界。

本节采用径向基神经网络估计模型中未知部分 $\bar{f}$、$\hat{g}$、$\hat{d}$，选择基函数 ϕ_i 为高斯函数，神经网络权值的自适应律为式(8.78)，具体神经网络逼近准则参见 8.2 节。定理 8.6 的智能控制方法不仅适用于大量模型信息未知的情况，也可以保证一致最终有界的追踪效果。

8.5　基于强化学习的机器人变阻抗控制

随着机器人越来越多地应用于非结构环境下的接触操作任务，如柔顺装配、人机交互等，由于任务复杂，接触环境多变且不可预测，如何让机器人安全、高效、快速地执行新任务，精确地控制不同环境下的接触力，是机器人面临的新挑战。力控制特性决定于机器人的惯性、刚度和阻尼参数，为了得到良好的控制性能，需要对控制器设计及其参数有深入的认识，并需要根据任务特性手动调整控制参数。特别是对于复杂任务，由于环境条件通常包含一些非线性和时变的因素，固定参数的阻抗控制方法很难实现目标任务。若阻抗控制参数能根据任务和

环境的变化进行动态规划调整，则控制性能明显好于阻抗控制参数固定的情况。

强化学习算法只需要一个回报函数，即可通过试错找到高回报的策略，而不需要被控系统的模型或环境的先验知识，为机器人实现复杂的自主柔顺控制提供了新的途经。此外，对于力敏感型控制任务而言，通过成百上千次的学习迭代得到满意的控制策略是不切实际的。因为大量的物理交互尝试可能会对机器人或工件造成损坏，而且大量的采样数据费时且昂贵。为了提高学习变阻抗控制方法的学习效率，使机器人能在非结构环境中快速地自主学习，完成力控制任务，本节使用一种基于模型的强化学习算法——概率推理学习控制（probabilistic inference for learning control，PILCO）算法学习变阻抗控制策略。这种算法可以从数据中提取更多有效的信息，能明显加速学习过程，减少交互时间，在连续的状态-动作空间具有目前最好的学习效率。本节首先介绍变阻抗控制架构，其次介绍 PILCO 算法，包括概率动力学模型学习和强化学习的最优策略学习，最后介绍变阻抗实验策略的应用。

8.5.1 机器人变阻抗控制框架

在机器人中，为获得较好的位置跟踪能力，通常使用高增益控制算法使机器人具有高刚性，但这并不适合需要力控制的交互任务。阻抗控制为约束运动和非约束运动提供了一种统一的控制架构，已广泛应用于机器人的交互控制中。通过建立末端执行器或关节的虚拟质量-弹簧-阻尼模型，动态调整末端的期望轨迹，间接地控制接触力。由于阻抗控制参数的选择高度依赖于任务，对于环境特性已知的结构化环境中的任务，可以指定合适的固定的阻抗参数，但是在非结构化环境中很难以固定的阻抗参数完成复杂的操作任务，若机器人能在任务中动态地调整阻抗参数，则可以得到更好的控制性能。而且变阻抗控制的另一个优点是，通过主动控制阻抗参数，机器人可以很好地保证安全性。

机器人阻抗控制的理想模型为二阶阻抗模型：

$$\boldsymbol{F}_{\mathrm{a}}-\boldsymbol{F}_{\mathrm{d}}=\boldsymbol{M}_{\mathrm{d}}(t)(\ddot{\boldsymbol{X}}-\ddot{\boldsymbol{X}}_{\mathrm{d}})+\boldsymbol{B}_{\mathrm{d}}(t)(\dot{\boldsymbol{X}}-\dot{\boldsymbol{X}}_{\mathrm{d}})+\boldsymbol{K}_{\mathrm{d}}(t)(\boldsymbol{X}-\boldsymbol{X}_{\mathrm{d}}) \tag{8.79}$$

式中：$\boldsymbol{M}_{\mathrm{d}}(t)$、$\boldsymbol{B}_{\mathrm{d}}(t)$、$\boldsymbol{K}_{\mathrm{d}}(t)$ 分别为阻抗模型中时变的目标惯性矩阵、目标阻尼矩阵与目标刚度矩阵，$\ddot{\boldsymbol{X}}$、$\dot{\boldsymbol{X}}$、$\boldsymbol{X}$ 分别为末端执行器在笛卡儿空间实际的加速度、速度和位置，$\ddot{\boldsymbol{X}}_{\mathrm{d}}$、$\dot{\boldsymbol{X}}_{\mathrm{d}}$、$\boldsymbol{X}_{\mathrm{d}}$ 分别为末端执行器的期望加速度、速度和位置，$\boldsymbol{F}_{\mathrm{d}}$、$\boldsymbol{F}_{\mathrm{a}}$ 分别为机器人末端与环境之间的期望接触力与实际接触力。则末端执行器的期望加速度为

$$\ddot{\boldsymbol{X}}_{\mathrm{d}}=\ddot{\boldsymbol{X}}+\boldsymbol{M}_{\mathrm{d}}^{-1}[\boldsymbol{B}_{\mathrm{d}}(\dot{\boldsymbol{X}}-\dot{\boldsymbol{X}}_{\mathrm{d}})+\boldsymbol{K}_{\mathrm{d}}(\boldsymbol{X}-\boldsymbol{X}_{\mathrm{d}})-(\boldsymbol{F}-\boldsymbol{F}_{\mathrm{d}})] \tag{8.80}$$

由雅可比矩阵定义可知

$$\dot{\boldsymbol{X}}_{\mathrm{d}}=\boldsymbol{J}\times\dot{\boldsymbol{q}}_{\mathrm{d}} \tag{8.81}$$

$$\ddot{\boldsymbol{X}}_{\mathrm{d}}=\dot{\boldsymbol{J}}\times\dot{\boldsymbol{q}}_{\mathrm{d}}+\boldsymbol{J}\times\ddot{\boldsymbol{q}}_{\mathrm{d}} \tag{8.82}$$

式中：$\boldsymbol{J}$ 为雅可比矩阵，$\dot{\boldsymbol{q}}_{\mathrm{d}}$ 为关节期望速度，$\ddot{\boldsymbol{q}}_{\mathrm{d}}$ 为关节期望加速度。所以可以得到各关节在关节空间中的期望加速度为

$$\ddot{\boldsymbol{q}}_{\mathrm{d}}=\boldsymbol{J}^{-1}(\ddot{\boldsymbol{X}}_{\mathrm{d}}-\dot{\boldsymbol{J}}\times\dot{\boldsymbol{q}}_{\mathrm{d}}) \tag{8.83}$$

然后，使用机器人的逆动力学控制即可计算期望关节力矩，在此不再赘述。

变阻抗控制就是通过在线不断调整阻抗参数 $\boldsymbol{M}_{\mathrm{d}}(t)$、$\boldsymbol{B}_{\mathrm{d}}(t)$、$\boldsymbol{K}_{\mathrm{d}}(t)$，实现接触力的最优控

制。为了简化计算，取目标惯性矩阵为常量 $\boldsymbol{M}_{\mathrm{d}}(t)=\boldsymbol{I}$。所以，在执行力控制任务时，变阻抗控制器需要调节的参数有目标刚度 $\boldsymbol{K}_{\mathrm{d}}(t)$ 与阻尼参数 $\boldsymbol{B}_{\mathrm{d}}(t)$。图 8.12 为基于强化学习的学习变阻抗控制方法结构图，根据采样数据建立系统的 GP 模型，然后根据此模型使用学习算法学习阻抗控制策略 π。阻抗控制策略根据当前状态中末端接触力与末端位置，调整阻抗控制参数 $\boldsymbol{u}=[\boldsymbol{K}_{\mathrm{d}}(t)\quad \boldsymbol{B}_{\mathrm{d}}(t)]$，然后传递给变阻抗控制器，用于力控制。变阻抗控制器根据轨迹误差 $\boldsymbol{X}_{\mathrm{e}}$ 和力跟踪误差 $\boldsymbol{F}_{\mathrm{e}}$ 计算期望的末端加速度 $\ddot{\boldsymbol{X}}_{\mathrm{d}}$，然后根据逆动力学方程计算期望的关节力矩 $\boldsymbol{\tau}$ 并作用于机器人。根据测量的关节位置 $\boldsymbol{q}$ 通过正运动学方程计算末端的实际位置 $\boldsymbol{X}$，$\boldsymbol{K}_{\mathrm{E}}$、$\boldsymbol{B}_{\mathrm{E}}$ 分别为未知的环境刚度与阻尼，实际接触力 $\boldsymbol{F}_{\mathrm{a}}$ 由安装在机械臂末端的力传感器测量。

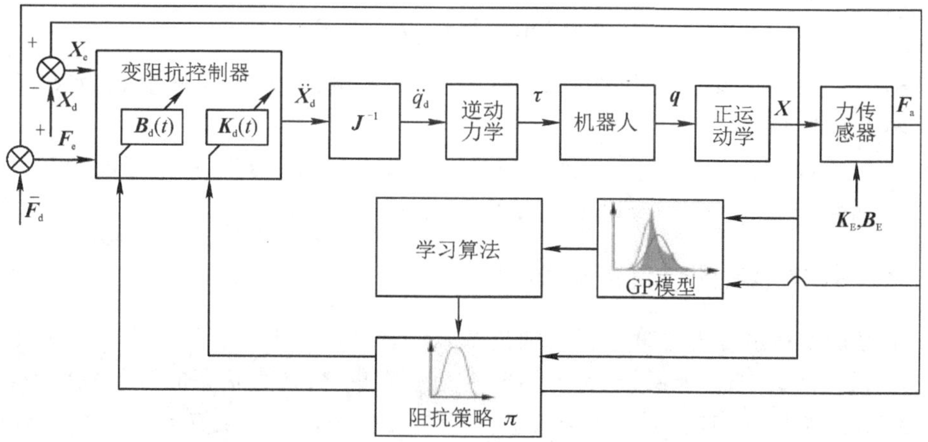

图 8.12　基于强化学习的学习变阻抗控制方法结构图

8.5.2　概率动力学模型学习

在经典的控制中，一般需要使用函数逼近方法来获得模型。在选择高次多项式或非参数模型的情况下，当参数过多或模型较复杂时会导致过度拟合，模型会被覆盖，开始产生拟合噪声。PILCO 算法的模型是概率动力学模型，在模型拟合时将不确定性纳入考虑中，即在模型拟合时将模型的不确定性考虑成与模型不相关的噪声，由于考虑了模型的不确性，与传统的函数逼近方法相比，得到的模型偏差较小。

假设动态系统 t 时刻的状态和 $t-1$ 时刻的状态输出相关，模型为

$$x_t=f(x_{t-1},u_{t-1}) \tag{8.84}$$

在标准的高斯回归模型中，假设数据模型输入值为数组，其中包括状态值和参数输入值，即 $\boldsymbol{X}=[(x_1,u_1),(x_2,u_2),\ldots,(x_n,u_n)]$。模型训练目标为 $y_t=x_t-x_{t-1}+\xi_t$，$x_t\in\boldsymbol{X}$，$y_t\in\boldsymbol{Y}$，$\boldsymbol{\xi}$ 为独立的高斯噪声，即 $\boldsymbol{\xi}$ 满足：$n(0,\sigma_{\xi}{}^2)$ 分布。为了得到训练目标的值，根据模型在 $t-1$ 时刻的值对 t 时刻进行一步的预测，概率满足高斯分布：

$$\begin{cases} p(x_t\mid x_{t-1},u_{t-1})=N(x_t\mid u_t,\sigma_{\xi t}{}^2) \\ u_t=x_{t-1}+E[y_t] \\ \sigma_{\xi t}{}^2=\mathrm{var}[y_t] \end{cases} \tag{8.85}$$

令 $\tilde{\boldsymbol{x}}=(\boldsymbol{x},\boldsymbol{u})$，内核函数选择平方指数协方差：

$$k(\boldsymbol{x}_p,\boldsymbol{x}_q)=\alpha^2\exp[-\frac{1}{2}(\boldsymbol{x}_p-\boldsymbol{x}_q)^{\mathrm{T}}\boldsymbol{\Lambda}^{-1}(\boldsymbol{x}_p-\boldsymbol{x}_q)] \tag{8.86}$$

式中：$\boldsymbol{x}_p$、$\boldsymbol{x}_q$ 为属于 $\tilde{x}$ 的任意元素；α 为函数 f 信号的方差；$\boldsymbol{\Lambda}$ 为特征长度 l_i 的 2 次方对应的对角矩阵，即 $\boldsymbol{\Lambda}=\mathrm{diag}([l_1{}^2\quad l_2{}^2\quad\cdots\quad l_n{}^2])$。假设超参数 θ_p，包括特征长度 $l_1,l_2,\cdots,l_n$，信号方差 α^2 和噪声方差 σ_ξ，在 θ_p 和输入 X 下 Y 概率的对数的似然边际为

$$\log p(\boldsymbol{Y}\mid\boldsymbol{X},\theta_{\mathrm{p}})=-\frac{1}{2}\boldsymbol{Y}^{\mathrm{T}}(\boldsymbol{K}_\theta+\delta_\varepsilon{}^2\boldsymbol{I})^{-1}\boldsymbol{Y}-\frac{1}{2}\log|\boldsymbol{K}_{\theta_p}+\delta_\varepsilon{}^2\boldsymbol{I}|^{-1}-\frac{D}{2}\log(2\pi)\tag{8.87}$$

式中：D 为输入空间的维数，$\boldsymbol{K}_{\theta_p}$ 为关于 θ_p 的核函数，$\boldsymbol{I}$ 为单位矩阵。超参数值可以通过Ⅱ型超参数最大似然估计(ML-Ⅱ)获得：

$$\hat{\theta}=\arg\max_{\theta_p}\log p(Y\mid X,\theta_p)\tag{8.88}$$

在得到超参数后，对输入参数进行高斯过程回归预测：当输入测试参数为 $\boldsymbol{x}^*$ 时，根据先验概率得到后验概率分布：

$$P(\boldsymbol{y}^*\mid\boldsymbol{x}^*)=N[\boldsymbol{k}_*^{\mathrm{T}}(\boldsymbol{K}+\sigma_\varepsilon{}^2\boldsymbol{I})^{-1}\boldsymbol{Y},\boldsymbol{k}_{**}-\boldsymbol{k}_*^{\mathrm{T}}(\boldsymbol{K}+\sigma_\varepsilon{}^2\boldsymbol{I})^{-1}\boldsymbol{k}_*]\tag{8.89}$$

式中：$\boldsymbol{y}^*$ 为预测输出值；$\boldsymbol{k}_*=k(\boldsymbol{X},\boldsymbol{x}^*)$，$\boldsymbol{k}_{**}=k(\boldsymbol{x}^*,\boldsymbol{x}^*)$。

8.5.3 基于强化学习的最优策略学习

强化学习是以马尔可夫决策过程为理论基础的。马尔可夫决策过程由一个元组构成$M=(S,A,P,r,\rho_0,\gamma)$，其中：$S$ 为系统状态集合；A 为动作集合；P 为状态的转移概率，概率动力学模型已经求出；r 为回报函数；ρ_0为初始状态；γ 为折扣因子，一般取值为 [0，1]。强化学习主体 (agent) 在与环境交互过程中，通过选择不同策略，即根据不同的状态选择合适的动作得到不同的奖励，最终得到最优解。强化学习算法的种类有很多，大体可以分为基于策略的强化学习和基于价值的强化学习。基于策略的强化学习比较适合动作为连续集的场景，适合机器人跟踪场景。基于策略的强化学习结构如图 8.13 所示，主体的策略 π 更新过程是通过改变策略参数 ϕ 实现的，ϕ 的更新的步长与目标函数(该场景中设置为强化学习期望回报)的梯度有关。强化学习期望回报与奖励函数和状态概率分布有关，奖励函数用于衡量机器人的实际状态到期望状态的距离。在机器人跟踪领域中，主体目标是寻找到最优的策略。最优策略是对长期的策略进行评估，可以利用概率动力模型中学习到的模型，对长期的回报进行近似的推断，在得到强化学习中的目标函数后，根据目标函数梯度改变输入的策略，直至更新的策略满足最优解。

强化学习的期望回报为

$$\begin{cases}V^\pi=\sum\limits_{t=1}^{T}E[c(\boldsymbol{x}_t)\mid\pi],P(\boldsymbol{x}_0)=N(\mu_0,\sigma_0{}^2)\\ V^\pi=\sum\limits_{t=1}^{T}\int c(\boldsymbol{x}_t)p(\boldsymbol{x}_t)\mathrm{d}\boldsymbol{x}\end{cases}\tag{8.90}$$

式中：V^π 为在策略 π 下的期望回报，初始状态 $\boldsymbol{x}_0$ 满足高斯分布，$p(\boldsymbol{x}_t)$ 为在状态 $\boldsymbol{x}_t$ 下状态的概率分布，$c(\boldsymbol{x}_t)$ 为奖励函数，且

$$c(\boldsymbol{x}_t)=1-\exp(-\frac{1}{2}\|\boldsymbol{x}_t-\boldsymbol{x}_{\mathrm{target}}\|W^2/\delta_c^2)\tag{8.91}$$

式中：$\|\boldsymbol{x}_t-\boldsymbol{x}_{\mathrm{target}}\|$ 为 $\boldsymbol{x}_t$ 和 $\boldsymbol{x}_{\mathrm{target}}$ 之间的马氏距离，W 为加权因子，$\boldsymbol{x}_{\mathrm{target}}$ 为目标状态，δ_c 为缩放因子。在设定目标状态后，奖励函数比较容易得到，而式(8.90)中 $\boldsymbol{x}_t$ 时间状态分布的 $p(\boldsymbol{x}_t)$

是未知的，需要对 $p(\boldsymbol{x}_t)$ 进行推理：在 $t-1$ 时刻，首先由 $p(\boldsymbol{x}_{t-1})$ 的状态分布推理出动作分布 $p(\mu_{t-1})$，其次将 $p(\boldsymbol{x}_{t-1})$ 与 $p(\mu_{t-1})$ 结合得到联合分布 $p(\boldsymbol{x}_{t-1},\mu_{t-1})$，由 $p(\boldsymbol{x}_{t-1},\mu_{t-1})$ 可以得到状态改变的改变量 $p(\Delta_t)$，其中 $\Delta_t=\boldsymbol{x}_t-\boldsymbol{x}_{t-1}$，最后得到 $p(\boldsymbol{x}_t)$。$p(\boldsymbol{x}_t)$ 的期望和方差为

$$\begin{cases}\mu_t=\mu_{t-1}+\mu_\Delta \\ \sigma_t=\sigma_{t-1}+\sigma_\Delta+\operatorname{cov}[\boldsymbol{x}_{t-1},\Delta_t]+\operatorname{cov}[\Delta_t,\boldsymbol{x}_{t-1}]\end{cases} \tag{8.92}$$

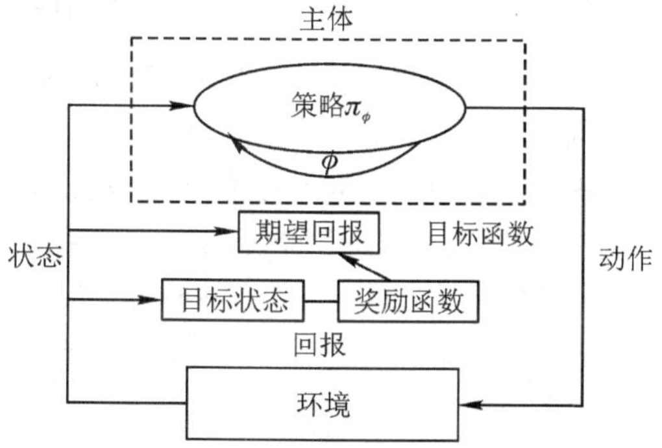

图 8.13　基于策略的强化学习结构图

在策略和状态关系通过策略参数线性化或者非线性化后，最优策略由最优策略参数确定，当策略满足以下条件时即为最优策略：

$$\pi^* \in \arg\min V^\pi(\boldsymbol{x}_0) \tag{8.93}$$

为了得到最优策略参数，需要求解期望回报相对于策略参数的梯度，令 $\varepsilon_t=E[c(\boldsymbol{x}_t)]$，则

$$\frac{\mathrm{d}\varepsilon_t}{\mathrm{d}\phi}=\frac{\mathrm{d}\varepsilon_t}{\mathrm{d}p(\boldsymbol{x}_t)}\frac{\mathrm{d}p(\boldsymbol{x}_t)}{\mathrm{d}\phi}=\frac{\partial\varepsilon_t}{\partial u_t}\frac{\mathrm{d}\mu_t}{\mathrm{d}\phi}+\frac{\partial\varepsilon_t}{\partial\sigma_{\xi t}}\frac{\mathrm{d}\sigma_{\xi t}}{\mathrm{d}\phi} \tag{8.94}$$

式中：$\partial\varepsilon_t/\partial\mu_t$、$\partial\varepsilon_t/\partial\sigma_{\xi t}$ 在给定 $c(\boldsymbol{x}_t)$ 后可以解析得到；$\partial\mu_t/\partial\phi$、$\partial\sigma_{\xi t}/\partial\phi$ 可以通过 $t-1$ 时刻 $\partial\mu_{t-1}/\partial\phi$、$\partial\sigma_{\xi(t-1)}/\partial\phi$ 的值递推出来，即

$$\begin{cases}\dfrac{\mathrm{d}\mu_t}{\mathrm{d}\phi}=\dfrac{\partial\mu_t}{\partial\mu_{t-1}}\dfrac{\mathrm{d}\mu_{t-1}}{\mathrm{d}\phi}+\dfrac{\partial\mu_t}{\partial\sigma_{\xi(t-1)}}\dfrac{\mathrm{d}\sigma_{\xi(t-1)}}{\mathrm{d}\phi}+\dfrac{\partial\mu_t}{\partial\phi} \\ \dfrac{\mathrm{d}\sigma_{\xi t}}{\mathrm{d}\phi}=\dfrac{\partial\sigma_{\xi t}}{\partial\mu_{t-1}}\dfrac{\mathrm{d}\mu_{t-1}}{\mathrm{d}\phi}+\dfrac{\partial\sigma_{\xi t}}{\partial\sigma_{\xi(t-1)}}\dfrac{\mathrm{d}\sigma_{\xi(t-1)}}{\mathrm{d}\phi}+\dfrac{\partial\sigma_{\xi t}}{\partial\phi}\end{cases} \tag{8.95}$$

在得到所有梯度后，利用共轭梯度法可得策略参数更新步长。通过不停地迭代，直至策略参数满足式(8.93)最优策略条件。

8.5.4　变阻抗实验中的策略应用

由于机器人与环境接触过程具有不确定性，在相同的偏移参数 $\boldsymbol{k}_{\Delta p}$ 下，相同时刻得到的状态 $\boldsymbol{x}$ 会不同，直接利用某时刻的状态进行计算会导致采集数据误差较大。初始状态下，将接触过程平均分成 30 个时间段，假设在不同时间段内策略对各段接触的影响是相互独立的，提取每个时间段内力信号，求出 F_n 与 F_d 之差 Δf、Δf 的平均力、Δf 的方差和每段时间周期内截止时刻对应的角度，构成机器人的状态值。在更新策略后，得到 30 组新的偏移参数（$\boldsymbol{k}_{\Delta p}=[k_{\Delta p}^1\quad k_{\Delta p}^2\quad k_{\Delta p}^3\quad\cdots\quad k_{\Delta p}^{30}]$）和角度，下一次实验时以得到的角度为时间节点，对偏移参数进行更新。

机器人的状态值和偏移参数之间的关系需要非线性化处理，由于 RBF 网路有较好的输入和

输出映射功能,可以以任意精度逼近任意非线性函数,同时具有唯一的最佳逼近特征,学习和收敛的速度较快。在实验中,选择高斯内核的 RBF 网络,将偏移参数和状态 $\boldsymbol{x}$ 关系非线性化为

$$\begin{cases}\pi(\boldsymbol{x},\phi)=\sum_{i=1}^{n}w_i\phi_i(\boldsymbol{x})\\ \phi_i(\boldsymbol{x})=\exp\left[-\frac{1}{2}(\boldsymbol{x}-\boldsymbol{\mu}_{ri})^{\mathrm{T}}\boldsymbol{\Gamma}^{-1}(\boldsymbol{x}-\boldsymbol{\mu}_{ri})\right]\end{cases}\tag{8.96}$$

式中:n 为节点数,w_i 为权重,$\boldsymbol{\Gamma}$ 为权重矩阵,$\boldsymbol{\mu}_{ri}$ 为高斯函数的中心位置,ϕ 为策略函数。算法结构如图 8.14 所示,由概率动力学模型模块和强化学习模块构成。概率动力学模型模块输入由第 j 次实验的状态(包括平均力、方差和角度)和输入偏移参数构成,输出为 $j+1$ 次实验的状态,强化学习模块接收第 $j+1$ 次实验状态和角度后由 RBF 网络输出为 $j+1$ 次实验的偏移参数。

为了方便计算,需要对 RBF 的输入值作归一化处理,使输入值为 $[-1,1]$。实验中,期望目标值 $\boldsymbol{x}_{\text{target}}$ 由平均力和力的方差构成,即 $\boldsymbol{x}_{\text{target}}=[\boldsymbol{f}_{\text{target}}^{\text{ave}},\boldsymbol{f}_{\text{target}}^{\text{var}}]$,其中平均力和力的方差的目标都为 0。

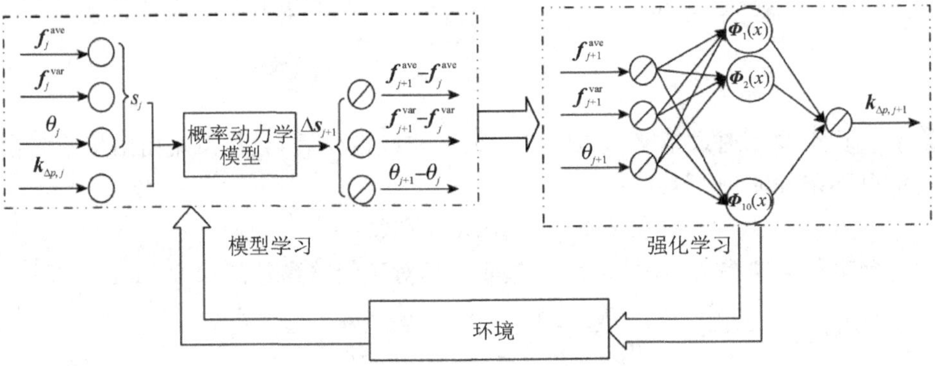

图 8.14 PILCO 算法结构图

本节使用 MATLAB 对两自由度机械臂的力控制进行仿真验证。机械臂的参数矩阵为

$$\boldsymbol{M}(q)=\begin{bmatrix}l_1^2(\frac{1}{4}m_1+m_2)+I_1 & \frac{1}{2}m_2l_2l_1\cos(\theta_1-\theta_2)\\ \frac{1}{2}m_2l_2l_1\cos(\theta_1-\theta_2) & \frac{1}{4}m_2l_2^2+I_2\end{bmatrix},$$

$$\boldsymbol{C}(q)=\begin{bmatrix}\frac{1}{2}m_2l_2l_1\dot{\theta}_2^2\sin(\theta_1-\theta_2)\\ -\frac{1}{2}m_2l_2l_1\dot{\theta}_1^2\sin(\theta_1-\theta_2)\end{bmatrix},\ \boldsymbol{G}(q)=\begin{bmatrix}-\frac{1}{2}l_1g\sin(\theta_1)(\frac{1}{2}m_1+m_2)\\ -\frac{1}{2}m_2l_2g\sin(\theta_2)\end{bmatrix}$$

式中:$m_1=1\ \text{kg}, m_2=1\ \text{kg}, l_1=0.5\ \text{m}, l_2=0.5\ \text{m}, I_1=\frac{1}{12}m_1l_1^2, m_2=\frac{1}{12}m_2l_2^2, g=9.82\ \text{m/s}^2$。机器人末端环境与环境接触时,只在 Y 方向产生接触力,计算公式为

$$F_Y=k_e(y-y_e)$$

式中:k_e 表示环境接触刚度。在 X 方向无接触力,因此 $F_X=0$。本次仿真实验中,环境接触位置 $y_e=0.68\ \text{m}$,环境接触刚度 $k_e=200\ \text{N/m}$。

选取机械臂的末端位置与接触力作为观测状态 $\boldsymbol{x}=[\mathrm{d}X,\mathrm{d}Y,X,Y,F_X,F_Y]^{\mathrm{T}}$,要学习的控制量为阻抗控制参数 $\boldsymbol{u}=[\Delta\boldsymbol{B},\Delta\boldsymbol{K}]^{\mathrm{T}}$。训练目标为使机械臂的末端期望位置与接触力为

$[\mathrm{d}X_\mathrm{d},\mathrm{d}Y_\mathrm{d},X_\mathrm{d},Y_\mathrm{d},F_{X\mathrm{d}},F_{Y\mathrm{d}}]^\mathrm{T}=[0,0,0,0.7,0,10]^\mathrm{T}$，初始期望位置与接触力为$[\mathrm{d}X_0,\mathrm{d}Y_0,X_0,Y_0,F_{X0},F_{Y0}]^\mathrm{T}=[0,0,0.2,0,0,0]^\mathrm{T}$，关节位置、速度与接触力的测量噪声都设置为$\delta\in(0,0.01)$。阻抗控制器的参数固定值为$M_\mathrm{d}=I_2,B_\mathrm{d}=50I_2,K_\mathrm{d}=300I_2$，变化部分最大值分别为$\Delta B_{\max}=50I_2,\Delta K_{\max}=200I_2$。GP 控制器的数量选取$n=9$，阻抗控制器的控制周期为 0.02 ms，仿真总时间为 1 s，总学习迭代次数为$N=20$。初次试验时，阻抗控制参数$\boldsymbol{u}=[\Delta B,\Delta K]^\mathrm{T}$初始化为服从高斯分布($\mu_0\mid 0.25\mu_{\max},0.1\mu_{\max}$)的随机变量，根据首次试验得到的数据，更新 GP 模型。然后根据 GP 模型对系统状态进行长期预测，搜索控制策略，计算阻抗控制参数并应用于系统，得到状态的实际轨迹。实验结果见 8.6 节。

8.6　机器人智能控制 MATLAB 仿真实验

实验 8.1　机器人神经网络控制

选择二关节机械臂系统，其动力学模型为

$$\boldsymbol{M}(\boldsymbol{q})\ddot{\boldsymbol{q}}+\boldsymbol{V}(\boldsymbol{q},\dot{\boldsymbol{q}})\dot{\boldsymbol{q}}+\boldsymbol{G}(\boldsymbol{q})+\boldsymbol{F}(\dot{\boldsymbol{q}})+\boldsymbol{\tau}_\mathrm{d}=\boldsymbol{\tau}$$

式中：

$$\boldsymbol{M}(\boldsymbol{q})=\begin{bmatrix}p_1+p_2+2p_3\cos q_2 & p_2+2p_3\cos q_2\\ p_2+2p_3\cos q_2 & p_2\end{bmatrix}$$

$$\boldsymbol{V}(\boldsymbol{q},\dot{\boldsymbol{q}})=\begin{bmatrix}-p_3q_2\sin q_2 & -p_3(\dot{q}_1+\dot{q}_2)\sin q_2\\ p_3\dot{q}_1\sin q_2 & 0\end{bmatrix}$$

$$\boldsymbol{G}(\boldsymbol{q})=\begin{bmatrix}p_4g\cos q_1+p_5g\cos(q_1+q_2)\\ p_5g\cos(q_1+q_2)\end{bmatrix}$$

$$\boldsymbol{F}(\dot{\boldsymbol{q}})=0.2\,\mathrm{sgn}\,\dot{\boldsymbol{q}}$$

$$\boldsymbol{\tau}_\mathrm{d}=[0.1\sin t\quad 0.1\sin t]^\mathrm{T}$$

取$\boldsymbol{p}=[p_1,p_2,p_3,p_4,p_5]=[2.9,0.76,0.87,3.04,0.87]$。RBF 网络高斯基函数参数的取值对神经网络控制的作用很重要，如果参数取值不合适，将使高斯基函数无法得到有效的映射，从而导致 RBF 网络无效。故$\boldsymbol{c}$按网络输入值的范围取值，取$b_j=0.20$和

$$\boldsymbol{c}=0.1\times\begin{bmatrix}-1.5 & -1 & -0.5 & 0 & 0.5 & 1 & 1.5\\ -1.5 & -1 & -0.5 & 0 & 0.5 & 1 & 1.5\\ -1.5 & -1 & -0.5 & 0 & 0.5 & 1 & 1.5\\ -1.5 & -1 & -0.5 & 0 & 0.5 & 1 & 1.5\\ -1.5 & -1 & -0.5 & 0 & 0.5 & 1 & 1.5\end{bmatrix}$$

网络的初始权值取零，网络输入取$\boldsymbol{z}=[e\quad \dot{e}\quad q_\mathrm{d}\quad \dot{q}_\mathrm{d}\quad \ddot{q}_\mathrm{d}]$

系统的初始状态为$[0.09\quad 0\quad -0.09\quad 0]$，两个关节的角度指令分别为$q_{1\mathrm{d}}=0.1\sin t$，$q_{2\mathrm{d}}=0.1\sin t$，控制参数取$\boldsymbol{K}_\mathrm{v}=\mathrm{dag}\{20,20\}$，$\boldsymbol{F}=\mathrm{dag}\{1.5,1.5\}$，$\boldsymbol{\Lambda}=\mathrm{dag}\{5,5\}$，在鲁棒项中，取$\varepsilon_N=0.20$，$b_\mathrm{d}=0.10$。

采用 Simulink 和 S 函数进行控制系统的设计，神经网络权值矩阵中任意元素初值取 0.10。总体逼近控制器子程序 chap39ctrl.m，按 8.2.2 小节第 3 种情况设计控制律，控制律取

式(8.13),自适应律取式(8.14)。总体采用逼近控制器。仿真结果如图 8.15～图 8.17 所示。

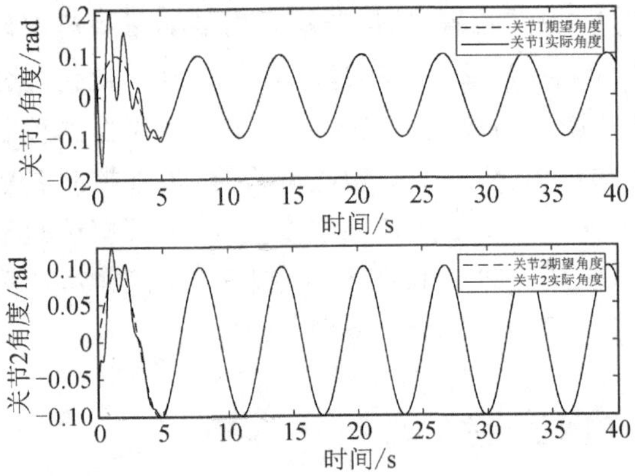

图 8.15　关节 1 和关节 2 的角度跟踪

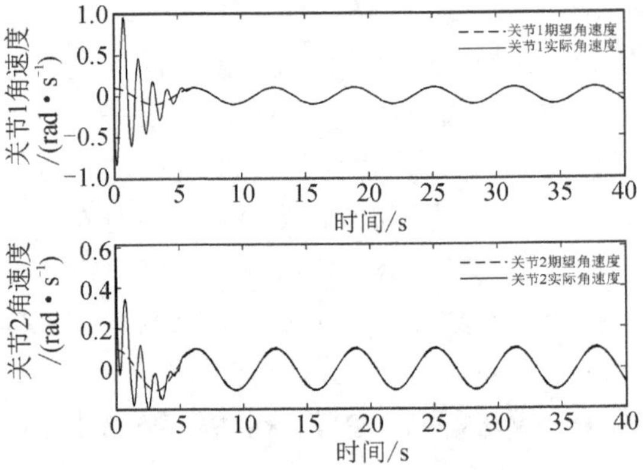

图 8.16　关节 1 和关节 2 的角速度跟踪

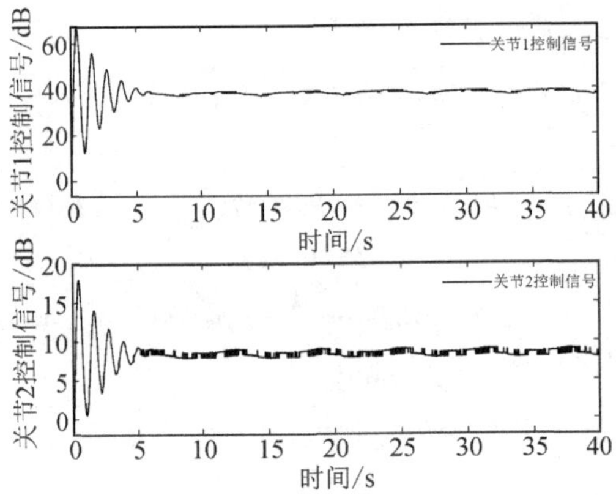

图 8.17　关节 1 和关节 2 的控制输入

实验 8.2　机器人 PD 迭代学习控制

针对双关节机械手动态方程式(8.46)进行仿真,方程中的各项取

$$D(q)=\begin{bmatrix} i_1+i_2+2m_2r_2l_1\cos q_2 & i_2+2m_2r_2l_1\cos q_2 \\ i_2+2m_2r_2l_1\cos q_2 & i_2 \end{bmatrix}$$

$$C(q,\dot{q})=\begin{bmatrix} -m_2r_2l_1\dot{q}_2\sin q_2 & m_2r_2l_1(\dot{q}_1+\dot{q}_2)\sin q_2 \\ m_2r_2l_1\dot{q}_2\sin q_2 & 0 \end{bmatrix}$$

$$G(q)=\begin{bmatrix} (m_1r_1+m_2l_1)g\cos q_1+m_2r_2g\cos q_2 \\ m_2r_2g\cos(q_1+q_2) \end{bmatrix}$$

可重复的干扰为 $d_1(t)=a0.3\sin t, d_2(t)=a0.1(1-e^{-t}), a=1, \boldsymbol{T}_a=[d_1 \quad d_2]^{T}$。系统参数取 $m_1=10, m_2=5, l_1=1, l_2=0.5, r_1=0.5, r_2=0.25, i_1=0.83+m_1r_1{}^2+m_2l_1{}^2$, $i_2=0.3+m_2r_2{}^2$

期望轨迹 $q_1=\sin 3t, q_2=\cos 3t$, 取 $\boldsymbol{\Lambda}=\begin{bmatrix}1 & 0\\ 0 & 1\end{bmatrix}$, 控制器参数设计为 $\boldsymbol{K}_p^0=\boldsymbol{K}_d^0=\begin{bmatrix}210 & 0\\ 0 & 210\end{bmatrix}$, $\boldsymbol{\beta}(j)=2j, \boldsymbol{K}_p^j=2j\boldsymbol{K}_p^0, \boldsymbol{K}_d^j=2j\boldsymbol{K}_d^0, j=1,2,\cdots,N$。

初始状态为 $\boldsymbol{x}=[3 \quad 0 \quad 0 \quad 1]^{T}$, 取 $t_f=5$, 迭代次数取 5 次。仿真结果如图 8.18～图 8.21 所示。

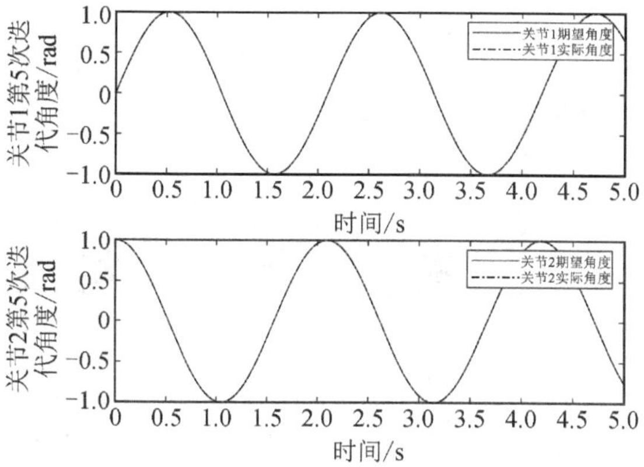

图 8.18 第 5 次迭代的角度跟踪误差

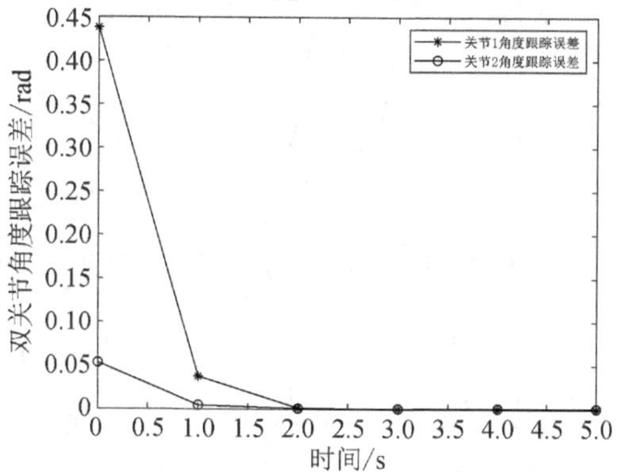

图 8.19 角度跟踪误差的 5 次迭代收敛图

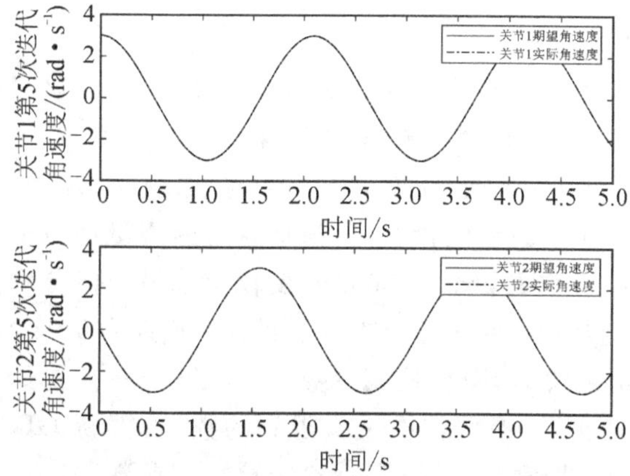

图 8.20 第 5 次迭代的角速度跟踪误差

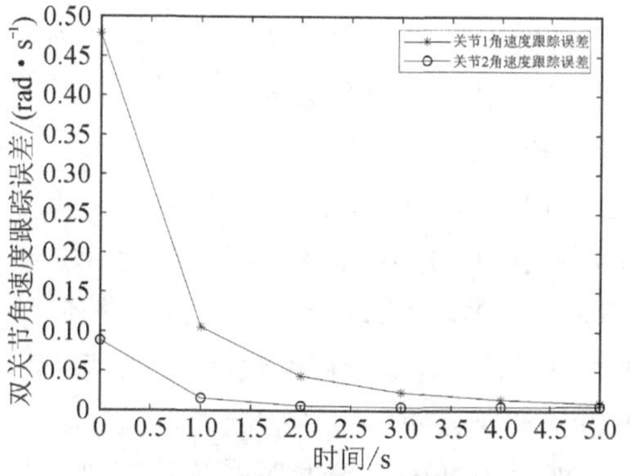

图8.21 角速度跟踪误差的 5 次迭代收敛过程

实验 8.3 柔性关节机器人反演控制

柔性机械力臂动态方程为

$$\begin{cases} I\ddot{q}_1 + Mgl\sin q_1 + K(q_1 - q_2) = 0 \\ J\ddot{q}_1 + K(q_1 - q_2) = u - \mathrm{d}t \end{cases}$$

取 $I = J = 1.0, Mgl = 5.0, K = 1200$。

定义 $x_1 = q_1, x_3 = q_2$，上式可写成状态方程的形式：

$$\begin{cases} \dot{x}_1 = x_2 \\ \dot{x}_2 = -\dfrac{1}{I}[Mgl\sin x_1 + K(x_1 - x_3)] \\ \dot{x}_3 = x_4 \\ x_4 = \dfrac{1}{J}[u - K(x_1 - x_3) - \mathrm{d}t] \end{cases}$$

设关节角度指令为 $x_{1\mathrm{d}} = 0.5\sin(6\pi)$，控制干扰 $\mathrm{d}t = 200000\sin(3\pi t)$，则 $D = 100000$，采用控制律式(8.70)取 $\eta = D + 0.10$，采用饱和函数代替切换函数，取 $\Delta = 0.10$，控制参数为 $c_1 = c_2 = c_3 = c_4 = 50$，仿真结果如图 8.22 和图 8.23 所示。仿真结果表明，所采用的控制器都能保证对象跟踪误差收敛于 0。

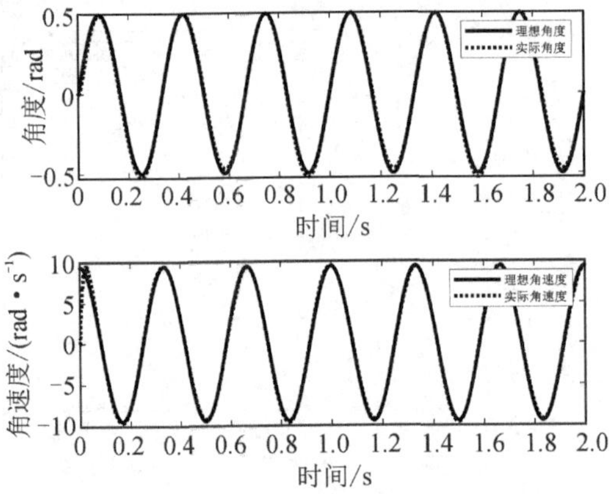

图 8.22　关节角度和角速度跟踪

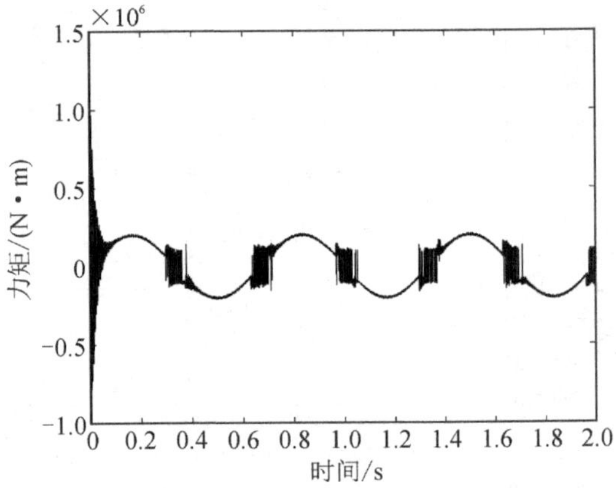

图 8.23　关节控制力矩

实验 8.4　阻抗强化学习控制

选取机械臂的末端位置与接触力作为观测状态 $\boldsymbol{x}=[\mathrm{d}X,\mathrm{d}Y,X,Y,F_X,F_Y]^{\mathrm{T}}$，要学习的控制量为阻抗控制参数 $\boldsymbol{u}=[\Delta B,\Delta K]^{\mathrm{T}}$。训练目标为机械臂的末端期望位置与接触力 $\boldsymbol{y}=[\mathrm{d}X_{\mathrm{d}},\mathrm{d}Y_{\mathrm{d}},X_{\mathrm{d}},Y_{\mathrm{d}},F_{X\mathrm{d}},F_{Y\mathrm{d}}]^{\mathrm{T}}=[0,0,0,0.7,0,10]^{\mathrm{T}}$，初始期望位置与接触力为 $\boldsymbol{y}=[\mathrm{d}X_0,\mathrm{d}Y_0,X_0,Y_0,F_{X0},F_{Y0}]^{\mathrm{T}}=[0,0,0.2,0,0,0]^{\mathrm{T}}$，关节位置、速度与接触力的测量噪声都设置为 $\delta\in(0,0.01)$。参数固定值为 $M_{\mathrm{d}}=I_2,B_{\mathrm{d}}=50I_2,K_{\mathrm{d}}=300I_2$，变化部分最大值分别为 $\Delta B_{\max}=50I_2,\Delta K_{\max}=200I_2$。GP 控制器的数量选取 $n=9$，阻抗控制器的控制周期为 0.02 ms，仿真总时间 1 s，总学习迭代次数为 $N=20$。初次试验时，阻抗控制参数 $\boldsymbol{u}=[\Delta B,\Delta K]^{\mathrm{T}}$ 初始化为服从高斯分布($\mu_0\mid 0.25\mu_{\max},0.1\mu_{\max}$)的随机变量，根据首次试验得到的数据，更新 GP 模型。然后根据 GP 模型对系统状态进行长期预测，搜索控制策略，计算阻抗控制参数并应用于系统，得到状态的实际轨迹。仿真实验结果见图 8.24 和图 8.25。

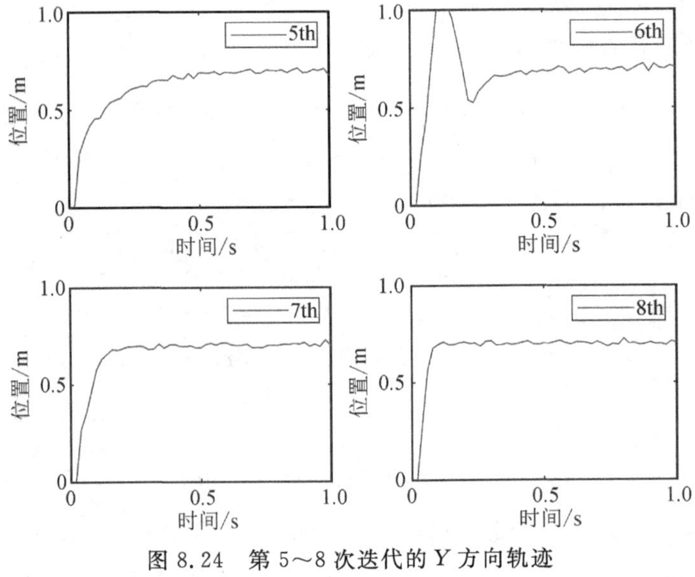

图 8.24　第 5～8 次迭代的 Y 方向轨迹

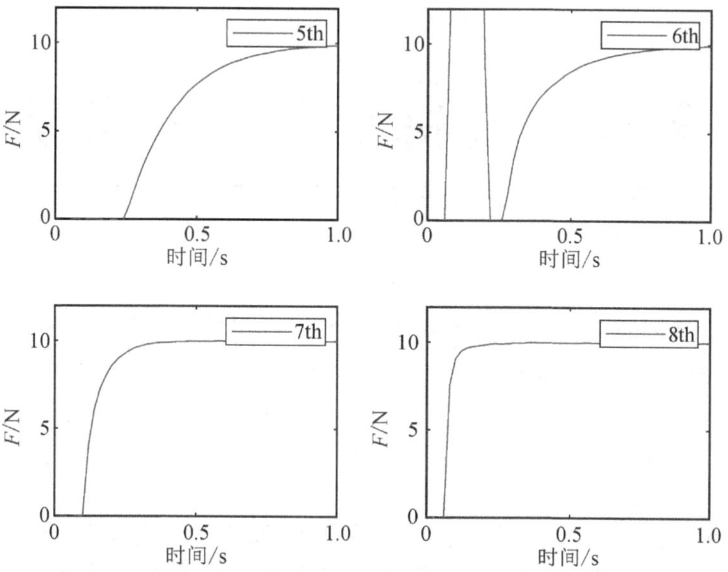

图 8.25　第 5～8 次迭代的 Y 方向接触力

8.7　本章小结

本章介绍了机器人的智能控制方法,包括机械臂神经网络控制方法、机械臂迭代学习控制方法、柔性机械臂反演控制方法和仿真实例。

神经网络具有高度的非线性逼近映射能力,可对机器人动力学方程中未知部分的在线精确逼近,实现机器人的高精度跟踪。迭代学习控制方法不依赖于精确的机器人动力学模型,是一种以迭代产生优化输入信号,使系统输出尽可能逼近理想值。反演控制设计方法将复杂的机器人动力学模型分解成不超过系统阶数的子系统,然后为每个子系统分别设计李雅普诺夫函数和中间虚拟控制量,一直"后退"到整个系统直到完成整个控制率的设计。上述智能控制方法已在机器人控制领域得到广泛的运用。

习题

8.1　试论述智能控制方法的特点和与传统控制方法的区别?

8.2　神经网络具有高度的非线性逼近映射能力,可对机器人动力学方程中的未知部分在线精确逼近。以径向基神经网络为例,写出万能逼近定理的主要表达式。

8.3　考虑一个 n 关节型机器人,其动态性能可由二阶非线性微分方程描述:

$$\boldsymbol{M}(\boldsymbol{q})\ddot{\boldsymbol{q}}+\boldsymbol{C}(\boldsymbol{q},\dot{\boldsymbol{q}})\dot{\boldsymbol{q}}+\boldsymbol{G}(\boldsymbol{q})=\boldsymbol{\tau}$$

式中:$\boldsymbol{q}\in\mathbf{R}^n$ 为关节角位移量,$\boldsymbol{M}(\boldsymbol{q})\in\mathbf{R}^{n\times n}$ 为机器人的惯性矩阵,$\boldsymbol{C}(\boldsymbol{q},\dot{\boldsymbol{q}})\in\mathbf{R}^n$ 表示离心力和科氏力,$\boldsymbol{G}(\boldsymbol{q})\in\mathbf{R}^n$ 为重力项,$\boldsymbol{\tau}\in\mathbf{R}^n$ 为控制力矩。在模型中矩阵 $\boldsymbol{M}(\boldsymbol{q})$、$\boldsymbol{C}(\boldsymbol{q},\dot{\boldsymbol{q}})$、$\boldsymbol{G}(\boldsymbol{q})$ 未知的情况下,结合神经网络设计控制力矩 $\boldsymbol{\tau}$,使得机器人关节角位移 $\boldsymbol{q}$ 跟踪期望轨迹 $\boldsymbol{q}_{\mathrm{d}}$。

8.4　论述迭代学习控制适用的系统类型,并画出 P 型学习法则和 D 型学习法则结构图。

8.5　论述使用反演法进行机器人位置控制设计的核心思想。

第 9 章　人机交互与双臂协作

人机交互技术是机器人的关键技术之一，它通过人与机器人之间传感与控制信息的双向交互，将人的智能与机器人的适应性相结合，从而完成未知或危险环境中（如空间探索、深海开发、原子能利用等领域）的复杂作业任务；人机交互技术还可以广泛地应用于远程制造、远程实验、远程手术、助老助残、康复训练等方面。人机交互技术已经从传统的示教编程交互发展到基于语音、脑电等信息的交互方式。

对于一些复杂的作业过程，单个机器人的灵活性、负载能力等无法满足实际需要，这时需要多个机器人协作。多个机器人协作技术研究，涉及多机协作约束关系、协作轨迹规划、协作控制方法等。

本章将介绍机器人主要的人机交互方式，包括示教交互、机器人语音交互与脑机电人机交互技术；本章还将介绍双臂机器人轨迹规划与协作控制方法。

9.1　机器人示教交互

用机器人代替人进行作业时，必须预先对机器人发出指示，规定机器人进行应该完成的动作和作业的具体内容，这个过程就称为对机器人的示教交互。对机器人的示教有不同的方法，要想让机器人实现人们所期望的动作，必须赋予机器人各种信息：首先是机器人动作顺序的信息及外部设备的协调信息；其次是与机器人工作时的附加条件信息；最后是机器人的位置和姿态信息。前两个方面很大程度上是与机器人要完成的工作以及相关的工艺要求有关，位置和姿态的示教通常是机器人示教的重点。

目前机器人位姿的示教大致有两种方式：直接示教和离线示教。随着计算机虚拟现实技术的快速发展，出现了虚拟示教编程系统。

1）直接示教

所谓直接示教，就是由人直接移动机器人的手臂对机器人进行示教，如示教盒示教或操作杆示教等。在这种示教中，为了示教方便以及获取信息的快捷且准确，操作者可以选择在不同坐标系下示教，例如，可以选择在关节坐标系、直角坐标系以及工具坐标系或用户坐标系下进行示教。

2）离线示教

离线示教与直接示教不同，操作者不对实际作业的机器人直接进行示教，而是脱离实际作业环境生成示教数据，间接地对机器人进行示教。在离线示教法（离线编程）中，通过使用计算机内存储的机器人模型（CAD 模型），不要求机器人实际产生运动，便能在示教结果的基础上对机器人的运动进行仿真，从而确定示教内容是否恰当及机器人是否按人们期望的方式运动。

3)虚拟示教编程

直接示教面向作业环境,相对来说比较简单直接、适用于批量生产场合,而离线编程则充分利用计算机图形学的研究成果,建立机器人及其环境模型,然后利用计算机可视化编程语言 Visual C++进行作业离线规划、仿真,但是它在作业描述上不简单直接,对使用者来说要求较高。而虚拟示教编程充分利用了上述两种示教方法的优点,也就是借助于虚拟现实系统中的人机交互装置(例如:数据手套、游戏操纵杆、力觉笔杆等)操作计算机屏幕上的虚拟机器人动作,利用应用程序界面记录示教点位姿、动作指令并生成作业文件,最后下载到机器人控制器后,完成机器人的示教。

9.1.1　机器人编程语言

目前,人们一般按照作业描述水平的高低将机器人语言分为三类:动作级、对象级和任务级。其中动作级语言是以机器人的运动作为描述中心,由一系列命令组成。一般一个命令对应一个动作,语言简单,易于编程,缺点是不能进行复杂的数学运算。而对象级语言是以描写操作物之间的关系为中心的语言。相比较而言,任务级是比较高级的机器人语言,这类语言允许使用者对工作任务要求达到的目标直接下命令,不需要规定机器人所做的每一个动作的细节。只要按某种原则给出最初的环境模型和最终的工作状态,机器人便可自动进行推理计算,最后生成机器人的动作。

机器人语言系统构成如图 9.1 所示。

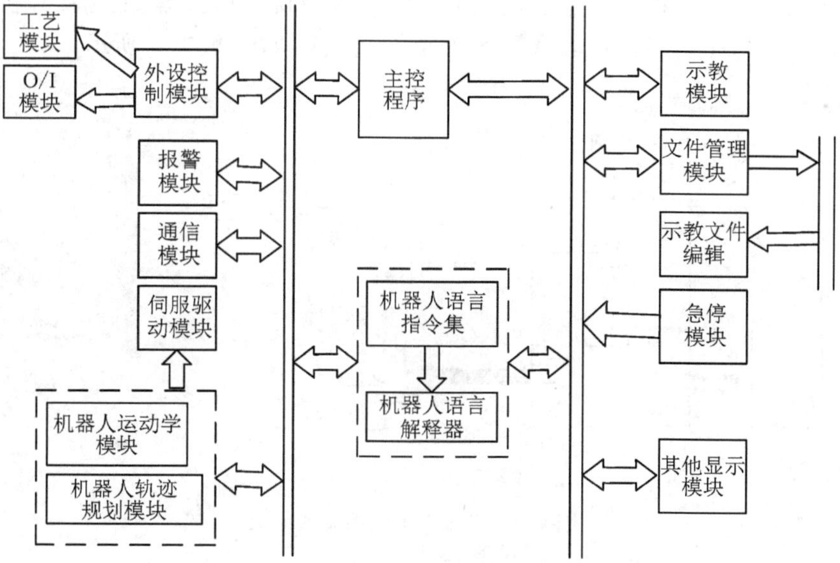

图 9.1　机器人语言系统构成

从模块化的思想考虑,机器人语言系统主要包括以下几种模块。

(1)主控程序模块。该模块对来自示教盒/面板的请求给予相应的服务。

(2)运动学模块。此模块是机器人运动的关键,包括机器人正逆运动学的解以及路径规划,完成机器人的关节、直线、圆弧插补功能。

(3)外设控制模块。该模块实现对机器人系统有关的外围设备的控制。

(4)通信模块。该模块支持主机和示教盒、PLC(programmable logic controller,可编程逻辑控制器)及伺服单元的通信。

(5)管理模块。该模块提供方便的机器人语言示教环境;支持对示教程序的示教、编辑(插入、删除、拷贝)、装入、存储等操作;完成系统各功能之间的切换。

(6)机器人语言解释器模块。该模块对机器人语言的示教程序进行编译、扫描及语法检查,最后解释执行。

(7) 示教模块。该模块利用示教盒来改变操作机末端执行器的位置和姿态。

(8) 报警模块。该模块对出错信息进行处理及响应。

机器人指令从功能可以概括为如下几种:运动控制功能、环境定义功能、运算功能、程序控制功能、输入输出功能等。运动控制功能是其中非常重要的一项功能。机器人运动轨迹的控制方式有两种:CP(continuous path,连续轨迹)控制方式和 PTP(point to point,点位)控制方式。无论采用哪种控制方式,目前工业机器人语言大多数都以动作顺序为中心,通过使用示教这一功能,省略了作业环境内容的位姿的计算。具体而言,对机器人运动控制的功能可分为运动速度设定、轨迹插补方式(分为关节插补、直线插补和圆弧插补)、动作定时、定位精度的设定以及手爪、焊枪等工具的控制等。除此之外,还包括工具变换、基本坐标设置和初始值的设置、作业条件的设置等功能,这些功能的实现往往在具体的程序编制中体现。

9.1.2　机器人示教交互过程

机器人示教系统主要由 6 自由度机械手、机器人控制柜、示教盒、上位计算机和输入装置组成。控制柜与机械手、微机、示教盒间均通过电缆连接,如图 9.2(a)所示。

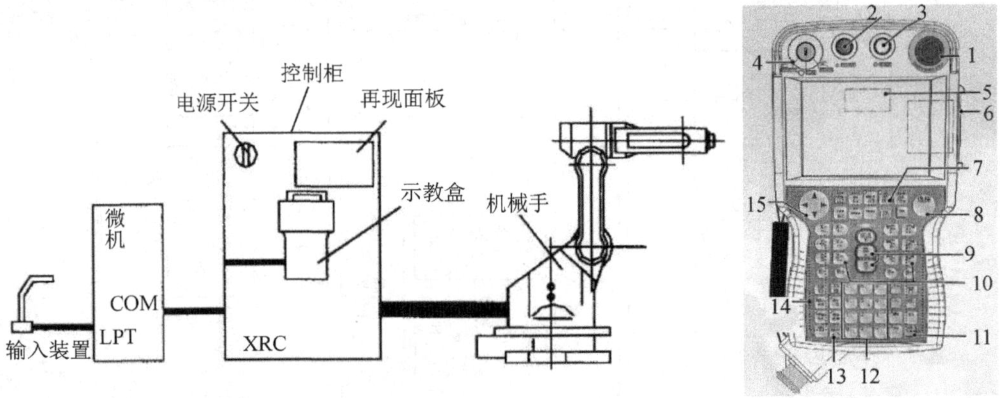

(a) 示教系统　　(b) 示教盒

图 9.2　机器人示教系统的组成

1. 示教盒功能

示教盒如图 9.2(b)所示,图中数字标示的部位分别为:

1——急停按钮。

2——开始按钮。

3——暂停按钮。

4——模式按钮,分为“TEACH”示教模式、“PLAY”再现模式、“REMOVE”远程模式。

5——USB 接口。

6——CF 卡插槽。

7——翻页键，只有在翻页键亮灯时才可以切换页面。

8——项目选择按键，在主菜单区域可选择菜单项目，在通用区域可设定已选择的项目，在信息区域可查看信息。

9——手动调速按键，可选择低速、中速、高速和微动送给状态。

10——轴操作键，操作机器人各轴的运动，可同时进行两种以上操作。

11——回车键。

12——数值键/专用键，在输入数值时使用该键。这些按键也将作为输入命令时的快捷专用键。被作为专用键使用时将自动切换。

13——插补方式键，指定再现时机器人的插补方式，选择的插补方式显示在显示屏的输入缓冲行上。每次按该键，插补方式会发生变化（MOVJ、MOVL、MOVC、MOVS…）。

14——启动按键，位于背面，轻轻握住将接通伺服电源，用力握紧将切断伺服电源。

15——光标键，按下该键可移动光标，光标大小和可移动范围根据画面不同有所改变。

2. 机器人示教方法

示教前，需要打开控制器再现面板上的伺服电源、选取示教模式，同时点亮示教盒上的示教锁。登录示教作业名后，系统自动为程序加上两行语句“NOP”“END”以作为程序的开始和结束标志。按住示教盒背面的三位开关，当伺服电源停止闪烁时，在某一坐标系下（可以从关节、直角、工具或用户坐标系中选取）移动机械手至某一位姿后输入示教指令，编辑指令参数，回车，此时系统将记录当前位姿参数，以便回放再现时调用。示教完成后，需要关闭示教盒上的示教锁，并切换至再现模式。回放前，同样需要打开伺服电源，最后启动回放示教过程。

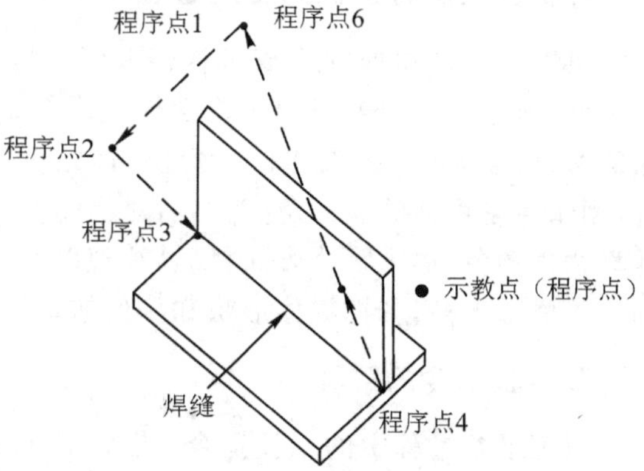

图 9.3　机器人程序点轨迹示例

以图 9.3 为例，准备工作做好后，按插补方式键，将插补方式定为关节插补“MOVJ”。输入缓冲显示行中显示关节插补命令“MOVJ …”。将光标放至行号 0000 处，按下选择按钮，再将光标移到右边的速度“VJ= *. * *”上，按下转换键同时按光标键，设定光标速度为 50.00%，按下回车键，输入程序点 1。按下轴操作键，将机器人姿态改为作业姿态。按下回车键，输入程序点 2。保持程序点 2 的姿态不变，按手动速度键，然后按下坐标键，设定机器人坐标系为直角坐标系，光标在行号 0002 处按下选择键，移动光标至速度处，设定再现速度 12.50%，按下回车键，输入程序点 3。用轴操作键将机器人移动至焊接作业结束位置，按插补方式键，设定插补方式为直线插补“MOVL”。光标放在行号 0003 处按选择键，移动光标至速度处，设定再现速度为“138 cm/min”，按下回车键，输入程序点 4。按下手动速度键设定为高速，用轴操作键将机器人移动到不触碰夹具的位置，按下插补方式键，设定为关节插补，光标放至行号 0004 处，按下选择键，设定速度为 50%，按下回车键，输入程序点 5。用轴操作键将机器人移动至开始位置附近，按下回车键，输入程序点 6。将光标移动到程序点 1,按前进键,使机器人移动至程序点 1,将光标移动至程序点 6,按修改键,将程序点 6 的位置修改至程序点 1 的位置。完整程序如表 9.1 所列。

完成后将光标移至程序开头,用轴操作键将机器人移动至程序点 1,把示教器上的模式旋钮放置在“PLAY”上,按下伺服准备键接通伺服电源,按下启动键即可再现。

表 9.1 焊接程序

行	命令	注释
0000	NOP	
0001	MOVJ VJ=50.00	移到待机位置 (程序点 1)
0002	MOVJ VJ=50.00	移到焊接开始位置附近 (程序点 2)
0003	MOVJ VJ=12.50	移到焊接开始位置 (程序点 3)
0004	MOVL V=138	移到焊接结束位置 (程序点 4)
0005	MOVJ VJ=50.00	移到不碰触工件和家具的位置 (程序点 5)
0006	MOVJ VJ=50.00	移到待机位置 (程序点 6)
0007	END	

9.1.3 机器人虚拟示教方法

目前随着计算机性能的提高,虚拟现实技术的发展,虚拟示教已成为现实。OpenGL 图形生成技术、C++可视化编程语言是实现机器人建模、建立人机交互界面的重要手段;同时,用带力反馈的游戏操纵杆可以实现逼真的示教输入操作。

1. 机器人屏幕图像的生成过程

机器人屏幕图像的生成过程需要经过以下四步:①物体建模:在 OpenGL 中使用点、线、多边形、图像和位图等图元和数学描述来合成机器人的几何框架,这一步是产生 OpenGL 图像的基础。②视点设置和物体变换:首先在三维空间中放置物体,其中包括视点和视角的设置,用于控制物体的显示角度;然后对物体做相应的变换,例如旋转、平移、放大和缩小等。③计算物体颜色:输入物体表面材质、纹理以及光照条件等,物体的最终颜色由这几部分计算得到。④屏幕光栅化:把物体形状和颜色信息转换成屏幕像素值。

2. 示教指令的解释

再现示教过程中的示教指令,诸如 MOVJ、MOVL、MOVC、TIMER、DOUT 等,由图 9.1 中所示的机器人语言解释器负责解释、编译,虚拟示教系统的上述指令,类似地也由一段解释代码的程序来执行,尤其前三个指令,均属于轨迹规划方面的指令。这反映在回放时,机器人在示教点间走的中间路线,由直线、圆弧或者按照关节插补方式运动。

9.2 机器人语音识别交互技术

机器人语音交互的基础是语音识别技术,可以是特定人或者非特定人的。非特定人的语音识别技术应用更为广泛,对于用户而言不用训练,因此也更加方便。语音识别可以分为孤立词识别、连接词识别，以及大词汇量的连续词识别。对于智能机器人这类嵌入式应用而言，语音可以提供直接可靠的交互方式，语音识别技术的应用价值也就不言而喻。

9.2.1　语音识别基本原理

语音识别技术试图使机器能“听懂”人类语音，可分为连续语音识别、孤立词语音识别两种声学模型。孤立词语音识别一般采用动态时间规整(dynamic time warping，DTW)算法。连续语音识别一般采用隐马尔可夫模型(hidden Markov model，HMM)或者 HMM 与人工神经网络(artificial neural network，ANN)相结合。语音的能量来源于正常呼气时肺部呼出的稳定气流，喉部的声带既是阀门，又是振动部件。语音信号可以被看作是一个时间序列，可以由隐马尔可夫模型进行表征。

语音信号经过数字化及滤噪处理之后，进行端点检测，得到语音段。对语音段数据进行特征提取，语音信号就被转换成为了一个向量序列，作观察值。在训练过程中，观察值用于估计 HMM 的参数。这些参数包括观察值的概率密度函数，及其对应的状态、状态转移概率等。当参数估计完成后，估计出的参数即用于识别。此时经过特征提取后的观察值作为测试数据进行识别，由此进行识别准确率的结果统计。语音识别原理框图如图 9.4 所示。

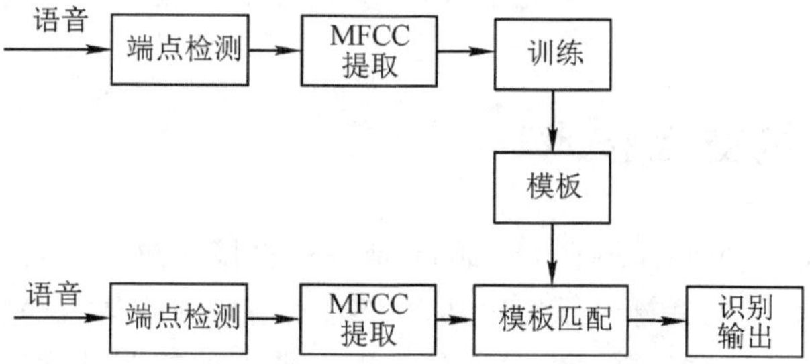

图 9.4　语音识别原理框图

9.2.2　机器人语音控制

机器人由自然条件下的语句进行控制。这些语句描述了动作的方向以及幅度。由手机进行遥控，DSP(digital signal processing，数字信号处理)模块识别出语音命令，送控制命令到 ARM(advanced RISC machine，先进精简指令运算集机器)模块，驱动左右机械轮执行相应动作。

1. 硬件结构

机器人语音识别系统主要有两大模块：一个是基于 DSP 的语音识别模块；另一个是基于 ARM 的控制模块，其机械足为两滑轮。由语音识别模块识别语音，由控制模块控制机器人动作。机器人语音识别系统的硬件结构如图 9.5 所示。

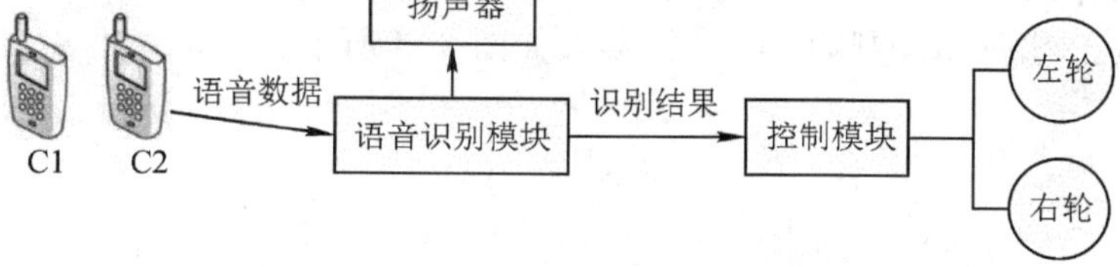

图 9.5　机器人语音识别系统的硬件结构

2. 语音控制

首先根据需要，设置了如下几个简单命令：前、后、左、右。机器人各状态之间的转移关系如图 9.6 所示。其中，等待状态为默认状态，当每次执行前后或左右转命令后停止，即回到等待状态，此时为静止状态。语音的训练模板库由 4 个命令加 10 个阿拉伯数字，共 14 个组成，分别为命令“前”“后”“左”“右”和数字“0”～“9”。命令代表数字方向，数字代表动作弧度。当执行前后命令时，数字的单位为分米(dm)；执行左右转弯命令时，数字的单位为角度单位的 20°。每句命令句法为“命令＋数字”。例如，语音“左 2”表示的含义为向左转 40°，“前 4”表示向前直行 4 dm。

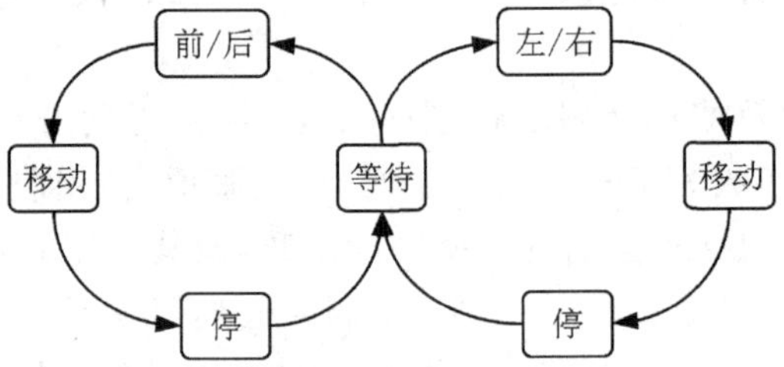

图 9.6　机器人状态之间的转移关系

9.3　脑机电人机交互技术

脑机接口(brain computer interface，BCI)是一种直接通过大脑与外部设备进行信息交流的技术。该接口通过对受试者神经系统电活动和特征信号的收集、识别及转化，使人脑发出的指令能够直接传递给指定的机器终端，从而使人对机器人的控制和操作更为高效便捷，其具体结构如图 9.7 所示。

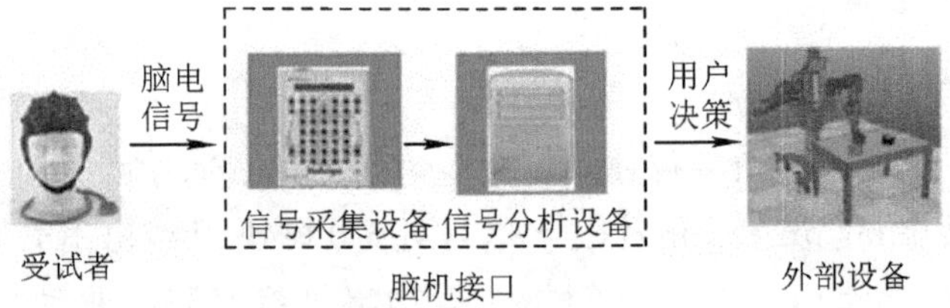

图 9.7　脑机接口的结构

随着对于大脑神经元研究的深入，脑机接口技术有望实现对人的思维意识的实时准确识别。这将有助于电脑更加了解人类大脑活动特征，以指导电脑更好地模仿人脑，让机器更好地与人协同工作。美国华盛顿大学研究了基于 PR2 机器人的 BCI 控制系统，应用基于稳态视觉诱发电位(steady-state visual evoked potential，SSVEP)的分层适应菜单界面选择潜在操作任务。通过多层次示教，可以直接用脑电信号控制半自主机器人完成抓取动作等远端操作机器人应用任务。基于 SSVEP 的脑控 PR2 机器人如图 9.8 所示。

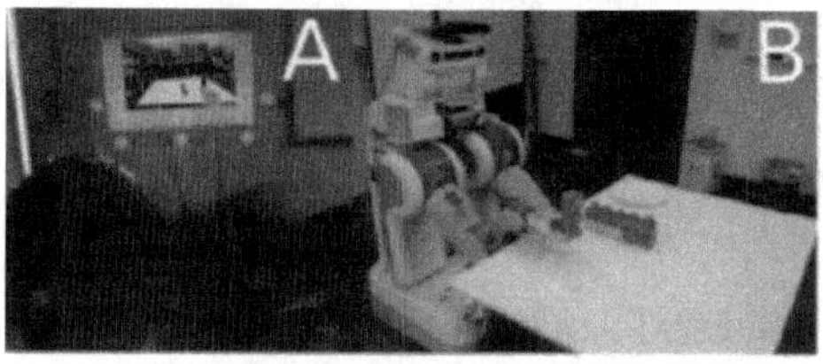

图 9.8　基于 SSVEP 的脑控 PR2 机器人

9.3.1　脑机接口的基本原理

脑机接口根据脑电信号获取的方式，可分为非侵入式、半侵入式和侵入式三种，其位置和特征如图 9.9 所示。其中半侵入式和侵入式手术风险高，目前对人体损害不可控，非侵入式 BCI 只需要通过相关设备对大脑皮层的表面信号直接进行采集和处理，不需要外科手术的介入，已成为 BCI 研究的热点方向。

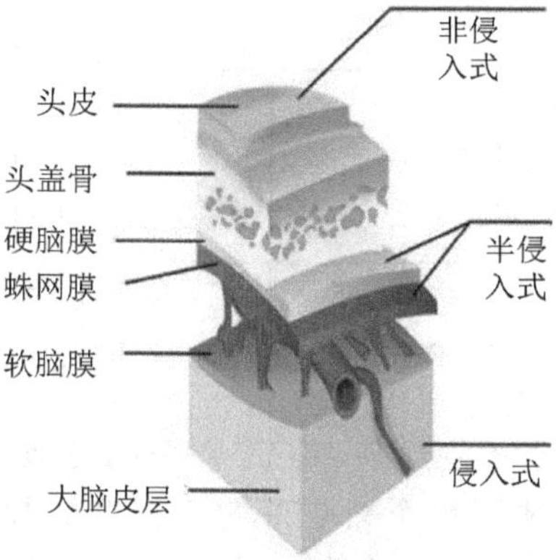

图 9.9　脑电信号获取方式

脑机接口技术的基础是脑电信号的提取。脑电信号是大脑活动时产生的电位变化的反映，从头皮上放置的电极所记录的电位变化被称为脑电图(electroencephalogram，EEG)。除了 EEG 之外，人类从大脑采集到的信号还包括皮质脑电图信号(electrocorticography，ECoG)、脑磁图(magnetoencephalogram，MEG)、功能性磁共振成像(functional magnetic resonance imaging，fMRI)和功能性近红外光谱技术(functional near-infrared spectroscopy，fNIRS)等。EEG 安全性强、时间分辨率高、简单便携、设备和实验成本低，是目前应用和研究最广泛且最有效的一种脑电信号。

从 EEG 信号产生的途径，可将 EEG 脑机接口分为基于诱发电位、基于自发电位等类型。诱发电位是大脑受到外界刺激而诱发的神经电反应，有听觉诱发电位(auditory evoked potential，AER)、视觉诱发电位(visual evoked potential，VEP)、稳态视觉诱发电位(SSVEP)以及 P300 诱发电位等类型。自发电位是指人体通过自身主动的思维活动引起的神经电反应。

1. 稳态视觉诱发电位类型

当人体受到一个固定频率的闪烁或者变换模式的视觉刺激时，大脑皮层的电位活动将被调制，从而产生一个连续的且与刺激频率有关的响应，这个响应具有和视觉刺激类似的周期性节律，表现在 EEG 信号中则是在功率谱中能在刺激频率或谐波上出现谱峰，其原理见图 9.10。通过分析检测谱峰处对应的频率，即能检测到受试者视觉注视的刺激源，从而能识别受试者的意图。

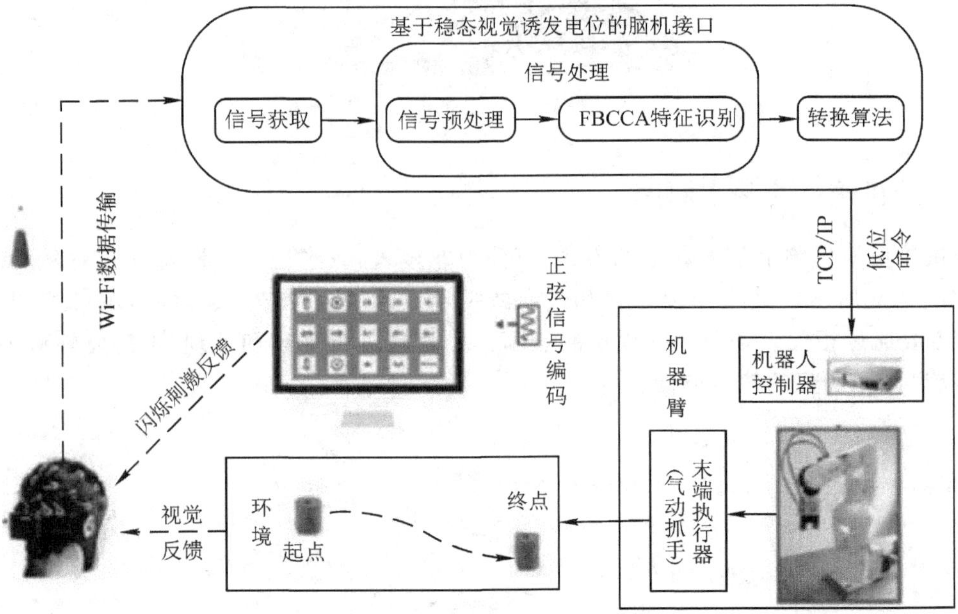

图 9.10　基于稳态视觉诱发电位的脑机接口控制

通过在时间间隔内集中注意力观察某一特定频率闪烁块，识别的结果会以机械臂相应的动作呈现给受试者。这样就完成了单个命令下的机械臂的控制。受试者根据自行安排的策略，通过连续发送 BCI 指令，可以实现控制机械臂完成“探出—抓取”任务。

2. P300 电位类型

当人的视觉或听觉系统受到刺激后，大脑会在接受刺激的 300 ms 后产生一个正峰值电位，称该峰值为 P300。P300 同时也是一个事件相关电位（event-related potential，ERP），也就是说相关事件的发生概率越小，那么诱发出来的 P300 电位幅值就会越大。P300 经典范式为 Oddball 实验刺激范式，如图 9.11 所示。

基于经典范式开发出的经典应用为字符拼写器，简称为 P300 Speller，如图 9.12 所示。使用 26 个英文字母和数字 1～9 以及下划线排列成 6×6 的虚拟键盘矩阵。随机高亮字符矩阵

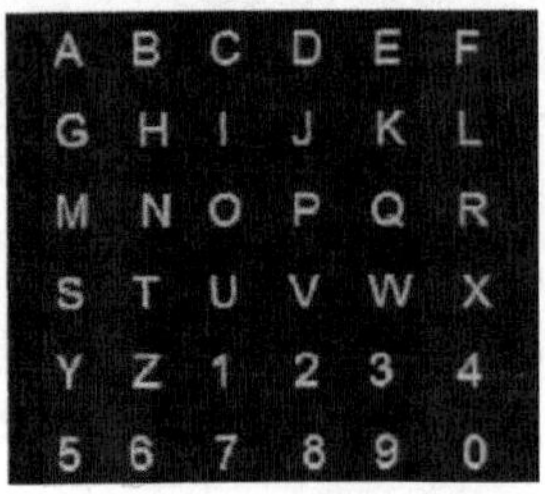

图 9.11　Oddball 实验刺激范式

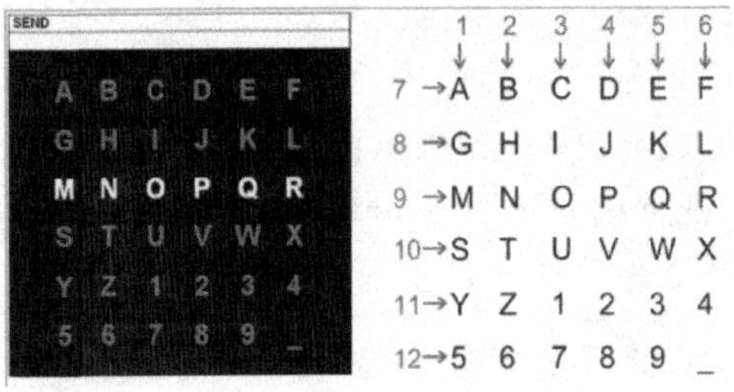

图 9.12　P300 Speller

的某一行或某一列，一次实验中 6×6 矩阵的行和列均被高亮一次，一共 12 次高亮刺激。受试者必须将注意力集中在矩阵中的字符上，以此来选择组成单词的每个字母。当包括此字符的行或者包含此字符的列被高亮时，受试者对此做出反应，予以计数，会产生 P300 波形；当不包含此字符的行或者列加亮时，受试者不做出反应，不予计数，不会产生 P300 波形。通过解析脑电信号中的 P300 时序位置，并对照刺激序列的时序，进而确定刺激的行列位置，即可确定受试者注视的字符。重复高亮次数越多，识别准确率越高，但会增加识别时间。再者，每一个字符也可以代表一个控制指令，从而可以实现 36 个控制指令。

3. 运动想象 BCI 类型

运动想象系统是指对想象运动产生的 EEG 信号进行解码，从而获知受试者的运动意图，将相应的控制命令传给外接设备，达到人机交互的目的。当受试者想象躯体不同部位的运动时，会相应的激活大脑的不同功能区域，从而产生具有不同特性的脑电信号，而所谓的不同特性指的是事件相关去同步化(event-related desynchronization，ERD)和事件相关同步化(event-related synchronization，ERS)现象。当受试者在想象运动时，大脑皮层相关的区域会出现特定频率振幅减小、能量下降的情况，就是 ERD；而当受试者在想象运动结束或者进入大脑静息状态时，大脑皮层相关区域则会出现振幅增加、能量增加的情况，就是 ERS。而 ERD 和 ERS 只会在 EEG 的特定频率范围内出现，比如 8～12 Hz 的 Mu 波以及 18～26 Hz 的 Beta 波。图 9.13 展示了受试者想象左手和右手运动时，大脑头皮上检测出的 ERD 现象。

当受试者想象左手运动时，其大脑右侧皮层的运动区域出现 ERD 现象，相关区域的 Mu 波和 Beta 波振幅减小，能量降低；相反地，当受试者想象右手运动时，其大脑左侧皮层的运动感觉区域出现 ERD 现象，相关区域 Mu 波和 Beta 波振幅减小，能量降低。当受试者想象不同部位运动时，EEG 信号所包含的特性出现差异，而运动想象系统就是根据这些差异，有效地区分想象运动所产生的 EEG 信号，从而获知受试者的运动意图。

运动想象系统主要由三部分模块组成：EEG 信号采集、信号处理及解码、控制命令输出，如图 9.14 所示。其中，EEG 信号采集模块负责采集受试者大脑头皮的信号并进行放大；信号处理及解码模块负责对信号进行滤波预处理，提取 EEG 的特征，然后训练有效的分类器对提取的特征进行分类，这部分内容也可称为 EEG 的解码过程；控制命令输出模块则负责根据分类识别的结果，将控制指令发送给外界设备，按照受试者意图控制外界设备。

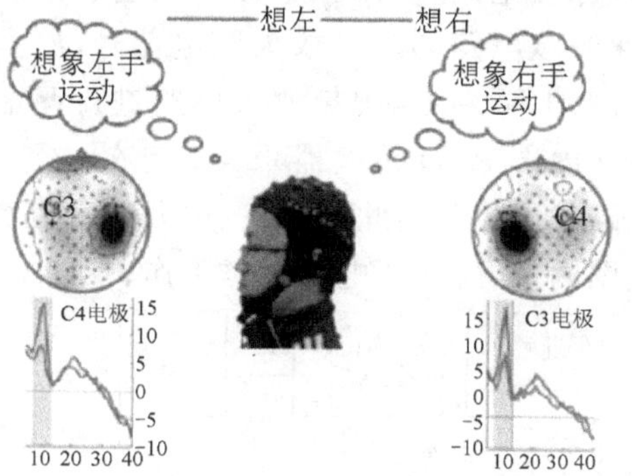

图 9.13　运动想象 ERD 现象

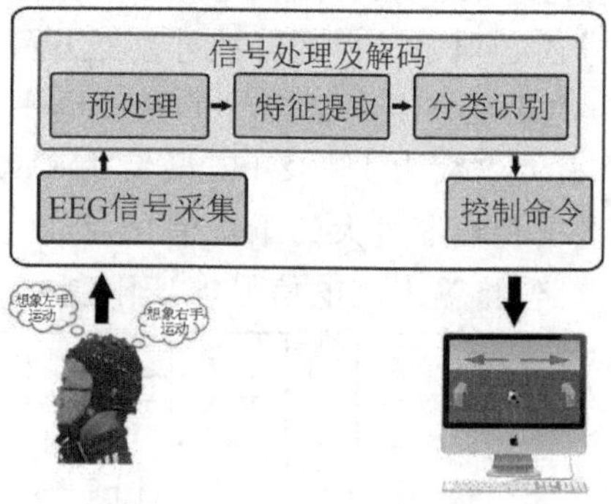

图 9.14　运动想象 BCI 框图

9.3.2　机器人脑机接口设计方法

本小节以实时光标控制系统为例，介绍机器人脑机接口设计方法。脑机接口系统包括传感器系统和信号处理系统。传感器系统从受试者头皮表面采集微弱的脑电信号，经过信号放大、A/D 转换后，发送给信号处理系统处理；信号处理系统将接收到的 EEG 信号转换成反映受试者意图的命令控制光标移动，如图 9.15 所示。

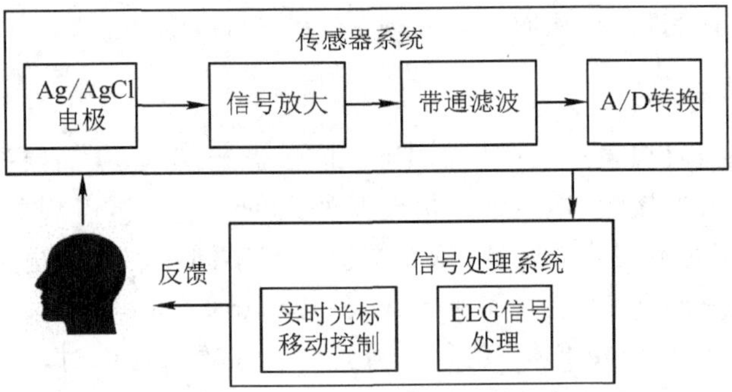

图 9.15　BCI 脑机系统结构

1. 传感器系统

传感器系统采用 Ag/AgCl 电极获取脑电信号，脑电信号采集电路对其滤除干扰信号、程控放大、消除电平漂移、带通滤波、A/D 转换，然后发送给信号处理系统。采集电路采用 C8051F410 内部的 12 位 A/D 转换器采样，由于该 A/D 转换器分辨率不高而眼电信号的幅度在 μV 量级，且脑电信号中含有很强的干扰，无法直接转换为数字信号，因此，必须对其进行放大和去干扰。对脑电信号进行采样，放大倍数需设定在 1000～32000 倍，需通过两级或两级以上的电路来完成，以保证信号的线性放大。由于采用多级放大电路，脑电信号的前置级电路的性能直接影响到整个系统的特性，尤其是信噪比。

图 9.16 为单通道的脑电信号采集电路框图，系统分三级实现系统的放大增益，前置级放大电路采用 AD8221 仪表放大器，可以去除极化电压和共模信号，其放大倍数为 10～15 倍，前置级放大输出的信号仍然存在基线不稳的情况，基线漂移严重时输出会超过放大器动态范围，测不出信号，因此，在前置级电路后面加上去基线漂移电路，即限幅电路。经过去基线漂移的脑电信号还必须通过带通滤波才能被识别。带通滤波电路同时可放大脑电信号，放大倍数为 100 倍。电平迁移电路把信号的基线电平调整到 1.1 V 左右，程控放大电路进行调增益的后级放大，放大倍数为 1～32 倍，最后由 C8051F410 内部 A/D 转换器采样。此外，输入的脑电信号可能出现幅度过大的干扰信号，存在损坏电路的风险。因此，在仪表放大电路前增加了输入保护电路，将输入脑电信号电压限制在一定范围内，从而保证电路正常工作。

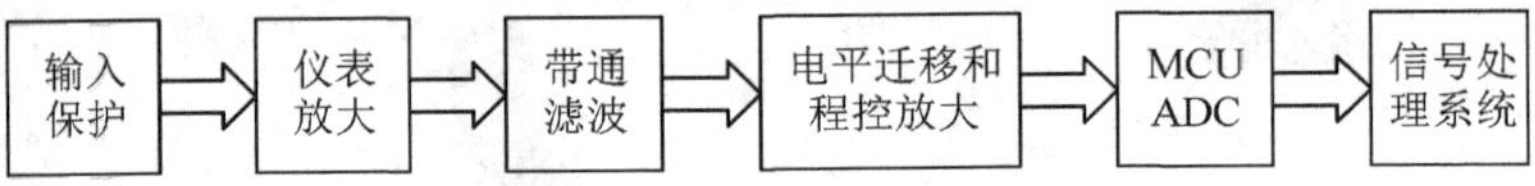

图 9.16　单通道的传感器系统

2. 信号处理系统

信号处理系统包括信号处理和实时光标移动控制部分。信号处理系统接收到 EEG 信号后对其进行 8～12 Hz 的带通滤波，得到 O_1、O_2 导联的 α 波，滤波器采用 10 阶巴特沃斯(Butterworth)无限长单位冲击响应(infinite impulse response，IIR)滤波器，然后对这导联的 α 波能量进行 600 ms 滑窗平均处理。设 x_{ij} 为第 i 导的第 j 个采样点脑电数据，则 N 个采样点对应第 i 导脑电数据的平均能量为

$$P_i = \frac{1}{N}\sum_{j=1}^{N} x_{ij}^2 \tag{9.1}$$

选取采样率为 1000 Hz，$N=600$ 时 O_1、O_2 两导联的 α 波，平均能量 P_1 和 P_2 作为特征。最后根据费希尔线性判别分析(Fisher disciminant analysis，FDA)进行模式分类，其原理是试图通过训练数据找到一组最佳的投影方向 $\boldsymbol{w}$，在这些投影方向投影可以将训练集中不同类别的样本最大程度地区分开来。定义费希尔准则函数为

$$J_{\mathrm{F}}(\boldsymbol{w}) = (\boldsymbol{w}^{\mathrm{T}}\boldsymbol{S}_{\mathrm{b}}\boldsymbol{w})/(\boldsymbol{w}^{\mathrm{T}}\boldsymbol{S}_{\mathrm{w}}\boldsymbol{w}) \tag{9.2}$$

用拉格朗日乘子法求解 $\boldsymbol{w}$ 的最优解 $\boldsymbol{w}^*$

$$\boldsymbol{w}^* = \boldsymbol{S}_{\mathrm{w}}^{-1}(\boldsymbol{m}_1 - \boldsymbol{m}_2) \tag{9.3}$$

式中：

$$\boldsymbol{S}_{\mathrm{w}} = \sum_{x\in D_i}(\boldsymbol{x}-\boldsymbol{m}_i)(\boldsymbol{x}-\boldsymbol{m}_i)^{\mathrm{T}},\quad i=1,2 \tag{9.4}$$

$$\boldsymbol{S}_{\mathrm{b}} = (\boldsymbol{m}_1 - \boldsymbol{m}_2)(\boldsymbol{m}_1 - \boldsymbol{m}_2)^{\mathrm{T}} \tag{9.5}$$

式中：$\boldsymbol{S}_{\mathrm{w}}$ 为样本类内离散度，$\boldsymbol{S}_{\mathrm{b}}$ 为样本类间离散度，$\boldsymbol{m}_1$、$\boldsymbol{m}_2$ 为两类样本的均值。

费希尔法二分类示意图如图 9.17 所示，其中实心圆与空心圆代表二维空间的两类不同样本。从图中可以看出，原样本无论在 x 轴或是 y 轴上的投影都是混杂的，因此，直接将它们投影到 x 轴或是 y 轴上都是不好分类的，但是投影到方向 $\boldsymbol{w}$ 上就很容易区分。

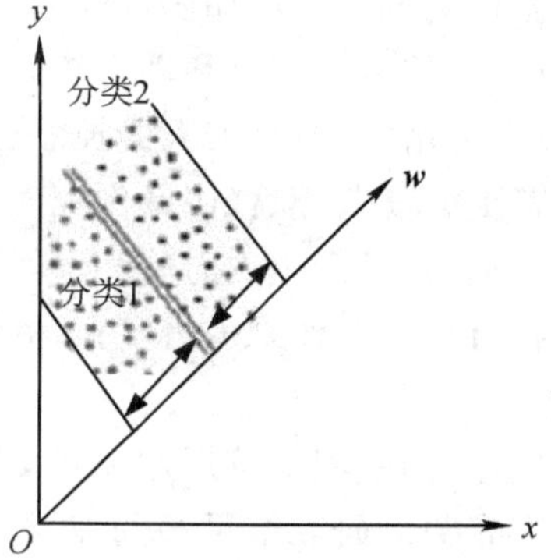

图 9.17　费希尔法二分类示意图

3. 实时光标移动控制

受试者通过调节闭眼时间长短实现控制光标向 4 个方向移动。选采样率为 1000 Hz、$N=600$ 时 O_1、O_2 两导联的 α 波，平均能量 P_1 和 P_2 作为特征，通过线性判别分析的方法判定受试者当前睁眼闭眼状态输出控制信号 C_r，当 $C_r=1$ 时系统发出一声提示音，如受试者保持闭眼状态，系统每隔 600 ms 发出一次提示音，当受试者仅听到 1 声提示音后睁眼，则表示选择方

向“上”；听到 2 声提示音后睁眼，则表示选择方向“下”；听到 3 声提示音后睁眼，则表示选择方向“左”；听到 4 声提示音后睁眼，则表示选择方向为“右”。输出控制信号与所对应的命令如表 9.2 所示。

表 9.2 控制命令表

输出	010	0110	01110	011110
命令	上	下	左	右

正常人闭眼后 α 波能量上升输出 $C_r=1$ 需要 2.4 s，保持闭眼状态输出上、下、左、右 4 个方向分别需要 1.2 s、1.8 s、2.4 s、3.0 s，所以，系统输出一个控制命令平均需要 4.5 s。

9.4 双臂协作特点及其约束关系

双臂机器人在某种程度上可以比作两个单臂机器人在一起工作的情况。当把其他机器人的影响看成一个未知源的干扰的时候，其中的一个机器人就独立于另一个机器人。但双臂机器人作为一个完整的机器人系统，其双臂之间存在着依赖关系。它们分享使用传感数据，双臂之间通过一个共同的联结形成物理耦合，最重要的是两臂的控制器之间的通信使得一个臂对于另一个臂的反应能够做出对应的动作、轨迹规划和决策，也就是双臂之间具有协作关系，这正是双臂机器人区别于两个独立单臂机器人组合的关键。

9.4.1 机器人双臂协作的特点

对于许多作业而言，例如搬运、拉锯、用剪刀、安装，单一机器人是难以胜任的，而需要两个机器人的协调操作。双臂协调操作具有以下几个特点。

(1)双臂协调的控制结构比单臂的复杂。对于单一机器人的操作，只需要采用关节和手臂两级控制，而对两机器人的协调操作则还需要增加协调控制。因为在整个操作过程中，机器人与被夹持物体之间必须始终保持一定的运动约束和动力约束，所以，协调机器人系统运动学和动力学方程的维数及耦合程度将大为增加，对机器人的控制也就变得更加困难。

(2)双臂协调的动力学比单臂更为复杂，双臂协调作业时的两个动力学方程可以组合成一个单一的动力学方程，但是维数增加，并且产生内力(相互耦合)的影响。

(3)双臂机器人的两臂能够各自独立工作来进行多目标的操作与控制，如将螺帽放到螺钉上的配合操作。

虽然双臂机器人是在单臂机器人的基础上发展起来的，但由于双臂机器人协调操作的特殊性，不能简单地把对单臂机器人有关的研究结果搬到双臂机器人上，因此，双臂机器人的研究成为机器人研究领域中一个十分重要的部分。

协调任务根据双臂末端执行器的约束关系可分为刚性抓持和非刚性抓持两种情况。在非刚性抓持情况下，双臂末端执行器之间的运动学约束关系在任务执行过程中是变化的，而刚性抓持情况下则不变。

一般来说，双臂机器人的协调操作问题可分为两种类型：松协调和紧协调。松协调是指双臂机器人在同一工作空间中分别执行相互无关的作业任务；而紧协调是指双臂机器人在同一工作空间中执行同一或多项作业任务。与松协调相比，紧协调中存在着更加严格的运动约束和动力约束，所以这类问题更加复杂。双臂机器人进行松协调作业所形成的运动学称为开链运动学；双臂机器人进行紧协调作业所形成的运动学称为闭链运动学。松协调任务和紧协调任务具有各自的特点和分类形式，详述如下。

(1)松协调任务的特点是在共享工作空间内，每一个机器人独立执行各自的任务，避碰路径规划是它的主要研究内容。它一般分为以下两种形式。

①一个臂在要求的位置以要求的方向抓持一个物体，以便于另一个操作臂在该物体上进行操作。例如，组装和拆卸操作、双臂拧螺母作业等。

②一个臂按要求移动一个物体，而另一个操作臂必须在这个运动的物体上完成一项任务。这个例子跟前面的例子基本上是一样的，只是位姿和速度要求更严格。例如，双臂抓持物体打磨操作、双臂协调插孔作业等。

(2)紧协调任务的特点是双臂机器人是强耦合的，而物体的期望路径完全决定了每一个操作臂机器人的操作空间运动轨迹。其研究讨论的任务类型主要有以下三种：

①第一类任务是物体与末端执行器之间没有相对运动，双臂抓取一个刚性物体并将它从初始位置/姿态移动到新的位置/姿态。

②第二类任务是被操作物体有能活动的部位，具有一个或者多个自由度，像钳子、剪刀等。这类任务双臂协调控制比较复杂，对于力控制要求较高，而且要进行复杂的动力学控制。

③第三类任务是涉及被操作物体的处理方式。该物体不能用末端执行器抓取，而只能用末端执行器来推或靠压力来搬运(例如体积大的物体)。这种情况下，能够通过机器人关节的包围抓取或末端执行器来推动或搬运。

9.4.2 机器人双臂协作的约束关系

为实现机器人双臂或多臂的协调作业，机器人的空间位姿必受到各种约束。对单臂机器人而言，约束关系比较简单，主要受自身和环境的限制；而对于多机器人而言，约束关系将变得复杂，可分为自由度约束、工作空间约束、点位约束、轨迹约束和力约束。下面仅针对如图9.18所示的紧协调任务，来介绍形成闭链运动学方程情况下的位置约束、方位约束和速度约束。

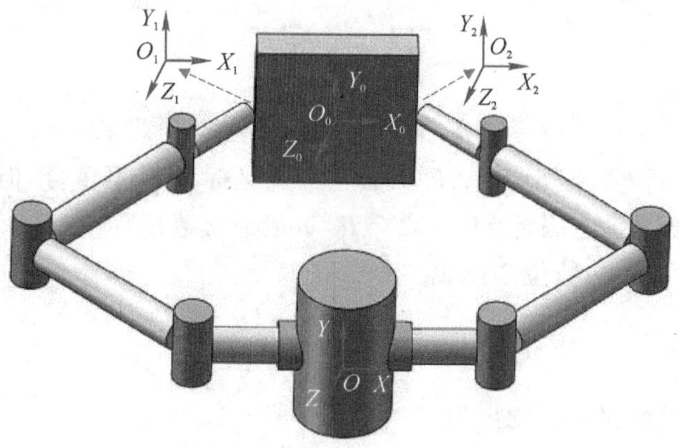

图 9.18 两臂抓持同一刚体

1. 位置和方位约束

双臂抓持一刚性物体，末端抓手与被抓物体不发生相对运动。因此，两臂与被抓持物体形成一个闭式运动链，两臂的运动要受到相应的约束，应保持一定的运动关系。设主臂(leader)和从臂(follower)的基坐标系分别为 L_0 和 F_0；它们的末端连杆坐标系分别为 L 和 F；与刚体固接的坐标系为 T（在物体质心，设为 o），称为工具坐标系。

1)物体与主臂之间的约束关系

根据图 9.19 所示尺寸链，物体质心 o 与主臂的位姿约束关系用变换矩阵表示为

$$ {}^{L_0}_{L}\boldsymbol{T}\,{}^{L}_{T}\boldsymbol{T} = {}^{L_0}_{T}\boldsymbol{T} \tag{9.6} $$

式中：${}^{L}_{T}\boldsymbol{T}$ 为 T 相对于 L 的齐次变换矩阵，是个常数矩阵，在运动过程中固定不变，可由主臂位置在基系中的初始位姿确定。根据式(9.6)，主臂与物体的位置和姿态约束关系分别为

$$ {}^{L_0}_{T}\boldsymbol{p} = {}^{L_0}_{L}\boldsymbol{p} + {}^{L_0}_{L}\boldsymbol{R}\,{}^{L}_{T}\boldsymbol{p} \tag{9.7} $$

$$ {}^{L_0}_{T}\boldsymbol{R} = {}^{L_0}_{L}\boldsymbol{R}\,{}^{L}_{T}\boldsymbol{R} \tag{9.8} $$

式中：${}^{L_0}_{T}\boldsymbol{p} \in \mathbf{R}^{3\times1}$ 为物体质心 o 在主臂基系的位置矢量；${}^{L_0}_{L}\boldsymbol{p} \in \mathbf{R}^{3\times1}$ 为主臂末端连杆坐标系在基系中的位置矢量；${}^{L_0}_{L}\boldsymbol{p} \in \mathbf{R}^{3\times1}$ 为物体质心 o 在主臂末端连杆坐标系中的位置矢量；${}^{L_0}_{L}\boldsymbol{R} \in \mathbf{R}^{3\times3}$ 为主臂末端连杆坐标系相对于基系的方向余弦。

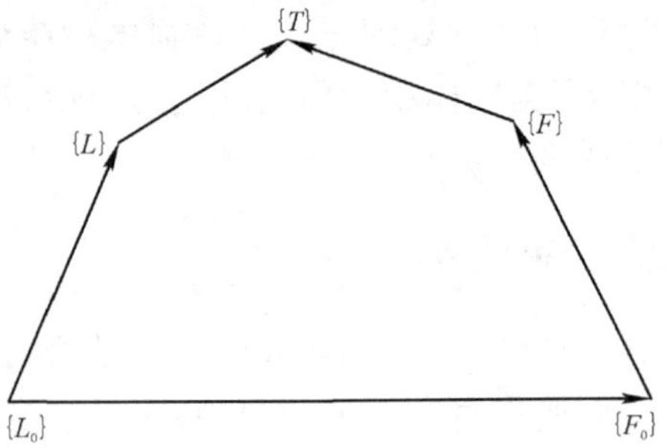

图 9.19　尺寸链

2)主臂与从臂之间的约束关系

两臂之间的位姿约束用变换矩阵表示为

$$ {}^{L_0}_{L}\boldsymbol{T}\,{}^{L}_{T}\boldsymbol{T} = {}^{L_0}_{F_0}\boldsymbol{T}\,{}^{F_0}_{F}\boldsymbol{T}\,{}^{F}_{T}\boldsymbol{T} \tag{9.9} $$

即

$$ {}^{F_0}_{F}\boldsymbol{T} = {}^{L_0}_{F_0}\boldsymbol{T}^{-1}\,{}^{L_0}_{L}\boldsymbol{T}\,{}^{L}_{T}\boldsymbol{T}\,{}^{F}_{T}\boldsymbol{T}^{-1} = {}^{L_0}_{F_0}\boldsymbol{T}^{-1}\,{}^{L_0}_{L}\boldsymbol{T}\,{}^{L}_{F}\boldsymbol{T} \tag{9.10} $$

主臂和从臂的末端连杆坐标系 L、F 虽然与工具坐标系 T 不重合，但是它们之间无相对运动，存在着固定的变换关系。因此 ${}^{L}_{F}\boldsymbol{T} = {}^{L}_{T}\boldsymbol{T}({}^{F}_{T}\boldsymbol{T}^{-1})$ 是个常数矩阵，在运动过程中固定不变。可由两臂和物体在基系中的初始位姿确定。令

$$ {}^{L}_{F}\boldsymbol{T} = {}^{L}_{T}\boldsymbol{T}({}^{F}_{T}\boldsymbol{T}^{-1}) = \begin{bmatrix} {}^{L}_{F}\boldsymbol{R} & {}^{L}_{F}\boldsymbol{p} \\ \boldsymbol{0} & \boldsymbol{1} \end{bmatrix} \tag{9.11} $$

由式(9.9)得两臂的位置和方向约束为

$$ {}^{L_0}_{F}\boldsymbol{p}(\boldsymbol{q}^{\mathrm{f}}) = {}^{L_0}_{L}\boldsymbol{p}(\boldsymbol{q}^{\mathrm{l}}) + {}^{L_0}_{L}\boldsymbol{R}(\boldsymbol{q}^{\mathrm{l}})\,{}^{L}_{F}\boldsymbol{p} \tag{9.12} $$

$$ {}^{0}_{n}\boldsymbol{R}(\boldsymbol{q}^{\mathrm{f}}) = {}^{0}_{n}\boldsymbol{R}(\boldsymbol{q}^{\mathrm{l}})\,{}^{L}_{F}\boldsymbol{R} \tag{9.13} $$

式中：$\boldsymbol{q}^{l}$ 和 $\boldsymbol{q}^{f}$ 分别为主臂和从臂的关节变量。

2. 速度约束

主臂与物体、主臂与从臂之间的位姿关系为非线性的，求解较困难。但是关节速度关系是线性的，可先求出它们的速度关系，再通过积分得到关节位移。因此，操作臂的运动由关节速度和初始关节位置唯一确定。

机器人末端连杆的线速度 v 和角速度 ω 与关节速度 $\dot{q}$ 的关系可由雅可比矩阵 $\boldsymbol{J}(\boldsymbol{q})$ 来表示，即

$$\dot{\boldsymbol{x}} = \begin{bmatrix} v \\ \omega \end{bmatrix} = \boldsymbol{J}(\boldsymbol{q})\dot{\boldsymbol{q}} \tag{9.14}$$

式中：$\dot{\boldsymbol{x}}$ 为机器人末端的绝对速度矢量。雅可比矩阵 $\boldsymbol{J}(\boldsymbol{q})$ 也可分为两部分：

$$\boldsymbol{J}(\boldsymbol{q}) = [\boldsymbol{J}_{1}(\boldsymbol{q}) \quad \boldsymbol{J}_{a}(\boldsymbol{q})]^{T} \tag{9.15}$$

式中：$\boldsymbol{J}_{1}(\boldsymbol{q})$ 和 $\boldsymbol{J}_{a}(\boldsymbol{q})$ 分别将关节速度 $\dot{\boldsymbol{q}}$ 映射为末端连杆的线速度和角速度，即

$$\begin{aligned} \boldsymbol{v} &= \boldsymbol{J}_{1}(\boldsymbol{q})\dot{\boldsymbol{q}} \\ \boldsymbol{\omega} &= \boldsymbol{J}_{a}(\boldsymbol{q})\dot{\boldsymbol{q}} \end{aligned} \tag{9.16}$$

1)物体与主臂的约束关系

将式(9.7)对时间求导，可得速度约束方程为

$$\dot{\boldsymbol{p}}_{o} = \boldsymbol{J}_{ll}(\boldsymbol{q}^{l})\dot{\boldsymbol{q}}^{l} + \boldsymbol{C}\dot{\boldsymbol{q}}^{l} \tag{9.17}$$

式中：$\dot{\boldsymbol{p}}_{o} \in \mathbf{R}^{3\times 1}$ 为物体质心的绝对速度矢量，$\dot{\boldsymbol{q}}^{l} \in \mathbf{R}^{n\times 1}$ 为主臂关节速度矢量，$\boldsymbol{J}_{ll}(\boldsymbol{q}^{l}) \in \mathbf{R}^{3\times n}$ 为主臂的位置雅可比矩阵，$\boldsymbol{C} = \dfrac{\partial[{}^{L_0}_{L}\boldsymbol{R}\,{}^{L}_{T}\boldsymbol{p}]}{\partial \boldsymbol{q}^{l}}$。由于主臂末端与物体间无相对运动，所以两者的角速度应该相同，即

$$\boldsymbol{\omega}_{0} = \boldsymbol{J}_{la}\dot{\boldsymbol{q}}^{l} \tag{9.18}$$

式中：$\boldsymbol{\omega}_{o} \in \mathbf{R}^{3\times 1}$ 为物体绕其惯性轴的绝对角速度矢量，$\boldsymbol{J}_{la}(\boldsymbol{q}^{l}) \in \mathbf{R}^{3\times n}$ 为主臂的姿态雅可比矩阵。把式(9.17)和式(9.18)联立即可得物体与主臂的速度约束方程为

$$\begin{bmatrix} \dot{\boldsymbol{p}}_{o} \\ \boldsymbol{\omega}_{o} \end{bmatrix} = \begin{bmatrix} \boldsymbol{J}_{ll} \\ \boldsymbol{J}_{la} \end{bmatrix}\dot{\boldsymbol{q}}^{l} + \begin{bmatrix} \boldsymbol{C}\dot{\boldsymbol{q}}^{l} \\ 0 \end{bmatrix} \tag{9.19}$$

根据式(9.19)，由给定的物体轨迹即可得出主臂的速度。

2)主臂与从臂的约束关系

为了计算从臂的关节速度，将式(9.12)两端对时间 t 求导，得

$$\boldsymbol{J}_{fl}(\boldsymbol{q}^{f})\dot{\boldsymbol{q}}^{f} = \boldsymbol{J}_{ll}(\boldsymbol{q}^{l})\dot{\boldsymbol{q}}^{l} + \boldsymbol{L}(\boldsymbol{q}^{l})\dot{\boldsymbol{q}}^{l} \tag{9.20}$$

式中：$\boldsymbol{J}_{fl}(\boldsymbol{q}^{f})$ 为从臂的位置雅可比矩阵，并有

$$\boldsymbol{L}(\boldsymbol{q}^{l}) = \partial[{}^{0}_{n}\boldsymbol{R}(\boldsymbol{q}^{l})\,{}^{L}_{F}\boldsymbol{p}]/\partial \boldsymbol{q}^{l} \tag{9.21}$$

当抓住同一刚体时，两臂末端连杆的角速度应该相同，因为两者无相对运动。即 $\boldsymbol{\omega}^{l} = \boldsymbol{\omega}^{f}$。则

$$\boldsymbol{J}_{fa}(\boldsymbol{q}^{f})\dot{\boldsymbol{q}}^{f} = \boldsymbol{J}_{la}(\boldsymbol{q}^{l})\dot{\boldsymbol{q}}^{l} \tag{9.22}$$

式中：$\boldsymbol{J}_{fa}(\boldsymbol{q}^{f})$ 为从臂的姿态雅可比矩阵。将式(9.20)和式(9.22)联立得

$$\begin{bmatrix} \boldsymbol{J}_{fl}(\boldsymbol{q}^{f}) \\ \boldsymbol{J}_{fa}(\boldsymbol{q}^{f}) \end{bmatrix}\dot{\boldsymbol{q}}^{f} = \begin{bmatrix} \boldsymbol{J}_{ll}(\boldsymbol{q}^{l}) + \boldsymbol{L}(\boldsymbol{q}^{l}) \\ \boldsymbol{J}_{la}(\boldsymbol{q}^{l}) \end{bmatrix}\dot{\boldsymbol{q}}^{l} \tag{9.23}$$

因为从臂有冗余度，则

$$\dot{\boldsymbol{q}}^{f}=J^{+}(\boldsymbol{q}^{f})\begin{bmatrix}J_{ll}(\boldsymbol{q}^{l})+L(\boldsymbol{q}^{l})\\J_{la}(\boldsymbol{q}^{l})\end{bmatrix}\dot{\boldsymbol{q}}^{l}\tag{9.24}$$

式中：

$$\boldsymbol{J}^{+}(\boldsymbol{q}^{f})=\begin{bmatrix}\boldsymbol{J}_{fl}(\boldsymbol{q}^{f})\\\boldsymbol{J}_{fa}(\boldsymbol{q}^{f})\end{bmatrix}^{-1}$$

为从臂雅可比矩阵得的伪逆。

综合以上的推导结果可以看出，式(9.19)和式(9.24)为两冗余度机器人紧协调操作的运动学约束方程。当满足以上方程时，两机器人便可以实现协调操作。一般地，为了实现协调运动(松协调或紧协调)，首先需根据物体的目标轨迹利用物体与主机器人间的约束方程规划出主机器人的关节运动。接着将这一结果代入主臂和从臂的运动约束关系方程中，确定从臂的关节运动，从而实现运动学意义上的协调运动。

9.5　机器人双臂协作规划

两台机械臂间通过网络连接，协作控制器能接收到机器人 A 和机器人 B 的状态信息，并依据总任务实现对两机器人的分别控制。双臂的协作规划可分为人机接口、协调规划层和协调控制层三个层次。其中人机接口主要用于实现任务编程输入、图形可视化显示等人机交互功能，以及通过外部接口实现外部传感器和外部控制等扩展功能。该层次通过提供任务编程器和可视化图形界面实现工件安装等作业任务的输入工作，通过双臂机器人配置管理实现整套设备的设置并进行运行状态监控。协调规划层用于在给定的任务基础上规划出两机械臂协作运动的路径，并进一步得到双臂协作实时轨迹。该层通过双臂联合标定算法、DH 参数校正算法完成双臂机器人模型的精确建模。通过位置约束建立和机器人正逆运动学模型构建模块实现机械臂轨迹的规划。协调控制层在得到双臂规划轨迹的基础上，根据建立的双臂-环境混合动力学模型，结合相应的控制目标和控制算法，输出机械臂 A 和机械臂 B 的控制指令。该层主要处理动态系统的协调跟踪问题，是对双臂跟踪轨迹的具体实现，其结果通过两机械臂指令生成器输出具体的单机械臂控制指令。

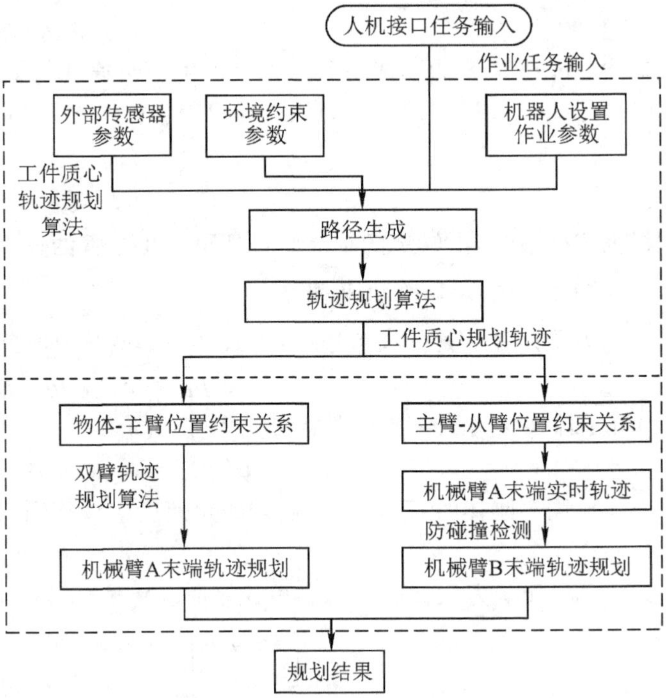

图 9.20　协调规划算法关系图

协调规划层在实现机器人双臂协作任务中起着承上启下的作用，其工作主要通过有关算法实现，如图 9.20 所示。在输入协作任务后，首先由轨迹规划算法对物体中心进行轨迹规划，这一过程包括路径生成和轨迹规划。路径生成主要通过双臂-物体约束关系以及任务作业相关工艺方法的知识库信息提取实现，将得到对应任务下的双臂运行路径。然后根据该路径进一步得到两机械臂运行的实时轨迹，这将结合双臂联合标定算法、正逆运动学模型、双臂碰撞检测和避碰规划、位置约束关系等方法确定。在得到初步双臂规划轨迹后，依据双臂最优化指标分别为两机械臂指定一条最优运行轨迹。

9.5.1　机器人双臂协作路径生成

协作路径生成是在任务输入后计算任务作业路径的具体算法。在具体的作业任务场合下，双臂机器人必须得到一系列具体的任务指令，才能在双臂协作控制下实现对任务工序的逐项操作。例如工件安装过程大致包括工件抓取、抓取调整、位置对准、放置等步骤。如图 9.21 所示。

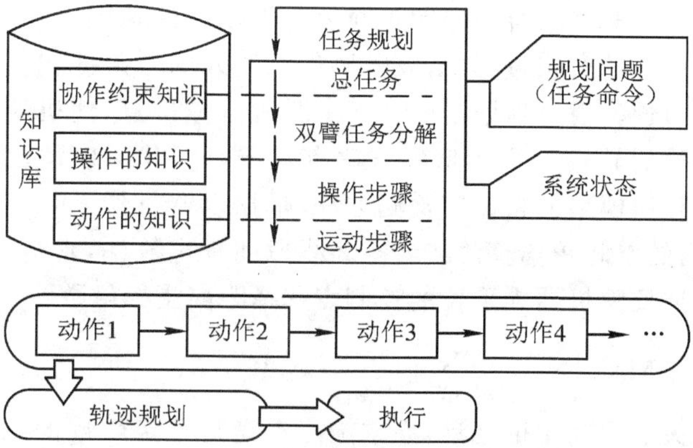

图 9.21　协调规划层路径规划示意图

9.5.2　基于约束关系的机器人双臂轨迹规划

在双臂共同抓取工件时，两臂和工件形成闭式运动链，因此在操作和运动过程中，必须使双臂的位置和方向满足一组约束方程。为研究方便起见，对工件中心点进行轨迹规划，双臂协调操作的规划和控制在于根据工件安装轨迹，和其抓取位置以及相关运动的约束条件确定。根据协调运动关系，可根据工件中心所规定的目标轨迹导出两臂的位置和速度。进一步根据雅可比矩阵得到广义关节力与外力的关系，以此外力作为双臂机器人的控制输入，实现所需的协调操作。

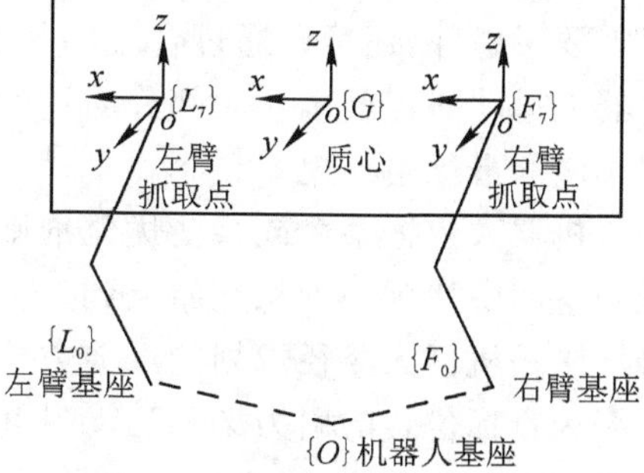

图 9.22　双臂和工件坐标系

建立双臂和工件的坐标系，如图 9.22 所示，$\{O\}$ 为机器人基坐标系，$\{G\}$ 为工件质心坐标系，$\{L_0\}$ 为左臂基坐标系，$\{L_7\}$ 为左臂末端坐标系，$\{F_0\}$ 为右臂基坐标系，$\{F_7\}$ 为右臂末端坐标系。假设以工件质心为中心，两臂抓取点对称，且建立的 $Oxyz$ 坐标系方向如图 9.22 所示，需要已知：工件在坐标系 $\{O\}$ 中期望位姿和其对应的齐次变换矩阵 ${}^{O}_{G}\boldsymbol{T}$，左臂抓取点到工件质心的距离 a，工件的厚度 b。实时测量：物体质心的位姿 ${}^{O}_{G}\boldsymbol{T}$，左臂末端位姿 ${}^{O}_{L_7}\boldsymbol{T}$，且两臂间要有通信，两臂可接收对方末端实时位姿信息。

双臂抓取工件后属于紧协调运动，主要特点是各臂末端与工件之间的相对位姿保持不变，两臂末端位姿取决于工件的位姿。双臂轨迹规划的主要任务是规划两臂末端运行轨迹和姿态，过程如下：

(1)根据期望的工件位姿，规划工件一系列轨迹点和对应的姿态。

(2)根据工件和左臂的位姿约束关系，规划左臂末端一系列轨迹点和姿态。

(3)根据左臂的实时位姿和左右臂的约束关系，规划右臂末端的运行轨迹和姿态。

(4)在工件安装的最后阶段，根据工件位姿与期望位姿的误差，反馈调整规划的工件位姿。

9.5.3 机器人双臂碰撞检测

双臂轨迹规划算法在双臂联合标定和正逆运动学模型的基础上，主要考虑防止自碰撞和最优轨迹生成。其中在工件安装过程中，双臂协作机器人的自碰撞包括单臂中连杆间的碰撞和两臂之间的自碰撞问题。通过返回当前和下一时刻碰撞信息，使机器在即将碰撞前停止运动或引导其规划出无障碍轨迹。主要检测方法有基于空间几何模型、基于空间传感等方法。本方案采用基于空间几何模型的自碰撞检测方法，根据双臂机器人几何参数建立其本体的物理模型，利用多面体间的空间距离算法或者空间线段间距离算法，求得机械臂间距离，从而判断碰撞是否发生。根据反映机器人形位的控制点选择距离指标函数：

$$\mathrm{MXDC} = \sum_{i=1}^{k}\sum_{j=1}^{k}\left[(x_{1i} - x_{2i})^2 + (y_{1i} - y_{2i})^2\right] \tag{9.25}$$

可操作机器人在冗余关节空间中的运动，在末端运动满足给定轨迹的条件下，同时实现避障。具体方法为利用梯度投影法得到关节速度：

$$\dot{\theta} = J_r^{+}\dot{x} + k(I - J_r^{+}J_r)h_r^{\mathrm{T}}$$

式中：$h_r = \partial\mathrm{MXDC}/\partial q_r$ 为投影算子，进而积分得到关节位置轨迹。

在实时避障方面，采用人工势场法作为避障基础算法，根据双臂机器人两臂之间距离建立虚拟斥力势场，引导两臂实现无自碰撞运动规划。该方法计算效率高，可以用于实时避障场景。

9.5.4 机器人双臂轨迹生成

由于采用的双臂机器人为 7 自由度机器人，因此在工件安装任务执行过程中，除避障等因素需要考虑外，还可以通过合理的关节运动，在性能、能耗等方面实现最优路径规划，以使双臂机器人运动路程最短。此部分通过设置性能最优化目标函数，通过对关节变量的优化求解得到相应的最优路径规划。

机器人依据某个或某些优化准则(如工作代价最小、行走路线最短、行走时间最短等)，在运动空间中找到一条从起始点到目标点、可以避开障碍物的最优或者接近最优的路径。人工势场法是机器人路径规划的经典方法，其实质是把机器人的运动空间定义为一个抽象势场，该势场为目标位置的引力场和运动空间中物体的斥力场的叠加，引力场随机器人与目标点的距离增加而单调递增，且方向指向目标点；斥力场在机器人处在障碍物位置时有一极大值，并随机器人与障碍物距离的增大而单调减小，方向指向远离障碍物方向。

机器人与目标位置之间的引力势能为

$$U_a(\boldsymbol{X}) = \frac{1}{2}k_a\,|\boldsymbol{X}-\boldsymbol{X}_g|^2 \tag{9.26}$$

由该引力场所生成的对机器人的引力为引力势能的负梯度：

$$F_a(\boldsymbol{X}) = -\nabla U_a(\boldsymbol{X}) = -k_a\,|\boldsymbol{X}-\boldsymbol{X}_g| \tag{9.27}$$

式中：k_a 是增益系数，$\boldsymbol{X}$ 是机器人的当前位置，$\boldsymbol{X}_g$ 是目标点的位置，$|\boldsymbol{X}-\boldsymbol{X}_g|$ 是机器人与目标点的距离。该力随机器人趋近于目标而呈线性并趋近于零。斥力势能为

$$U_r(\boldsymbol{X}) = \begin{cases} \frac{1}{2}k_r\left(\frac{1}{|\boldsymbol{X}-\boldsymbol{X}_o|}-\frac{1}{\rho_o}\right)^2 & |\boldsymbol{X}-\boldsymbol{X}_o| \leqslant \rho_o \\ 0 & |\boldsymbol{X}-\boldsymbol{X}_o| > \rho_o \end{cases} \tag{9.28}$$

由斥力场所生成的斥力为斥力势能的负梯度：

$$F_r(\boldsymbol{X}) = -\nabla U_r(\boldsymbol{X}) = \begin{cases} k_r\left(\frac{1}{|\boldsymbol{X}-\boldsymbol{X}_o|}-\frac{1}{\rho_o}\right)\frac{1}{|\boldsymbol{X}-\boldsymbol{X}_o|^2}\frac{\partial(\boldsymbol{X}-\boldsymbol{X}_o)}{\partial \boldsymbol{X}} & |\boldsymbol{X}-\boldsymbol{X}_o| \leqslant \rho_o \\ 0 & |\boldsymbol{X}-\boldsymbol{X}_o| > \rho_o \end{cases} \tag{9.29}$$

式中：k_r 是增益系数，$\boldsymbol{X}_o$ 是障碍物的位置，$|\boldsymbol{X}-\boldsymbol{X}_o|$ 是机器人与障碍物的距离，ρ_o 是障碍物的影响距离。

机器人在运动空间中的合势场和合力分别为

$$U_{tot}(\boldsymbol{X}) = U_a(\boldsymbol{X}) + U_r(\boldsymbol{X}) \tag{9.30}$$

$$F_{tot}(\boldsymbol{X}) = F_a(\boldsymbol{X}) + F_r(\boldsymbol{X}) \tag{9.31}$$

双臂机器人在合势场的作用下，从高势场位置沿势场的负梯度方向逐步向低势场位置运动，由于目标点被设计为合势场的全局极小点，因此，双臂机器人最终能够到达并止步于目标点。

双臂协同运动过程如图 9.23 所示。规划的参考轨迹（如工件质心位置）和障碍物的位置作为该算法的输入，输出为机器人的控制信号。结合机器人控制器输出，合成的信号即为机器人的最终控制信号。

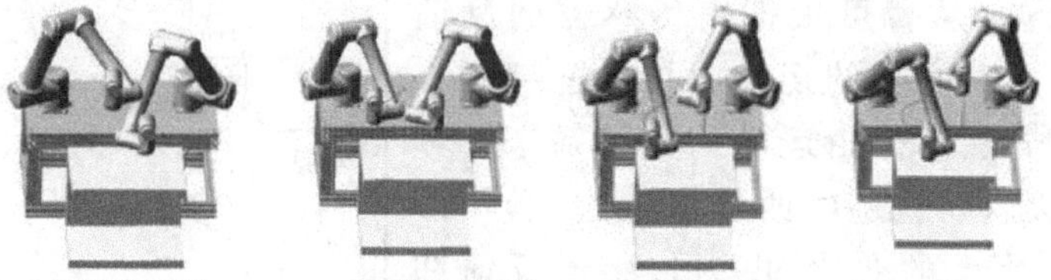

(a) 初始位置　(b) 开始避障　(c) 避障返回　(d) 终点位置

图 9.23　双臂协同运动示意图

9.6　机器人双臂协作智能控制

双臂机器人的协作控制问题可描述为在一定的运动约束条件下，对两机械臂进行运动和力控制。双臂协调控制的主要方法有纯位置控制、主从控制、集中控制等，下面分别介绍这些控制方法的特点。

9.6.1　机器人双臂协作控制方法

1. 纯位置控制

根据双臂机器人协作运动学方程，理论上就可实现机器人的协作控制。因为这种控制仅依靠机器人的运动学模型，没有考虑机器人协作中各种力的作用，所以称为位置控制。这种纯粹的位置控制方法在理论上是可行的。但在实际应用中，只有当机器人闭链系统中的柔性比较大，即允许有较大协作误差时方可实现。有些应用就在机器人的末端装上柔性手腕(RCC)，以降低系统的刚性。事实上，在机器人运动过程中，由于机器人本身的几何误差，在一个刚性系统内，这些误差将影响机器人系统的品质，并产生很大的扭力，导致机器人系统损坏，因此需要有力的检测元件。此外，下列因素也需要考虑力的影响：

(1)在某些情况下，需要在被操作体上施加一定的力，如双机器人靠压力搬运一物体。

(2)在装配作业中，需要控制装配件的接触力。

(3)在一些协作中，也只有靠力来检测被抓物体有没有滑动，两手爪间是否有扭力存在等。

基于上述各种因素，又发展了一种双机器人的主从协作控制方式。

2. 主从控制

主从控制方式是讨论得比较多的一种协调控制方式，许多学者在这方面进行了研究，已取得了一批实验结果。该方法的主要思想是：

(1)把双臂机器人中的一个定义为主臂(leader)，另一个为从臂(follower)，主臂的轨迹预先指定，或从指定的被操作体(object)的轨迹中求得。

(2)从臂则被要求在被操作体上施加一定的力，这些力用来承担被操作体的重量或用来满足施加在被操作体上的某些约束。

在主从控制方式中，只有位置信息被送到主臂，而从臂则只用测量到的力来控制。通常情况下是机器人的腕部装有一个力传感器。该方法的原理图如图 9.24 所示。

从图 9.24 可知，从臂可根据力传感器的反馈量，在各个方向上跟踪主手的运动。与位置控制方法相比，主从控制方法不需由运动约束关系来计算从臂的轨迹。主从运动轨迹的改变，通过被操作体作用到从臂上，产生力的变化，由力传感器反馈回去，从而引起从臂的运动变化。也就是说，主臂的位置信息通过被操作体传递到从臂，故主从控制方式不适宜于柔性体或具有自由度的被操作体。

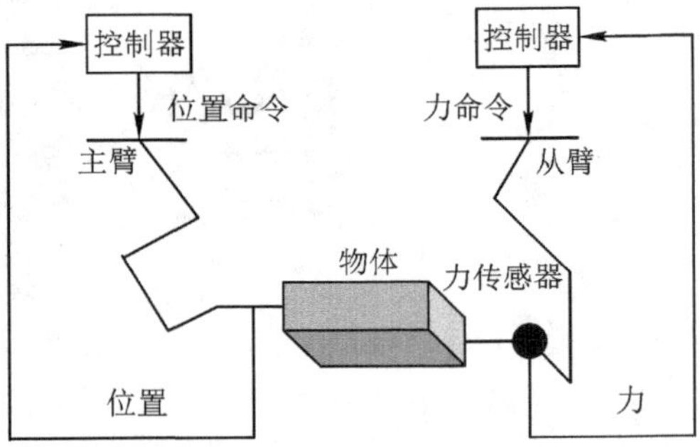

图 9.24　主从控制原理图

此外，主从控制方式还存在下述问题：

(1)从臂为了跟踪主臂，必须具备快速响应能力，但是从臂是通过被操作体由力传感器感知主臂位置变化的，为了确保快速响应，要求整个系统的阻抗必须很大，即闭链的刚性要很大。然而，当阻抗很大时，力控制存在稳定性问题。

(2)主臂和从臂的命令似乎是解耦的，即相互独立的。但事实上，二者是相关的。为了解决这个问题,需在主臂控制中引入力的前馈控制,但这样使控制系统变得更为复杂。

(3)由于从臂跟踪精度受其响应速度的影响,特别是当主臂突然加减速度改变其运动方向时,从臂的跟踪只能变得很“坏”。

因此有些学者在从臂中也引入位置控制,用力传感器进行小范围的修正,其效果比原来大为改观。图9.25给出了它的控制原理图。

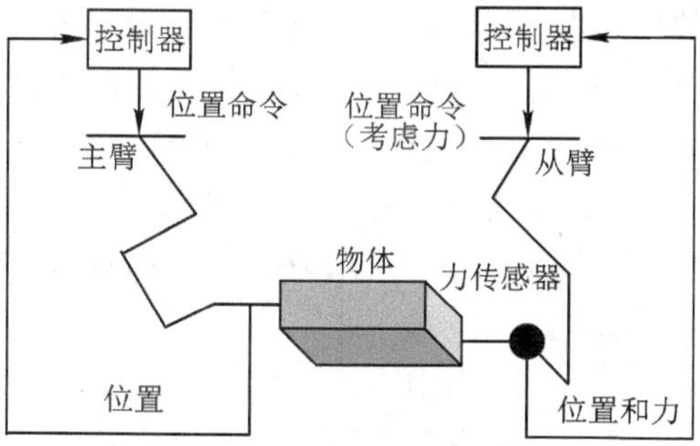

图9.25 改进后的主从控制原理图

无论哪种形式的主从控制都存在着两臂控制命令的耦合问题。其主要原因在于被操作物体虽然只有一个,但为了实现被操作物体运动而采用双机器人分别独立控制的方法,由此造成了这种不可调和的矛盾。

3. 集中式控制

为了改善主从控制方式的不足,又出现了一种新的控制方式——集中式控制。该方式对双臂机器人协调系统描述形式进行了改变,即双臂机器人在协作中所扮演的角色不再有主从之分,而是起着相同的作用。此外,双臂机器人不再使用独立的控制器,而是用同一个控制器进行控制。图9.26是它的原理图,图9.27则给出了双臂机器人力与位置混合控制的框图。

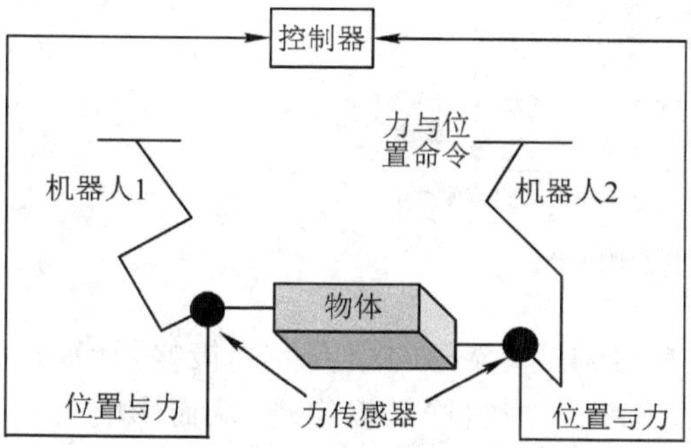

图9.26 基于力与位置混合控制的原理图

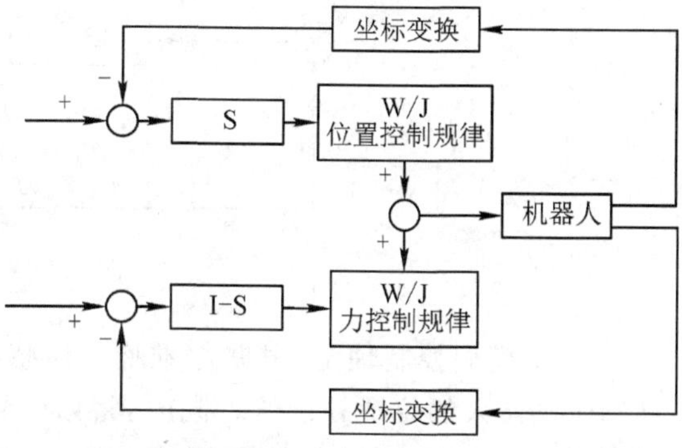

图9.27 双臂机器人力与位置混合控制的框图

9.6.2 基于主从式的机器人双臂力与位置混合控制方法

传统机器人的力控制方法与机器人的动力学相联系,双臂协作运动场景下需要根据双臂的动力学方程改变每个机器人的位置控制器,这对于自己开发且自由度少的机器人尚可,但对于自由度多且商品化的机器人来说无疑是难上加难,既复杂又难以应用于实际。因此本节介绍一种基于主从式的力与位置混合控制方法。该方法的好处在于:把力控制回路置于位置控制器的外层，力控制器的输出作为位置控制器的输入，力控制作用是通过位置控制实现的。这种控制器结构简单，不改变机器人的位置控制器，容易在现有的位置控制器基础上实现，并且控制效果明显。

在使用主从式力与位置混合控制方法使用时，需要每个机器人末端都安装一个六维腕力传感器，两臂的工作方式仍采用主从方式，主臂用位置控制，从臂用力与位置混合控制，从臂在每个周期内都可得到主臂的位置与姿态，且两臂具有通信及数据传输等功能。从臂的力与位置混合控制的基本思想是：位置控制的实现是通过在每个周期内读取主臂的位置与方位，经过协调运动的约束关系实时导出从臂所应达到的位置与方位。力控制则是由从臂的六维力传感器实时检测，因各种因素所产生的力或力矩通过一系列控制规则将力或力矩信息转化为对机器人位姿的修正值，实现对位姿的修正，是一种“力环包容位置环”的控制结构。从臂力与位置混合控制的结构图如图 9.28 所示。

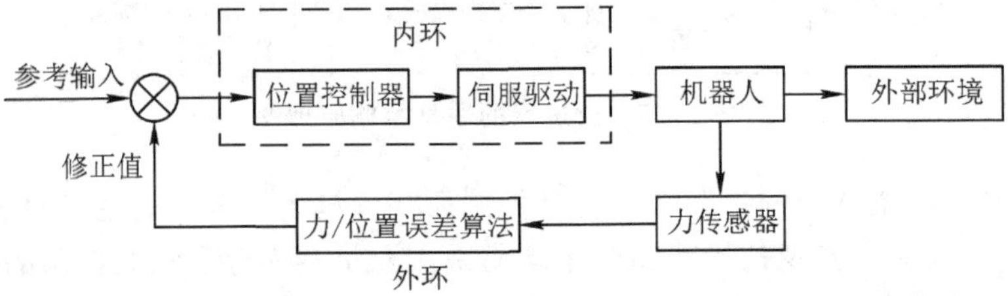

图 9.28　从臂力与位置混合控制结构图

下面对从臂将力或力矩信息转化为机器人位姿修正信息的控制规则进行详细介绍。

1. 力控制系统结构

力控制系统结构如图 9.29 所示。

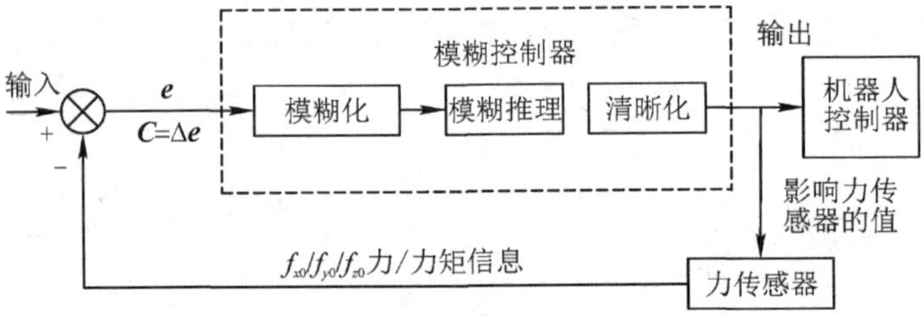

图 9.29　力控制系统结构

采用模糊控制理论，根据六维腕力传感器的实时信号，选择合适的模糊控制策略，计算出 PA10 机器人的位置补偿值。同时，将该位置值发送到机器人控制器予以实现，从而影响力传感器的实时信号，使之达到期望的力值：

(1)输入信号：期望的力信息，f_{x0} 或 f_{y0} 或 f_{z0}。

(2)反馈信号：由力传感器实测的力信息，f_{x0} 或 f_{y0} 或 f_{z0}。

(3)输出信号：对机器人位置的修正值。

力信息有 f_{x0}、f_{y0}、f_{z0} 三个方向，可以为每个方向上的力设置一个模糊控制器，如图 9.29 中线框内所示。控制器将力传感器输出力信号的误差及误差的变化作为输入量，并对其进行模糊化，根据控制规则计算出输出量的模糊集合，然后将其进行清晰化计算得到输出量的清晰值，最后经过尺度变换得到实际的控制量。如果需要也可以对力矩进行控制。

2. 力控制器设计

1）输入的模糊化

对于实际的输入量，首先需要进行尺度变换，将其变换到要求的论域范围。变换的方法可以是线性的，也可以是非线性的。

例如，若实际的输入量为 x_0^*，其变化范围为 $[x_{\min}^*, x_{\max}^*]$，要求的论域为 $[x_{\min}, x_{\max}]$，且采用线性变换，则

$$x_0 = (x_{\min} + x_{\max})/2 + k[x_0^* - (x_{\max}^* + x_{\min}^*)/2] \tag{9.32}$$

$$k = (x_{\max} - x_{\min})/(x_{\max}^* - x_{\min}^*) \tag{9.33}$$

式中：k 为比例因子。

在该实验中，为了保证机器人在装配过程中的安全性，为每个方向的受力设定一个范围，分别为：$f_x \in [-5,5]$ N，$f_y \in [-5,5]$ N，$f_z \in [-10,10]$ N。以 f_x 方向受力为例，f_y、f_z 的分析与其相似。设定 f_x 的离散论域范围为 $[-6,6]$；偏差 e 和偏差 e 的变化 c 的变化范围分别是：$e \in [-5,+5]$，$c \in [-2.5,+2.5]$；控制量 u 的变化范围为 $u \in [-2.5,+2.5]$。

2）输入输出的模糊分割

模糊分割是要确定对于每个语言变量取值的模糊语言名称个数。模糊分割的个数决定了模糊控制精细化的程度，也决定了模糊规则的个数。模糊分割数越多，控制规则数也越多，因此模糊分割不可太细，否则需要确定太多的控制规则，这也是很困难的一件事。当然，模糊分割数太小将导致控制太粗略，难以对控制性能进行精心调整。目前，尚没有一个确定模糊分割数的指导性方法和步骤，它仍主要依靠经验和试凑。

在本书中，将偏差 e、偏差 e 的变化 c 和控制量 u 分别变换到离散论域，即

$$X' = \{-6, -5, -4, -3, -2, -1, , -0, +0, 1, 2, 3, 4, 5, 6\}$$
$$Y' = \{-6, -5, -4, -3, -2, -1, 0, 1, 2, 3, 4, 5, 6\}$$
$$Z' = \{-6, -5, -4, -3, -2, -1, 0, 1, 2, 3, 4, 5, 6\}$$

则可分别得到离散论域上的 e^*、c^* 和 u^*。

对 e^* 定义 8 个模糊集合 $E_1, E_2, \cdots, E_8$，分别代表 PL（正大）、PM（正中）、PS（正小）、PZ（正零）、NZ（负零）、NS（负小）、NM（负中）、NL（负大）；对 c^* 定义 7 个模糊集合 $C_1, C_2, \cdots, C_7$，分别代表 PL、PM、PS、ZE、NS、NM、NL；同理，对 u^* 定义 7 个模糊集合 $U_1, U_2, \cdots, U_7$，分别代表 PL、PM、PS、ZE、NS、NM、NL。

3）输入输出的模糊隶属度函数

为了表示方便，采用函数描述方法，对 e^*、c^* 和 u^* 的模糊集合 E_i、C_j、U_k 都采用三角形隶属度函数，其隶属函数分别如图 9.30～图 9.32 所示。

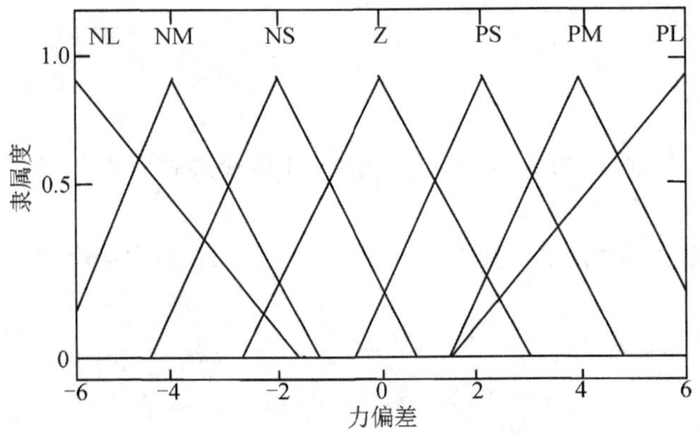

图 9.30　误差模糊集合 E_i 的隶属度函数

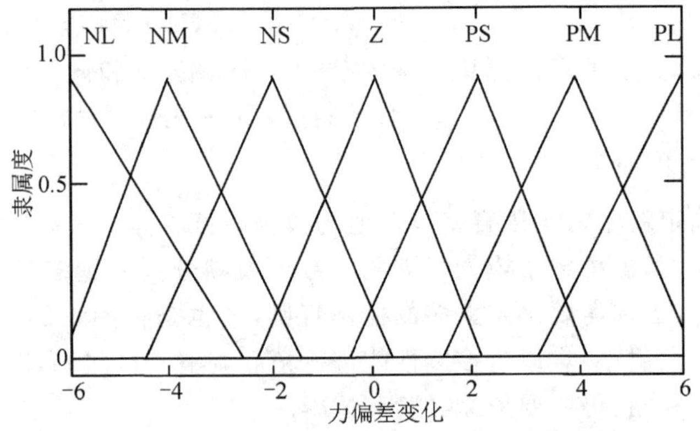

图 9.31　误差的变化模糊集合 C_j 的隶属度函数

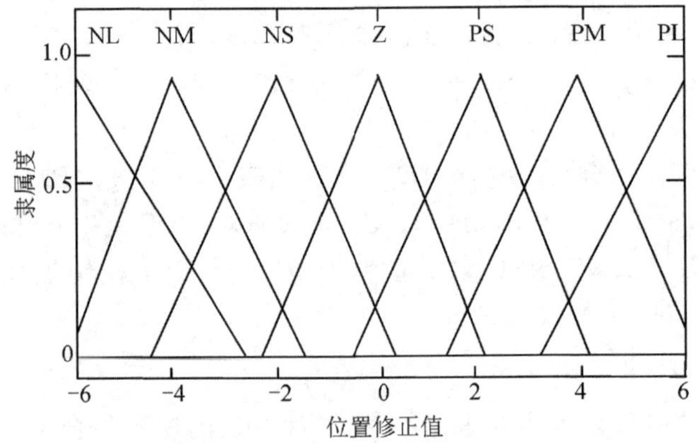

图 9.32　输出模糊集合 U_k 的隶属度函数

4)模糊控制规则

采用常用的状态评估模糊控制规则,它具有如下的形式:

If $e^* = E_i$ and $c^* = C_j$, then $u^* = U_k$; $i = 1,2,\cdots,8$; $j = 1,2,\cdots,7$; $k = 1,2,\cdots,7$

根据经验,可设计控制规则如下:

If $e^* =$ NL and $c^* =$ PL, then $u^* =$ PM;

If $e^* = NM$ and $c^* = PL$, then $u^* = NM$;

If $e^* = NS$ and $c^* = PL$, then $u^* = NM$;

将这些控制规则列成表格的形式,如表9.3所示。

表9.3 控制规则表

c^*	e^*							
	NL	NM	NS	NZ	PZ	PS	PM	PL
NL	NL	NL	NM	NM	NM	NS	ZE	ZE
NM	NL	NL	NM	NM	NM	NS	ZE	ZE
NS	NL	NL	NM	NS	NS	ZE	PM	PM
ZE	NL	NL	NM	ZE	ZE	PM	PL	PL
PL	NM	NM	ZE	PS	PS	PM	PL	PL
PM	ZE	ZE	PS	PM	PM	PM	PL	PL
PL	ZE	ZE	PS	PM	PM	PM	PL	PL

5)模糊推理

本章所设计的力控制器是两个输入、一个输出的模糊控制器。由表9.3可知:

(1)对于第i条规则,如果e^*是E_i且c^*是C_i,则u^*是U_i,这种模糊蕴含关系可表示为

$$R_i = (E_i \text{ and } C_i) \rightarrow U_i \tag{9.34}$$

所有n条模糊控制规则的总模糊蕴含关系为

$$R = \bigcup_{i=1}^{n} R_i \tag{9.35}$$

(2)对于不同的e^*和c^*值,根据模糊控制规则进行模糊推理,可以得到输出模糊量(用模糊集合U'表示)为

$$U' = (E' \text{ and } C') \circ R \tag{9.36}$$

以上各式中,"and"运算采用求交(取小)的方法,合成运算"$\circ$"采用最大-最小的方法,蕴含运算"$\rightarrow$"采用求交的方法。用同样的方法,对每对输入e^*和c^*求出相应的输出u^*,最后可得出全部的U'。

6)清晰化计算

以上通过模糊推理得到的是模糊量,而对于实际的控制必须为清晰量,因此需要将模糊量转换成清晰量,这就是清晰化计算所要完成的任务。本章我们采用加权平均法。对于离散论域,清晰量计算公式为

$$z_0 = df(u^*) = \sum_{I=1}^{n} u^* \mu_{U'}(u^*) / \sum_{I=1}^{n} \mu_{U'}(u^*) \tag{9.37}$$

在模糊控制系统运行时,控制器需要进行模糊化、模糊推理和逆模糊化等运算,按上述过程在线运算时,需要很长时间。因此,可以通过离线计算产生一个模糊控制总表如表9.4所示。表中第一行表示误差e^*的离散论域,第一列表示误差的变化c^*的离散论域。

表 9.4 模糊控制规则总表

c^*	e^*												
	−6	−5	−4	−3	−2	−1	0	1	2	3	4	5	6
−6	−4.91	−4.71	−4.34	−4.06	−3.90	−3.8	−3.36	−2.85	−1.76	−1.12	−0.81	−0.21	0
−5	−4.82	−4.64	−4.2	−4.05	−3.85	−3.75	−3.31	−2.78	−1.72	−1.12	−0.84	−0.25	0
−4	−4.90	−4.68	−4.31	−4.05	−3.65	−3.38	−2.96	−2.49	−0.69	−0.23	0.10	0.76	0.88
−3	−4.79	−4.64	−4.18	−4.05	−3.63	−2.93	−2.48	1.94	−0.22	0.82	1.08	1.80	1.96
−2	−4.90	−4.68	−0.31	−4.05	−3.41	−2.74	−1.56	−1.14	−0.18	1.27	1.66	2.36	2.66
−1	−4.76	−4.58	−4.16	−4.02	−3.28	−2.08	−0.46	0.81	1.63	2.22	2.50	3.53	3.82
0	−4.58	−3.96	−3.4	−3.30	−2.75	−1.68	0	1.56	2.58	3.12	3.18	3.90	4.54
1	−3.95	−3.53	−2.52	−2.23	−1.74	−0.86	0.41	2.06	3.22	4.02	4.02	4.69	4.82
2	−2.64	−2.35	−1.72	−1.35	−0.52	1.13	1.53	2.77	3.37	4.02	2.25	4.78	5.11
3	−1.94	−1.80	−1.12	−0.82	−0.14	2.01	2.50	2.96	3.56	4.02	4.10	4.82	5.01
4	−0.80	−0.62	0.02	0.34	0.76	2.58	3.02	3.47	3.62	4.02	4.26	4.84	5.11
5	0	0.24	0.84	1.04	1.56	2.88	3.31	3.70	3.80	4.02	4.17	4.83	5.00
6	0	0.20	0.75	1.02	1.50	2.76	3.39	3.77	3.82	4.02	4.31	4.86	5.11

7)实际控制

在求得清晰量 z_0 后,还需经尺度变换为实际的控制量。变换的方法可以是线性的,也可以是非线性的。若 z_0 的变换范围为 $[z_{\min}, z_{\max}]$,实际控制量的变换范围为 $[u_{\min}, u_{\max}]$,采用线性变换,则

$$u_t = (u_{\max} + u_{\min})/2 + k[z_0 - (z_{\max} + z_{\min})/2] \tag{9.38}$$

$$k = (u_{\max} - u_{\min})/(z_{\max} - z_{\min}) \tag{9.39}$$

式中:k 为比例因子。

在实时控制时,控制器得到 e_t 和 c_t,并将其变换为离散量 e_t^* 和 c_t^*,从控制总表查得相应得控制信号 u_t^* 的清晰量,在对清晰量作适当的尺度变换,即可得到实际控制信号输出 u_t。将 u_t 加到机器人控制器上,对机械手进行偏差补偿,控制机械手到达某一确定位置,从而影响力传感器的信号,使之达到期望值。

本节提出的模糊力控制方法可以将机器人末端所受到的力控制到某一范围之内。由于机器人力控制对系统的实时性要求很高,所以六维腕力传感器的准确度及其反应时间、力控制系统的控制时间以及信号的传输时间等都会影响到最终控制效果。因此,尽可能地缩短各个子系统的时间,使系统更为实时、可靠地跟踪期望力。

9.7 本章小结

本章介绍了几种主要人机交互方式,示教编程通过人机操作终端对机器人进行编程,它是目前最广泛使用的人机交互方式。随着 AR/VR 技术的发展,也出现了一些虚拟示教方式。

语音识别和脑机电方式是近年发展起来的两种机器人人机交互方式，语音识别交互方式技术已经很成熟，而脑机电交互技术还需要作进一步研究。

本章还介绍了双臂机器人协作的特点及其约束关系、轨迹规则和协作控制方法，总结了双臂协作控制的一些主要的控制方法，针对双臂协作过程中的受力问题，采用力环包容位置环的控制结构来对机器人的位姿进行修正，进而介绍了机器人力与位置混合控制方法。

习题

9.1　在人机操作终端中，通常提供一种机器人编程语言。请写出一段程序用于卸下任意尺寸货盘上的零件。如果货盘是空的，这个程序应能根据货盘和人工操作器的信号对货盘序号进行跟踪检测。假定零件被卸到传带上。

9.2　请详细说明机器人脑机电交互方式的信号获取及处理过程。

9.3　如图 9.33 所示，请判断下面的双臂机器人作业是松协调抓取，还是紧协调抓取。

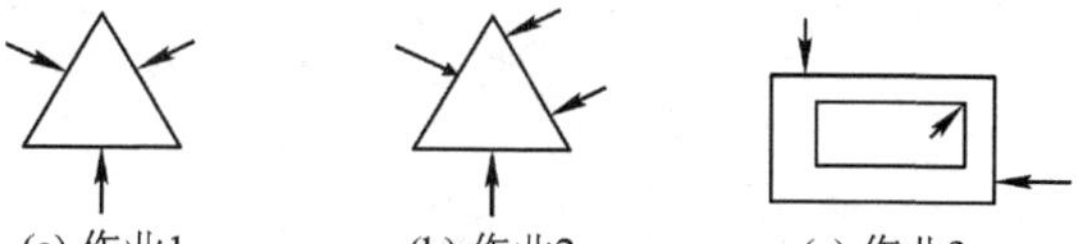

图 9.33　无摩擦点接触抓取的双臂协调方式判断问题图

9.4　如图 9.34 所示的协调提升问题中，假定两个机械手紧紧抓夹住横梁两端，手爪中心将力施加到横梁上，试推导出横梁速度与机器人速度之间的约束关系。

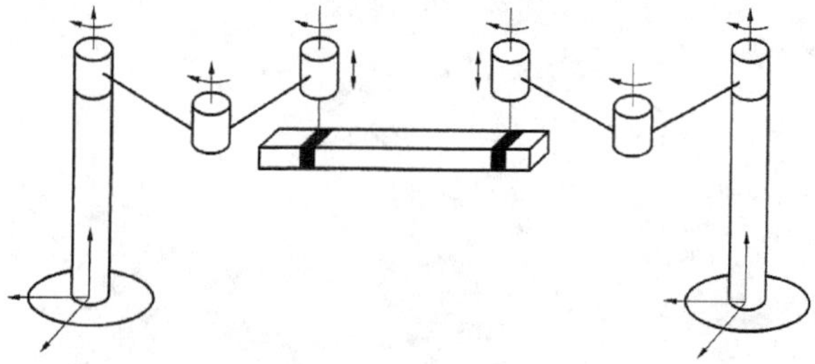

图 9.34　协调提升问题示意图

应用篇

第10章　智能机器人系统应用

智能机器人技术已在工业制造、建筑施工、电商物流等领域得到了广泛的应用，本章将通过一些具体的应用案例，详细地描述智能机器人应用系统的设计方法，包括作业工艺、系统结构、机器人选型、末端工具及外围设备设计、智能化技术应用等。

10.1　工业制造领域的智能机器人应用案例

在工业制造应用领域，机器人可用在搬运、焊接、涂装、打磨、装配、去毛刺等工序当中。由机器人及其他制造设备构建了制造平台，包括自动加工生产线、机器人码垛工作站、机器人焊接工作站、机器人涂装工作站/生产线、机器人打磨工作站、机器人装配工作站/生产线等系统。在这些机器人化制造系统中，使用了机器视觉、机器学习、智能优化调度等人工智能新技术。

10.1.1　机器人化制造系统设计原则

1. 考虑制造工艺

在零部件上/下料、装配作业的场景中，需要考虑机器人的作业动作及灵活性。通过对工件的传送方式、生产线节拍及成本预算的分析，为每个机器人制定出合理的工作范围；还需要结合生产线上与机器人配合工作的设备的工作节拍、动作流程、物料转运区的相关空间参数值，保证机器人的动作节拍能够得到充分发挥，最大限度地完成加工操作。

2. 考虑系统布局

根据加工环境的场地面积，在有利于提高生产节拍的前提下，机器人化制造系统通常采用L形、环状、品字形、一字形等布局。机器人化制造系统需要与具体工艺相匹配，通常需要根据生产线毛坯或物料的数量、重量及规格来确定机器人的最小载荷，并根据相关的工艺参数，确定机器人水平最大臂展范围和具体的安装位置；另外，机器人通常会直接与周边的辅助设备完成物料和信息的交互，如数控机床、专用加工设备等，因此系统布局还需要考虑与周边设备的连接关系。

3. 机器人选型及经济性

制造系统中使用机器人，首先要保证提高自动化程度，少用或不用人工，同时尽量少花钱，节省改造费用。需根据制造环境、生产节拍及作业动作等要求，选用合适的龙门(桁架式)或关节型机器人。

选用机器人时主要考虑以下几方面：机器人的最大承重量、最大半径运动范围、手臂最大可拾取高度、定位精度、稳定性以及维护的简易度。

4. 机器人的智能化技术

机器人的智能化技术主要涉及机器视觉、机器学习、群体智能、自主决策等方面。机器视觉主要通过借助视觉传感器获取图像，然后对采集的场景图像进行信息处理，反馈到由神经网络和统计学方法构成的学习系统中，然后由学习系统将采集到的图像信息与机器人的实际位置联系起来，完成机器人定位或运动控制。

10.1.2　制造过程上/下料作业的机器人系统

1. 工艺过程及系统布局

某工厂冲压线的上下料工序，已通过机器人代替人工操作，保证冲压设备上下料的安全与效率。机器人化上下料系统布局见图 10.1，主要设备包括：①2 台专用转运车，配置视觉系统；②1 台搬运机器人；③暂存库；④条码扫描仪。

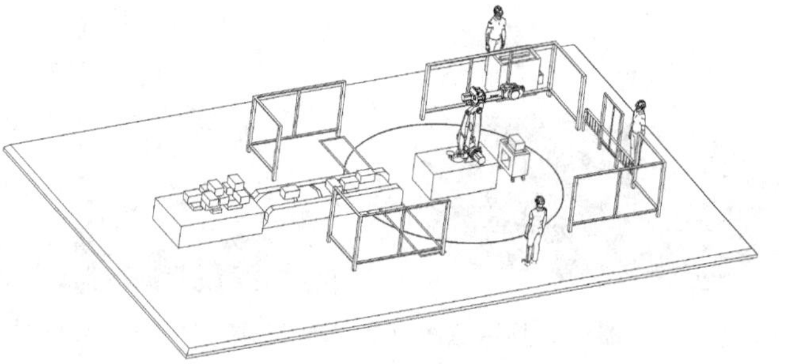

图 10.1　机器人化上下料系统布局

两台转运小车运送零件，由一台机器人负责小车上的零件搬运。当机器人将一台转运小车上的零件放到传送带上之后，拆垛小车推出重新上料，机器人再开始另一台小车上的板料抓取。设计的专用转运车，要求每车能运载 18 个模块，每车放置 3 层，每层 6 个；设计专用托盘放置机构，托盘起到固定放置位置的作用，方便机器人定点抓取。

设计了一种专用夹具，采用带刹车的伺服电机＋齿条驱动的方式，它用 2 根导轨实现导向定位；用 2 个微动开关检测夹具夹紧到位，带 1 个接近开关检测伺服零点；带 4 个吸盘用于吸取托盘，吸盘采用 4 个气缸驱动；带 1 套气动二联件，用于气压调压和油水分离。暂存库长 2 m，高 0.7 m，有效宽度 0.76 m；使用防静电橡胶辊子传动，驱动系统采用 SEW 电机＋变频器控制，辊子驱动分为 2 段，使用 2 组光电开关判断位置。通过条码扫描仪采集上料工件上的条形码，完成工件信息的采集与传输处理功能。

机器人系统作业流程：

(1) 操作工按开门请求按钮，机器人回到非干涉区。

(2) 操作工将托盘传送至拆垛位置，托盘由定位销定位。通过到位传感器检测出到位信号，到位信号和托盘型号一起传送给机器人，启动机器人视觉系统。

(3) 由拆垛侧面相机检测出工件的高度，从而确定出工件的 z 方向信息；由托盘顶部相机检测到相应工件水平位置，从而确定出工件的 x、y 方向和旋转角度信息，并将该位置信息通过串口传送给机器人控制器。

(4) 当所有安全信号满足时，机器人根据视觉系统计算出的工件位置信息对工件进行抓取，并放置到放料工位。

（5）机器人放置完毕并退出干涉区，开始物料的输送。

2. 机器人系统设计方案

1）机器人选型

由于要求机器人最大有效负载 110 kg，因此选择了一款柯马 6 关节机器人。机器人控制器 C5G 基于双核 CPU，提供了 DeviceNet、Profibus-DP、Profinet、以太网（Ethernet）等多种通信接口，采用 PDL2 机器人语言，并配备了新型 C5G-iTP 编程终端。

2）末端夹具设计

常用的机器人夹具设计采用吸取、抱夹、抱托或者几种方式的组合。本应用考虑到工件质量较大，达到了 40 kg，而且工件几何形状复杂，末端工具不适宜采用吸取方式，因此采用双边同步抱夹方式，如图 10.2、图 10.3 所示。

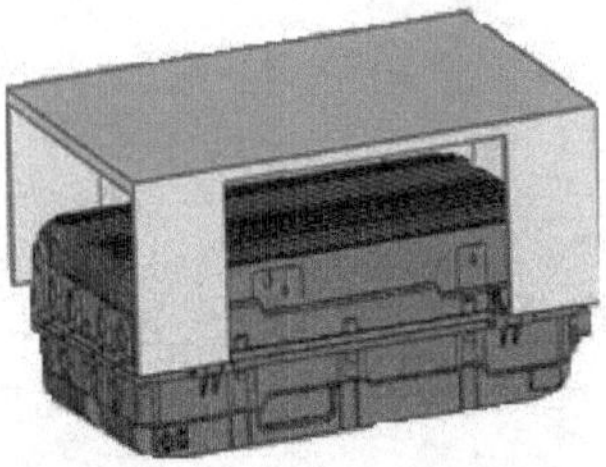

图 10.2　机器人夹具示意图

图 10.3　夹具实物图

设计的专用机器人夹具外型尺寸为 580 mm×450 mm×360 mm，质量为 40 kg。选用富士伺服电机驱动，配两个限位开关。对电机的控制采取力矩控制模式，能够限制夹具的夹紧力，防止夹伤工件；同时预留了气路控制。通过控制电磁阀的通断可实现气路控制，还可对真空发生器是否吸取成功进行检测。

3）制造单元控制系统设计

该制造单元控制系统由柯马机器人控制器 C5G、生产线 PLC、视觉系统等构成，连接图见图 10.4。C5G 与机械臂相联，用来对各轴运动进行控制，同时连接示教器、手动操作面板等。C5G 还通过扩展接口连接电动夹具。为了对机器人周边的外围设备进行控制，配置了 1 套生产线 PLC 单元，通过 DP-BUS 总线与 C5G 通信，视觉系统利用扩展接口 ETHK 与 C5G 通信。

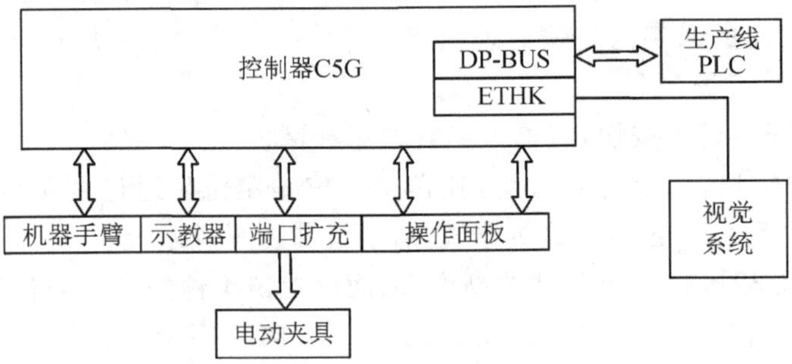

图 10.4　控制系统连接图

3. 机器人视觉定位系统

该系统有 2 个转运小车，每个专用转运车安装 1 套视觉系统，每套包括 2 个相机。视觉定位误差为±(1～2) mm，视觉定位时间为 100 ms，机器人能够通过串口与视觉系统控制器沟通。视觉系统分别安装于小车上方和侧面，并通过以太网与视觉处理器相连。相机采用 200 万像素(1624×1236 像素)、GigE 以太网接口 CCD 工业相机，300 万级别工业用镜头。视觉处理器使用了可以处理高性能数据的工控机台。COMAU 机器人的 C5G 控制柜带有 Profibus 卡，卡上带有标准的通信接口，控制柜与主 PLC 之间采用 Profibus 总线通信。

图 10.5 是视觉系统工作站结构图。在运行条件满足后，控制单元把零件号传送给视觉系统，并开始视觉处理过程。视觉系统将采集图像，视觉处理器根据零件号调出板料尺寸，识别并计算工件相对于支撑木板的 x、y 位置以及偏移角度，并利用侧面相机测量 z 方向的高度，将测量结果通知给机器人控制单元；接着机器人根据工件平面位置和当前的高度 z 进行准确抓取，并将工件放置于生产线上；然后机器人返回待机位置，并通知视觉系统进行下一工件位置测量操作。

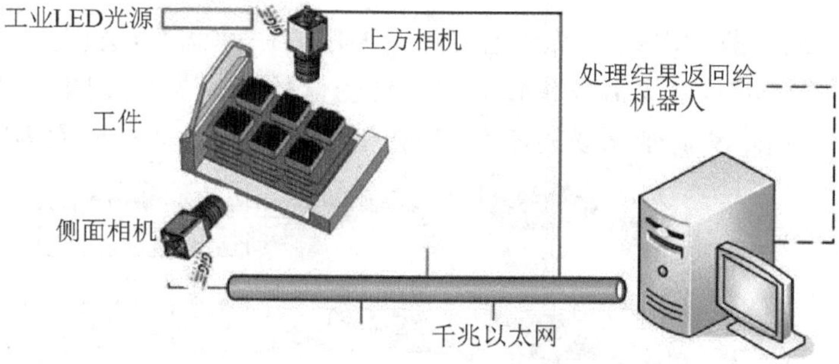

图 10.5　视觉系统工作站结构图

机器人视觉定位系统中采用的视觉处理方法如下。

(1)侧面相机 A 拍摄到的图像 A 为托板上全体零部件的侧面，如图 10.6 所示，相机距料跺侧面的距离 L 为定值，这样就可以根据图像在 z 方向的比例关系计算出 H 值，结合零部件的类型和尺寸，即可计算出 yOz 平面上的零部件的摆放个数和分布情况。

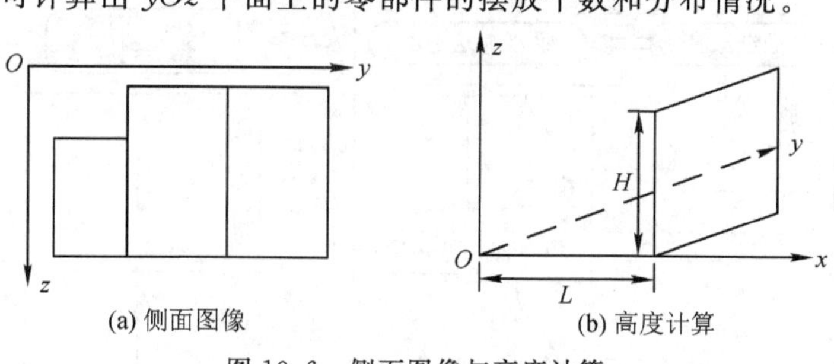

图 10.6　侧面图像与高度计算

(2)上方相机 B 由零件的顶部向下拍摄到的图像如图 10.7 所示，它为 xOy 平面上的投影，根据图像的边界处理可以得到平面料片的个数及图片位置。结合图像 A 的处理结果，即已经获取的 z 的信息，结合 x、y 的图像坐标，即可得出 P_1、P_2、P_3、P_4 的空间坐标 $P_1(x,y,z)$、$P_2(x,y,z)$、$P_3(x,y,z)$、$P_4(x,y,z)$。取平均值即可进一步计算出待抓取零件的几何中心坐标，再根据 $P_1(x,y)$、$P_4(x,y)$ 可以计算出零件的旋转角度 θ，从而将该物料的中心位置及旋转角度发送给机器人进行抓取。

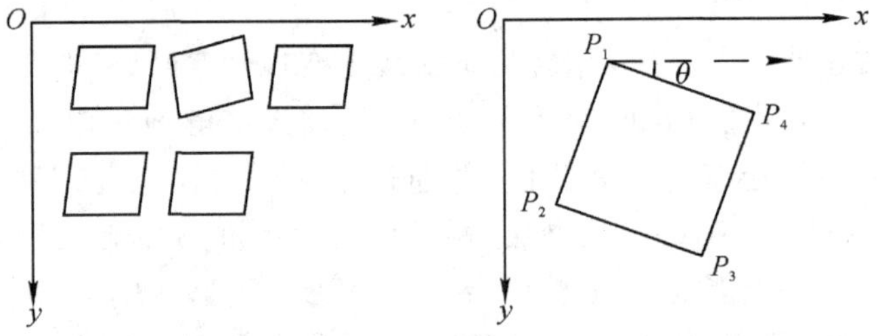

(a) 俯视图像　　(b) 角度计算

图 10.7　平面位置处理

10.1.3　装配作业的机器人系统

1. 工艺过程与系统布局

天地盖包装盒是目前大多数产品外包装普遍采用的一种盒型，被广泛应用于不同类型、不同规格尺寸的产品外包装，市场需求量较大。天地盖盒的制作流程如图 10.8 所示。传统手工制造会导致定位不精确，从而带来质量不稳定、合格率低以及劳动强度大等问题。

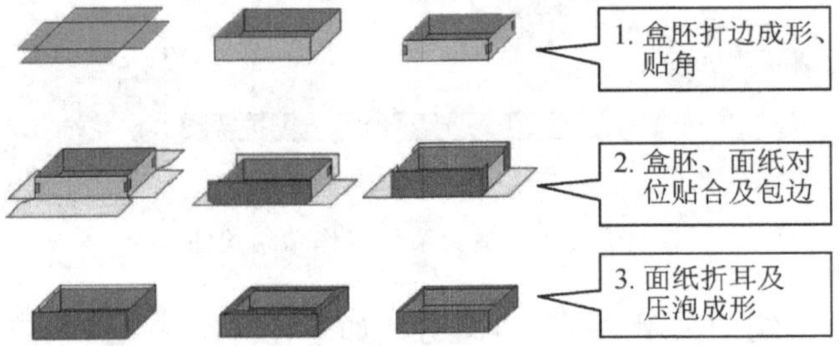

图 10.8　天地盖盒的制作流程

结合生产实际，设计了一套机器人化天地盖盒生产线系统，如图 10.9 所示。

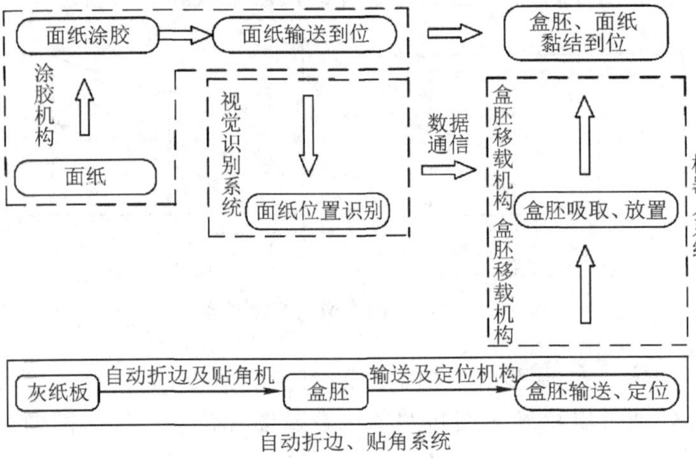

图 10.9　天地盒生产工艺路径

机器人化装配系统组成如图 10.10 所示，包括：机器人及纸盒吸取单元、视觉单元、纸板自动折边及贴角单元、主控 PLC 单元、送纸过胶及负压输送单元、可调宽度纸盒输送单元等。该系统自动完成盒胚的输送及定位，盒胚的定位误差≤±0.1 mm，成形后的盒胚最大尺寸为 450 mm×450 mm×100 mm，最小尺寸为 120 mm×120 mm×20 mm；机器人根据视觉单元给出的面纸定位信息，吸取盒胚并将其与面纸准确黏合，保证面纸与盒胚的最终综合定位精度≤±0.5 mm。

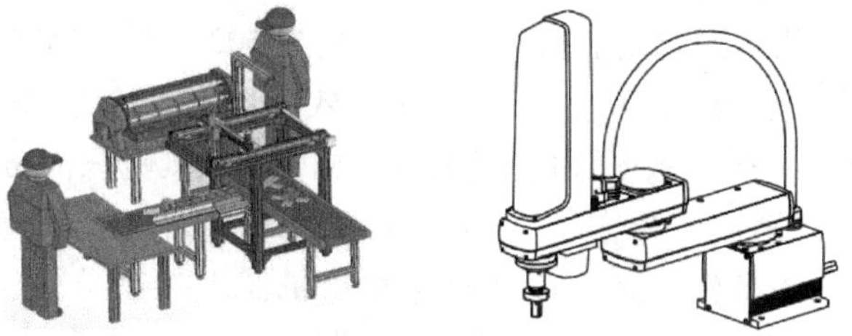

(a) 系统示意图　(b) 机器人及纸盒吸取单元

图 10.10　机器人化装配系统

送纸过胶及负压输送单元采用 PLC 控制，通过高速风轮及飞达送纸机构实现平稳、快捷、连续的送纸作业，由伺服电机驱动的负压输送机构可保证纸膜的平整输送和准确到位。双镜头平面视觉定位系统，对在负压传送线上经过涂胶的面纸进行视觉定位，并将面纸在输送带上的位置信息以远程通信的方式传递给机器人及纸盒吸取单元。机器人接收传送来的位置信息，当纸盒输送单元上的盒胚被吸取后，能准确放置于面纸的中心位置，实现盒胚与面纸的精确黏合。

2. 机器人系统设计方案

1)机器人及控制系统选型

选用 SCARA 结构机器人，它有 3 个轴线平行的旋转关节，在平面内进行定位和定向；还有一个关节是移动关节，用于完成末端件在平面的垂直方向的运动，具有结构紧凑、速度较快的优势，特别适合零部件的搬运、装配等工作。雅马哈 YK600 四轴 SCARA 机器人的有效行程为 600 mm，满足不同规格纸盒的取放要求。装配单元电气控制系统采用的是西门子 S7-1200系列 PLC；视觉定位单元通过以太网与 PLC 实时交互图像处理数据，如图 10.11 所示。

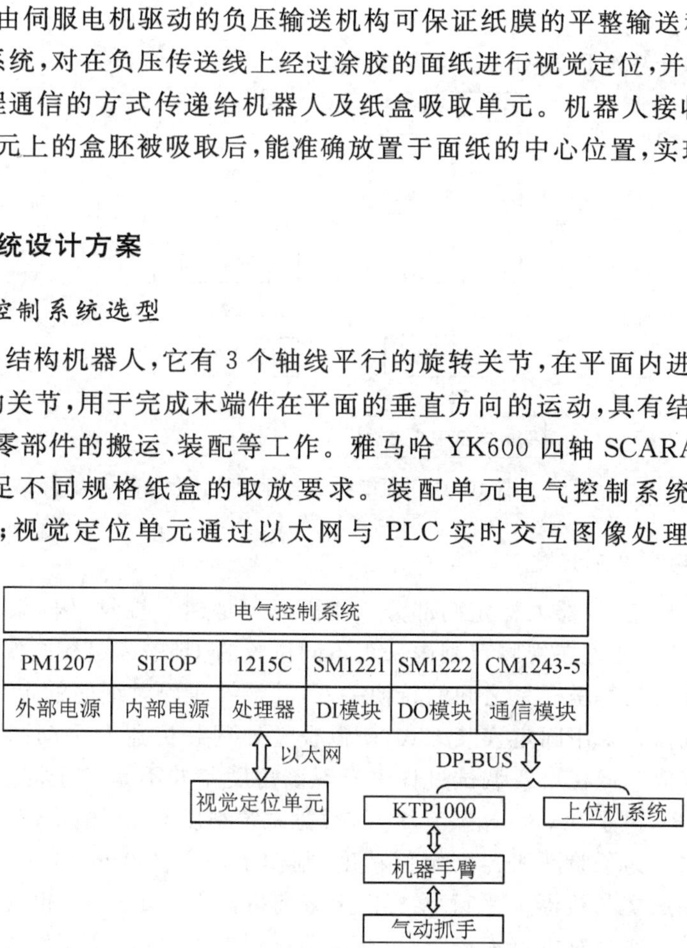

图 10.11　机器人装配单元的电气控制系统

2)视觉定位系统及算法

视觉系统能够识别传送带上除黑色外其他颜色的面纸边界,负压输送带为黑色。双镜头固定式视觉定位系统通过选取面纸对角线上的两个标志点,计算出面纸中心坐标尺寸和面纸旋转角度,并上传给主控 PLC 系统。面纸中心的定位精度≤±0.1 mm,角度定位精度≤±0.02°。视觉系统采取了措施提高视觉系统对外界光线变化的抗干扰能力,减少因光线变化带来的精度损失或意外故障,提高系统的稳定性。

视觉系统采用的是单相机固定安装方式,有效像素为 500 万的 CMOS 相机,配 12 倍焦距的 F 口标准镜头。安装高度距拍摄物的距离为 780 mm,有效视场大小约为 350 mm×280 mm。由于相机镜头、像素大小以及传送皮带有效宽度的限制,因此相机有效视场只能覆盖最大面纸 1/4 的区域。

视觉系统主要负责识别负压传送带上输送过来的面纸特征信息,计算面纸几何中心的坐标以及面纸的旋转角度,并将坐标及角度数据传输给机器人控制单元。具体过程是:

(1)当纸膜到位后,PLC 单元给视觉系统发出到位信号,视觉系统开始采集图像。

(2)视觉系统进行处理,计算出面纸中心的坐标信息。

(3)视觉系统完成数据处理后,将计算出纸膜在机器人坐标系统中的坐标信息,并送给 PLC 单元。

重复上述三个步骤。

面纸中心坐标计算流程如图 10.12 所示。

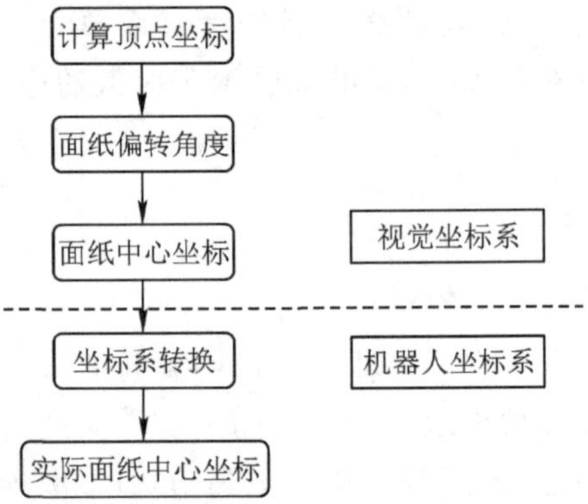

图 10.12　面纸中心坐标计算流程

3)机器人及视觉单元标定

标定包括相机标定、机器人标定两部分。相机标定是建立视觉坐标系与世界坐标系之间的关系,该视觉系统中通过在视野范围内采集不同位置的 15 幅标定板图像完成。机器人标定是确立视觉坐标系与其基坐标系之间的转换关系,并最终实现对纸面的定位。

由于相机和机器人采用固定安装方式,所以视觉处理和机器人手动测量的面纸偏转角度差应该是一个固定值。但在设备调试过程中发现该角度差并不是一个固定值,三次求得的坐标角度差最大 0.18°,最小 0.08°,相差 0.1°,与视觉系统精度 0.03°相差较大,这主要是由机器人运动误差造成的。为了验证机器人定位精度,制作了一个 200 mm×200 mm 的标准工件。该工件在 x 轴方向放置与机器人平行,y 方向上偏离机器人一定距离,也就是说机器人的坐标系不是基准坐标系。通过对机器人校正,可减小角度误差,视觉定位精度得以保证。

10.2　建筑施工领域的智能机器人应用案例

10.2.1　建筑机器人与机器人建造的概念

世界上最早的建筑机器人诞生于 20 世纪 80 年代初。1982 年,日本开发了世界上第一台喷涂防火用建筑机器人 SSR-1。随后,日本、欧美等国家陆续开发了多种建筑机器人设备。1994 年,德国卡尔斯鲁厄理工学院(Karlsruher Institut für Technologie)研发了全球首台砌墙机器人 ROCCO;1996 年,德国斯图加特大学开发了另一型混凝土施工机器人 BRONCO。美国哈佛大学、卡内基梅隆大学等机构也都开展过一些关于建筑机器人的研究。虽然欧美等发达国家对于建筑机器人的研究从未中断,但建筑机器人的实际应用水平仍然较为滞后。近年建筑机器人在一些场合下已开始使用,如韩国的机器人博物馆利用机器人、无人机与 3D 打印等技术,打造出了机器人科学博物馆;迪拜在未来技术博物馆的建造过程中,使用机器人打印了 1024 个阿拉伯书法板块。

建筑机器人就概念而言,包括“广义”和“狭义”两层含义。广义的建筑机器人囊括了建筑物全生命周期(包括勘测、营建、运营、维护、清拆、保护等)相关的所有机器人设备,涉及面极为广泛;狭义的建筑机器人特指与施工作业密切相关的机器人设备。目前开发出的主要建筑机器人类型有:①墙体及室内施工机器人,包括:材料运输机器人、打磨机器人、喷涂机器人、板材安装机器人等;②3D 打印建筑机器人;③清拆机器人;④机器人化工程机械;⑤施工外骨骼机器人等。

虽然我国建筑机器人研究工作起步较晚,但在恶劣或危险环境下作业的建筑机器人领域,我国已经取得了一些研究成果。在国家高技术研究发展计划(“863”计划)及重点研发计划等项目的支持下,作者团队开发出了建筑板材机器人、3D 打印机器人、大型喷浆机器人、管道机器人等设备。

10.2.2　PC 构件制造的拆/布模机器人系统

装配式建筑是一种采用工业化方式,将建筑结构部件、部品构件等通过工厂生产加工,运输至现场进行机械化装配的一种建造方式。装配式建筑通过“搭积木”方式造房子,就像造汽车一样造房子。相对于传统“现浇”建造,装配式建筑可缩短工期、减少建筑垃圾、提高建筑品质。在装配式建筑中使用机器人技术,可提升建筑构件制造的效率,提高建筑现场的装配精度,同时可适应建筑建造个性化需求。

工厂化制造是装配式建筑中最重要的环节,混凝土结构需要解决 PC 构件(混凝土预制件)的制造,其工艺流程见图 10.13,包括:钢筋加工/绑扎、布模、混凝土浇筑、密实成型、检验、拆模、混凝土养护、整平等工序。

传统的布模、拆模、钢筋绑扎等工序由手工完成,为了提高作业效率,可使用机器人完成。拆/布模过程的现场如图 10.14 所示,布模质量决定了构件形状及尺寸精度。根据 PC 预制的实际需要,作者团队研制了一套拆/布模机器人系统。

1. 拆/布模工艺与机器人设计

PC 构件预制过程中,根据建筑图纸数据,边模入/出库机械手从磁性边模库中选择提取出必要的边模。布模机械手根据构件的尺寸,把磁性边模准确地定位到底模托盘的平面,激活

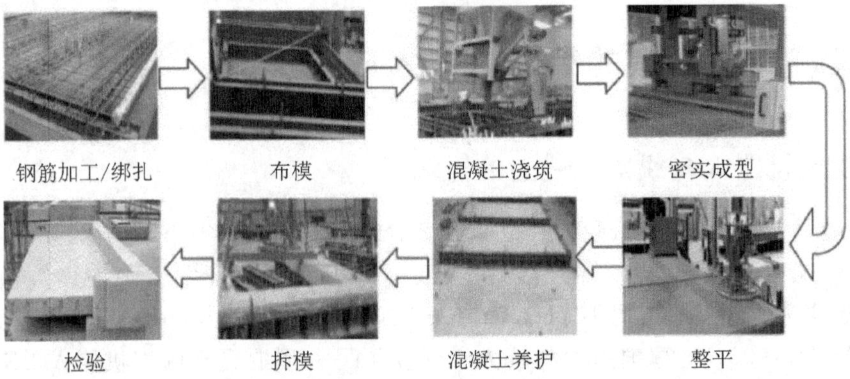

图 10.13　PC 预制工作流程

图 10.14　PC 预制拆/布模工序

边模内置的磁铁；建筑构件制成脱模后，拆模机械手通过扫描托盘，识别出磁性边模所在的位置，把它们抓取起来，放到传送带上。磁性边模将被自动输送到清洁机中进行清洁和上油润滑。最后，入库机械手会根据磁性边模长度的不同，把它们加以分类，放回到磁性边模库。

为了满足拆/布模机器人的大跨距运动需求，采用龙门式机构的四轴桁架机械臂，包括 X、Y、Z 的 3 个直线轴和 Z 轴末端的一个旋转 B 轴。龙门式结构保证了机器人运动的稳定性，机器人由伺服电机来控制，见图 10.15。在 X、Y、Z 三个方向上都采用直线运动模块，末端的夹紧运动及拆/布模运动采用气压驱动。

图 10.15　拆/布模机器人的结构

末端夹具是一种多功能的多气爪机构，主要包括夹抓机构(21)、磁钉拔取机构(22)、柔性缓冲机构(23)、两级伸缩机构(24)以及间距调整机构(25)，如图 10.16 所示。夹抓机构包括气爪连接板(211)、气爪(212)和垫块(213)。气爪连接板两端的下方各安装有 1 对气爪，每只气爪手指各安装有 1 个垫块。气爪主要执行夹取动作。夹抓机构有 3 组，其中 2 组固定在一个支撑板下，相对高度保持一致，为固定夹抓机构；另一组单独固连在两级伸缩机构下，为活动夹抓机构。通过伸缩机构的变化，3 组夹抓机构可同时有 1 组、2 组或 3 组一起工作。磁钉拔取机构包括磁钉气缸(221)、磁钉气爪(222)、钩爪(223)；间距调整机构(25)包括电推杆(251)、直线导轨(252)。

磁边模机构是固定安装压槽块和边模的机构，如图 10.17 所示。磁边模机构(3)由连接钢构(31)、磁盒(32)、磁钉(33)、压槽块(34)以及边模(35)构成，通过外侧一端磁钉的拔取，能够使磁盒产生吸力吸附在模台(4)，从而固定压槽块和边模，完成模具的安装；拔取磁钉，磁盒会脱离模台，此时模具可拆卸。

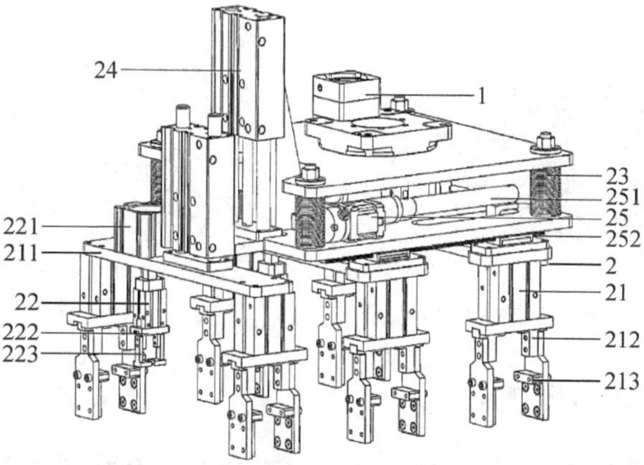

1—模具；2—末端夹具；21—夹抓机构；211—气爪连接板；212—气爪；213—垫块；
22—磁钉拔取机构；221—磁钉气缸；222—磁钉气爪；223—钩爪；23—柔性缓冲机构；
24—两级伸缩机构；25—间距调整机构；251—电推杆；252—直接导轨。

图 10.16 机器人末端夹具

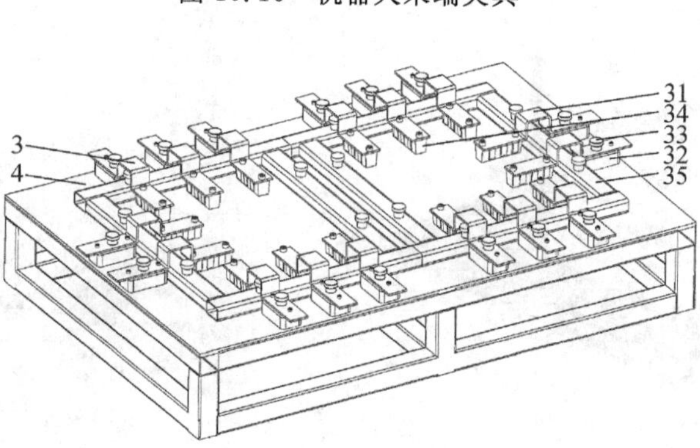

3—磁边模机构；31—钢构；32—磁盒；33—磁钉；34—压槽块；35—边模；4—模台。

图 10.17 磁边模机构和模台

2. 基于视觉的边模块检测与定位方法

在预制过程中，边模经过浇筑、成型和整平等系列操作后，会导致模块位置偏移，在拆模时需要通过视觉方法进行检测和定位。该拆/布模机器人选用线结构光三维视觉传感器进行三维点云采集，通过对点云数据进行处理完成边模块的检测与定位。选用海康威视的 MV-DL2025-04H-H 线结构光三维视觉传感器，见图 10.18。该传感器扫描帧率为 600 帧/s，近视场 1000 mm，远视场 2600 mm，测量范围 1000 mm，能满足现场的实际需求。

视觉检测算法分为两步。第一步在三维空间中进行处理：首先由直通滤波确定出大致的 ROI（感兴趣区域），通过统计滤波去除离散点，然后通过高斯滤波进行点云平滑，接着通过区域生长方法进行点云分割，由 RANSAC 算法判定并过滤非平面点云；第二步是将平面点云投射为二维深度图像后进行处理：首先由中值滤波与形态学闭操作对深度图像进行预处理，通过斑点检测算法确定磁钉圆点，然后通过提取最小外接矩形的尺寸判断模块各矩形部位的点云，将模块各部位进行匹配，最后计算得到最终的模块位姿信息。图 10.19 是三维点云数据处理结果。

图 10.18　三维视觉传感器

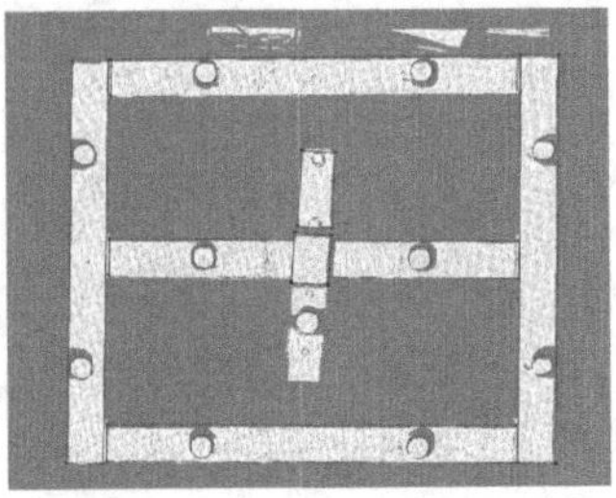

图 10.19　检测结果

10.2.3　建筑 3D 打印机器人系统

3D 打印即增材制造技术，而建筑物营建过程本身便具有鲜明的“增材”属性。将现代 3D 打印技术应用于建筑行业，当首推美国南加州大学布洛克·霍什内维斯（Behrokh Khoshnevis）教授于 20 世纪 90 年代提出的“轮廓工艺”技术，其原理如图 10.20(a) 所示，采用龙门式结构。图 10.20(b) 展示的是一种悬索吊舱式 3D 打印机器人。

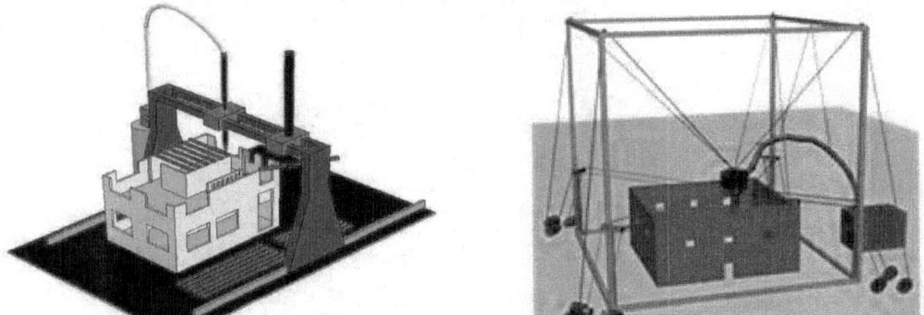

(a) 龙门吊车式　　(b) 悬索吊舱式

图 10.20　建筑 3D 打印机器人系统

这种 3D 打印机器人主要通过挤出设备将材料在指定位置逐层堆砌，这一原理与其他普通 3D 打印设备无异，差别仅在于建筑 3D 打印材料是高密度、高性能混凝土。在建造过程中，外墙及地面等混凝土结构可直接打印完成。该 3D 打印机也可完成地面及墙面瓷砖铺设。随后，仅需完成人工安装窗户、门以及装饰等操作即可完工。该技术可在 20 小时内建造一座 240 m^2 的房屋，采用的空心墙体可节省 25%～30%材料费用和 45%～55%的人工费用。与其他特定施工工序的建筑机器人相比，3D 打印机器人的最大优势还在于可直接实现整栋建筑的营建施工。

1. 3D 打印机器人结构设计

建筑“轮廓工艺”中的 3D 打印机器人结构类似于大型的龙门吊车，整个打印机横跨于建筑物之上，通过轨道移动控制喷嘴的 X-Y 轴位置，伸缩臂控制喷嘴的 Z 轴位置，最终实现精确的打印定位。但所能打印的建筑尺度，受到龙门吊车跨度的限制。随着待打印建筑尺度的增大，吊车机构的制造、安装和运输难度将随之增加，整个系统的可移动性变差，造价亦随之提高。为了能够实施更大尺度构筑物的打印，提高打印机器人的便携性的同时降低制造成本，人们提出了一种悬索牵引式结构，即通过电机牵引多条悬索控制打印吊舱运动，见图 10.20(b)。该吊索系统采用全约束悬索结构，以实现打印吊舱的精确移动并控制喷口方向；但这种大跨度的柔性悬索结构，很难保持机器人的刚性，与龙门式结构相比控制难度要高。除了这两种基本的 3D 打印机器人结构外，人们还提出了多个机器人协作的机器人结构形式。

国内某单位开发了一种大尺寸 3D 打印机器人，由龙门架式结构、直角机器人、高速挤出装置、加热设备等部件组成，实现了 11 m×12 m×6 m 的超大尺寸的多维度曲线 3D 打印，实物图见图 10.21。该设备包括 X 向运行机构、Y 向运行机构、Z 向运行机构和轨道基础等部件，其中 X 向运行机构又分为横梁和立柱两部分，分别见图 10.22(a)和(b)。X 向运行机构依托轨道基础的承力和导轨功能，实现机构在 X 轴的精准运行；Y 向运行机构横亘于 X 向运行横梁上方，沿横梁长轴向作 Y 向移动；Z 向运行机构于 Y 向运行机构空腔内执行 Z 向运动。

图 10.21　大尺寸 3D 打印机器人

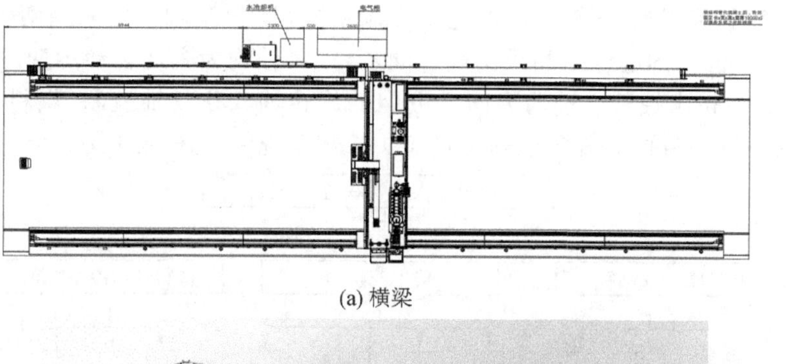

(a) 横梁

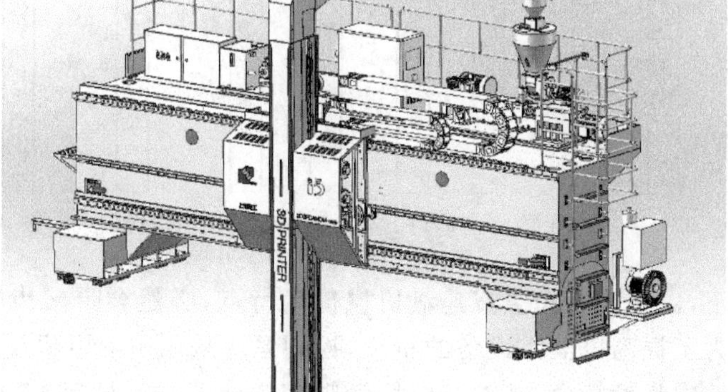

(b) 立柱

图 10.22　大尺寸 3D 打印机器人的结构

高性能混凝土打印挤出装置采用螺旋结构，竖直安装在龙门结构的 Z 向运行机构上。螺旋结构旋转时，螺旋叶片的转动既能带动混凝土往下运动，挤压至出料口，又实现了打印头筒壁内部的自清洁功能，可有效防止堵塞问题的发生。挤出装置由驱动电机、减速器、螺旋叶片、进料口和出料口组成，如图 10.23 所示。

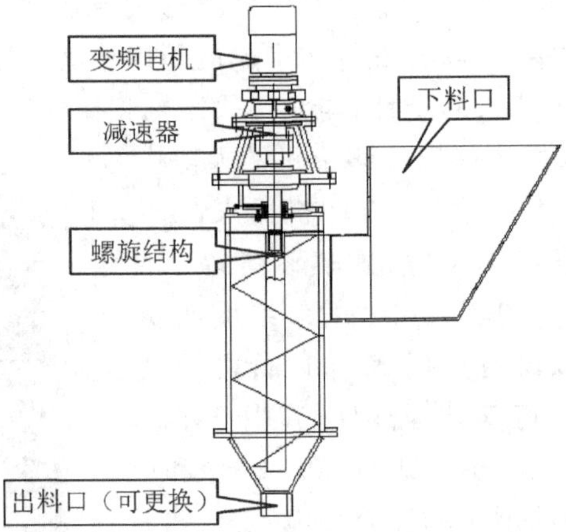

图 10.23　高性能混凝土打印头的结构

2. 机器人控制系统

该设备的控制系统是 16 轴联动的运动控制系统，其中 X 轴同侧采用两轴电机，两两主从驱动，同时与异侧同向的电机之间采用耦合同步，Y、Z 轴均为主从驱动的两轴电机控制，16 轴说明见图 10.24。挤出控制 4 轴均为固定方向的旋转轴或往复轴控制，供料及水冷系统轴分别由三级供料系统中料位监测泵送轴及打印头冷却系统的泵送轴组成。

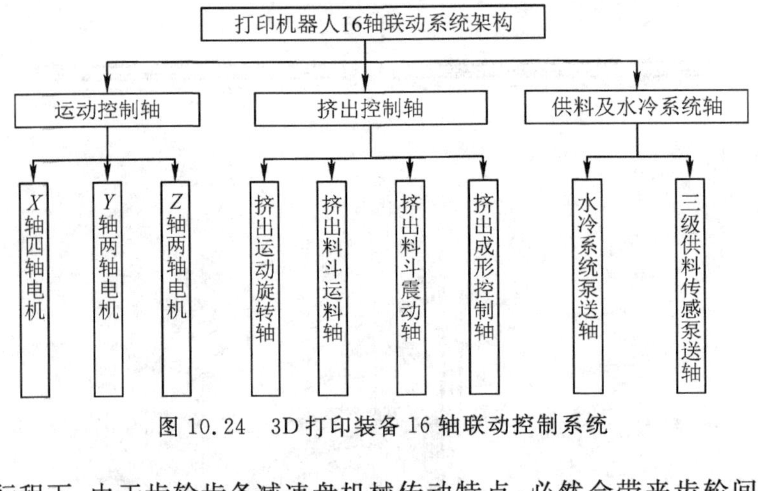

图 10.24　3D 打印装备 16 轴联动控制系统

在大跨度行程下，由于齿轮齿条减速盘机械传动特点，必然会带来齿轮间隙问题，导致长行程的精度损失。为了提高机器人设备的精度，控制系统采用了双电机反向消隙功能，两个电机通过齿轮与齿条的主齿轮啮合，并按双电机消隙控制曲线进行驱动，实时反向差补，永远不会出现两个电机输出转矩同时为零的情况，即任何时候两个电机至少有一个会对主齿轮施加不为零的转矩，其原理图如图 10.25 所示。

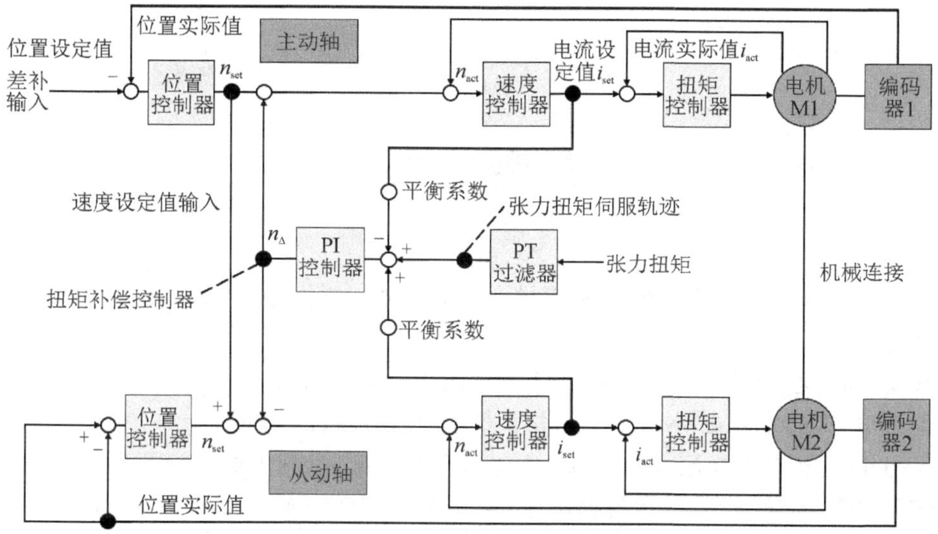

图 10.25　双电机反向消隙原理图

10.3　本章小结

本章围绕机器人在工业制造、建筑施工等领域的应用，详细地介绍了机器人作业工艺、系统结构、本体及辅助工具、控制系统、智能化算法等方面的设计方法。在工业制造过程方面，选择了生产线上/下料、装配作业两个机器人应用案例，具体说明了机器人系统、机器人辅助装置（如专用夹具）、视觉处理单元等设计原理和工作过程，重点介绍了其中的机器人选型、电气控制系统以及视觉定位技术。针对建筑领域的机器人应用，介绍了最新的工厂混凝土构件预制机器人，包括拆/布模流程、机器人结构设计和边模块视觉定位方法；还介绍了建筑 3D 打印机器人原理，并对其机器人结构、3D 打印头成形原理进行了说明。通过这些机器人应用案例，将为智能机器人系统设计提供有益的参考。

参考文献

[1] 斯庞，哈钦森，维德雅萨加. 机器人建模和控制[M]. 贾振中，等译. 北京：机械工业出版社，2016.

[2] 蔡自兴. 机器人学[M]. 2 版. 北京：清华大学出版社，2009.

[3] 熊有伦. 机器人技术基础[M]. 武汉：华中理工大学出版社，1996.

[4] CRAIG J J. 机器人学导论[M]. 3 版. 负超，等译. 北京：机械工业出版社，2015.

[5] COKE P. 机器人学、机器视觉与控制：MATLAB 算法控制[M]. 刘荣，等译. 北京：电子工业出版社，2016.

[6] CORKE P. Robotics, Vision and Control Fundamental Algorithms in MATLAB[M]. Berlin: Springer, 2011.

[7] SICILIANO B, SCIAVICCO L, VILLANI L, et al. Robotics: Modelling, Planning and Control [M]. Berlin: Springer, 2009.

[8] 杨洋. 机器人控制理论基础[M]. 西安：陕西科学技术出版社，2001.

[9] 刘金琨. 机器人控制系统的设计与 MATLAB 仿真[M]. 北京：清华大学出版社，2008.

[10] 丁希仑. 拟人双臂机器人技术[M]. 北京：科学出版社，2011.

[11] KHALIL H K. Nonlinear Systems [M]. 2nd ed. Englewood Cliffs, NJ: Prentice Hall, 1996.

[12] KODITSCHEK D E. Robot Planning and Control via Potential Functions[M] //The Robotics Review 1. Cambridge, MA: MIT Press, 1989: 349 - 367.

[13] 周骥平，颜景平，陈文家. 双臂机器人研究的现状与思考[J]. 机器人，2001，23(2)：175 - 177.

[14] 芦俊，席文明，颜景平. 双臂机器人轴孔装配的运动学关系分析[J]. 机器人，2001，11：16 - 18.

[15] 芦俊，朱兴龙，颜景平. 双臂机器人轴孔装配的分级控制[J]. 制造业自动化，2002，24(6)：21 - 25.

[16] BAJD T, MIHELJ M, LENARCIC J, et al. Robotics (Intelligent Systems, Control and Automation: Science and Engineering) [M]. Berlin: Springer, 2010.

[17] CRAIG J J. Introduction to Robotics: Mechanics and Control[M]. 3rd ed. Englewood Cliffs, NJ: Prentice Hall, 2004.

[18] MURPHY R R. 人工智能机器人学导论[M]. 杜军平，吴立成，胡金春，等译. 孙增圻，审校. 北京：电子工业出版社，2004.

[19] 蔡自兴，谢斌. 机器人学[M]. 3 版. 北京：清华大学出版社，2015.

[20] 蔡自兴. 机器人学基础[M]. 北京：机械工业出版社，2009.

[21] 霍伟. 机器人动力学与控制[M]. 北京：高等教育出版社，2005.

[22] 孟庆鑫，王晓东. 机器人技术基础[M]. 哈尔滨：哈尔滨工业大学出版社，2006.

[23] 钱学森,宋健.工程控制论[M].修订版.北京::科学出版社,1980.
[24] 孙迪生,王炎.机器人控制技术[M].北京:机械工业出版社,1997.
[25] NIKU S B.机器人学导论:分析、系统及应用[M].孙富春,朱纪洪,刘国栋,等译.孙增圻,审校.北京:电子工业出版社,2004.
[26] 王耀南.机器人智能控制工程[M].北京:科学出版社,2004.
[27] 付京逊,冈萨雷斯,李.机器人学:控制·传感技术·视觉·智能[M]杨静宇,李德昌,李根深,等译.陆际联,杨静宇,校.北京:中国科学技术出版社,1989.
[28] 蒋新松.机器人学导论[M].沈阳:辽宁科学技术出版社,1994.
[29] 张福学.机器人学:智能机器人传感技术[M].北京:电子工业出版社,1996.
[30] PONCELA A,URDIALES C,DE TRAZEGNIES C,et al. A new sonar-based landmark for localization in indoor environments[J]. Soft Computing,2006,69(3):10-14.
[31] 罗志增,蒋静坪.机器人感觉与多信息融合[M].北京:机械工业出版社,2002.
[32] 王秀青,侯增广,谭民.多传感器信息融合技术在移动机器人中应用的新进展[J].哈尔滨工业大学学报,28(增刊):1030-1034.
[33] 王麟琨,徐德,谭民.机器人视觉伺服研究进展[J].机器人,2004,26(3):277-282.
[34] 刘凤梅,段发阶.一种新的高精度的线结构光传感器标定方法[J].天津大学学报,1999,32(5):547-550.
[35] 江泽民,基于视觉伺服的机器人自主作业研究[D].北京:中国科学院自动化研究所,2005.
[36] ALAMI R,FLEURY S,HERRB M,et al. Multi-robot cooperation in the MARTHA project[J]. IEEE Robotics and Automation Magazine,1998,5(1):36-47.
[37] 谭民,王硕,曹志强.多机器人系统[M].北京:清华大学出版社,2005.
[38] 王硕.多机器人系统协调协作理论与应用的研究[D].北京:中国科学院自动化研究所,2001.
[39] FAUGERAS O. Three-Dimensional Computer Vision[M]. Cambridge,MA:MIT Press,1993.
[40] HARTLEY R,ZISSERMAN A. Multiple View Geometry in Computer Vision. [M]. 2nd ed. Cambridge,UK:Cambridge University Press,2003.
[41] 邱茂琳,马颂德,李毅.计算机视觉中摄像机定标综述[J].自动化学报,2000,26(1):43-55.
[42] ZITOVA B,FLUSSER J. Image registration methods:A survey[J]. Image and Vision Computing,2003,21(11):977-1000.
[43] SANSONI G,TREBESCHI M,DOCCHIO F. State-of-the-art and applications of 3D imaging sensors in industry,cultural heritage,medicine,and criminal investigation[J]. Sensors,2009,9(1):568-601.
[44] CHEN F,BROWN GM,SONG M. Overview of three-dimensional shape measurement using optical methods[J]. Optical Engineering,2000,39(1):10-22.
[45] RIANMORAA S,KOOMSAP P. Structured light system-based selective data acquisition[J]. Robotics and Computer-Integrated Manufacturing,2011,27(4):870-880.
[46] JARVIS R A. A perspective on range finding techniques for computer vision[J]. IEEE

Transactions on Pattern Analysis and Machine Intelligence,1983,5(2):122 - 139.
[47] WEI Z Z,ZHANG G J. Inspecting verticality of cylindrical workpieces via multi-vision sensors based on structured light[J]. Optics and Lasers in Engineering,2005,43(10):1167 - 1178.
[48] SICILIANO B, KHATIB O. Springer Handbook of Robotics [M]. Berlin: Springer,2008.
[49] 夏希林. 图像滤波去噪及边缘检测技术研究与实验分析[D]. 长春:吉林大学,2021.
[50] 汪霖,曹建福. 机器人三维视觉技术及其在智能制造中的应用[J]. 自动化博览,2021,37(2):64 - 70.
[51] 李园园. 基于群体智能的机器人多传感器标定算法研究[D]. 西安:西北大学,2019.
[52] 黄煜. 工业机器人协同结构光大构件三维形貌测量技术研究[D]. 南京:南京理工大学,2019.
[53] 张会霞. 三维激光扫描点云数据组织与可视化研究[D] . 北京:中国矿业大学,2010.
[54] MUIS A,OHNISHI K. Eye-to-hand approach on eye-in-hand configuration within real-time visual servoing[C] //8th International Workshop on Advanced Motion Control, Kawasaki,Japan:IEEE,Mar 25 - 28,2004.
[55] REN S N,YANG X,SONG Y B,et al. A simultaneous hand-eye calibration method for hybrid eye-in-hand/eye-to-hand system[C] //7th IEEE Annual International Conference on CYBER Technology in Automation,Control,and Intelligent Systems(CYBER), Honolulu,Hi:IEEE,Jul. 31-Aug. 04,2017.
[56] EVANGELISTA D,ALLEGRO D,TERRERA M,et al. An unified iterative hand-eye calibration method for eye-on-base and eye-in-hand setups[C] //IEEE 27th International Conference on Emerging Technologies and Factory Automation(ETFA),Stuttgart, Germany:IEEE,Sep 06 - 09,2022.
[57] 尚忠义,董明利,李伟仙,等. 基于手眼标定方程 $\boldsymbol{AX}=\boldsymbol{XB}$ 的精度影响因素研究[J]. 传感器与微系统,2017,36(3):36 - 39.
[58] 臧雨飞,谈英姿. 基于救援机器人灵活操控的目标位姿估计研究[J]. 工业控制计算机,2018,31(6):59 - 60,65.
[59] 丁苏楠,张秋菊. 基于改进 SIFT 算法的图像匹配方法[J]. 传感器与微系统,2020,39(10):45 - 47,50.
[60] 贾迪,朱宁丹,杨宁华,等. 图像匹配方法研究综述[J]. 中国图象图形学报,2019,24(5):0677 - 0699.
[61] ZHONG Y,JAIN A K,DUBUSSION-JOLLY M P. Object tracking using deformable templates[C] //International Conference on Computer Vision(ICCV),Bombay,India:IEEE,Jan. 7,1998.
[62] 廖婷婷. 基于特征匹配的图像检索算法研究[D]. 广州:华南理工大学,2012.
[63] BAY H,ESS A,TUYTELAARS T,et al. Speeded-up robust features(SURF)[J]. Computer Vision and Image Understanding,2008,110(3):346 - 59.
[64] ZHANG N. Computing optimised parallel speeded-up robust features(P-SURF) on

multi-core processors[J]. International Journal of Parallel Programming, 2010, 38(2): 138 - 58.

[65] LOWE D G. Object recognition from local scale-invariant features[C] //IEEE International Conference on Computer Vision(ICCV), Kerkyra, Greece, IEEE, Sep. 20 - 27, 1999.

[66] SZEGEDY C, LIU W, JIA Y Q, et al. Going deeper with convolutions[C] //IEEE Conference on Computer Vision and Pattern Recognition(CVPR), Boston, USA, IEEE, Jun. 7 - 12, 2015.

[67] XIE S, GRISHICK R B, DOLLÁR P, et al. Aggregated residual transformations for deep neural networks[C] //IEEE Conference on Computer Vision and Pattern Recognition (CVPR), Honolulu, USA, IEEE, Jul. 21 - 26, 2017.

[68] HUANG G, LIU Z, MAATEN L V D, et al. Densely connected convolutional networks [C] //IEEE Conference on Computer Vision and Pattern Recognition(CVPR), Honolulu, USA, IEEE, Jul. 21 - 26, 2017.

[69] SANDLER M, HOWARD A, ZHU M L, et al. MobileNetV2: Inverted residuals and linear bottlenecks[C] //IEEE/CVF Conference on Computer Vision and Pattern Recognition(CVPR), Salt Lake City, USA, IEEE, Jun. 18 - 23, 2018.

[70] CHOLLET F. Xception: Deep learning with depthwise separable convolutions[C] // IEEE Conference on Computer Vision and Pattern Recognition (CVPR), Honolulu, USA, IEEE, Jul. 21 - 26, 2017.

[71] MA N N, ZHANG X Y, ZHENG H T, et al. ShuffleNet V2: Practical guidelines for efficient CNN architecture design [C] //European Conference on Computer Vision (ECCV), Munich, Germany, Springer, Sep. 8 - 14, 2018.

[72] CARLONI R, LIPPIELLO V, D'AURIA M, et al. Robot vision: Obstacle-avoidance techniques for unmanned aerial vehicles[J]. IEEE Robotics & Automation Magazine, 2013, 20(4): 22 - 31.

[73] GROMOV B, GAMBARDELLA L M, GIUSTI A. Robot identification and localization with pointing gestures[C] //IEEE/RSJ International Conference on Intelligent Robots and Systems(IROS), Madrid, Spain, IEEE, Oct. 1 - 5, 2018.

[74] LI X Y, DU S T, LI G C, et al. Integrate point-cloud segmentation with 3D LiDAR scan-matching for mobile robot localization and mapping[J]. Sensors, 2019, 20(1): 237.

[75] WANG X X, MIZUKAMI Y, TADA M, et al. Navigation of a mobile robot in a dynamic environment using a point cloud map[J]. Artificial Life and Robotics, 2021, 26: 10 - 20.

[76] JOHNSON A E, HEBERT M. Using spin images for efficient object recognition in cluttered 3D scenes[J]. IEEE Transactions on Pattern Analysis Machine Intelligence, 1999, 21(5): 433 - 449.

[77] 张凯霖，张良. 复杂场景下基于 C-SHOT 特征的 3D 物体识别与位姿估计[J]. 计算机辅助设计与图形学学报，2017，29(5)：846 - 853.

[78] HE L L, CHEN Y P, ZHAO J H. Automatic docking recognition and location algorithm of port oil loading arm based on 3D laser point cloud[J]. IEEE International Conference

on Mechatronics and Automation(ICMA),Beijing,China,IEEE,Oct. 13 - 16,2020.

[79] SEVGEN S C,KARSLI F. An improved RANSAC algorithm for extracting roof planes from airborne lidar data[J]. The Photogrammetric Record,2020,35(169):40 - 57.

[80] MAGNUSSON M, ANDREASSON H, NÜCHTER, A, et al. Appearance-based loop detection from 3D laser data using the normal distributions transform[C] //IEEE International Conference on Robotics and Automation(ICRA),Kobe,Japan,IEEE,May 12 - 17,2009.

[81] ZHUANG Y,LIN X Q,HU H S,et al. Using scale coordination and semantic information for robust 3-D object recognition by a service robot[J]. IEEE Sensors Journal, 2014,15(1):37 - 47.

[82] PENG X H, WANG S, GENG S Q, et al. PPMGNet: a neural network algorithm for point cloud 3D object detection[C] //IEEE International Conference on Anti-counterfeiting, Security, and Identification(ASID), Xiamen, China, IEEE, Oct. 30-Nov. 1,2020.

[83] REDMON J,FARHADI A. Yolov3:An incremental improvement[J]. arXiv,2018.

[84] YAN Y, MAO YX, LI B. Second: Sparsely embedded convolutional detection[J]. Sensors,2018,18(10):3337.

[85] LIN T Y, GOYAL P, GIRSHICK R, et al. Focal loss for dense object detection[J]. IEEE Transactions on Pattern Analysis and Machine Intelligence,42(2):318 - 327.

[86] 袁峰,门格斯. 建筑机器人:技术、工艺与方法[M]. 北京:中国建筑工业出版社,2019.

[87] 杨国. 双机器人协调运动规划及仿真的研究[D]. 广州:广东工业大学,2018.

[88] WAN W,HARADA K. Developing and comparing single-arm and dual-arm regrasp[J]. IEEE Robotics & Automation Letters,2017,1(1):243 - 250.

[89] SMITH C, KARAYIANNIDIS Y, NALPANTIDIS L, et al. Dual arm manipulation: A survey[J]. Robotics and Autonomous Systems,2012,60(10):1340 - 1353.

[90] 顾新兴,孙燕朴,冯纯伯. 多机器人协调系统研究综述[J]. 系统工程与电子技术,1994(12):9 - 20.

[91] 欧阳帆. 双机器人协调运动方法的研究[D]. 广州:华南理工大学,2013.

[92] 任义. 基于视觉反馈的双冗余机械臂自适应控制[D]. 哈尔滨:哈尔滨工业大学,2017.

[93] 江一鸣. 双臂机器人系统模型辨识及协同控制理论研究[D]. 广州:华南理工大学,2019.

[94] 熊有伦,李文龙,陈文斌,等. 机器人学:建模、控制与视觉[M]. 武汉:华中科技大学出版社,2018.